谨以此书献给

师父母张岱年、冯让兰

父母刘成瀛、张桂芬

岳父母裴敦生、雷雅琴

及所有挚爱中华文化、关注创新发展的人士！

道无古今　悟在当下

学有中西　通即达一

刘仲林

中西会通创造学

Creatology Integrating East and West

两大文化生新命

刘仲林 —— 著

天津出版传媒集团

天津人民出版社

图书在版编目（CIP）数据

中西会通创造学：两大文化生新命 / 刘仲林著. ——
天津：天津人民出版社，2017.4
ISBN 978-7-201-11573-3

Ⅰ.①中… Ⅱ.①刘… Ⅲ.①创造学 Ⅳ.①G305

中国版本图书馆CIP数据核字（2017）第078174号

中西会通创造学:两大文化生新命
ZHONGXI HUITONG CHUANGZAOXUE LIANGDA WENHUA SHENGXINMING

出　　版	天津人民出版社
出 版 人	黄　沛
地　　址	天津市和平区西康路35号康岳大厦
邮政编码	300051
邮购电话	（022）23332469
网　　址	http://www.tjrmcbs.com
电子信箱	tjrmcbs@126.com
责任编辑	林　雨
装帧设计	卢炀炀
制版印刷	高教社(天津)印务有限公司
经　　销	新华书店
开　　本	710×1000毫米 1/16
印　　张	31.25
插　　页	1插页
字　　数	400千字
版次印次	2017年4月第1版　2017年4月第1次印刷
定　　价	98.00元

来自丹麦玻尔（Bohr）的灵感

西方现代创造学 X 中华传统文化 ＝中西会通创造学

智慧境界

知识技法

中西会通创造学的跨文化、跨学科原创性

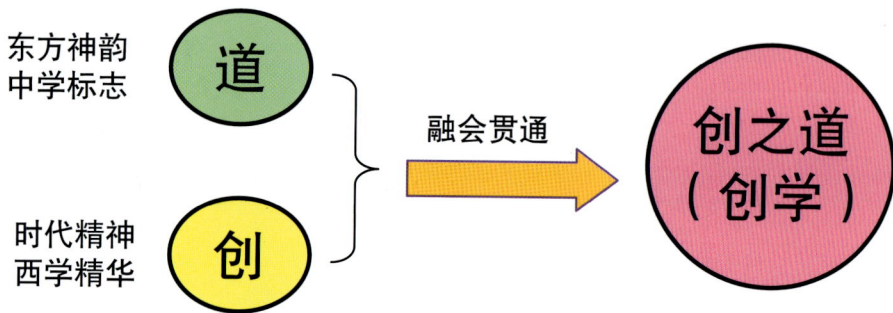

东方神韵
中学标志　道

时代精神
西学精华　创

融会贯通 →

创之道
（创学）

中西会通创造学的核心会通点（详见第二章）

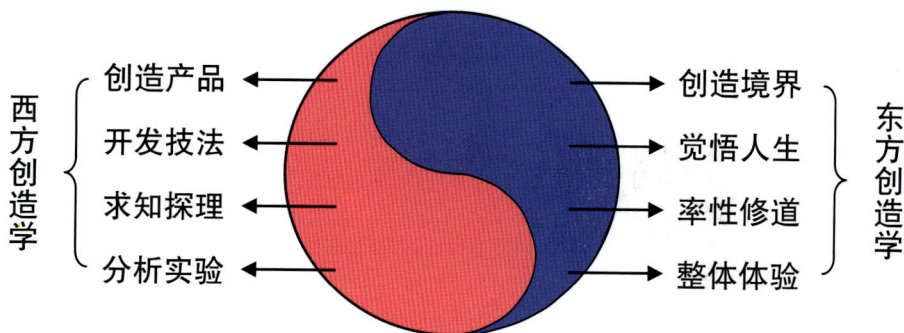

西方创造学

创造产品 ←
开发技法 ←
求知探理 ←
分析实验 ←

→ 创造境界
→ 觉悟人生
→ 率性修道
→ 整体体验

东方创造学

东方与西方创造学比较简图（详见第二章）

东方创造学主区域

④境界篇
（成己）

③技法篇
（成物）

道

①心性篇
（成性）

②思维篇
（成思）

西方创造学主区域

中西会通创造学四篇结构框架图（详见第二章）

内容提要

作为西方现代新潮，创造学是20世纪40年代在美国发展起来的一个跨学科领域，与市场经济、专利发明、心理学、教育学等密切相关。西方创造学以开发创造能力、普及创造技法为中心，重在创造成果(属"外学")。

作为东方文化代表之一，中华传统文化博大精深、源远流长，与哲学、教育、宗教、文艺、科技等密切相关。中华文化的核心是中国哲学，中国哲学的核心是"道"，"道"的核心是实践亲证，重在身心修养(属"内学")。

通常，中华传统文化谈"道"少谈创造，西方文化谈创造少谈"道"，两个领域像两条道上跑的车，平行而不相交。本书尝试将两者融会贯通，以"创造"改进中华传统"外学"之不足，以"道"改变西方创造学"内学"之缺憾，形成体现跨中西、跨文理、跨学科大视野的"中西会通创造学"。

概言之，中西会通创造学是一门研究创造规律、开发创造潜能、提升创造境界、觉悟创造人生的新兴交叉学科，简称创学。为适合不同知识背景读者需求，本书内容力求深入浅出，突出重点，详说细解。读者只要抓住创造"知行合一"的本质，在实践中体会"创造之道"，则领悟中西会通创造学精髓不难。

本书分五篇十八章，包括绪论篇(创造学与东西文化)、知本篇(创造心性)、运思篇(创造思维)、用法篇(创造技法)、达至篇(创造境界)。

绪论篇是总论，阐述了创造与创造学的基础知识和演变脉络。其中第一章创造与创造学，包括创造内涵详解、中西创造观溯源，提出了从成果、过程、境界、本体四层次的"创造四维定义"。第二章东方与西方，分析了中西文化的特质、中国新哲学的建构、创造学在东西方发展简史、提出了由创造心性、思维、技法、境界四个模块组成的中西会通创造学基本框架。

知本篇重点是古今心性观的转化与提升。其中第三章以孟子、告子、荀子等为代表，分析了古代"善恶"的人性观。第四章以周敦颐、程颢、朱熹等为代表,分析了近代趋向"生生"的人性观。第五章以梁漱溟、熊十力、张岱年等为代表,分析了现代趋向"创造"的人性观。第六章以马克思、尼采、柏格森等为代表,分析了西方近现代趋向"创造"的人性观。

运思篇重点是创造思维及其逻辑问题。其中第七章论述了创造过程与思维的关系;第八章论述了意象思维规律,原创性地提出了由想象、直觉、灵感组成的审美逻辑方法。第九章论述了概念思维及其遵循的形式逻辑规律。第十章论述了由形式逻辑和审美逻辑组成的创造思维的互补结构。

用法篇重点是创造技法及其应用。本书将数百种创造技法分为联想、组合、类比、臻美四大门类,其中第十一章阐述了以头脑风暴法等为代表的联想系列技法。第十二章阐述以形态分析法等为代表的组合系列技法。第十三章阐述以提喻法等为代表的类比系列技法。第十四章阐述以补美法等为代表的臻美系列技法。各技法应用步骤清晰,案例具体,实用性强,使读者可以举一反三,掌握创造技法精髓要义,以用于工作、学习和生活各方面。作为审美逻辑的应用,臻美系列方法是本书特色之一。

达至篇重点是创造境界的修养。本篇对创造之道进行了开拓性探讨。"创造之道"是主体在创造实践中通过整体领悟而达到的"物我合一"境界。不仅关涉"转识成智",而且关涉竞、敬、静、净的修养。其中第十五章,阐述了"转识成智"、道的内涵与修养。第十六章阐述了儒家和道家的修道方法。第十七章阐述了易家和禅家的修道方法。第十八章阐述了创家的修道方法,进而从中西会通整体的高度,将儒、道、易、禅、创融为一体,论述了创造大道致中和的思想。

总起来说,知本篇、达至篇重点在中华文化;运思篇、用法篇重点在西方创造学。全书结构可用顺口溜概括为:"创造之性人本有,解放思维在践行,应用技法来助力,下学上达通道境。"

《易传》云:"见天下之动,而观其会通",广义创造观,是天地和人类创造的共轭性统一,张岱年称之为"动的天人合一",在这个高度上体察中西文化融会贯通,天地之大美,人生岂不大彻大悟哉!至于"中西会通创造学"在学科分类上遭遇"四不像"(科学、哲学、艺术、宗教)的尴尬,恰恰是一片广袤处女地有待开垦的标志,无论学者还是大众,只要参与,就有一席之地!宋代杨万里诗云:"园花落尽路花开,白白红红各自媒。莫问早行奇绝处,四方八面野香来!"在"自媒"体超活跃的时代,百家争鸣、百花齐放的时代还远吗?

Preface

As a creatology work, this book is an integration of Chinese and western cultures across liberal arts and science. Creatology is an emerging field developed in the 1940s in the United States. Western creatology lays emphasis on development of creativity and popularity of its technique, focusing on the results of creation(external study). As a representative of Eastern culture, Chinese traditional culture shows its profundity in a long history. Its core is Chinese philosophy, and the core of Chinese philosophy is Dao(Tao, Chinese logos), and the core of Dao is practice and experience that emphasize physical and mental accomplishment(internal study).

Chinese traditional culture generally discusses "Dao" more than "creation", whereas Western creatology discusses "creation" more than "Dao". These two fields appear to parallel without intersection. This book is an attempt to achieve an integration of the two, making Chinese traditional culture more "external" through "creation", and making Western creatology more "internal" through "Dao". This book aims at constructing an integrated creatology of Chinese and Western cultures as well as liberal arts and science.

Creatology integrating Chinese and Western cultures is briefly defined as an interdisciplinary science of studying the law of creation, developing creativity, upgrading creative realm and giving enlightenment to creative life. It is also known as "Integrated Creatology(I-Creatology)". To accommodate readers with different knowledge backgrounds, the book explains its content from A to Z, in a detailed demonstration of main points.

It is not difficult to comprehend the essence of the creatology that integrates Chinese and Western culture as long as readers understand "unity of knowledge and action"of creation, and experience the true meaning of creation through practice.

The book falls into eighteen chapters in five parts.

The introduction elaborates on the basics of creation and creatology. The first chapter deals with creation and creatology, presenting a four-dimensional definition of creation pertaining to result, process, realm and ontology. With the title"East and West", the second chapter analyzes and compares the characteristics of Chinese and western culture, presenting a basic framework of the integrated creatology of Chinese and Western culture consisting of four modules of creative mind, creative thinking, creative technique and creative realm.

Part 1(human nature)emphasizes modern transformation of human nature. Chapter 3 analyzes the humanity view of "good and evil"in ancient China. Chapter 4 discusses the humanity view of"vicissitude of Beings"in modern China. Chapter 5 analyzes the humanity view of "creation"in contemporary China. Chapter 6 analyzes the humanity view of"creation"in modern western world.

Part 2(creative thinking)centers around creative thinking and logic. Chapter 7 describes the relationship between creation process and thinking. Chapter 8 expounds principles of imagery thinking, and originally proposes an aesthetic logic method composed of imagination, intuition, and inspiration. Chapter 9 discusses conceptual thinking and formal logic. Chapter 10 discusses the complementary structure of creative thinking that comprises formal logic and aesthetic logic.

Part 3(techniques)focuses on creation techniques and their applications. This book classifies the hundreds of the skills into four categories. Chapter 11 deals with analytical and associative methods. Chapter 12 deals with combination series methods. Chapter 13 deals with analogy series methods. Chapter 14 deals with aesthetics series methods. Proposing the methods of perfecting beauty is one of the characteristics of the book.

Part 4(upgrading realm)emphasizes accomplishment and self-cultivation of creation realm. It provides a trailblazing exploration of Dao of creation. Dao of creation is the realm with "unity of subject and object"that is achieved through overall understanding in the process of creating practice. Chapter 15 explains "turning knowledge into wisdom", and the connotation and self-cultivation of Dao. Chapter 16 demonstrates the self-cultivation methods of Confucian-Dao and Daoist-Dao. Chapter 17 demonstrates the self-cultivation methods of I-Chingist-Dao(Book of Changes)and Zenist-Dao. Chapter 18 demonstrates the self-cultivation methods of I-Creatologist-Dao and illustrates the conjugation of the creation of heaven and man by integrating Confucian-Dao, Daoist-Dao, I-Chingist-Dao, Zenist-Dao and I-Creatologist-Dao into one(Dao/harmony).

In a word, the parts of creative mind and realm center on Chinese culture. The parts of creative thinking and techniques center on Western creatology. The creative process is like a"wave-particle duality". Chinese cultural characteristics in the"Dao"self-cultivation(like waves), the characteristics of Western culture in the scientific method(such as particles), I-Creatologist(Integrated Creatology of Chinese and Western Cultures)constitute a new interdisciplinary field of "wave-particle duality"features.

文化也应不断创新(代序)^①

张岱年

  文化是对于自然状态的改造,也就是人类的创造。人类创造文化,其内容是对于真、善、美的追求。"真"是对于客观世界的正确认识,"善"是解决矛盾的准则,"美"是存在状态的丰富多彩。世界事物多种多样,层出不穷,因而对于事物的认识也永无休止、不断创新。事物的矛盾、生活中的矛盾也是多种多样的,因而解决矛盾的努力也永无止境。美的境界更可以锦上添花、无穷无尽。因此,真、善、美都永远在创新之中。创造是文化的生命,一个民族的文化,如果停止了创造,也就归于衰竭了。人类不断有新的认识,发现新的真理。人类生活中不断有新的矛盾,也就不断提出解决矛盾的新方法,提出关于善的新理想。新的事物层出不穷,美的境界也不断提高。世界是不断创新的过程,文化更应是不断创新的过程。

  中国古代哲学也有见于创新的重要。《周易大传》说:"天地之大德曰生",所谓生即创造之义。又说:"日新之谓盛德,生生之谓易。"这就承认世界与人生都是不断创新的过程。但是古代也有守旧思想,如云:"不愆不忘,率由旧章。"在周秦以来的历史上,如果一个时期内守旧思想占优势,则文化发展将陷于停滞或比较迟缓。如果创新思想占优势,则文化发展比较显著。时至今日,创新的价值日益被人们所认识了。但是创新也有一定的规律。创新不可能从零开始,而必须在已有的成就上更加前进,有所突破。创新必然是在传统的基础上更上一层楼。因此,研究创新与传统的关系是有重要意义的。

  刘仲林同志撰写《古道今梦——中华精神第一义探索》^②,在认真评价

---

  ① 本文为中华文化大师张岱年先生为刘仲林专著《古道今梦》丛书所写的序言,与中西会通创造学主旨相同,特作为代序登载。本序原载于1999年11月26日《光明日报》,题目为该报编者所加。

  ② 刘仲林:《古道今梦》(由《新精神》《新认识》《新思维》组成),大象出版社,1999年。

儒、道、释思想的基础上，提出以《周易大传》生生日新为源，转化形成以"创"为主导的中华新精神，并将"创"作为核心范畴，融入中华文化内核，认为"创"是现代精神的标志，较"仁"更能体现人的本质，由此提出了将"仁学"等传统思想转化提升为"创学"的新观点。这是一有深意的大胆尝试。

半个世纪，学术界总的说来，评析前人思想多，建设性新观点少；综合的视野不够广，创新的力度不够大。刘仲林同志原是研究自然科学、科技哲学的，近年来专心于中华文化与"综创论"的探讨，提出了富有新意的观点，对于这种打破学科壁垒、学术门户的大视野的探索尝试，我表示赞赏和支持。中华文化的综合创新，需要各领域的学者关心参与。这本书深入考察了传统与创新的关系，具有重要的学术价值，是文化研究的一项新成就。

张岱年于北京大学

一九九八年四月十二日

目 录

Ⅱ 运思篇　创造思维

Ⅲ用法篇　创造技法

Ⅳ达至篇　创造境界

Contents
Integrated Creatology of Chinese and Western Cultures
——Two Cultures Creating New Life

Part Two: Mental Application: Creative Thinking

Part Three: Creative Techniques

绪 论 篇

创造学与东西文化

本篇导言

茫茫人海,相遇是缘;小小图徽,尽收中西。请读者朋友先欣赏图0-1。

一、族徽图腾

这幅图来自诺贝尔物理学奖获得者、丹麦著名物理学家玻尔(N.H. D. Bohr,1885—1962)的创意。1947年,丹麦政府决定授予他级别很高的勋章,要求受勋者有一个族徽。玻尔亲自设计了他的族徽,其中心的图案采用了中国古代的"阴阳太极图",来形象地表达他提出的以微观世界物质波粒二象性(wave-particle duality)为背景的"互补原理"。后来,玻尔把物理学领域的"互补原理"上升到哲学高度,推广到自然、社会、思维等各个领域,并以"阴阳太极图"作为这一原理的"图腾"。

图 0-1　玻尔设计的族徽

意味深长的是:这个族徽将"西方现代科学"和"中华传统文化"融为一体,蕴含着深刻的中西文化会通、科技人文会通的象征。这一"图腾",可以用另一位诺贝尔物理学奖获得者、德国物理学家海森堡(W.K.Heisenberg,1901—1976)的话来进一步诠释:

本篇导言

在人类思想发展史中，最富成果的发展几乎总是发生在两种不同思维方法的交会点上。它们可能起源于人类文化中十分不同的部分、不同的时间、不同的文化环境，或不同的宗教传统。因此，如果它们真正地汇合，也就是说，如果它们之间至少关联到这样的程度，以至于发生真正的相互作用，那么我们就可以预期将继之以新颖有趣的发展。①

二、观其会通

科学大师们关于两种文化互补、交会的理念，能不能转变成一种新的文化理论与实践呢？这是一个长期强烈吸引东西方学者的富有挑战的议题。早在三百多年前，我国明代科学家徐光启（1562—1633）在上呈的《历书总目表》中，就提出了"欲求超胜，必须会通"的主张，认为只有走中西会通的道路，中国科学和文化才能融入世界文化，走在世界前列。他不仅提出这一口号，而且身体力行。徐光启主持修订的《崇祯历书》，既采用了具有计算精确优点的第谷天体运动和几何计算系统，又没有把集中了中国古代历法优点的《大统历》弃之不顾。因而被称为"熔西人精算，入大统之型模：正朔闰月，从中不从西，完气整度，从西不从中"（《畴人传》卷四十二）。

图 0-2 徐光启（1562—1633）

"会通"一词最早见于《易传·系辞上》："圣人有以见天下之动，而观其会

---

① 转引自卡普拉.：《物理学之"道"——近代物理学与东方神秘主义》，北京出版社，1999年，扉页。

通。"东晋韩康伯把"会通"注疏为："会合变通。"今人马涛从中西文化角度作了解读："会通是指主体对各家学说作融会贯通之后，进而萌生出新观念和新思想的一种思维方式，其特点是吸收各家之长，从而对客观对象及其规律性方面有比较深入的认识。中西会通则是指在明清之际随着西学的东渐，作为知识分子先进者的救世思想家们，在对中西文化进行比较研究后所表现出的对两种文化热诚相结合的产物。"①

从中西文化的视角看，"会合变通"至少有三层含义：①"会合"是指东西方两种文化"融会交合"，要寻找两种文化的动态契合点。②"变通"是指两种文化"通过变革达到贯通"，特别是中华传统文化自身的变革是会通的重要环节。③会通的目的是融合东西文化之长以建设新哲学、新文化、新学科。②

三、聚变反应

中西文化会通，就是在中西文化的交会点上，探寻将两种文化融会贯通的道路和方法，建设兼有两种文化基因的新文化。一般来说，文化由浅入深，大致可以分为器物层面、制度层面、观念层面三个层次。从中西文化会通的角度说，外在的器物层面会通相对容易，制度层面会通较难，观念层面的会通最困难。而观念层面的会通，主要涉及价值观和思维方式的变革。

中西文化会通的新文化建设，选择好"突破口"很重要。本书没有重复前人已经选择过的突破口，也没有拘泥学科专业的界限，而是以通常在哲学和文化视野外的"创造学"作为新文化理论建构的突破口，融创造价值观和思维方式于中华传统文化核心，这一跨学科性融贯，既推动了中西会通创造学建设，也带来了中西会通新文化探索，这就是本书名为"中西会通创造学"的因缘。

前些年，笔者的朋友、香港浸会大学刘诚教授等主编了一本儿童创造力问题的学术讨论会文集。书名是《创造力：当东方遇到西方》(Creativity: When East meets West)，书名起得有趣而有深意：当东方和西方文化都把目光聚焦在"创造"问题上时，在理论和实践上究竟会发生什么样的"聚变反应"呢？《中西会通创造学》尝试回答了中华传统文化与西方现代创造学"相遇相交"，

① 马涛：《走出中世纪的曙光——晚明清初救世启蒙思潮》，上海财经大学出版社，2003年，第33页。

② 张德让：《翻译会通论》，《外国语》2010年第5期，第67页。

诞生新生命的传奇故事。

四、纲举目张

清代郑板桥的书斋联："删繁就简三秋树，领异标新二月花"（见图0-3），道出了做学问的"春秋"境界。其中关键处只有两个字："简"和"新"。一个"简"字，如深秋树木，繁叶落去，枝干尽显；一个"新"字，如早春花朵，冲破萧条，引领百花。"简"是学问精炼的标志，"新"是学问领异的标志。由繁而简，由异而新，可能是所有学问传承创新的必由之路。

笔者先后在天津师范大学、中国科学技术大学、澳门科技大学等学校任教。回顾笔者三十多年在中西哲学、创造学领域的耕耘，特别是将中华传统文化与西方现代创造学结合的探索，确有"繁而简，异而新"的深切感受。学问做到后来，竟只剩两个字：一个是代表中华文化最高追求的"道"字，一个是现代创造学的最高范畴"创"字，两字融合在一起，就是"创之道"。

图0-3 郑板桥题写的对联

可以说，"创之道"浓缩了本书全部精髓。《中西会通创造学》是一本跨文化、跨学科性的著作，其主旨是"东方文化"与"西方创造学"的会通探索，涉及创造学、中国哲学、科学哲学、西方哲学、美学、逻辑学、认识论、教育学、心理学、脑科学等诸多学科内容，乍看起来五花八门，但只要抓住"创之道"这个纲，全书内容就可以"纲举目张"，容易理解了。

本篇导言

五、一箭双雕

冯友兰先生提出了中国哲学"照着讲"和"接着讲"的问题。简言之，"照着讲"就是对传统的传承，"接着讲"就是在传承基础上的发展创新。本书作为一部跨文化、跨学科性的著述，以"创之道"为交会点，致力于中国传统哲学与西方现代创造学的会通，承启了两个不同学科领域的"照着讲"和"接着讲"：

(一)创造学

在"照着讲"现代西方创造学的基础上，"接着讲"以中华文化"道"为最高追求的"中西会通创造学"。中心是，"西学技法"与"中学道境"的会通。

(二)中国哲学

在"照着讲"中国传统哲学的基础上，"接着讲"以"创造"为核心的"中国新哲学"。中心是：传统"仁学"与现代"创学"的会通。①

以"道"为追求的创造学——中西会通创造学

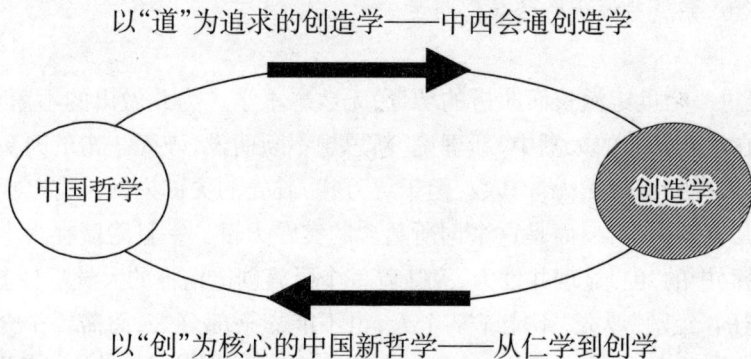

以"创"为核心的中国新哲学——从仁学到创学

图 0-4　中华文化与创造学的会通

当孔子"裨谌草创之"《论语·宪问》唯一提到"创"字时，他肯定不会料

_____

① 关于创学建设，参见刘仲林：《新精神》《新认识》《新思维》(古道今梦系列丛书)，大象出版社，1999 年。

到，两千年后，这个字可以成为和"仁"旗鼓相当，甚至包融"仁"的中华新文化标志性范畴。实际上，"创"的真正含义，人类20世纪才逐渐揭示出来，到了21世纪则一跃变成了引领我们时代前进的"旗帜"。

六、破壳一击

圆融的东方传统文化蕴涵着巨大的潜能，同时也包含着一层近似封闭的外壳。林语堂说："孔学过于刻板，道学过于冷漠，佛学过于消极，都不适合西方积极的世界观。"①严格说，这一表述是不准确的，但从中可以感受到传统文化某种缺憾。张岱年说："西洋可学者，在其分析的头脑、批评的态度；而其创造精神，第一应学。"②

今日，"创"出现在中华文化核心的意义是什么呢？这使我们想起了印度学者泰戈尔的一段意味深长的话：

> 雏鸟知道当它突破孤立的以自我为中心的蛋壳时，这个把它封闭了很久的坚硬的外壳并不真正是它生命的一部分，那个硬壳是个死东西，它不会生长，也不会让它看清在它外面的广大世界，无论它是如何可爱，完美而圆润，必须给予一击，必须突破它才能获得空气与阳光的自由，完成鸟的生命的最终目的。③

经过一个世纪漫长而曲折的孕育，无数志士学人为此做出的不懈努力，如今，在改革开放的大潮中，新理论、新思想不断萌发，破壳一击的时刻正在来临！人类词汇虽然无计其数，但千寻万找，破壳的关键词却唯有"创"！当然，不是这个词本身，而是这个词所蕴含的实践力量！一旦隐匿在古老文化基因密码中的"创"显现并发力，意味着一个民族创造精神的大觉醒！击破千年积累的"经学"厚壳，不能靠某个人，也不能靠某部分人，而需要举全民族之力，协同共力的一击！图0–5④是一个很好的象征，婴孩的一击，代表了人的创造本性觉醒。

① 林语堂：《中国人》，学林出版社，1994年，第281页。

② 《张岱年全集》（第1卷），河北人民出版社，1996年，第378页。

③ ［印］泰戈尔：《人生的亲证》，商务印书馆，1992年，第18页。

④ 本图引自 http://www.taopic.com/tuku/28620.html。

图 0-5　破壳一击

这是一个跨时空、跨文化、跨学科的"一击"，其文化背景触及东方与西方、科学与人文、传统与现代、圣人与凡人的"四大会通"。固然，"四大会通"是一个需要长期探索的过程，不会"一击"而就。重要的是：千里之行，始于足下；突破之路，崎岖光明。

七、边缘跋涉

在本书修订版基本完稿之际，传来了科学家屠呦呦获诺贝尔奖的喜讯，这打破了长期本土科学家的"诺奖荒"。获奖者"三无"（无博士学位、无留洋经历、无院士头衔）的背景，引起国人多方面热议：古代与现代、科学与人文、中医与西医、"文革"与改革等等，犹如一束光波穿过多棱镜，发散出五颜六色的光芒。这里，笔者仅从"创造"的视角作一个聚焦：为什么迄今中国获诺奖如此少？回答也很简单：中国跟踪模仿的大潮，把大多数幼小的原创苗头都拍没了！束缚原创的框框太多了，支撑原创的要件太少了，中国哲学与文化创新太滞后了！历史表明，现代许多重大原创，均发生在不同学科的交叉点上，而这一点正好是中国教育和科技的短板。

20世纪80年代初，笔者在国内最早从事"跨学科"（交叉科学的理论和方法）研究，深感其中的孤独和艰辛，1986年笔者试办《交叉科学》杂志，未能持续。2006年在中国科学技术大学支持下，通过学校的"科技史与科技文明研究"国家哲学社会科学创新基地，与科学出版社合作，以连续出版物方式出版《中国交叉科学》多卷，但终因无法申请到刊号未能转为杂志。反观国际的《交叉科学评论》杂志早在1976年就已经创刊。再以跨学科项目"中国传统哲学与现代创造学会通"申请为例，笔者从2011年开始，曾连续四次申报国家社科基金哲学类项目，分别以"中国传统哲学创造性转化研究"（2011）、"传统价值观与创造观通贯研究"（2012）、"科技文化与传统文化会通研究"（2013）、"弘扬中华传统文化新模式探索"（2014）等项目名称申报，每次都如石沉大海、杳无音信。笔者带的几届博士生从多角度作"创学"研究，都是在没有获得急需的基金项目支持下进行的。

经过接二连三的国家社科基金申请失败，笔者抱着试试看的心态，2015年申请了贵州孔学堂的"中华传统文化的创造性转化、创新性发展研究"重大项目，经国内专家评审，竟然初次申请，就获得立项。这一经历，使笔者沉思良久：几十年来，究竟有多少跨出传统学科边界的原创性探索，被约定俗成的单学科"范式"排除在外！

八、仁心童心

笔者观点的起源，不是来自理论或外界，而是童年的一次难忘的亲身经历。核心观点的形成，是30多年来，在中西文化会通的跨学科研究、大众普及走过的荆棘之路的刻骨铭心感悟。

在去大城市上小学前，笔者一直生活在渤海边的农村。村外是一片广阔的田野，青纱帐里捉虫，银月光下看瓜，农村生活的一切都是那样使人难以忘怀。而这其中给我印象最深而又难以理解的是这样一件小事：记得有一次我在离村较远的田野上玩，忽然在草丛中发现一些开着紫色小花的植物，我感到很新奇。看到花的颜色很像茄子花，且结小果，我就管它叫"野茄子"。要把新发现告诉小伙伴！想到这里，我就弯下腰，采了很多"野茄子"，抱回村中井边的石台上。小伙伴都围过来，好奇地又看又问。这时，脑子里忽然又涌现出一个新点子："卖"野茄子！我向小伙伴宣布，大家可以用秫秸（即高粱秆）"买"野茄子，一节秫秸"买"一束；许多小伙伴觉得这个做买卖的游戏很好玩，纷纷四处找秫秸，然后兴冲冲到我这里"买"。我采的野茄子一会儿就"卖"光了。我抱着一小捆秫秸回家，向妈妈述说经过，静等妈妈的表扬。没想到，妈妈十分严肃地对我说："你这个孩子，这么小就贪财爱利，这不是让村里人笑话，说咱不仁义吗？以后可不能这样了！"一席话下来，如当头浇一盆凉水，我的兴奋劲全消失了。这是怎么回事呢？想起来，妈妈说的似乎有很深的道理，但我心里又着实委屈：我看重的根本不是这一小捆秫秸，而是野茄子的发现、做买卖游戏的发明，怎么会成了不仁不义了呢？

几十年过去了，这件小事一直萦绕在我的心头，到底是妈妈批评的对，还是我做的对?后来,我知道了,妈妈是一个普通的农村妇女,仁义的大道理来源于孔子。原来,我和妈妈的意见冲突,背后是仁义与童心的冲突。我一直奇怪,在仁义大道理中,为什么没有对我童年发现和发明的肯定呢?几十年中断断续续的想法很多,但一直没有满意的答案。直到我全身心投入中华传统哲学与文化研究,并经过许多彷徨困惑,恍然大悟之后,童年的问题才呈现"拨云见天"的态势。

古代学者李贽指出:"夫童心者,绝假纯真,最初一念之本心也。若失却童心,便失却真心;失却真心,便失却真人。人而非真,全不复有初矣。"(《焚书》卷三《童心说》)中华两千多年传统文化,老成有余,然童心多失,唯一敢大胆说童心的李贽,也被专制统治者下狱迫害而死。巍巍中华传统文化,失却童心久矣!

童心来自天然,不受两千年积习惯例束缚,没有学问家的诚惶诚恐,出自本心,自然流露。简言之,童心本质上是一种天然的创造之心。这种"心"是任何追求真理的学问所必然尊敬的。两千年的封建专制和经学束缚,把中华民族的这种原创之心埋没了。现在,自然显露这符合人本性的童心,是不是更符合古代圣人的理想和追求?老子说:"我独泊兮,其未兆,如婴儿之未孩。"(《老子·二十章》)孟子说:"大人者,不失其赤子之心者也。"(《孟子·离娄下》)具有原创思想的古代圣人如此看重童心,说明圣人的学问与童心并非水火不相容,而是有着微妙而深刻的联系,可惜后来的经学,切断了这种联系,以至到李贽谈童心,竟被视为大逆不道了。

笔者尊敬孔子,更尊敬孔子创立儒学的探索精神;笔者爱戴母亲,更爱戴母亲给孩子自由发现的时空。古代先哲之心与今日童子之心,最宝贵的就是自由自在、无拘无束的创造之心。失去了这颗心,就失去了中华文化最宝贵的精华。

九、大美不言

权钱物欲横流、碎片知识爆炸、奢靡贪图享乐等,构成了一个喧嚣社会的重度"精神雾霾"。要从深层驱散这种"雾霾",迫切需要进行跨学科的大文化、新的哲学建构,但受传统"经学"研究范式的束缚,现实中各种议论多、分析考证多、八股套话多,系统而有创意的理论建构少,犹如一场球类比赛,大家都做场外评论员,场内运动员却少之又少。新哲学、新文化建设被边缘化、浅薄化,创造、创新被经济化、技术化,难以满足深化改革和文化发展需要,这也是精神"雾霾"不散的重要原因。

孔子说:"有朋自远方来,不亦乐乎?"(《论语·学而》)亲爱的读者,感悟"创之道"的探索之旅开始了,让我们破霾穿雾而行,蹚过"新观点—新思想—新知识—新学科"诸新知组成的"河流",翻越"创造心性—创造思维—创造技法—创造境界"诸篇组成的"峻岭",一路上不仅可以学习西方创造学的思维方法和实用技巧、体验东方创造学的心性觉醒和境界提升,更可以进而领悟东西两大文化圆融一体的大美!

庄子说:"天地有大美而不言。"(《庄子·知北游》)笔者认为,这个"大美",实质就是天地创造万物之美,人效法天地,投身创造,也可以在日常生活、工作事业、兴趣爱好中亲身体会"天人合一"的大美境界!张岱年说"人由创造出,且在创造中",天地创造人,人创造效法天,大道尽在不言的实践妙悟中!

让我们携手——

叩启真的心窗,探寻善的家园;

追求美的境界,觉悟创的人生。

茫茫人海,相遇是缘,葆葆创心,觉之即道。三百年上下求索,四大会通(东方与西方、科技与人文、传统与现代、圣人与大众)的交会点究竟在哪里?今天我们要大声说:Eureka(找到了)!

第一章 创造与创造学

> 处处是创造之地,
>
> 天天是创造之时,
>
> 人人是创造之人。
>
> ——陶行知

1969年7月21日,美国宇航员阿姆斯特朗(Neil Alden Armstrong)站在已经着陆的登月舱的扶梯上,伸出他穿着靴子的脚,在月球上踩出了人类的第一个脚印。接着,他说了一句意味深长的话:"这对一个人来说只不过是小小的一步,可是对人类来讲却是一个巨大的飞跃。"

图 1-1 登月

2003年4月14日,参与人类基因组计划的六国科学家同时宣布人类基因组序列图绘制成功,人类基因组计划的所有目标全部实现。已完成的序列图覆盖人类基因组所含基因区域的99%,精确率达到99.99%,这一进度比原计划提前两年多。这一宏大的工程,被科学家们称为生物学上的"阿波罗登月计划"。

前者把人类送到38万千米外的月球,使人类第一次登上地球外的大地;后者揭示了人类基因组30亿个碱基对的序列,使人类第一次在分子水平上全面地认识自我。这两项科技成就一个"出其外"、一个"入其内",是人类千万年创造活动的集大成者和杰出代表。

回顾人类发展史,正是人类祖先在生存竞争中不断迈出的创造发明步伐,逐渐带来了人类创造本性的觉醒,演化成今日人类创造力的大爆发。这中间虽然有各种压制人类创造力的制度、经济、文化的阻碍,觉醒的道路十分曲折,但今日的人类的创造的洪流,已经势不可挡。

不言而喻,创造并非都像"登月计划"和"人类基因组计划"那样巨大复杂,事实上,我们身边的衣、食、住、行等等一切,都离不开创造。中国古代,"仓颉之书,世以纪事;奚仲之车,世以自载;伯余之衣,以辟寒暑;桀之瓦屋,以辟风雨"(王充:《论衡·对作篇》)。——说的是仓颉发明文字,奚仲发明车辆,伯余发明衣服,桀发明房屋。这些都是与生活息息相关的卓越发明。

在中国科学技术大学教室上创造学课时,笔者常常要同学们找一下室内与人类创造无关的东西。从天花板到地面,从课桌椅到讲台,从大门到窗户,以至穿戴、教材、文具等,竟然很难找到不是人类创造发明的东西。有同学提到空气,似乎空气来自自然,与人的创造活动无关。其他同学指出,受人类各项创造活动、特别是工业制造、能源交通等方面影响,空气成分已不是单纯的原始自然空气,要恢复大自然的空气清新,更需要从环保角度进行创造。

人类创造的内容和成果令人眼花缭乱,相互之间差异之大令人吃惊。它可能是工厂中的一个新产品,农业上的一个新品种,文学上的一件新作品,科学上的一个新发现,管理或销售中的一个新点子,技术上的一个新方案……甚至日常生活中的一个新窍门,或一句幽默的话,均属创造的范畴。

那么,怎样认识这形形色色、包罗万象的创造呢? 创造心理学家泰勒(Irving A. Taylor,1959)曾根据创造成果的性质与复杂性而将创造分为以下五个层次[1]:

1.即兴式的创造(Expressive creativity)

这种创造老少咸宜,往往是即兴而发,因境而生,参与者率性而为,尽情而欢,或高谈阔论,或即席挥毫,或高歌一曲,或手舞足蹈,不计(产品的)高

① Taylor,Irving A.A,Retrospective view of creativity Investigation,In I.A. Taylor and J.W.Getzels (eds.), *Perspectives Creativity*,Chicago,Ⅲ.:Aldine Publishing Co.,1975,3.

第一章

低与上下,不计作用与效果,是一种快乐自怡的表露式创造活动。这既是一种创造,也是一种游戏,在活动中,人的知、情、意达到高度和谐,真、善、美达到有机统一,充分显示了创造的自由境界。泰勒认为这是其他各种创造的基础。

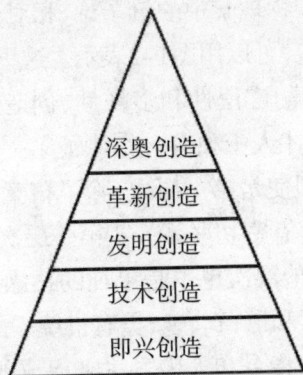

```
         ╱╲
        ╱  ╲
       ╱深奥创造╲
      ╱────────╲
     ╱  革新创造  ╲
    ╱────────────╲
   ╱   发明创造    ╲
  ╱────────────────╲
 ╱    技术创造       ╲
╱────────────────────╲
     即兴创造
```

图 1-2　创造的层次

2.技术的创造(technical creativity)

这种创造是发展各种技术技巧以产生完美的产品。这一层次是以技术性、实用性、客观性、精密性、优美性为其特点的。创造者可以模仿、应用已有原理原则以解决具体的实际问题,并不注重产品的创新程度。从事技术的创造时,创造者往往牺牲即兴式的表露而使其思路适应客观要求。

3.发明的创造(inventive creativity)

这种创造不产生新的原理原则,但产品有较强的创新性,有较重要的社会应用。如爱迪生的电灯、贝尔的电话、瓦特的蒸汽机等。这些发明没有原理性的理论突破,但比技术性创造有更高层次的创新,产品产生了广泛的社会影响。

4.革新的创造(innovative creativity)

这种创造是将现有的原理原则或学说加以修改,扩充与发挥。革新的人物必须有高度抽象化、概念化的技巧,以及敏锐的观察力与领悟力。除此之外,他们还必须具备各种必要的知识,尤其对于所需要改造的领域先有充分了解,方能发掘问题,产生革新的成果。泰勒以心理学家荣格(C.G..Jung,)与阿德勒(A.Adler)为例,他们都曾是弗洛依德(S.Freud)的追随者而后自立门派。他们的学派中仍有弗洛依德原来学说的影子。

5.深奥的创造(emergentive creativity)

直译为"突现的创造",意即想不到的联系突然意外出现,创造取得令人难以置信的突破。这一层次的创造最为复杂,创造者必须有宽阔的视野,高度的洞察力,驾驭千头万绪、复杂资料的能力,并能以简驭繁,一以贯之,把看起来无关的东西融汇成一个有机的整体。科学和艺术大师的经典创造往往就属于这个层次。例如物理学中的量子论、相对论都属深奥的创造。

以上五个层次的创造,可以用图1-2表示。这里有几点值得关注:①五个层次的创造,体现出创造的广泛性和多样性,创造是无所不在的,所有正常人都有创造能力,并非天才人士独有。②除了第一层次之外,其他各种创造都是解决问题的过程。即使是第一层次,除了孩童式的游戏外,高层次即兴创造也与解决问题的过程有密切联系。③第一层次"尽情尽兴,率性而为"是其他层次的基础,所以其他层次也不是单纯的枯燥理论或技术问题,而是包含着创造者知、情、意高度和谐,真、善、美有机统一的追求。④第一种与第五种的创造是难以用外在的指令和人为方法来促成的。正如美籍创造心理学家郭有遹所指出的:第一种即兴式的创造是随遇而发,代表着天真的童心,若有意为之,反而会贻笑大方。第五种最高级的创造,只有少数第一流的天才方有一次的机会,其过程鲜为人知,也是无法学习的。

"创造"所包含的内容如此丰富和千变万化,我们有必要了解一下中外"创造"一词的来龙去脉和演变过程。

一、中西创造观溯源

(一)中国创造观溯源

一些学者有这样一种说法:创造一词是由"创"和"造"两个字构成的。根据《词源》一书,"创"字在中文中有疮、伤、损、惩等意思,这些字的共同含义是"破坏"。"造"字有作、为、始、成就等意思,其共同的含义是"建设"。两个字联起来形成"创造"一词,具有把破坏和建设统一起来的意思。换句话说,"创造"是指在破坏旧事物的基础上,产生新事物的活动。一些国内创造学著述采用了上述说法。事实上,这一说法是不准确的,因为"创"有两个不同的含义,且两个含义的读音不同,它们分别是"创伤"的"创",有伤害之义,读音chuāng,为平声。而"创造"的"创",有始造之义,并没有伤害或破坏之义,读音chuàng,为四声。两者不能混淆。

創

图 1-3 中文创字

因为"创"是创造学的一个核心范畴,我们将进行稍微详细的分析。笔者对这一问题进行了考证,得出以下看法。

中文"创"一字有两种不同的读音和含义:一是读chuāng,如创伤;二是读chuàng,如创造。下面我们分别简述之:

(1)在创读chuāng时,与刅同。金文中刀形加点,表示锋利处可伤人之意,指事字。《说文》:"刅,伤也,从刀从一。创,或从刀,仓声。"《说文》:"仓,谷藏也。苍黄取而藏之,故谓之仓。从食省,口象仓形。"创从仓声。

其主要含义有:①创伤;②伤害;③通"疮"。

(2)在创读chuàng时,通刱。《正字通》:"创,说文本作刱。"《说文·卷十》:"造法刱业也。从井刅声,读若创。"王筠《说文解字句读》注云:"造法者,礼所谓智者创物也;刱业者,孟子所谓创业垂统业。造即创也,互文见意。"

此"创"的主要含义有:①始造。《汉书·叙传下》:"叔孙奉常,与时抑扬,税介免胄,礼义是创。"颜师古注:"创,始造之也。"《广雅·释诂一》:"创,始也。"《周礼·考工记·目》:"知者创物,巧者述之守之,世谓之工。"郑玄注:"谓始闿端造器物。"《孟子·梁惠王下》:"君子创业垂统,为可继也。"言创造基业于前,而垂统绪于后也。《贞观政要·君道》:"帝王之业,草创与守成孰难?"②创作。《论语·宪问》:"为命,裨谌草创之。"朱熹注:"谓造为草稿也。"③惩戒。《集韵·漾韵》:"创,惩也。"《书·益稷》:"予创若时。"孔传:"创,惩也。"孔颖达疏:"惩丹朱之恶。"

罗竹风主编的《汉语大词典》(汉语大词典出版社,1988年)收录了创(chuàng)的八种含义:始造;初始;建造;创作;超出;惩治;同"闯";通"怆"等。

总起来说,"创"的最主要意思有两个:一个是"创伤",一个是"始造"。哲学文化与创造学关注的重心,是后者,即读chuàng音者。意思是"始造"。本书所用"创"字,除特别指明外,均指"始造"之"创"。上述引证说明,"创"和"造"在含义上是互通的,并不是像有的学者认为的那样,"创"是"破坏","造"是"新建"。出现误读的原因,可能是把"创"的两个不同读音、不同含义混淆在一起了。"创"和"造"的区别,在于"创"是"始造",即第一个"造"出来,强调了

"首先"之意。

由"创"生化出许多词汇：如创立、创化、创建、创作、创行、创收、创意、创见、创始、创造、创业、创新、创举、创议等。其中最为引人注目的是"创造"一词，而当代最时尚的是"创新"一词。

在古代，"创造"一词主要有以下几层意思：①犹创作。《后汉书·应劭传》："其二十六，博采古今瑰玮之士，文章焕炳，德义可观。其二十七，臣所创造。"②创建。《三国志·魏志·武帝纪·注》："是以创造大业，文武并施。"③制造。《北史·长孙道生传》："初，绍远为太常，广召工人，创造乐器，唯黄钟不调，每恒恨之。"④发明，制造前所未有事物。《宋书·礼志五》："至于秦汉，其（指南车）制无闻，后汉张衡始复创造。"

古代"创造"一词的含义及其演化，已较接近现代意义。当然，无论广度和深度，都无法和现代"创造"一词的地位和角色同日而语。在漫长的古代历史中，"创"和"创造"都属使用频率很低的非常用字词，并没有引起古人特别注意，在中华传统哲学与文化范畴术语中，也没有它们的位置。在《论语》一书中，"创"字仅出现一次，而"仁"出现了109次。在《孟子》中"创"出现一次。在《老子》中，没出现"创"字。特别是在《易传》生生哲学中，也没有出现与"创"有关的字词。总之，在我国古代，"创"及其相关词汇，都埋没在千千万万普通字词中，其文化精神价值，尚未被发现。中国重新审视"创造"的时代意义和价值，是在"西学东渐"之时，在此之前，"创造"一直被关在中华文化思想体系范畴的大门之外。

（二）西方创造观溯源

在西方，"创造"一词的历史不像在中国那样稳定平淡，而是一波三折，充满了演义趣味。创造（create）是由拉丁语"creare"一词派生而来的。"creare"的大意是创造、创建、生产、造成。20世纪70年代，波兰科学院曾就"创造"议题开展系列研究，并举行国际学术研讨会。期间，波兰学者塔达克维奇专门考察了西方"创造"一词的起源和演化。他指出，这一词的发展过程可分为四个阶段：

（1）有近一千年的时间，在哲学、神学以至欧洲艺术中不存在创造一词。古希腊根本没有创造一词。罗马人虽有创造这个词，但他们从来没有把这个词用于哲学、神学以及艺术的范畴。对他们来说，这一词只不过是口语中的一个词汇。创造者(creator)一词与父亲一词的意思相同,而城镇的创造者意为一个城镇的奠基人。

图 1-4 英文"创造"一词

(2)在以后的一千年里,开始出现这个词汇,但它只用于神学,创造者和上帝一词意义相同。《旧约全书·创世纪》说,上帝在一切不存在的情况下创造了天和地。创造是上帝的象征,人不具备这样的条件。整个中世纪,"创造"与"无中生有"密切关联,一直是天神或上帝独有的能力,人类不具备这种能力。

(3)在欧洲文艺复兴的大潮中,"创造"一词逐渐获得了解放,"创造者"从天上延伸到了人间。当时认为艺术家的工作可以称为创造,创造者和艺术家为同义词。以后,又出现了过去曾被认为多余的有关这一词的表达法,如创造的形容词和名词,但这些表达方法仍主要用于表现艺术家和他们的劳动。

(4)在20世纪前后,创造这个概念又有了新的飞跃。不仅艺术家,而且活跃在其他领域的人同样可以是创造者。人们对任何领域的工作都可以进行创造,创造一词开始用于整个人类文明领域。从此,便开始出现了对科学创造、创造性政治家以及新技术创造者的讨论。

塔达克维奇对创造概念历史做了进一步分析。他指出,很多世纪以来,由于创造这个概念不存在,因此也谈不上创造的理论及对这一理论的普遍看法。诚然,古代确有两个与创造概念相类似的概念。一个概念是关于宇宙论的,而另一个与诗歌理论有关。古希腊的神谱和宇宙论是根据(世界)起源的概念演变而来的,与创造的概念纯属两个截然不同的概念。古代相近创造的概念是诗人的概念。在希腊人看来,艺术家只是模仿和变换那些世界上已经存在的事物,而诗人却不然,他们具有艺术家所不具备的一种自由。后者(艺术家)在他们看来与创造是对立面,而前者(诗人)却与创造者近似。严格说来,创造的概念只是在古代末期才形成的。确切地说,应解释为在"一无所有"的情况下将某种事物制造出来。现实中似乎没有这样的事,所以当时认为世界上不存在创造。古代后期有一句话可以说明这一看法:"不可能空无生有。"

中世纪时期,人们再也不像古代唯物论那样坚持创造不存在的概念,但他们认为创造是上帝的唯一象征。上帝本身就是创造者。他们认为创造是存在的，但唯有人不具备这样的条件。近代文艺复兴以至后来（主要在19世纪），创造的含义有了变化，而且是根本的变化，即抛弃了"出于空无"这一条件，这样"创造"便成为制造新的事物，而不是凭空创出某种事物来了。创造的首要标准是"新奇"。新奇有各种解释，也可以从狭义或广义上去理解。不是所有的新奇都为创造，但最终是新奇解释了创造。继这样一个新的概念之后，随后又产生了一种新的理论：创造是艺术家的唯一属性。这个理论始于17世纪，后来相隔很长一段时间才得到人们的接受。这个理论实为典型的19世纪的观点：只有艺术家才是创造者。莱曼奈斯（Lamennais）生在19世纪前半叶，切身经历了这一概念的转变过程。他阐述道："对人们来说，艺术就是上帝的创造能力。"早期的创造一词被保留下来，但其概念和理论具有了新的含义。意大利美学家泰格莱布（G.M.Tagliabue）断言，创造的概念在艺术理论史上开辟了一个新纪元：古代的艺术为模仿；浪漫主义时期的艺术为表达；而我们这个时代的艺术则为创造。

19世纪，人们一直认为艺术家是创造者的代表，但在20世纪，这一观念又有了新的变化。不仅艺术家，而且活跃在其他领域中的人同样可以是创造者。人们在任何领域中的劳动都可以通向创造。创造这一概念范畴的扩大不表明一种概念本身的变化，而只说明对一种已经接受了的观念的应用，因为创造是在劳动过程的新奇中出现的，而新奇不仅存在于艺术的劳动中，而且也存在于科学和技术的劳动中。

因此，一位研究创造概念历史的学者发现，创造的概念有三种解释：一种将创造解释为神的（C_1）；第二种将这一概念解释为唯艺术的（C_2）；而第三种解释为人的（C_3）。就对创造的一般理解而言，人的创造是一种按照年代顺序来说被列为最后的一种概念，同时也是我们这个时代典型的概念。

英国学者威廉姆斯（Raymond Williams），也对"创造"一词的来龙去脉进行了分析，他指出：create这个英文词，可以追溯的最早词源为拉丁文creare——意指制造或是生产，是从拉丁文creare的过去分词的语干演变而来。这个词与"某种被创造出来的事物""过去的事件"有一个内在的关系，因为它主要是用来描述天神初始创造的世界：creation（创造）与creature（创造物）。尤有甚者，在信仰体系里，正如同奥古斯丁（Augustine）所主张，"被创造者（creature）本身是没有能力去创造的"。这种意涵，一直到16世纪之前，都是很重要的。将这个词加以延伸，指涉"现在和未来的创造"（present or future making）——

第
一
章

亦即，一种人为的创造——是人类思潮巨大变化（亦即我们现在所称的文艺复兴时期的人文主义）的一部分。"有两种创造者"，塔索（Torquato Tassso，1544—1596）写道"上帝与诗人"。"人类的创造"这一层意涵，特别是在充满想象力的作品里，是其现代意涵的重要来源。

然而到了17世纪末期，create与creation这两个词已经普遍具有了现代意涵。在18世纪期间，其中任何一个词都明显与art（艺术）有关联。由于这种关系，creative（创造的）在18世纪被新创出来。在create与creation这两个词被广为接受并且被解释为"人的行动"之后，creative意指"人的心智能力"（faculty）之明显意涵（不必然指涉一个过去神圣的事件），于是出现。在19世纪初，creative这个词充满高度的自主意识；到了19世纪中叶，变得普遍通用。creativity（创造性，又译创造力）在20世纪成为一种普遍的语汇，意指"心智性能"。

显然，这是一个重要的且具有意义的演变过程。在强调"人的能力"的意涵时，creative已经变得很重要。但是，很明显这个词的词义复杂难解，它必然强调"原创性"（originality）与"创新性"（innovation）。当回想此段词义演变史时，我们可以看到这两个被强调的意涵是很重要的。①

美国神学家考夫曼（Gordon D. Kaufman）专门谈到"创造"及其衍生词与宗教的关系。他指出：英文动词"创造（create）"——产生出某种新事物——以及派生名词"造物主（creator）""创造/创造物（creation）"与"被造物/人/生物（creature）"，可以追溯到乔叟（chaucer）以及乔叟之后的作家，但相对而言，"创造性（creativity）"这个词是新出现的，大约仅有一个世纪（显然，怀特海在《宗教的形成》一书中对该词的运用促进了它的广泛传播②）。在西方宗教传统中，创造（creating）的观念是非常古老的，甚至比希伯来圣经更早，而在希伯来圣经中，上帝最初被描绘为恰恰在事物的开端就已经"创造天地"的上帝（《创世记》1：1）：正是上帝创造了现存的所有事物。因此，从圣经故事的开端，上帝在原则上就不同于我们能说到和想到的所有其他事物——所有那些事物都被看做是上帝的造物，并因而绝对依赖于上帝。上帝是完全独一无二的这种思想，不仅贯穿于圣经之中，而且几乎贯穿于所有后来的犹太教、基督教和伊斯兰教的传统之中，并一直延续至今。③

---

①　[英]雷蒙·威廉斯：《关键词：文化与社会的词汇》，刘建基译，生活·读书·新知三联书店，2005年，第92~95页。

②　Oxford English Dicdonary，2nd ed.1989。

③　[美]考夫曼：《基督教关于创造性的观点：作为上帝的创造性》，《求是学刊》2008第6期，第6~7页。

第一章

(三)对中西创造词源的反思

对比中西"创造"一词的产生和演化,是耐人寻味的。

● 西方"创造"一词形成较晚,有相当长时间受冷落,但从中世纪至今,其发展却经历了一波三折:一时天上,一时地下;一时艺术,一时百业,很富戏剧性。早期"创造"定义为"无中生有",成为上帝的专利,与大地上的人无关,人类只能仰望崇拜。《圣经·创世纪》开篇就说:"起初,上帝创造天地。"上帝创造,从光开始,继而苍天,继而水土生命,继而日月太空,继而水生动物,继而陆上动物,最后创造人。由此形成上帝为唯一创造者的"创造论"(Creationism)。这就西方"创造"的第一个阶段的含义C_1,即上帝的创造。上面我们提到,英国学者威廉姆斯认为这个时期的创造含义与"某种被创造出来的事物""过去的事件"有一个内在的关系,是有道理的,这就是说,人和万物都是被创造出来的事物,发生在遥远的创世纪时期,和现在的人类以及人类未来,没有直接关系。

随着文艺复兴登上历史舞台,人的思想大解放,"创造"的含义发生了历史性变化,它以"艺术"为中介,从天上降到人间,由上帝至高无上的专有,转化成"艺术家"可以参与共享。由此,"创造"的内涵也发生了根本性变化,已经包含涉指"现在或未来的创造",也就是一种人类自己的主动创造,这是创造第二个阶段的含义C_2,即艺术家的创造。这一时期,虽然创造降到了人间,但并不是人人都可以参与,只有想象力浪漫的艺术的天才,才能有幸成为创造者。显然,C_2是一个从C_1到C_3的过渡阶段。

进入20世纪,人间的"创造"不再为艺术家独有,它随着大规模的教育、科技、工业、市场的竞争发展,向大众普及。"创造"扩展到各行各业,千家万户。创造力成为各领域人才的一个关键性能力。这就是创造第三个阶段的含义C_3,即全人类的创造。"创造"一词由天上到地下,由艺术到各领域,是人类文化进步和社会发展飞跃的综合体现。

● 中国古代"创造"一词产生很早,且体现在礼仪制定、基业开拓、器物制造、文章创作等许多方面,定义确切,内涵丰富,特点鲜明。《周礼·考工记》云:"知者创物,巧者述之守之,世谓之工。百工之事,皆圣人之作也。"说明至少在秦汉时期,人们就已经认识到:有智慧的人创造器物,而心灵手巧的人循其法式,守此职业世代相传,叫做工匠。百工制作的器物,都是圣人创造

第一章

的。并举例说：金属刀具、陶制器具、陆上车辆、水中舟船都是圣人的创造。这里我们看到，中国古人没有把"创造"专门归结为上帝或天神，但也没有归结为普通人，而是归结为"圣人"。因此，最初的工艺发明权常常被归属于古代帝王皇后或其子臣等有神明之道或圣贤之迹的圣人，于是有了一系列圣人制器的传说。例如，轩辕黄帝创甲胄舟车、冠冕衣裳；有巢氏构木为巢，始创宫室；黄帝原妃嫘祖发明养蚕，故被奉为先蚕；伏羲氏造网罟、琴瑟；炎帝制耒耜；周公作指南车等等。创造领域和行业虽然广泛，但只有圣人智者才能创造，工匠和一般人只能模仿和传承。加之几千年来，"日出而作，日落而息"的小农经济的封闭、君主专制制度的禁锢，以及因循守旧经学传统的束缚，中华民族的创造力受到严重制约，"创造"一词一直没有受到社会关注，在中文词库中默默无闻，几乎被人遗忘，中华民族在世界的创造创新的大潮中落伍了。古代先人"不愆不忘，率由旧章"（《诗经》）、"述而不作，信而好古"（《论语》）、"不敢为天下先"（《老子》）等的思想，以及代代流传的俗语："枪打出头鸟""人怕出名猪怕壮""出头的椽子先烂"……可以看出"创造"面临的社会风险和环境艰难。

　　由以上中西两大文化的"创造"观演变过程可见，西方在"文艺复兴"的推动下，创造观发生了根本性变革；而中国一直缺乏一个中华民族"文化复兴"的历史阶段，相应的创造观变革也没有到来。因此，中国当前急需的，不是"水过地皮湿"的创造、创新口号，而是心灵深处的人生"创造观"变革。这里，我们引用教育家陶行知一段话：

　　　　自从有了裹脚布，从前中国妇女是被人今天裹、明天裹、今年裹、明年裹，骨髓裹断，肉裹烂，裹成一双三寸金莲。自从有了裹头布，中国的儿童、青年、成人也是被人今天裹、明天裹、今年裹、明年裹，似乎非把个个人都裹成一个三寸金头不可。如果中华民族不想以三寸金头出现于国际舞台，唱三花脸，就要把裹头布一齐解开，使中华民族的创造力可以突围而出。①

---

① 陶行知：《创造的儿童教育》，《陶行知全集》（第4卷），四川教育出版社，1991年，第537页。

二、创造内涵的界定

创造就其现代含义而言,是一个非常广泛、笼统的概念,它囊括人类各种社会活动,不仅涉及艺术家的创造,而且涉及科学技术、工业生产、社会生活等各方面的创造。那么,创造的含义究竟是什么呢?

什么是创造?《辞海》的解释是:"首创前所未有的事物。"《现代汉语词典》的解释是:"想出新方法、建立新理论、做出新的成绩或东西。"以上两条都是从创造成果的角度来解释的,代表了社会上一般的看法。从学术的角度看,它们作为创造的定义表述显然不够严格。那么,创造的研究人员是怎样给创造下定义的呢?

确切地说,"创造"一词的定义在学术界迄今仍是百家争鸣,尚没有公认的表述。这个词似乎越求精确,表述则越困难。1982年,日本创造学会向全体会员征集对"创造"的定义,在1983年学会会刊编辑整理并发表出来的答案即达83个。为了使读者对创造概念有更深刻了解,进一步明确其丰富而复杂的内涵,下面我们列举国内外不同学科学者的一些有特色的定义:

(1)创造是产生我们通常认为有创造性的产品的过程。(柏金斯)

(2)现有要素的新组合,这种组合对创造者本人来说是新颖的。(贝利)

(3)创造就是把已知的材料重新组合,产生出新的事物或思想。(恩田彰)

(4)对人这种动物而言,创造就是超越我们之所知,直达事物的"真理"。带着创造性的疑惑去生活,就会步入混沌并发现"不可言传"的真理。(布里格斯)

(5)创造者,人类以自己的自由意志选定一个自己想要达到的地位,便用自己的心能闯进那地位去。(梁启超)

(6)成能才是成性,这成的意义就是创。(熊十力)

(7)新类与新级由未有而为有,谓之创造,亦曰创辟,亦曰开辟。创造即前所未有之出现。(张岱年)

(8)创造就是破旧立新。(王加微)

(9)所谓创造,是主体综合各方面信息形成一定目标,进而控制或调节客体产生有社会价值的、前所未有的新成果的实际活动。(甘自恒)

(10)所谓创造,乃是指创造主体在一定的情境下,通过创造性地解决某个适宜的问题,而获得了某种新观念、新设想、新方法或新产品等的思维活

动过程。(傅世侠)

(11)"创"和"造"组合在一起,就是突破旧的事物,创建新的事物。(罗玲玲)

(12)创造是人产生崭新的精神或物质成果的思维与行为的总和。(李嘉曾)

(13)创造是对已有要素进行新组合,发现美并实现美的过程。(刘仲林)

(14)创造,是以未知的事物为起点,向全新的、无法预期的世界诱导人们,使人感到满足的东西。(五十岚道子)

(15)综合从旧的价值体系向新的价值体系的变异的、不同的东西的活动,向具有更完善的机能的精神结构的变异。(扇田博元)

(16)创造,是人类的传奇,因为它体现了一个人的个性,所以是意志的具体表现。(小川藤弥)

(17)把握本质的变革。在事物方面就是机能、构造的变革,在社会方面就是结构、惯例、方法的变革。(高桥浩)

(18)创造,是以人类大脑左右半球的信息交换为基础产生新的文化的行为。(久田成)

(19)否定至今的做法,产生进一步的成果。为此用全部精力去冲击至今的做法。(小岛英德)

(20)创造是实现极其异质的联想的社会成果。联想是根据对种种信息资料的改造、加工组合形成的异质的意义化。(江川朗)

(21)创造是以独创的设想和努力去开拓对于个人、集体、国家、人类未知领域,使之实现,成为对人类有贡献的事物的活动。(上条芳省)

(22)把给人以新鲜愉快的刺激,有如是自己的象征似的持续欢乐的事物做出来的全身心的活动。(北川荣)

(23)创造是个体或群体生生不息的转变过程,以及知、情、意三者前所未有的表现。(郭有遹)

(24)创造是主体为实现一定目的,控制客体以有灵感思维参与的高智能劳动,产生有社会价值的前所未有的新成果的活动。(鲁克成、罗庆生)

(25)创造乃是一种无所不在、无奇不有,也无从规范的能力或现象。(余玉照)

(26)创造首先是顽强的、精细的,同时富于灵感的劳动,这种劳动要求人的全部体力和智力高度的紧张。真正的创造总给社会以有益的有意义的成果。(波果斯洛夫斯基)

(27)创造是个体获得自由后所绽放的芬芳。(奥修)

(28)创造就是解决新问题、进行新组合、发现新思想、发展新理论。(伊

东俊太郎)

（29）创造就是人类主动地改造现实世界，建立新的生活，获得新价值的开拓性活动。（刘志光）

（30）创造，是个人、社会和自然等复杂系统的根本特征。（刘勇）

图 1-5 "创造"的定义之多如同盲人摸象

面对"创造"概念的诸多定义，许多西方创造学者喜欢用"盲人摸象"来概括。威纳（L.Wehner）等学者认为："我们触摸着同一大象的不同部位，然后从我们所知的推出对整体的歪曲图像：摸着尾巴的人就说大象像蛇，而摸着肚皮的人则说大象像墙。"[①]

读了上面五光十色、令人眼花缭乱的诸多定义，读者自然会问："创造"这个概念为什么确而不定（对创造的含义似乎每个人心里都明白，但难以用语言精确表达）呢？这可以找出许多理由。如创造概念中有多个参照坐标：罗兹（M.Rhodes，1961）分析了四十多个有关创造的定义之后，将这些定义参照系归纳为四个P：①创造的产品（product）；②创造的过程（process）；③创造的环境/压力（place/press）；④创造的人（person）。[②]从其中任意一个参照系出发，都可能构成创造的定义。又如，创造的领域太广泛，每种创造成果又大不相同，物理学中的创造、舞蹈中的创造、机械工程中的创造、房间布置中的创造，其表现形态大不相同，很难用一句简单的话把各种不同的创造都概括进去。再如，创造的表现程度，高低深浅，意义价值，有很大区别，科学家和艺术家的传世之作与一封情书的写作，汽车的发明和衣钩的改进，一部电视剧和一句幽默的俏皮话，它们之间有着巨大的反差，把其归纳成一体表达是困难的。

笔者认为，上述理由不无道理，但并未能涉及问题的本质。"创造"难以

---

① Wehner，L.，Csikszentmihalyi，M.，&Magyari-Beck，I.（1991）.Current approaches used in studying creativity：An exploratory investigation. *Creativity Research Journal*，4（3），270.

② Rhodes，M.（1961）*An analysis of creativity*. Phi Delta Kappan，42，305-310.

定义的关键在于：创造是做出前所未有的事，不具备重复模仿性，其本质上是"只可意会，不可言传"的。因为创造成果只是创造留下的静态结果，而真正的创造，是一个动态的实践历程，其丰富复杂的内涵，尽在妙不可言中。

那么，"创造"是不是就不必再讨论定义了呢？也不是。创造学回避"创造"定义是不可想象的，但由于其复杂，又是一个唯一定义所难以界定的。有鉴于此，为了寻求对"创造"含义的更全面的表达，笔者拟从成果、过程、境界、心性四个层面进行界定，尝试给出"创造"一个多维参照系的立体性表达。

（一）我们首先从韦氏英文大辞典对"创造"的解释：赋予存在（to bring into being）

这一解释简单扼要，含义深邃。当然，用"赋予存在"定义创造，略有缺点：一是这一定义没有突出首次、始造的意思，因而未能和"仿造""重复"划清界线；二是并非所有的存在都可称为创造，创造有某种限定条件。考虑到以上两点，我们把这一定义进行修改补充，并保持其简洁特点，将"创造"定义为：

创造是赋予新而和的存在。

"新"是创造的首要特点。具体说就是新颖性和独特性，对此西方学者常用"新奇"（novelty）一词来概括，换句话说，新奇是创造的主要标志，是区别创造性和非创造性的一个标准。

当然，"新奇"概念本身有其模糊性和相对性，把它作为衡量创造的标尺，要注意以下几点：

（1）新奇是相对的，在一种意义上为新奇的，并不表明在另一种意义上同样新奇。例如，1960年的7月7日，《纽约时报》首先披露青年物理学家梅曼（T. H. Maiman）成功制成了世界上第一台红宝石激光器。梅曼以普通光射进一根特别的人工合成红宝石棒，创造出了自然界没有的激光光束。梅曼的成功震惊了全世界。这件工作无疑是一项了不起的创造，但从激光理论的角度看，并不新奇。因为早在1916年爱因斯坦就提出了光的受激发射原理，1953年物理学家汤斯及其学生就制造出微波激射器，1958年汤斯及其合作者已得出了激光器原理及计算结果。

第
一
章

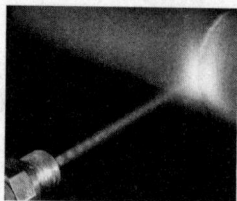

图 1-6　新奇的激光光束

（2）新奇有程度上的差别。在新服装博览会或新玩具展销会上，我们对不同的展品会有不同大小的新奇感，但这种感觉只可意会，难以言传。所以，没有一种标尺或仪器装置能像测试温度的寒暑表一样来测试新奇。

（3）在人类的创造中存在着各种各样性质不同的新奇：一种新的形状、一种新的理论、一种新的模式，以及一种新的方法等。例如，就汽车而言，一种新的型号，一种新的车体，一种新型发动机，都是量上的新奇——然而还存在着另一种质上的新奇，那便是第一辆汽车。虽然，新奇有时只是一种量的增加或一种陌生组合产品，但一般说来，新奇是一种前所未有的质的存在。

（4）具有创造性的人们所产生的新奇具有不同的背景：其中包括有意的或无意的；冲动的或引导的；自生的和通过系统研究和思索而获得的等等。它是具有创造性的人所持有不同看法的原因之一，表明了他们不同的心理、能力和天资。

（5）一项新的劳动创造所产生的影响有所不同，其中有理论影响和实践影响；有无关紧要的细微影响和震动社会的重大影响；有改变人们世界观和思维方式的影响和改变人们生活方式的划时代影响。比如，汽车、电灯、火车、飞机、火箭，以及伟大的哲学、科学、艺术作品。

特尔福德（C.W.Telford）指出："一项作品首先必须是新奇的，然后才能被称为是创造性的，关于这一点，人们的意见是普遍一致的。"[①]可是新奇不是评价创造的唯一准则，还有一个不可或缺的准则：appropriate（适当性、合宜性、得体性）。所谓适当性，是指一部作品必须在其有关的范围内是合宜的或有用的，才能称得上创造。它和创造者的情境和目的有关。

斯塔科（A.J.Starko）曾举了这样一个例子：如果有人问我时间，我回答："昨天有一只奶牛跳过了计算机"，我的反应不可谓不新奇——但能认为是有创造性的或是恰当的吗？[②]

---

①　[美]索里·特尔福德：《教育心理学》，人民教育出版社，1982年，第286页。

②　[美]A.J.斯塔科：《创造能力教与学》，华东师范大学出版社，2003年，第4页。

图 1-7　和谐对称的建筑

　　创造性活动的动机可能是各种各样的，我们可以从社会的或环境的需要方面来看待适当性，也可以把它与创造者的内在动机联系起来。一位艺术家所选择的颜色配合之所以适当，可能是由于它们与周围环境相调和，也可能是由于它们适当地表现了艺术家本人当时的心境。很多人坚持认为，新奇性和适当性不只是识别创造（作品）的必要准则，也是充足准则。"适当性"用中华文化术语说就是"和"（harmony）。

　　在中华文化中，"和"本指歌唱的相互应合，《说文》云："和，相应也。"引申为不同事物在整体上达到的协调一致。孔子说"礼之用，和为贵"（《论语·学而》），贵"和"思想是中华传统文化重要特征。

　　"和"是衡量创造的重要标准之一。例如，一个不懂音乐的人乱弹钢琴，听起来也令人新奇，但缺乏"和"，不属于创造。精神病人，语无伦次乱讲，也显得很新奇，但缺乏有序的"和"，也不能算创造。国外学者也很早就直接谈到了创造中的"和谐"（harmony），亨利（M.Henle，1962）即以"harmony"来表达创造中的"和"。①

　　近年来多数西方学者都以创造产品为参照系为"创造"下定义。迈耶（L.B.Mayer，1999）整理了《创造学手册》各位编写者对创造的看法，发现大多数学者同意从创造产品的两大特征入手界定创造。他引用尼科尔森（Nickerson）的话说："虽然不是每个人都认为有可能清楚说明鉴别创造产品的一个清晰的客观标准，但新颖性通常被认为是创造性产品的显著特征之一，而某种形式的效用——有用性、适当性或社会价值——则是另一个特征。"②总之，看来大家一致同意确定创造的两个决定性特征的是"新奇性"（或独创性）和"适当性"（或适用性）。为此，迈耶列出了一个统计表（见表1-1）

---

　　①　Henle，M.，The birth death of ideas.In H. E. Gruber，G. Terrell，&M.Wertheimer（Eda.），*Contemporary approaches to creative thinking*，NY：Atherton Press，1962，pp.31~62.

　　②　[美]斯腾博格主编：《创造力手册》，施建农等译，北京理工大学出版社，2005年，第369~370页。

第
一
章

表1-1　创造产品的两个界定性特征①

提出学者	特征1. 新奇性	特征2. 适当性
Gruher & Wallace	新奇性(novelty)	价值(value)
Martindale	原创性(original)	适当性(appropriate)
Lumsden	新(new)	有意义(significant)
Feist	新奇(novel)	适用(adaptive)
Lubart	新奇(novel)	适当性(appropriate)
Boden	新奇(novel)	有价值(valuable)
Nickerson	新奇性(novelty)	用途(utility)

　　以上,我们是从创造成果的方面来定义创造的,但这还不是完整意义上的创造。如果把创造的成果孤立起来,只知其"新而和"的表现,而不知其"新而和"的产生过程,我们就无法从深层上理解创造。下面,我们就把关注的焦点由创造成果转移到创造过程。

(二)创造的理论和实践研究表明,创造过程中有两个关键环节:"组合"和"选择"

　　日本创造学家恩田彰说:"创造就是把已知的材料重新组合,产生出新的事物或思想。"②创造的前提和基础,是大量要素(特别是异质要素)的自由组合。要素越多,彼此性质相距越远,组合越新奇。在人类的创造活动中,这种"组合"是通过想象力进行的。法国哲学家伏尔泰指出:"想象有两种:一种简单地保存对事物的印象;另一种将这些意象千变万化地排列组合。前者称为消极想象,后者称为积极想象。""积极想象把思考、组合与记忆结合起来。它把彼此不相干的事物联系在一起;把混合在一起的事物分离开,将它们加以组合,加以修改。"③科学家普利斯特指出:"凡是能自由想象并把互不相干的各种观点结合起来的人,就是最勇敢、最有创造性的实验者。"④爱因斯坦认为:"这种组合作用似乎是创造思维的本质特征。"⑤

　　在创造过程中,组合是非常重要的,但单纯的组合本身,并不能称作创

---

①　[美]斯腾博格主编:《创造力手册》,施建农等译,北京理工大学出版社,2005年,第370页。

②　[日]恩田彰:《创造性心理学》,河北人民出版社,1987年,第95页。

③　中国社会科学院外国文学研究所编:《外国理论家、作家论形象思维》,中国社会科学出版社,1979年,第30页。

④　转引自《教学与研究》1980年第2期,第27页。

⑤　转引自《国外科技动态》1980年第1期,第36页。

造。把大量组合成果毫无取舍地罗列,不进行判别、选择,便没有任何积极意义。法国科学家庞加莱在谈到数学上的发明时指出:"数学上的发明实际上指的是什么呢?它不是由已知的数学事物做了新的组合就构成了。这随便一个人都能做出这种组合,而且可以形成组合的数目是无穷的,但大部分毫无意义。确切地说,发明并不是由无用的组合构成的,而是由数量上极少的有用组合而构成的。发明就是鉴别、选择。"①所以,伏尔泰说:"积极想象总是需要判断力","它(组合想象)只有和深锐的判断力一道才能发挥作用。"②创造中的选择(判断)主要有直觉选择、逻辑选择、实践选择等。

由此,我们可以得出创造的第二个定义:

创造是组合和选择的过程。

从信息论的角度说,创造是对信息的重组和选择。例如,普通眼镜都是为校正视力、保护视力用的,功能较为单一。将其与其他要素组合,便创造出许多新型眼镜。据报道,不仅出现了变焦眼镜、带收音机眼镜,而且出现了保健降压眼镜、带微型摄像的盲人眼镜、防止打瞌睡的提醒眼镜、方便夜读的夜光眼镜、含催泪瓦斯的防身眼镜等等。原则上说,眼镜与世上任一要素组合,都有可能产生新眼镜,但其中一部分组合缺乏实际意义,因此要通过选择,予以排除。

(三)在以上创造的两个定义中,第一个定义是从创造的成果角度说的,第二个定义是从创造的过程角度说的。第三个定义将从创造者感悟的境界角度说起

我们怎样从创造者的角度界定"创造"? 粗看起来容易,分析起来却异常困难。创造者如何想象出令人惊叹的组合并做出敏锐选择,有时连创造者本人也说不清楚。我们尽管可以事后分析创造者的思路,总结创造方法,但其中精华关键,并非文字语言能表达清楚的。创造者是如何在创造中做出令人叹服的选择呢? 法国科学家哈达马说:"这种选择(判断)是如何做出的呢? 指导选择的原则必定是非常好、令人愉快。它们是感觉到的,几乎不可能确切地表达出来。"③

---

① 　H.Poincare, *Science and Method*, Transtated by Francis Maitand, London: Nelson and sons, 1914, p.51.

② 　中国社会科学院外国文学研究所编:《外国理论家、作家论形象思维》, 中国社会科学出版社, 1979年, 第31页。

③ 　J.Hadammard, *The psychology of Invention in the Methe-matical Field*, Oxford University Press, 1949, p.30.

我国科学家钱学森在谈到科学创造时有一段精湛的见解：

> 一位青年人要学这个本领，最好的办法是拜有科学研究成就的人作老师，从老师的研究实践中领会。这个方法也包括去参加一个活跃的学术讨论集体，大家讨论学问，畅所欲言，你一句，他一句，也可以有说错了的，最后问题终于弄清楚了。年轻人就在这样的实践中逐渐领悟到搞科学研究的真本事：如何抓问题的关键，如何认识死胡同（此路不通），如何从失败中总结教训迅速走上大道，如何锐敏地发现有希望的苗头，等等。我说这不容易，也许会有人认为奇怪，以为"你讲了几个'如何'，你就把'如何'照直说了，如何如何，不就解决问题了吗？为什么故弄玄虚？"对此，我说："我实在无法说清，因为这方面的学问还没有形成一门科学，只能意会，不能言传啊。"举另外一件事作旁证：有什么学校毕了业就成了大作家的作家吗？没有。作家只有从写作实践中成长，同时还要有文艺评论家从旁帮助。再举一个反证：科学研究方法要是真成了一门死学问，一门严格的科学，一门先生讲学生听的学问，那大科学家也就可以成批培养，诺贝尔奖金也就不稀罕了。①

"创造"不可能形成一门精确的科学，因为它本质上是只可意会，不能言传的。钱学森点透了创造的关键所在：对创造者而言，创造是一个只可意会，不可言传的"一"。这自然使我们联想到中华精神的最高追求——道。老子说："道，可道，非常道。"（《老子·一章》）老子认为，可以言说的"道"，不是真正的道。换言之，创造者经历的创造境界与道在本质上是相通的。

由此，我们可以给出创造的第三个定义：

创造是物我两忘合一境界。

"不可说"，是创造的本质特征。创造是第一个人做出来的，第二个人照着一模一样做出来，只能叫"模仿"，不能叫"创造"。创造有一个有趣的悖论：只有第一，没有第二；效法即不，说出即非。所以，创造是只可在实践中体会的"一"，是不可言传的"道"。

在创造的定义中，美国学者布里格斯（J.Briggs）和英国学者皮特（F.D.Peat）的观点颇有特色。他们说："对人这种动物而言，创造就是超越我们之所知，

① 钱学森：《为〈科学家论方法〉写的几句话》，《科学家论方法》（第1辑），内蒙古人民出版社，1984年，第2页。

直达事物的'真理'。""真理与混沌紧密相联。带着创造性的疑惑去生活,就会步入混沌并发现'不可言传'的真理。"①的确,创造的"真理",是难以用明确的规则和定理表述的,是一种不可以言传的"不知之知"(庄子语)。

记得在中国科技大学开设本科生创造学选修课,一次课间休息时,一位理科学生专门找到老师论理:创造是没有方法可以教的,如果老师能教授,就不是创造了,因此学习"创造学"是没有用的。国内一位教授也说过:"爱因斯坦肯定读过牛顿力学,但大约不会读过'相对论创造学'。埋怨学校不教如何创造知识,这虽是大实话,但是没有什么意义。"②这显然都是把"创造学"看成了老师讲学生记的"一门死学问,一门严格的科学",没有看到"创造学"恰恰是对死板书本知识的超越,与其说是讲知识,不如说是引导体验一种境界,更进一步从源头上说,是推动人的创造本性觉醒和释放。由此,我们进入了创造的第四层次。

(四)上个定义是从创造者实践中感悟的境界角度说的,第四个定义将从人性的角度谈起

细心的读者可能注意到,在本节开始列出的30个创造定义中,有的与人本性有关。例如:"成能才是成性,这成的意义就是创。""创造,是人类的传奇,因为它体现了一个人的个性,所以是意志的具体表现。""把给人以新鲜愉快的刺激,有如是自己的象征似的持续欢乐的事物做出来的全身心的活动。"

美国人本主义心理学家马斯洛认为,创造是在"自我实现"的层次上,展现的一种人的本性,这种本性与孩子们的天真的、普遍的创造力一脉相承。他说:

> 这是我仍研究或观察的所有研究对象的共同特点,无一例外。每个人都在这方面或那方面显示出具有某些独到之处的创造力或独创性。但有一点要强调,自我实现型的创造力与莫扎特型的具有特殊天赋的创造力是不同的。我们不妨承认这个事实:所谓的天才们显示出我们所不理解的能力。总之,他们似乎被专门赋予了一种冲动和能力,而这些冲动和能力与该人人格的其余部分关系甚微;从全部证据来看,是该人生来就有的。我们在这里不考虑这种天赋,因为它不取决于心理健康或

---

① [美]约翰·布里格斯等:《混沌七鉴》,陈忠等译,上海科技教育出版社,2008年,第19、21页。
② 秦晖:《素质教育与应试教育不能对立》,《科学时报》2000年3月2日。

基本需要的满足。而自我实现者的创造力似乎与未失童贞的孩子们的天真的、普遍的创造力一脉相承。它似乎是普遍人性的一个基本特点——所有人与生俱来的一种潜力。大多数人随着对社会的适应而逐渐丧失了它,但是某些少数人似乎保持了这种以新鲜、纯真、率直的眼光看待生活的方式,或者先是像大多数人那样丧失了它,但在后来的生活中又失而复得。[①]

马斯洛的这段话对于我们深入理解"创造"的本质有重要的启发意义。他深刻指出:"创造力似乎与未失童贞的孩子们的天真的、普遍的创造力一脉相承。它似乎是普遍人性的一个基本特点——所有人与生俱来的一种潜力。"创造力不是从外部灌输的,而是每个人本性中原本就有的。从创造是人的本性出发,我们可以得出创造的第四个定义:

创造是创造者本性的显现。

意思是说,创造是通过实践活动,把人类的创造本性由"潜"到"显"地呈现出来,每一项创造成果,都打着创造者本性的印记。换句话说,创造的最高成果,不是外在的创造物品,而是人创造本性的觉醒,一个新人的诞生。前者是"成物",后者是"成己"。现在很多创造,以物质利益为最高导向,就是以"创新"为工具,目的只是"赚钱"。"创新"成了任人打扮的侍女。这是一种本末倒置的"创造"观。这使我们想起了孟子说过的一句话:"学问之道无他,求其放心而已矣。"说明做学问说到底,就是把丢失的心找回来。孟子说,人们丢了牛、丢了羊,都很着急,现在心丢了,却不着急。成能才是成性,这成的意义就是创。

上面我们提到,罗兹(M.Rhodes,1961)把创造的定义参照系归纳为四个P:①创造的产品(product);②创造的过程(process);③创造的环境/压力(place/press);④创造的人(person)。

这里,根据笔者上述创造的4个定义,也提出我们的创造4P观点。①基于创造产品(product),得出:创造是赋予新而和的存在。②基于创造过程(process),得出:创造是对已知要素进行组合和选择的过程。③基于创造境界(plane),得出:创造是只可在实践中体会的一,是不可言传的道。④基于创造人性(person),得出:创造是创造者最高本性的呈现。

对于罗兹的参照系,我们做了两点大的改动,即把第三点的用语place/

---

① [美]亚伯拉罕·马斯洛:《动机与人格》,华夏出版社1987年,第200页。

press改为plane（境界），再具体说就是plane attained（达到的境界）；第四点人（person），含义改为人的本性。这一改动，凸显了创造"成己"方面的内涵，为进一步中华文化的切入，打下基础。应当指出：罗兹分析了四十多个他人有关创造的定义之后，将这些定义分为4P，他本人并没有提出与4P相对应的创造定义，而我们尝试一一进行了界定。

通过从创造成果P$_1$、创造过程P$_2$、创造境界P$_3$、创造本性P$_4$四个层次的分析，我们给出了创造定义一、定义二、定义三和定义四。这四个定义的关系是什么呢？从层次上说，它们是由外向内逐层深入的：定义一着眼于创造成果，是外在的、静态方面；定义二着眼创造过程，是内外结合的、动态方面；定义三着眼创造境界，是内在的、整体方面；定义四着眼创造本性，是内在的、本质的方面。前两个定义目的在"成物"，后两个定义目的在"成己"。这四个定义结合在一起，就构成了一个"四维"立体的"创造"形象。创造是：赋予新而和的存在（成果）。组合和选择的过程（过程）。物我两忘合一境界（境界）。造物者本性的显现（本体）。以上是创造内涵的"三十二字诀"。从成果、过程、境界、本体四个层次，引发出四个不同的"创造"定义，由此构成一个"创造"概念的有机连续体，可以简称"创造四维定义"。从中西文化的角度说，现代西方创造学比较关注创造的前两个界定（即成果与过程角度），中华文化比较关注后两个界定（即境界和本体角度）。前者聚焦点为"成物之学（外学）"，后者为聚焦"成己之学（内学）"。这可以看成是"创造"内涵的中西会通诠释，也是本书"中西会通创造学"理论框架的起点。请注意：本书的四篇的构成，与创造的四个定义密切相关。鉴于这四个定义的重要性，我们试用图1-8表示。

图1-8　创造的四维定义

有读者会问，"创造"的四维定义能不能再简化一下呢？可以，简化到底，就是个"一"字。汉代许慎的《说文解字》对中文"一"做了耐人寻味的解释："惟初太始，道立于一；造分天地，化成万物。"这里显然不是对"一"的字面解释，而是包含深刻的万物生成哲理。笔者认为，这十六个字可以看作对广义

"创造"的总根源的表述。古人解释"创"为"始造",若问"始造"的起点在哪里?可以一直追朔到"太始之造",即宇宙由混沌状态,转化为天地相分的状态,并开始万物的生成。

中国宋代释道元《景德传灯录》(卷二十四)中有一句耐人寻味的话:"众盲摸象,各说异端。忽遇明眼人,又作么生?"对"创造"而言,所谓"明眼人"就是个人认识上的一次大飞跃,一切关于创造的各种定义云消雾散,当下大彻大悟。本书目标就是朝这一方向引导,但读者读后领悟到什么程度,实践中达到什么境界,确实不好说,只能说"有志者事竟成",修行在个人。

三、创造学及学科性

谈了"创造","创造学"就该登场了。从中文看,二者只有一字之差。但从一个研究"对象",发展为一个成熟的"学科",有相当长的路需要走,特别是像"创造学"这样一个涉及领域众多、包含问题高度复杂的跨学科领域而言,它目前仍处在学科发展的初级阶段。

通常认为,创造学是20世纪40年代在美、日等国产生和发展起来的新领域。它以创造力的开发和应用为中心,以创造技法的研究和普及为重点,具有较强的实践应用性。这一新领域20世纪70年代前后传入中国台湾,80年代初传入中国大陆,在我国传播发展已有四十多年。

目前创造学在中国发展情况如何呢? 这里,我们选取30年间(1980—2009)我国正式出版的著作(不计翻译作品)和发表的文献两个方面做一统计分析。经我们统计,过去30年,国内共出版创造学著作858部,其年代分布如图1-9所示。

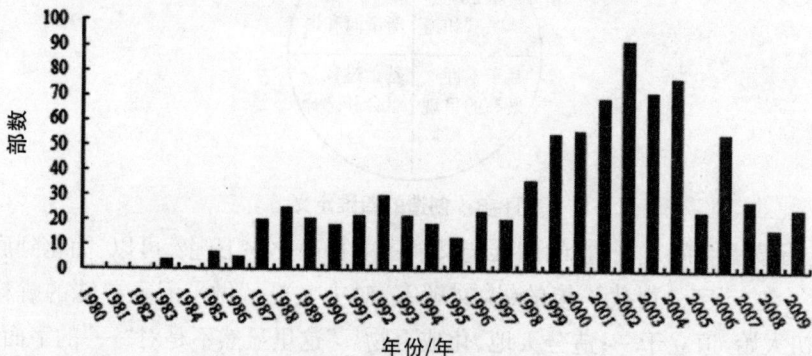

图 1-9 创造学著作时间

通过对858部创造学类著作出版年限分布统计(见图1-9),大致可分为三个时期:①萌芽阶段(1981—1986)。这一时期出版著作较少,7年间,共出版创造学类学书籍17种,平均年仅2.43部;②积极探索阶段(1987—1997)。这一阶段著作出版大幅提高,数量比较稳定,变化幅度较小,共出版创造学书籍235种,平均每年20余部,是过去7年的13倍多。③加速发展阶段(1998—2009),随着我国创造学的飞速发展,著作出版数量有了较大幅度的增长,出版量即达606种,占出版总量的73.16%,平均每年约50余部。这一时期创造学著作迅猛增长,这和国内外关注创新、政府大力提倡创新密切相关。值得注意的是,2005年以后,著作出版数量开始回落。

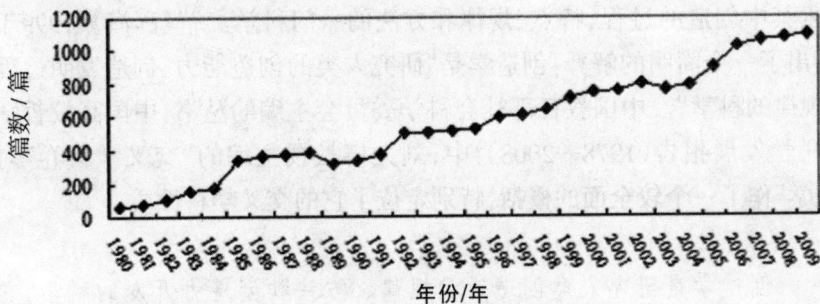

图 1-10 论文年代分布

1980—2009年间,中国期刊全文数据库共收录创造学研究文献16701篇,其年代分布如图1-10所示。从总体来看,除个别年份稍有回落,创造学研究文献数量一直保持增长趋势。1980—1991年期间,文献数量增长速度较为平缓,研究处于萌芽阶段。1992—2009年文献数量增速提高,研究处于繁荣的发展阶段。值得注意的是,其中核心期刊刊载的创造学文献只有298篇,在16701篇中占的比例很低。①

因为创造学是一门新兴交叉学科,很多读者不大熟悉。这里我们把国内外有关创造学的观点作一分析介绍,并提出本书对创造学内涵的新见解。

(一)中西"创造学"的概念内涵

在中国,"创造学"的称谓出现较早,1983年举行"全国首届创造学学术研讨会"时,就明确打出了"创造学"的学科名称,1994年"中国创造学会"正

---

① 以上两项统计和图表,由笔者博士研究生周丽完成。

式成立,成为中国科技协会下的一级学科的团体会员。不过,由于传统单学科观念和单学科分类管理体制束缚,创造学在中国科研和教学中,一直被忽视或边缘化。

什么是创造学?中国各类创造学书籍都有大同小异的定义。甘自恒(1984)认为:"所谓创造学,是研究主体的创造能力、创造发明过程及其发展规律的科学。"[①]赵惠田等(1987)给出的简洁的表述是:"创造学是研究人类创造活动的规律的科学。"[②]刘仲林(1989)给出的扼要表述是:"创造学是一门专门研究人类创造力及创造规律的新兴学科。"[③]庄寿强(1997)概括为:"创造学是研究人们在科学、技术、管理、艺术和其他所有领域中的创造活动并探索其中创造的过程、特点、规律和方法的一门科学。"[④]《辞海》(1999年版)给出了一个简明的解释:创造学是"研究人类的创造能力、创造发明过程及其规律的科学"。中国教育部社会科学委员会主编的丛书《中国高校哲学社会科学发展报告(1978—2008)》中,刘大椿教授主编的"交叉学科卷"对"创造学"作了一个较全面的概括,特别定位了它的交叉学科性质:

> 创造学是研究人类创造活动规律、方法和创造力开发的科学,它与哲学、社会学、心理学、教育学、科学学、人才学、管理学、美学、科学发展史、科学方法论都有着密切的关系。可以说,创造学应当整体性地归类于介于哲学、社会科学、思维科学与数学、自然科学、系统科学之间的交叉科学。其内容主要包括创造学的理论研究和创造力开发研究两大方面。[⑤]

中国人有讲"名正言顺"的传统,反映在学科建设上,也常常是先有名,后有实;国外则往往顺序相反,先有实,后定名。国外创造学研究比中国早,但正式的创造学的学科名称,仍在探求之中。创造问题的高度复杂性,创造学与其他学科的高度交叉性,使其作为独立单学科的可能性受到挑战,遇到

---

① 甘自恒:《创造·创造力·创造学》,《新华文摘》1984年第8期,第211页。

② 赵惠田等:《发明创造学教程》,东北工学院出版社,1987年,第41页。

③ 刘仲林:《美与创造》,宁夏人民出版社,1989年,第12页。

④ 庄寿强等:《普通创造学》,中国矿业大学出版社,1997年,第3页。

⑤ 刘大椿主编:《中国高校哲学社会科学发展报告(1978—2008)》(交叉学科卷),广西师范大学出版社,2008年,第228页。

种种其他学科建设未曾遇到的困难。

斯腾博格站在心理学的立场，分析了创造研究一直面临着至少六个主要障碍：

(1)创造的研究起源于神秘主义和灵性学(spirituality)的研究,这些有可能与科学精神毫不相干甚至相悖。

(2)出于商业目的的实用主义的创造研究给人的印象是,这类研究缺乏心理学理论的基础或心理学研究的证据。

(3)关于创造的早期工作理论在理论上和方法论上与当时的心理学理论和实践相去甚远,这就导致了创造在整个心理学领域中只能处于边缘位置。

(4) 在创造的定义和衡量标准上存在的问题使创造性现象显得要么是深奥得让人难以捉摸,要么是稀松平常得无关紧要。

(5)把创造作为常规结构或常规过程的特殊结果来处理的研究方法,使得人们觉得没有必要把创造作为单独的研究话题。

(6)对于创造研究的单学科的研究方法倾向于把创造的局部看成是整体,结果常常是形成狭隘的创造观念,认为创造原本并非无所不包。①

上述障碍和困难是现实的,而且远远超出了斯腾博格谈到的六点。斯腾博格的总结,有一个小小的缺点,即以"心理学"为标准的味道过浓。他心目中的创造学,可能是"创造心理学"。当然,心理学是创造学的基础,其重要性毋庸置疑,不过,也要遵循斯腾博格自己总结的第六点。

"创造"像一匹桀骜不驯的烈马,很难被关进传统单学科的笼子中。因此,国外很多学者在创造问题的研究和教学中慎用创造学科的术语。这可以从创造研究的多重名称上看出端倪。在英文中,创造学被冠以creativity re-search(创造力研究)、creation theory(创造理论)、creative study(创造研究)等名称,其实,与中文"创造学"对应的英文正式学科名字应该是"creatology",但这个术语在英文中以往并不常用。《创造力手册》中说:"马格亚里-贝克(Istvan Magyari-Beck)则走得更远,甚至提出这样的看法:由于创造力的复杂性,需要有一门新的以彻底了解创造力的creatology(创造学)学科。"②从这句话的语气中可以感觉到,虽然国外创造学的研究和应用开发已经有半个多世纪,至少在20世纪90年代,正式称之creatology(创造学),在学界仍会被看作

---

① [美]L.J.斯腾博格主编:《创造力手册》,施建农等译,北京理工大学出版社,2005年,第4页。

② 同上,第257页。

第一章

"很新潮"。近来,笔者在谷歌上搜索"creatology"获得约355,000条结果,说明这个新学科名词正在扩散、普及过程中。一些学者已经宣布成立以creatology为名的"国际创造科学研究中心"。

这里,我们稍微介绍一下英文creatology(创造学)的首位提出人:匈牙利学者马格亚里–贝克(Istvan Magyari–Beck)教授。他1941年生于布达佩斯,获布达佩斯罗兰大学博士学位,长期在布达佩斯考文纽斯大学(Corvinus university of Budapest)哲学系任教,是国际知名的创造学家。1977年9月7—9日在布达佩斯召开的科学社会学国际学术研讨会上,他提交了题为"综合性创造学的必要性"(About the Necessity of Complex Creatology)的论文,首次提出creatology一词。该论文收入1979年正式出版的会议文集《科学社会学及其研究》一书[①]。2007年,马格亚里–贝克在《社会与经济》杂志发表论文"创造学:从1977到2007,创造力新科学第一个30年",对creatology诞生30年来的创造学发展作了回顾和展望。

图 1-11　匈牙利创造学家马格亚里 – 贝克教授

马格亚里–贝克为"创造学"学科下的定义是:

创造学是一门关涉创造作用所有可能方面和所有部分的交叉性科学。[②]

这个简明的定义中强调了三点:①创造学研究的对象是"创造"现象,研究范围包括与创造有关的所有方面和所有部分;②创造学不是一门传统意义上的"单学科",而是一门带有鲜明跨学科特点的交叉性学科;③创造学是一门科学。

我国创造学家庄寿强教授,在未能查阅到马格亚里–贝克文献的情况

---

①　Magyari–BeckAbout,Istvan. the Necessity of Complex Creatology. In:J á nos Farkas(ed.),*Sociology of Science and Research*,Akad é miai Kiad ó ,Budapest,1979. pp. 175–182.

②　英文原文:Creatology is an interdisciplinary science about the creative functions in their any possible respects and parts.

下,独立提出了以creatology作为"创造学"的英文表述。1993年在"首届全国高等学校创造教育及创造学研讨会"上,他经论证后认为创造学实际上是一门独立学科,通常所用的"creative study"(创造研究)应予以必要修正,于是在1995年出版了他主编的《创造学理论研究与实践探索——首届全国高等学校创造教育及创造学研讨会文集》上,创用了当时字典尚未收录的"cre-atology"(创造学)一词,[①]在2014年由中国矿业大学出版社出版的英文版《普通(行为)创造学》(Introduction to General Behavior Creatology)一书,在国内正式启用creatology书名。马格亚里-贝克和庄寿强都不是发达国家学者,正是他们对创造学的执着追求和前瞻远见,使他们在创造学学科术语上"英雄之见略同"。

(二)创造学的学科属性

创造学究竟属于何种性质的学科? 创造学界对此众说纷纭。有的称之为交叉性学科,有的称之为软学科,有的称之为综合性学科,有的称之为横断学科。要明确创造学的学科性质,首先要搞清学科的分类。

交叉科学是交叉性学科的总称,由低到高,可分为六大类型[②]:

图1-12　交叉学科六大类型

①比较学科。比较学科是以比较方法作为主要研究方法,对具有可比性的两个或两个以上的不同系统进行研究, 探索各系统运动发展的特殊规律及其共同一般规律的科学。如比较文学、比较教育学、比较经济学等。②边缘学科。主要指二门或三门学科相互交叉、渗透而在边缘地带形成的学科。如

①　庄寿强:《普通(行为)创造学》(第3版),中国矿业大学出版社,2006年,第4页。
②　刘仲林:《交叉科学分类模式与管理沉思》,《科学学研究》2003年第6期。

第
一
章

教育经济学、物理化学、技术美学、地球化学等。③软学科，又称软科学。以管理和决策为中心问题的高度智能化学科。如管理学、预测科学、政策科学等。④综合学科。综合学科以特定问题或目标为研究对象。由于对象的复杂性，任何单学科都不能独立完成任务，必须综合运用多种学科的理论、方法和技术，由此便产生了综合学科。如环境科学、城市科学、行为科学等。⑤横断学科，又称横向学科。横断学科是在广泛跨学科研究基础上，以各种物质结构、层次、物质运动形式等的某些共同点为研究对象而形成的工具性、方法性较强的学科。如控制论、信息论、系统论等。⑥超学科，又称元学科。超学科是超越一般学科的层次而在更高或更深的层次上总结事物（包括学科）一般规律的学科。如哲学、科学学、元伦理学等。

根据以上分类，下面我们简要分析一下"创造学"的归属。首先，可以看出，创造学不属"比较学科""边缘学科"，也不属"软学科""超学科"。因而可以断定，创造学或属"综合学科"，或属"横断学科"。其次，看它是否属于"横断学科"。从分类上说，横断学科是以各种物质结构、层次、物质运动形式等某些共同点为研究对象而形成的工具性、方法性较强的学科。有的学者认为："无论哪一门学科，只要它还需要发展，就必然要靠创造，就必然要有意识或无意识地与创造或创造学相联系，即是说，就必然要与创造学'学科面'相交叉（横切）。这样，创造学就像个无形的切面一样横切所有学科中与创造有关的那一部分。这即是创造学横断性的根据所在。"①笔者认为这一分析不大准确，因为创造学并不与其他各学科（如物理学、社会学）本身横切，即各学科内容中并没有创造学的表述，而仅仅与学科产生的过程相关，即每个学科都有其创立及发展的历程。"创造"远不如"系统"那样具有普遍的横断性。因此，严格地说，创造学不属"横断学科"。

经过以上排除法分析，只剩下"综合学科"。从学科门类的定义中可知，综合学科以特定的问题或目标为研究对象。由于对象的复杂性，任何单学科甚至单用硬学科和软学科，都不能独立完成任务，必须综合运用多种学科的理论、方法和技术，由此便产生了综合学科。创造学以"创造"这一特定问题为研究对象，综合利用多种学科的理论、方法和技术，较鲜明体现了综合学科特点和性质，因此应属交叉学科大门类中的"综合学科"。

中国创造学会前会长袁张度曾提出了一个由创造学原理、创造力开发、

---

① 庄寿强：《推进素质教育与培养创造新人才》，中国矿业大学出版社，1999年，第124页。

创造工程学三个部分组成的"创造学理论框架"(见表1-2),尽管尚不够全面,但从中可以明显看出创造学的综合学科特点。

表1-2 袁张度创造学理论框架简表①

创造学原理	创造力开发	创造工程学
创造哲学	脑科学	创新体系
技术哲学	创造性思维学	创造力开发导向
创造心理学	创造、创新人才学	创造性技能
创造道德哲学	创造教育学	创造技法
创造环境学	创造行为学	创造评价

(三)"创造学"新界定

中国哲学家梁漱溟说:"创造可大别为两种:一是成己,一是成物。成己就是在个体生命上的成就,例如才艺德性等;成物就是对于社会或文化上的贡献,例如一种新发明或功业等。""一是外面的创造,一是里面的创造。人类文化一天一天向上翻新进步无已,自然是靠外面的创造;然而为外面创造根本的,却还是个体的生命;那么,又是内里的创造要紧了。"②梁漱溟关于创造的"成物"(外面创造)和"成己"(内里创造)论述很精彩。从以上我们介绍和讨论的诸多创造学定义,可以明显看出,各种创造学定义都偏重"成物"及其成物的规律和方法方面,忽略了"成己"及其创造主体修行方面,致使创造学的"成物""成己"的研究失去平衡。

笔者认为,创造学的目的并非单纯揭示客观的创造规律,开发各种实用的创造技法,而且和提升人的创造境界、觉悟创造人生息息相关。换言之,创造学不仅要关注"成物"的一面,更要关注"成己"的一面。而注重"成己"方面,正是中华创造学的特色所在。考虑到关于创造的4个定义,和成物成己的互补协调,中西会通的创造学可定义为:

---

① 袁张度主编:《国际创造学学术讨论会文集》,东华大学出版社,2003年,第3页。

② 《梁漱溟全集》(第2卷),山东人民出版社,1989年,第95页。

创造学是一门研究创造规律、开发创造潜能、提升创造境界、觉悟创造人生的新兴交叉学科。

图 1-13　中西会通的"创造学"四大主题

　　在本章第二节中,我们探讨了"创造"基于产品、基于过程、基于境界、基于本性的四个维度的定义,这和我们上面关于创造学的开发潜能(主要是技法)、研究规律、提升境界、觉悟人生的四大主题是相对应的,也是构成本书四篇的依据和背景。

　　在图1-13中,大圆右半边的"研究创造规律"和"开发创造潜能"(主要指创造技法),分别是目前西方创造心理学和创造工程学研究的主题,代表了西方创造学特色;大圆左半边提升创造境界、觉悟创造人生是东方创造学研究的主题,代表了东方创造学特色。这一分野,引出了西方创造学和东方创造学的区别和联系,下一章,我们将从东方文化和西方文化入手,作一专题性研究。

第二章　东方与西方

> 新的启示可能会，
> 并且一定会来自东方。
> ——[美]萨顿（G.Sarton）

　　有一个古代阿拉伯故事是这么描述的：一个瞎子迷失在森林里，被东西绊倒了。瞎子在森林地面上摸索，发现自己跌在一个瘸子身上。瞎子与瘸子开始交谈，悲叹自己的命运。瞎子说："我已经在这个森林里徘徊很久了，因为我看不见，所以找不到出去的路。"瘸子说："我也躺在森林的地上很久了，因为我站不起来，无法走出去。"当他们坐着谈话的时候，瘸子突然大声叫起来，他说："有了！你把我背在肩上。我来告诉你往哪里走，我们联合起来就能找到走出森林的路。"这个古代故事里的瞎子，原本象征着理性（rationality），而瘸子则象征着直觉（intuiton）。我们必须学会如何整合二者，才能找到走出森林的路。①

图 2-1　瞎子和瘸子的合作

---

　　①　[美]彼得·圣吉：《第五项修炼》，郭进隆译，上海三联书店，1994年，第193页。

第二章

用这个故事象征东方文化和西方文化的各自所长,是非常形象的,东方文化以整体直觉性占优,有些像"瘸子";西方文化以分析理性见长,有些像"瞎子"。当然,这只是一个比喻。进一步引申,可以把"创造"比作森林,要想走出迷失的"创造"森林,无论单凭"瞎子"或单凭"瘸子"都难以独自走出,只有整合二者,才能找到走出"创造"森林的路。

"中西会通创造学"的主旨,就是通过跨文化、跨学科的探索,改变目前创造学研究和普及"全盘西化"的单调倾向,扎根东方文化土壤,传承东方文化精髓,充分借鉴和汲取现代西方创造学优秀成果,走"瘸子"和"瞎子"互补合作的"创造学"发展之路。从这个意义上说,中西会通创造学是融东方和西方文化精髓为一体的创造学。

以"创造"为核心,以东方文化和西方文化会通为背景的"中西会通创造学"探索,其变革的意义是双重的:不仅会为现代西方创造学融入东方传统文化的思想方法,推动创造学的变革;更会为东方文化融入现代创造学的思想方法,推动中国哲学和文化的变革。本章,我们将从中西文化的特质、中国新哲学理路、中西会通创造学结构三个方面,简介这一双重变革的基本思路。

一、中西文化的特质

古人云:"性相近也,习相远也。"(《论语·阳货》)不论古今中外,基本的人性都是一样的,但是由于地理环境、历史背景、发展过程,以及其他因素的不同,各个民族文化各有其特色。中国和西方文化源远流长,在各自几千年的发展过程中形成并丰富了自己独特的特征。

由于文化是人类生活的记录,历史如此悠远,内容包罗万象,层次不胜枚举,所以,关于中华文化与西方文化异同的比较,是一个很大且有争议的议题。本书不拟全面展开,仅就中西文化不同特质的基本方面,做一简略对比分析。应当说明一点:所谓中西传统文化的不同特质,是指中西传统文化在流行中所体现的各自不同主流或主导特色,并非指泾渭分明的"此有彼无"式划界。换句话说,这些分别都是相对的,现实中都是"你中有我,我中有你",其区别只是侧重点不同,而不是有无的不同。我们着眼两者区别的目的,在于寻找会通之路。

谈到中西传统文化的不同特质,有四点特别引人注目:

(一)"天人合一"与"主客二分"

许多学者认为这是中西文化分野的基本命题。例如,中国哲学家唐君毅(1943)说:"以中西文化相较而论,可以各种观点论其异同,吾昔年尝以天人合一、天人相对之别,论之于一书。"[1]他提出了中华文化与西方文化的"天人合一"与"天人相别"论。

哲学家张世英(1995)更是以"天人合一"和"主客二分"为主线,全面论述中西文化的不同特质问题。[2]后来,张世英又归纳为"人—世界"和"主体—客体"两种结构。

(1)"主体—客体"结构。这种观点把世界万物看成是与人处于彼此外在的关系之中,并且以我为主(体),以他物为客(体),主体凭着认识事物(客体)的本质、规律性以征服客体,使客体为我所用,从而达到主体与客体的统一。西方哲学把这种关系叫作"主客关系",又叫"主客二分",用一个公式来表达,就是"主体—客体"结构。

其特征是:①外在性。人与世界万物的关系是外在的。②人类中心论。人为主,世界万物为客,世界万物只不过处于被认识和被征服的对象地位,这个特征也可以称为对象性。③认识桥梁型。意即通过认识而在彼此外在的主体与客体之间搭起一座桥梁,以建立主客的对立统一,所以有的西方哲学家把主客关系叫作"主客桥梁型"。[3]

(2)"人—世界"结构。人与世界万物的另一种关系是把二者看成血肉相连的关系,没有世界万物则没有人,没有人则世界万物是没有意义的。人是世界万物的灵魂,万物是肉体,人与世界万物是灵与肉的关系。——颇有些类似我国明代王阳明所说的:"天地万物与人原本是一体,其发窍之最精处是人心一点灵明。"(王阳明:《传习录下》)

其特征是:①内在性。人与世界万物的关系是内在的。人是一个寓于世界万物之中、融于世界万物之中的有"灵明"的聚焦点,世界因人的"灵明"而

---

①　唐君毅:《中西哲学思想之比较论文集》,台湾学生书局,1988年。

②　张世英:《天人之际:中西哲学的困惑与选择》,人民出版社,1995年。

③　张世英:《哲学导论》,北京大学出版社,2002年,第3页。

第
二
章

成为有意义的世界,用中国哲学的语言来说,这就叫"人与天地万物一体"或"天人合一"。②非对象性。在"人与天地万物一体"的关系中,人与物的关系不是对象性的关系,而是共处和互动的关系。③人与万物相通相融。世界是一个人与万物相通相融的现实生活的整体,不同于主客关系中通过认识桥梁以建立起来的统一体或整体。①

简言之,"主体—客体"结构属"主客二分"观,是西方文化的长处;"人—世界"结构属"天人合一"观,是东方文化的长处。

(二)"意象思维"与"概念思维"

世界上几乎每个民族都有自己特殊的历史、文化传统和思维方式。思维方式是心理底层结构的一种外在表现,是民族特殊性的重要标志。由于思维方式贯穿于一个民族文化和社会实践的各个方面,所以把握了一个民族的思维方式,有助于更加深刻地把握他们的文化特色和本质,有助于进一步深入理解它们的历史和文化各个方面的内在联系,有助于透视这个民族的内在心理特质。②

贯穿中国传统思维的主线是什么?用《易传》的话来回答,就是:"立象尽意。"(《易传·系辞上》)此"象"一立,则中华传统思维的主线随之而立。从这个意义上说,中华传统思维可称为"象思维",或"意象思维"。即以"立象"为思维手段,达到"尽意"的思维目的。汪裕雄指出:"中国文化推重意象,即所谓'尚象',这是每个接受过这一文化熏染的人都不难赞同的事实。《周易》以'观象制器'的命题来解说中国文化的起源;中国文字以'象形'为基础推衍出自己的构字法;中医倡言'藏象'之学;天文历法讲'观象授时';中国美学以意象为中心范畴,将'意象具足'作为普遍的审美追求……意象,犹如一张巨网,笼括着中国文化的全幅领域。"③这说明,意象思维方式活跃在哲学、文字、科学、艺术等中华文化的各个领域。

与在中华传统文化中占主导地位的意象思维相比,西方传统文化中最具特色的是概念思维及其形式逻辑学。古希腊是形式逻辑学的主要诞生地。

---

① 张世英:《哲学导论》,北京大学出版社,2002年,第4页。

② 刘长林:《中国系统思维》,中国社会科学出版社,1990年,第1~2页。

③ 汪裕雄:《意象与中国文化》,《中国社会科学》1993年第5期,第89页。

在历史上建立第一个形式逻辑系统的，是古希腊学者亚里士多德。他著有《工具论》，提出了经典的"三段论"演绎推理方法，奠定了演绎逻辑基础。17世纪英国学者培根（F.Bacon）在《新工具》中提出了以"三表法"为核心的归纳推理方法，奠定了归纳逻辑的基础。18世纪到19世纪，德国哲学家康德等人也曾研究了逻辑问题，并首次使用了"形式逻辑"这个名称。

发达的概念思维与形式逻辑是西方近代科学兴起的重要条件，爱因斯坦有一段意味深长的名言："西方科学的发展是以两个伟大的成就为基础，那就是：希腊哲学家发明形式逻辑体系，以及通过系统的实验发现有可能找出因果关系。"①

意象思维与概念思维是人类最基本的两大思维方式，中华传统文化中意象思维相当发达，阴阳、五行、八卦等思维模式是其特有的表现形式，西方传统文化中概念思维相当发达，演绎推理、归纳推理等成熟较早是其鲜明特征。

（三）"内学"与"外学"

中西传统文化除了在基本命题、思维方法有所不同，另外在研究的立脚点和价值取向上亦有显著区别。张之洞在《劝学篇》中认为："中学为内学，西学为外学；中学致身心，西学应世事。"认为中华文化重点在"内学"，西方文化重点在"外学"。内学着眼身心境界的提高，外学着眼社会功用。物理学家杨振宁引用这一观点时说："这个说法大体不差：传统中国文化的重点的确是自身心出发，可以称为'内学'；而近代科学所专注的物质世界与生物世界的结构，可以称为'外学'。"②

所谓"内学"，也就是说中华文化着重内心心灵境界的追求，而非对客观世界的探索。中国哲学，特别是儒家哲学，向来都强调"知行合一"，但这里的"行"并非人类物质的生产实践，而是偏向于个人的道德修行。重"德"与"善"的传统，使古代哲学讨论真伪问题甚少，而讨论善恶问题甚多。不论是儒家、道家或是佛家，善恶问题一直是中华文化发展史上最重要的问题。

如果说中华传统文化的重心在"内学"，则西方的重心在"外学"，外学集中体现在知识之学、科学之学。正如亚里士多德所说："求知是所有人的本

---

① 《爱因斯坦文集》（卷1），商务印书馆，1976年，第574页。
② 杨振宁：《中国文化与科学》，《中国交叉科学》（第1卷），科学出版社，1996年，第59页。

性。"①每个民族都求知，但很少有像古希腊人那样把对万事万物的好奇与热忱的思辨完美地结合在一起的。这一结合的果实便是知识可以是通过"认识你自己"而获得的伦理学知识（"德性即知识"），也可以是通过理性思辨而获得的关于不可感世界或实体的形而上学知识，当然也可以是通过对可感事物的经验总结而获得的事实的知识。对于这样一种类型的知识来说，它要求一套与之相适应的概念（范畴）体系、论辩规则和认识方式。换言之，范畴论、逻辑学、认识论是这种知识体系中必备的、基础性的要素。②

　　西方文化讲"理"，中华文化也讲"理"，但二者含义有重要区别。杨振宁在《中国文化与科学》一文中，站在自然科学的立场，着重对中华文化之"理"和西方近代科学之"理"的区别，以及求理思维方法的不同，作了令人信服的分析。中华文化之"理"是一种精神，或确切地说是一个境界；而科学之理是规则，或确切地说是规律。求中华文化之理的思维方法是浓缩、提炼、符号化或者象形化；求科学之理的思维方法是形式逻辑的归纳法和演绎法。通过这样的深层对比和透视，中华文化和西方近代文化迥然不同的一面凸显出来。杨振宁的结论是：传统中华文化跟近代科学从精神上最主要的几个分别就在于，传统中华文化的中心思想，是以思考来归纳天人之一切为理。这个传统里头，缺少了推演，缺少了实验，缺少了西方所发展出来的所谓Natural Philosophy（自然哲学）。③

（四）道与逻各斯

　　"道"（英文Dao或Tao）和逻各斯（英文Logos）是中华文化和西方文化的两个基本符号，两个标志。

　　"道"是中国传统哲学的核心概念，由"道"开出了具有中国特色的天道之学、地道之学、人道之学和王道之学；"逻各斯"则是西方哲学的核心概念，由"逻各斯"发展出了具有西方特色的修辞学、逻辑学、自然科学和理性主义的知识论。通过对作为中西哲学之源的"道"和"逻各斯"这两个概念的回溯和分析，我们不仅可以发现中西哲学的根本差异，而且可以寻找到中西哲学对话的一种可能性。值得我们关注的一个非常奇特的现象是，"道"和"逻各

---

①　《亚里士多德全集》（第7卷），苗力田译，中国人民大学出版社，1993年，980a88，第27页。

②　韩东晖：《境界与实体》，http://www.guxiang.com/expert/handonghui/jingjie.htm（2010-7-27）。

③　杨振宁：《中国文化与科学》，《中国交叉科学》（第1卷），科学出版社，1996年，第59~62页。

斯"作为中西哲学的源头和最高范畴,虽然它们产生并影响于不同的地域,但在时间上却是几乎同时出现的。①

在中国古典文献中,"道"字虽然在《尚书》《诗经》中已屡次出现,但是作为哲学范畴,则始于老子。老子的代表作《道德经》,就是由道经和德经两部分组成的"道"的专著。"道"的概念被中国哲学的诸子百家重视并吸收,成为中华文化的最高范畴。"道"的含义是什么? 道的本义是"道路",引申为哲学范畴后,有了很多含义:如①万物本根,②宇宙本原,③至理,④至境,⑤至善,⑥至美,⑦至真,⑧道即太一,⑨道即太极,⑩道即无,⑪道即心,诸如此类,说法数不胜数。对中国哲学而言,"道"的含义最重要的有两个方面:一是天地人的"本根"或"本性"(简称"本");二是人心灵的"至境"(简称"至")。在本质上"本"和"至"都是用语言难以表达的。老子说:"道,可道,非常道。"(《老子·第一章》)意思就是说,可以言说的道,不是真正的道。

差不多与老子同时,在古希腊,赫拉克利特在《残篇》第一条则提出了"逻各斯"的概念。逻各斯的含义是什么? 陈中梅对古希腊"逻各斯"之内涵的归总可能更全面一些,包括以下十个方面:"①讲话、话语;②故事、叙述、说明;③消息、报告;④与事实相比较的话、言语;⑤命令;⑥思考、斟酌、权衡;⑦意见、观点;⑧原则、道理;⑨原因、理由;⑩作品的'中心内容'"。显然,"逻各斯"在以后的流传过程中积淀为最重要、最具概括意义的"思想"和"言说"两个意思。②

显然,开始时,东西方的"道"和"逻各斯"含义本质是一致的,东西文化的发展不同轨迹,使其一个侧重趋向"用语言表达"的"台前"(西方文化);一个侧重趋向"不可说"的"幕后"(中华文化),如今两种文化互为对方吸引,正在探索融会贯通的道路和方法。

通过以上基本命题、基本思维、基本取向、基本标志四点聚焦,一定程度上反映了中西文化的不同特质。我们用表2-1做一简示。

---

① 张廷国:《"道"与"逻各斯"》,《中国社会科学》2004年第1期,第124页。

② 转引史忠义:《也谈"道"与"逻各斯"》,http://www.cass.net.cn/file/20080110111728.html,2008-1-10。

表2-1　中西文化特质比较

	中华文化侧重方面	西方文化侧重方面
基本命题	天人合一	主客二分
基本思维	意象思维	概念思维
基本取向	内学(致身心)	外学(应世事)
基本标志	道(Dao)	逻各斯(Logos)

二、中国新哲学理路

　　我永远记得1998年那个夏天的午后,第一次看到四川大学北门那座古典美十足的行政大楼时的激动。那天我去川大找一个同学,校门口那片荷花开得正艳,干燥的热风中,那座大楼突然冲入我的眼帘:在无任何阻碍的视野里,它厚重沉稳,卓尔不群。午后眩目的阳光从它优雅的翘檐上流泻下来,动人心魄。足足有几分钟,我一个人沉浸在这个由大楼、蓝天与白云所组成的图境之中,完成了一段对优美建筑的景仰。当时竟想不到用什么语言来表达这种感觉,只是突然想起了冰心在散文《笑》里面的那段话:"这时心下光明澄静,如登仙界,如归故乡。"后来我虽然也进过很多的学校,见过不少美丽、挺拔的大楼,但都没有这一次那么记忆深刻。①

图2-2　四川大学行政楼 梁思成设计

　　改革开放以来,我国的建筑业突飞猛进,各大城市高楼林立,一派现代化的景象。上面文字记录的是一位网友与建筑大师梁思成设计的大楼第一次亲密接触时的激动心情。这位网友情感丰富,文字颇有意境,使人仿佛身临其境。

　　在时下,我们随时都可以见到无数漂亮、令人眩晕的"物质"大楼,却难

---

① 毛磊:《临校而居》,maoweiwei123.blogchina.com/ 75K 2005-6-7。

以寻觅富有个性、创新探索的"精神"大厦。中华民族文化的核心是中国哲学。中国哲学新建设工地冷落久矣！多年以来,中国哲学专业队伍多是站在施工现场之外的批判队、保护队、评注队,什么时候能组建一支设计队、建筑队、施工队入场,建设出动人心魄的中国哲学新大厦,让更多的大众和网友在其中流连忘返,进入"光明澄静,如登仙界,如归故乡"的境界?

(一) 近百年"辩论"不已,"建设"更待何时?

　　谈到中国哲学新理论建设冷落,应从20世纪以来中国的三次文化大论战谈起。第一次大论战发生在五四前后,从1915年《新青年》与《东方杂志》就东西方文化问题展开论战,科学与玄学之争令人难忘。第二次大论战出现在20世纪80年代,虽然时间比20年代论战要短,但气势更为磅礴,国学与西学成为论战的主题。进入21世纪,迎来了第三次大论战,中医之争、伪科学之争、易经思维与科学思维之争、中国哲学"合法性"之争等层出不穷,有的甚至激烈到接近双方大打出手的地步。三次大论战虽然有很多不同,但中西文化孰是孰非的争论贯穿始终。

　　令人深思的是,辩论激烈,但中国哲学新理论探索却相当冷清。一个完整的新文化运动应包括论战(对旧文化批判)和建设(新文化理论建设)两个阶段,如果只有论战而没有随后的建设,就如同只开花不结果一样。傅铿在评述社会学家韦伯(M.Weber)的观点时指出:"破除一种传统必须同时创建一种更合时宜和环境的、也更富于想象力的新传统;只有在新传统的克理斯玛(charisma)①力量压倒了旧传统的习惯势力之后,旧传统才会逐渐地退出历史舞台,新传统才会赢得人们的广泛支持,才会深入人心。否则的话,凭空是不能破除传统的。没有更好的、更具克理斯玛的传统,旧传统就会死灰复燃。所谓'不破不立',作为一种规律,事实上应该倒过来,即'不立不破',因为创造传统要比破除传统困难得多。"②"不立不破"这句话很深刻,单纯的分析或批判,并不能建立起一个新传统,只有经过对旧传统的细致梳理,深入

---

　　① charisma(克理斯玛,又译克里斯马),超凡魅力的意思,是马克斯·韦伯(Max Weber)社会理论的一个重要范畴,原出于《圣经·新约》,特指因蒙受神恩而被赋予的一种超凡力量。韦伯则用以指称一切具有超自然神圣特质的人物或事物。它是与世俗相对的超凡,更是与庸常相对的神奇。

　　② [美]E.希尔斯:《论传统》,傅铿等译,上海人民出版社,1991年,傅铿序。

总结,特别在传承基础上的艰苦的创新和理论建构,百花齐放、百家争鸣,并在社会大众中实践普及,一个新的文化才能转化为新时代持久、稳定的新传统。

令人遗憾的是,九十多年过去了,由于种种原因,五四新文化运动以来的三次大论战都未能及时转入新文化理论建设阶段,与大论战规模相匹配的新理论建设高潮始终未能出现。其间,只有个别学者通过专著系统地进行了中国哲学新理论建构尝试,如熊十力的"新唯识论"、冯友兰的"新理学"、金岳霖的"道论"、张岱年的"天人论"、牟宗三的"道德形上学"等等。这些建构为中国哲学创新研究积累了宝贵经验,但由于缺乏文化环境的支持,缺乏学界"接着讲"的关注,无不显示出发展的孤独和艰难。20世纪下半叶以来,中国大陆政治运动不断,哲学创新成了禁区,几乎只能看到中国哲学的历史研究和经典注疏,再也没有了中国哲学新理论探索。改革开放以来,学术思想得到一定解放,但"急功近利"之风越刮越猛,哲学界立马见效的"短平快"研究大行其道,真正的"理论创新建设"被边缘化到很少有人注意的角落。我们正面临一个沉重而无奈的现状:学术界"注经论史""服务权钱"的研究何其多,"不落窠臼""别出机杼"的探索何其少!中国哲学正在沦为改革创新时代的落伍者。

有的学者认为:"当今学术界对一连串现实问题的研究,之所以难以推出具有重大影响的成果,关键在于缺少一种成熟的、有着强烈的穿透力和处理问题能力的理论框架,缺少一种广阔的、有着极高包容能力的思想视域,而唯有哲学才能提供这种理论框架和思想视域。这是由哲学这门学科的特殊的性质和功能所决定的。当代中国并不缺少'小技巧',缺的是'大智慧',而真正能孕育'大智慧'的首推哲学。当代中国对哲学的需求是如此急切,哲学工作者则要问一下自己:当代中国哲学界的现状能满足这种需求吗?在一种新的中国哲学诞生之前,哲学是无法履行在当代中国的职责的。"[①]

(二)中国新哲学四要素

如何在传承中国传统哲学的精华基础上,建设中国新哲学呢?我们从中国新哲学的四要素谈起。1935年,张岱年先生就发表文章,深刻指出:"中国

---

① 陈学明:《中国新哲学的构建与马克思主义哲学的功能》,《中国社会科学》2004年第1期,第113页。

能不能建立起新的伟大的哲学,是中华民族能不能再兴之确切的标示。而如想创造新的哲学,必须先认清现在中国所需要。"①张岱年认为,中国现在所需要的新哲学,最少须能满足如下的四条件:①融会中国先哲思想之精粹与西洋哲学之优长以为一大系统。②能激励鼓舞国人的精神。③能创发一个新的一贯大原则。④能与现代科学知识相应和。

以上四点概括起来,就是:融会中西—激励精神—创发原则—应和科学,可以简称"中国新哲学四要素"。其中,"融会中西"是新哲学的着力点。这一观点,既不是辩证唯物主义教科书体系的照搬,也不是全盘的西化,更不是国粹主义,而是密切结合中国社会发展现实需要的哲学综合与创新。"激励精神"是新哲学的作用点。新哲学是振奋民族精神,有变革现实之力量的哲学。"创发原则"是新哲学建设的基本点。从何处入手,以何思想通贯,这既是建构新哲学的关键,也是其难点。"应和科学"是新哲学的前瞻点。人们多提的是马克思主义哲学、中国哲学、西方哲学的互动问题,很少提到与科技哲学或科学技术互动的问题,如果忽略后一点,对中国新哲学建设不免是一个缺陷。当然,新哲学也是应和经济、政治、教育、社会变革的哲学。

这四点中,最重要的一点是"创发一个新的一贯大原则",这是中国哲学理论创新的"突破口"。

(三)由"仁学"到"创学"

前面我们谈到中国新哲学的四要素,其中"创发一个新的一贯大原则"是中国新哲学理论建设的"突破口"。这个"新的一贯大原则"究竟是什么呢?与中国传统哲学原有的"大原则"有何联系和区别呢?

我们从儒家四书之一的《中庸》一段话谈起。《中庸》开篇说:

天命之谓性,率性之谓道,修道之谓教。

我们把这句话的意思做一下解释。天命,是说由天所命,即由天来赋予。性,指人的本性,即人的本质。所谓"天",即是"自然"。"性"不是造作的,而是自然生成的,古人云:"性者,天之就也。"(《荀子·正名》)所以称"天命之谓性"。率,是遵循的意思,亦有"引领先行"的意思。这句话的全文大意是:天赋

---

① 张岱年:《论现在中国所需要的哲学》,《张岱年全集》(第1卷),河北人民出版社,1996年,第242页。

予人的本质就叫"性",遵循本性(而为)就叫"道",以道修己化人就叫"教"。

这十五个字分三排,鱼贯而出,一气呵成,蕴含着中华文化核心密码。其中"之谓"出现了三次,翻译成白话意思是"叫做",并无深意。其中"性"和"道"出现了两次,含义最为深刻,是中国哲学两个通天的关键词。可以说,小至本书的内容,大至中国哲学诸子百家,都是在诠释和践行这两个字。这句话开头是"天",结尾是"教",以居首尾之间的"性"和"道"为桥梁,形成"天—性—道—教"融贯为一体的"天人合一"结构。

了解了什么是"性",什么是"道",就是取得了打开中华文化密码的钥匙。

在本章第一节"中西文化的特质",我们已经初步涉及"道"的概念,指出在中文里"道"至少有十一种不同的含义,并认为,对中国哲学而言,"道"的含义最重要的有两个方面:一是天地人的"本根"或"本性"(简称"本");二是人的心灵的"至境"(简称"至")。而中国哲学的人生宗旨,就是"知本达至",即知晓天地人的本性,达到最高的心灵境界。本书第一篇,重点谈"知本";第四篇重点谈"达至"。

"道"由"率性"而来,天所赋予人的本性具体是什么呢?不同的学派对"性"有不同的解读。以中国传统哲学主流观点为例:古代崇尚的是孔孟儒家仁义之性;近代增加崇尚宋明理学"生生之性";现代一些学者(包括笔者)倡导的是"创造之性"。"仁义"—"生生"—"创造",是中国人性论探讨经历的三道大门。它们分别对应修行仁义之道、生生之道和创造之道。这些内容将在本书第一篇(第三、四、五三章)中展开。

可以说,由于对人的本性理解不同,而形成不同学派各自不同的"大原则",以儒家而言,这个学派的大原则是"仁义",理论和实践都围绕"仁义"为核心展开。 孔子以"仁"为道德第一原则,认为"仁"具有最高的价值。他说:"好仁者,无以尚之。"(《论语·里仁》)仁是最高的,没有比仁更高的了。[1]儒家讲人性,即以"仁"作为人的最高本性和最高道德准则。在《论语》一书中,"仁"字出现了109次,是儒家理论体系的核心和基石,所以以孔子为代表的儒家学说又叫"仁学"。

笔者曾跟随张岱年老师学习十余年,在"综合创造论"思想指导下,从中国传统哲学和现代创造学交叉结合的视角,对人的本性、道的内涵、一贯大原则等问题进行了深入分析和研究,了解了人的"仁义之性""生生之性",结

---

[1] 《张岱年全集》(第6卷),河北人民出版社,1996年,第468页。

合自身经历和体会,豁然大悟于"创造之性"。从而使笔者发现中国新哲学理论的"突破口",或"新的一贯大原则",不是别的,就是"创造",中国新哲学理论的核心应是"创造之道"。1995年,在笔者承担了的国家社会科学基金项目,1999年出版"古道今梦"(由《新精神》《新认识》《新思维》三卷组成)丛书①,对以"创造"为核心的中国新哲学进行了系统探讨和初步理论建构。张岱年老师在序中指出:"在认真评价儒、道、释思想的基础上,提出以《周易大传》生生日新为源,转化形成以'创'为主导的中华新精神,并将'创'作为核心范畴,融入中华文化内核。认为'创'是现代精神的标志,较'仁'更能体现人的本质,由此提出了将'仁学'等传统思想转化提升为'创学'的新观点。这是一有深意的大胆尝试。"②这是张老师对"创学"的精练概括。

本书《中西会通创造学》,与"古道今梦"丛书,都是以"创学"建设为主旨展开,属姊妹篇,"中西会通创造学"侧重融中西为一体的创造学建设,"古道今梦"丛书侧重中国新哲学探索。

从中国哲学理论建构角度说,"创学"的核心观点可以浓缩为下图2-3:

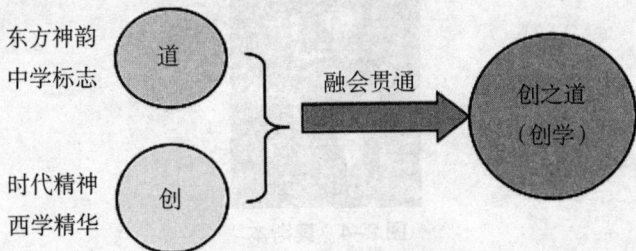

图 2-3　创学核心理念简图

应当强调,图中"道"与"创"不是拼合调和,而是融会贯通,"道"是"体","创"是"用",体现的是中国哲学"体用不二"的思想。把"创学"的精华浓缩为简单的两个字,是不是太简单了? 从文字看,确实简单,但对中国哲学的变革发展,会有令人耳目一新的感受。从实践上看,"创造之道"的丰富性、恢弘性和深邃性,是千言万语也无法表达的。只有投身创造实践,亲身体会个中的艰难、曲折、光明、欢乐,才能品味其无法言传的无尽内涵。从理论上看,超越中国传统哲学的泛伦理定势,把易家的"生"转化为"创",并兼和儒家的"仁"、道家的"自然"、禅家的"灭"等思想,成为中国哲学的核心范畴,是对中

---

① 刘仲林:《新精神》《新认识》《新思维》,大象出版社,1999年。

② 张岱年:《文化也应不断创新》,《光明日报》1999年11月26日。

国哲学"基因"的重组,必然会引起价值观、思维观,乃至哲学理论整体性的变革。

下面,我们从创造学发展史的角度,进一步介绍一下本书的特点和结构。

三、中西创造学构成

(一)西方创造学

"创造学"一词于20世纪70年代前后从日本引进我国。原意较复杂,它既包含美国20世纪初期肇始的创造力开发研究,也包含50年代后由美国心理学家创建的重在创造力理论研究的创造心理学,不过其着重点在前者。

图2-4 奥斯本

一般认为,从创造力开发(创造工程学)的角度说,创造学是20世纪40年代前后在美国发展起来的。1938年被誉为美国创造工程之父的纽约BBDO广告公司副总经理奥斯本(Alex Faickney Osborn,1888—1966)制定了"头脑风暴"创造技法并用于工作实践,取得了很大成功。为了普及这种创造力开发

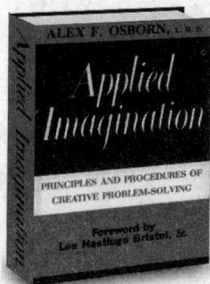

图2-5 《实用的想象》封面

技法,奥斯本撰写了一系列著作,如《思考的方法》(1941)、《所谓创造能力》(1948)、《实用的想象》(1953)等,建立技法的理论基础,并且深入到学校、社会团体和企事业单位,组织大家运用这些方法,由此在美国形成了一个开发创造力的热潮。布法罗大学、麻省理工学院、美国空军、通用电器公司等先后采用奥斯本的技法理论讲课或办培训班,以后又向各类大学、联邦政府、产业界普及。1954年,奥斯本创立了以他为理事长的创造教育财团"创造教育基金会",开展以开发想象力和创造力为核心的创造性课程和着眼实际应用的培训班。

目前世界流行的创造技法已经有三百多种。由上可见,西方创造学,确切说是创造工程学,是以创造力的开发为中心,以创造技法的普及为重点,着眼发明创造的成果及其经济效益,具有较强的功利主义指向,是现代市场经济的产物。一些世界著名的创造技法构成了这一领域的核心内容。

1950年,吉尔福特(J. P.Guiford)作为美国心理学会主席所作的著名演说"创造力"(creativity),推动了"创造心理学"加速发展。在演说中,他提出:创造力可以通过心理测量的方法,利用纸笔测验的方式来研究。其中一个测验就是非常规用途测验,要求被测者尽可能多地说出某一物品的各种用途,如砖头的各种用途。在吉尔福特工作基础上,托兰斯(E.P.Torrance,1974)提出了托兰斯创造性思维测验方法,这些测验可以在四个维度进行评分。马斯洛(Maslow,1968)从人格方面研究创造力,提出大胆、勇敢、自由、自发性、自我接受和其他特征,可以导致一个人实现他的全部潜能。加德纳(H.Gardner,1983)提出"多元智力模型",认为智力并非一元实体,而是由八种智力组成的集合。斯腾博格(L.J.Sternberg,1991)等提出"创造力投资"理论,认为创造力需要六种特征分明但彼此关联资源:智力能力、知识、思维风格、个性、动机和环境。创造心理学研究创造力的方法很多,普拉克尔(J.A.Plucker)认为大致可以归纳为心理测量法、实验法、传记法、历史测量法和生物测量法五种方法①,这里我们不一一列举。总而言之,以创造力研究为中心,实验和数据分析为显著特征的创造心理学,成为西方创造学的理论基础。

傅世侠指出:"从创造学来看,无论它指的是创造心理学(理论研究)、创造工程学(应用研究)或两者兼而有之,研究对象都是人的创造力(creativity),

---

① [美]斯腾博格主编:《创造力手册》,施建农译,北京理工大学出版社,2005年,第31页。

离开人的创造力便无从说起创造学。"①"其实,创造力的理论研究与开发研究之间本不存在绝对割裂的界限,从国际上以及我国创造学的总体趋势看,创造教育往往便是沟通这两方面的重要桥梁。"②创造工程学的应用色彩很浓,目的在于做出创造的成果,用中华文化的语言说,目的在"成物";创造心理学,是以创造力为客观研究对象,采用的是实验测量分析的自然科学方法。这两个领域,构成了现代西方创造学的理论和应用基础。

(二)东方创造学

　　说到东方创造学,我们从作为创造学组成部分的日本的创造教育谈起。约在20世纪初,日本学者稻毛金七(号诅风,1887—1946)即开始致力于创造教育的研究和倡导,并在报刊上发表文章,后来有千叶命吉等学者加入,使创造教育成为日本大正年间(1912—1926)最重要的教育主张之一。至1923年,稻毛诅风已有《创造教育之理论与实际》《创造本位之教育观》《创造教育论》等多部关于创造教育的著作问世。③

　　1923年,稻毛金七出版《创造教育论》一书(1926年商务印书馆出版中文本),系统提出了以人生观变革(即"成己")为核心的创造教育理论体系。该书由序论、创造教育背景、创造教育概念、创造教育原理、创造教育本质、创造教育目的、创造教育动力、创造教育方针八章构成。在书的开篇,作者就明确指出:"依余观之,教育为人生之一部分,故欲阐明教育之本质,非参照人生之本质不可。""余之创造主义之教育观,乃有鉴于此,起先阐明人生之本质,再以此为背景为根据而创设之。"④

　　稻毛金七指出:"创造主义之人生观,即视创造为生活之真髓之人生观也。即不以人生为无存在之价值者,为天授者,为已决定者,或为无价值者的存在;而视为有生活之价值,能以吾人之自觉的努力创造,改造之有价值的现象,且欲以独特而优秀的创造,增高全体的人生之价值,而常以善用自己即人类之本质精髓之创造性为第一义之人生观。"⑤他进而提出:"教育为人

---

①　傅世侠:《创造学究竟是什么?》,《科学学研究》2003年第5期,第456页。

②　同上,第457页。

③　顾明远:《教育大辞典》(上),上海教育出版社,1998年。

④　[日]稻毛诅风:《创造教育论》,刘经旺译,商务印书馆,1926年,第4页。

⑤　同上。

生之一部分,且为人生之基础动力,故其本质,非与人生之本质一致不可。然人生本质为创造,故教育须以此创造为原理,始为真有价值者,始能完全贯彻其使命,故以创造主义之人生观为背景,即此教育之特色。"①

图2-6　《创造教育论》中文版

　　显然,稻毛金七和奥斯本的创造教育理念有鲜明的区别,他不是着眼于某种创造技法的发明和普及,而是着眼于整个人生观的变革。用中华文化的语言说,就是主张"举本统末",即抓住事物的根本,统领事物的枝末。创造教育的根本,就是创造人生观的自觉。以此为基础,形成了由原理观、本质观、目的观、动力观、方针观五观构成的完整创造教育理论体系。稻毛金七确实把握了东方创造学的精髓,其思想具有时代超前性,今天读来,仍具有巨大的感召力和深刻的现实意义。

　　通过对中国民国时期三种重要教育刊物《教育杂志》(1909—1948年商务印书馆发行,下同)、《中华教育界》(1912—1950)、《新教育》(1919—1925)的所有篇目的检索,王伦信指出:1917年发表在《教育杂志》第九卷第十号上的《儿童创造力养成法》一文应是我国最早以创造教育为主题的文章,作者署名"天民"。1919年是对创造教育介绍和讨论最为集中的年度。1919年《教育杂志》全年发表的以创造教育为主题的文章有七篇之多,如第11卷第1号(1919年1月)上有虞箴的《论创造力》、太玄的《创造教育之方法》等。到20世纪20年代初,创造教育已经成为当时中国教育界颇具影响的教育主张,成为一部分人士在讨论教育问题时常引用的一种新的教育理念。②

────────────

① [日]稻毛诅风:《创造教育论》,刘经旺译,商务印书馆,1926年,第17页。
② 王伦信:《创造教育理论研究回溯》,《南京师大学报》(社科版)2007年第4期,第91页。

　　中国著名教育家陶行知,在推动创造教育方面有杰出的贡献。他先后发表了《创造的教育》(1933)、《创造宣言》(1943)、《创造的儿童教育》(1944)等直接以创造冠名的演讲和文章,提出了以"行动"为中心的创造教育观。他说:"我们认为这种教育,是行动的教育。有行动才能得到知识,有知识才能创造,有创造才有热烈的兴趣。所以我们主张'行动'是中国教育的开始,'创造'是中国教育的完成。"[①]陶行知将王阳明的"知是行之始,行是知之成"的"知行合一"论,转换180度,改成"行是知之始,知是行之成",意即"创造"始于人的行动,对创造的认识和觉悟是在行动中实现的。陶行知提出创造始于"行"的观点是很重要的,这里已将创造指向了实践的方向。他风趣地说:"行动是老子,思想是儿子,创造是孙子。你要有孙子,非先有老子、儿子不可,这是一贯下来的。"[②]

　　人生的第一义为什么是创造,稻毛金七论述不多。中国哲学家、教育家梁漱溟以广义创造观作为其立论基础,对此进行了深刻的哲学反思。梁漱溟指出:"宇宙是一个大生命。从生物的进化史,一直到人类社会的进化史,一脉下来,都是这个大生命无尽无已的创造。""其能代表这大生活活泼创造之势,而不断向上翻新者,现在唯有人类。故人类的生命意义在创造。"[③]梁漱溟观点请见本书第五章详述。

　　梁漱溟指出:"教育就是帮助人创造。它的工夫用在许多个体生命上,求其内在的进益开展,而收效于外。无论为个人计,或为社会打算,教育的贵重,应当重于一切。可惜人类至于今,仍然忽视创造,亦就不看重教育(还有许多不合教育的教育),人类生命的长处,全被压抑而不得发挥表现。"[④]他认为,教育就是帮助人创造。教师把大量时间和精力用在学生个人身上,以求得学生内在的创造觉悟提高,而在外在的行为中见效果,可是现实仍然是忽视创造,人类创造的本性被压抑无法发挥表现。梁漱溟的观点与稻毛金七是相通的。

　　刘仲林(2001)撰写了《中国创造学概论》[⑤],对中华文化与创造学的融会贯通问题进行了系统性的跨文化、跨学科探讨,该书由创造技法、创造思维、

---

① 《陶行知全集》第2卷,湖南教育出版社,1985年,第615页。

② 同上,第612页。

③ 《梁漱溟全集》(第2卷),山东人民出版社,1989年,第94页。

④ 同上,第96页。

⑤ 刘仲林:《中国创造学概论》,天津人民出版社,2001年,2005年重印。

图 2-7　《中国创造学概论》

创造境界三篇共16章构成。上篇为创造技法,总结出国内外联想、组合、类比、臻美四大门类创造技法,背景是西方创造学;中篇为创造思维,对创造思维的基本思维方式"概念思维"和"意象思维",以及两类思维所遵循的形式逻辑和审美逻辑进行了深入探讨,背景是东西方创造学的结合;下篇为创造境界,对创造的最高境界——"创造之道",对中国传统文化的创造性转化,对儒家、道家、释家、易家思想观点在创造过程中的意义和价值,进行了崭新意义的探讨。其背景为东方创造学。中国传统文化谈道不谈创造,现代创造学谈创造不谈道,《中国创造学概论》将两者融会贯通,以"创造"促进传统文化转化,以"道"提升创造学境界,初步实现了中国传统文化与西方现代创造学的融会贯通。如果说创造技法学习是"小学",创造思维掌握是"中学",则创造之道的修行是"大学"。只有三学并重,才能学到完整的创造学。

(三)东西方创造学的比较与消长

美国学者卢伯特(T.I.Lubart)在《不同文化的创造力》一文中,专门分析了不同文化对创造学研究的影响和价值。他指出:"鉴于有少数国家特别是美国对创造力已经做出了许多研究,所以关注创造力的跨文化研究是有潜在价值的。超出了对创造的单一文化观,我们能够观察到文化环境对创造力的影响。"①

卢伯特比较了西方和东方对创造力关注重点的不同。他指出:"西方以产品为导向的、以独特性为基础的创造力定义与东方人用一种新的或自我发

---

①　[美]斯腾博格主编:《创造力手册》,施建农等译,北京理工大学出版社,2005年,第287~288页。

展的方式来自内在真理的创造力观点是不同的。"①卢伯特进一步解释说：

> 从一个西方人的观点来看，创造力被定义为产生新颖的、适当的产品的能力。新颖的产品必须是原创的，不被预测的，与先前的产品有明显的不同。适当的产品则能满足问题的约束，是有用的，或者能满足一种需要。

> 与西方人的创造力概念相比，有可能区分出另外一种观点，即东方人的观点。东方人的创造力概念似乎很少关注创新的产品。相反，把创造力看成是涉及一种个人现实的状态，一种与原始状态的联系，或是一种内部本质或最终实现的表达。②创造力是与冥想联系在一起的，因为它帮助人们看到自我、对象或事情的本质。这种概念与人本主义心理学把创造力看作自我实现的一部分的观点相似。③

卢伯特认为东方文化把创造力看成"是一种内部本质或最终实现的表达"，无疑是精彩的，可惜卢伯特对东方文化了解比较少，既没有举中国例子，也没有举日本例子，重点举的是印度的例子，特别是马杜罗（R.Maduro，1976）研究印度画家的例子。马杜罗对155名传统印度画家的人类学实地研究进一步支持了东方人的创造力观点。在这项研究中，这些有创造性的艺术家"能够与自己灵魂的最深处接触，并努力把它们表现出来。为了达到创造性，他们通过分离、冥想、自我实现，使创造力融合为一个整体。就现实意义来说，这些艺术家喜欢把他们无意识之中早已存在的潜在东西再创造或再激活"④。除了一些个别例子，卢伯特对东方文化与创造力的关系并未做深入探讨。俗语说："巧妇难为无米之炊"，这种讨论未能深入，一个重要的原因，是东方的学者自己没有重视东方文化与创造关系研究，成果和文献太少，使卢伯特的比较研究缺乏东方文献的支持。

---

① ［美］斯腾博格主编：《创造力手册》，施建农等译，北京理工大学出版社，2005年，第286页。

② 《创造力手册》英文版原文：The Eastern conception of creativity seems less focused on innovative products. Instead, creativity involves a state of personal fulfillment, a connection to a primordial realm, or the expression of a inner essence or ultimate reality.

③ ［美］斯腾博格主编：《创造力手册》，施建农等译，北京理工大学出版社，2005年，第279~280页。

④ Maduro, R. (1976)Artistic creativity in a Brahmin painter community *Research monograpy 14.* Berkeley:Center for South and Southeast Asia Studies, Uneiversity of California.p.135.

　　东方的创造学研究者在做什么呢？忽视东方文化与创造的关联，一心一意模仿和学习西方创造学！从现在日本以及中国的创造学发展走向来说，基本走的是西方创造学道路：注重创造产品开发，传授创造技法，忽视了对东方创造学思想的关注和发展。以日本创造学为例，从市川龟久弥的"等价变换法"（1955）、川喜田二郎的"KJ法"（1965）到片山善治的"ZK法"（1969）、中山正和的"NM法"（1970）等等，都是沿着重创造技法的路数发展，日本本国稻毛金七的东方创造思想和观念，却未能得进一步研究和发展。

　　在我国，西方创造学20世纪70年代前后传入台湾，80年代初传入大陆。1983年大陆在广西省南宁市召开了首届全国创造学学术研讨会，1994年先后成立了中国创造学会、中国发明协会高等教育分会和中小学创造教育分会等；台湾先后成立中华创意发展协会、中华创造学会等。据笔者和研究生统计，自20世纪70年代至今，两岸三地已经出版各类涉及"创造"的著作一千余种（见附录），涉及"创造"的文章一万多篇，在西方创造学引进、研究和推广上取得显著进展，这是应当肯定的，但立足东方文化的创造学探索，关注的人却不多。

　　古人云："一阴一阳之谓道。"（《易传·系辞上》）打个比方来说，如果西方是创造学"阳刚"的一面，注重创造产品及其创造技法开发，用自然科学试验分析方法求知探理；那么东方创造学是"阴柔"的一面，注重创造人的创造境界及其心性自觉，用人文学科的整体体验方法率性修道。阴阳互补，刚柔并济，创造学才能全面健康发展。参见图2-8。由上分析可见，目前创造学是"阳盛阴衰"，西方文化背景的创造学一家独大，东方文化背景的创造学十分弱小，难以互补协同，影响了创造学的深化发展。

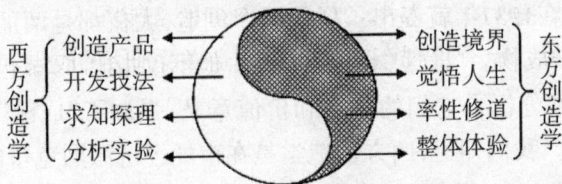

西方创造学　创造产品　开发技法　求知探理　分析实验　创造境界　觉悟人生　率性修道　整体体验　东方创造学

图2-8　东西创造学的阴阳互补

（四）中西会通创造学

　　通过上面的图2-8，我们已经大体了解西方创造学和东方创造学的构成和各自研究的侧重点和特征。下面，我们进一步从"成物"和"成己"的视角，给出体现中西会通创造学结构,也就是本书的篇章框架。

"成物"和"成己"是中国哲学一个古老的话题,儒家经典"四书"之一的《中庸》,对这个话题进行了系统论述。这里我们借用这两个概念,用于创造学的结构分析。《中庸》云:"诚者,自成也;而道,自道也。诚者,物之始终;不诚,无物。是故君子诚之为贵。诚者,非自成而已也,所以成物也。成己,仁也;成物,知也。性之德也,合内外之道也,故时措之宜也。"这里说的"诚",简单地说,就是大自然的本性。这一本性核心是什么呢?宋代周敦颐说:"'大哉乾元,万物资始',诚之源也。'乾道变化,各正性命',诚斯立焉。"(《通书》)周敦颐引用的两句话十六个字,来自《易传·象》。说明"乾"(即"阳")是创生万物的开始,是"诚"的源头。如果我们对"创造"做广义的理解,承认来自大自然的创造性,则我们可以认为,"诚"的精髓和源头就是"创"。我们可以把前面《中庸》中的"诚"用"创"来表达,这段语录就演变成下面的文字:

> 创者,自成也;而道,自道也。创者,物之始终;不创,无物。是故君子创之为贵。创者,非自成而已也,所以成物也。成己,仁也;成物,知也。性之德也,合外内之道也,故时措之宜也。

这段话的大意是:创造,是自己成就;创造之道,是自己践行。创造,贯穿于万物的始终,没有创造,就没有万物,所以有道德的人认识到达到创造境界最可贵。创造,不只是成就自己就行了,而且要创造出成果,做到"成物"。"成己"体现的是仁德;"成物"体现的是智慧。这都是人的本性中原有的,观"成物"于外,察"成己"于内,合外内之道于一体,任何时候实施都是适宜的。

梁漱溟早在1937年就提出:"任何一个创造,大概都是两面的:一面属于成己,一面属于成物。"[1]详见本书第五章。他不仅指出了"成己""成物"的联系和区别,而且分析了它们的特点和价值意义,强调了"成己"的重要性,这是颇有深意的。我们知道,西方创造学是在市场经济激烈竞争的背景下产生的,注重"成物"方面,要求功利效果,优点是实用性强,缺点是忽视了"成己"方面,有"见物不见人"的倾向。近三十年来我国引入的创造学,基本上沿袭了西方创造学特点,以致一谈到创造学,人们联想到的就是做出了多少科技发现和发明,获得了多少专利,取得了多少经济效益,认为学习创造学就是

---

① 《梁漱溟全集》(第2卷),山东人民出版社,1989年,第95页。

学习创造技法,取得尽可能多的发明创造成果。显然,这是一种有局限性的、狭隘的创造学观念。相反,中华传统文化尤为重视"成己",强调修身养性,提高道德境界,较忽视"成物"问题,加之古人所谈的"成己",多是伦理道德方面的修行,而不是创造意义上的"成己",所以即使谈到"成物",也有很多伦理意味,不是对创造作品和成果的追求。从现代创造学的观念看,中华传统文化有宝贵的"成己"修养理论和方法,但对"成物"缺乏深入的认识和研究,因此也具有明显的局限性和狭隘性。

在创造实践基础上,把以"成物"为特色的西方创造学与"成己"为特色的东方文化有机结合,建设融"成物"和"成己"为一体的新型创造学,这就是"中西会通创造学"的基本构想。从这一意义上说,中西会通创造学应是由"成物"之学和"成己"之学构成的一个有机整体。

通过前面对"创造"和"创造学"的分析结果,特别是相关的三个图示,我们可以水到渠成地得出中西会通创造学的篇章结构。下面我们稍微介绍提示一下。

(1)在第一章第二节我们提出了"创造"的四维定义。①基于创造产品,得出:创造是赋予新而和的存在。②基于创造过程,得出:创造是组合和选择的过程。③基于创造境界,得出:创造是物我两忘合一境界。④基于创造本性,得出:创造是创者本性的显现,参见图1-8。

(2)在第一章第三节我们提出了"创造学"四大研究主题:创造学是一门研究创造规律、开发创造潜能、提升创造境界、觉悟创造人生的新兴交叉学科。由此形成了创造学的开发潜能(主要是技法)、研究规律、提升境界、觉悟人生的四大主题,参见图1-13。

(3)在第二章第三节我们提出了东方西方创造学的阴阳互补结构:西方代表创造学"阳刚"的一面,注重创造产品及其创造技法开发,用自然科学试验分析方法求知探理;东方创造学代表"阴柔"的一面,注重创造人的创造境界及其心性自觉,用人文学科的整体体验方法率性修道,阴阳互补,刚柔并济,方是一个全面完整的创造学,参见图2-8。

(4)根据以上三个图,列表如表2-2,并推演出中西会通创造学结构的主要部分,即表中创造技法、创造思维、创造境界、创造本性四部分。其中前两项是西方创造学研究的重点。后两项是东方创造学研究的重点。

第二章

表2-2　东西方创造学的结构要点

	西方创造学重点		东方创造学重点	
创造概念界定	基于产品	基于过程	基于境界	基于本性
创造学内容	开发技法	研究规律	提升境界	觉悟人生
基本方法	技法演练	分析实验	率性修道	整体体验
聚焦核心	创造技法	创造思维	创造境界	创造本性

　　中西会通创造学的结构要点，亦即本书的篇章框架可以用图2-9来表示。其中左侧为东方创造学主题区域由"创造心性"和"创造境界"两部分组成，分别用蓝色和绿色标识，代表创造学"阴柔"的一面；而右侧为西方创造学主题区域由"创造技法"和"创造思维"两部分组成，分别用红色和黄色标识，代表创造学"阳刚"的一面。图中间的四个箭头，表示在创造实践过程中各部分之间的联通和转化，这说明各部分之间不是隔离孤立的，而是一个有机的整体，沿箭头旋之又旋，聚合于图中心的"道"。

　　本书拟定的篇章顺序是：第一篇创造心性篇，第二篇创造思维篇，第三篇创造技法篇，第四篇创造境界篇。这一顺序模拟了一个初学者的思想经历：从创造意识萌发开始，投入创造尝试；调动创造思维；初学者需掌握一定的创造技法；走向成熟的创造者超越技法，达到"无法而法"的境界，即创造之道的境界；通过创造实践进一步觉悟创造人生，使开始的创造意识得到升华，形成螺旋式上升。这是一个明心见性、转识成智的过程。

　　由上，确定《中西会通创造学》共分五篇十八章，绪论篇后有四篇，分别为知本篇（创造心性）、运思篇（创造思维）、用法篇（创造技法）、达至篇（创造境界）。其中"知本达至"侧重内学阐释，以中华传统文化为基础；"运思用法"侧重外学阐释，以西方文化为基础。当然，内学和外学不是截然分开，它们在创造实践中统一于"道"。

　　借鉴《易传》的用语——易有太极，是生两仪，两仪生四象，四象生八卦。我们也可以说《中西会通创造学》的构成为：创有本性，是生两维，两维生四法，四法归一境。

　　为什么创造心性篇安排在首篇？性命问题是中华文化特别是中国哲学的核心和首要的问题，这和看重创造产品，重视创造技法的西方创造学是不同的。不是从"成物"问题而是从"成性"问题开篇，体现了东方创造学的关注点和特色。另一个更深层的考虑是：人的心性观的转变是根本的转变，中华文化以重视伦理思想卓著，这既是其长处，也是其短处。千百年来，中国哲学被泛伦理观念框架限制,难以超越和向现代转化,而如何界定人性的内涵,既是一个创造学理论基础问题,也是打破中国哲学泛伦理观的突破口。

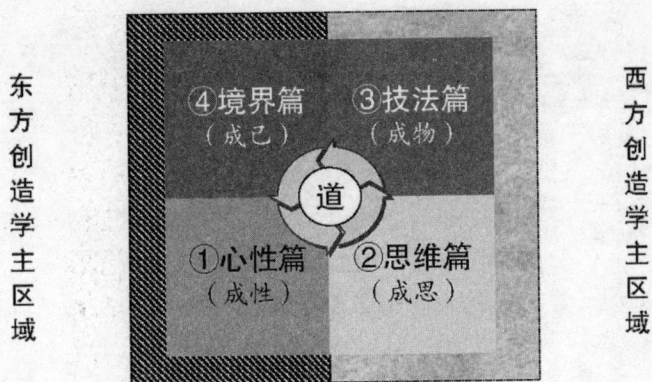

图 2-9　中西会通创造学框架图

I 知本篇

创造心性

本篇导言

文学家巴金有一篇散文,题目是《生》。在文中他说:

　　我常将生比之于水流。这股水流从生命的源头流下来,永远在动荡,在创造它的道路,通过乱山碎石中间,以达到那惟一的生命之海。没有东西可以阻止它。在它的途中它还射出种种的水花,这就是我们生活里的爱和恨,欢乐和痛苦,这些都跟着那水流不停地向大海流去。我们每个人从小到老,到死,都朝着一个方向走,这是生之目标,不管我们会不会走到,或者我们会在中途走入迷径,看错了方向。①

图 I−1　生比之于水流

　　巴金把"生"比作"水流"是很形象生动的,他这里谈的主要是文学视角下的人生。如果我们放眼社会,进而放眼宇宙,再来透视人的"生",我们就从文学的领地,步入哲学的殿堂。
　　中华民族是一个重"生"的民族,不仅重视了解生命的现象,而且重视探索生命的本质,不仅重视研讨"生"的道理,而且重视体验"生"的境界。中华

----

　　① 巴金:《生》,《巴金散文选》(上),浙江人民出版社,1982年。

文化是中西会通创造学建设的重要思想源泉的，我们就从追寻人的生命的本性谈起。

当代新儒家之一的牟宗三说过："中国哲学的中心是所谓儒、释、道三教。其中儒、道是土生的思想主流，佛教是来自印度。而三教都是'生命的学问'，不是科学技术，而是道德宗教，重点落在人生的方向问题。几千年来中国的才智之士的全部聪明几乎都放在这方面。'生命的学问'讲人生的方向，是人类最切身的问题，所以客观一点说，我们绝对不应忽略或者轻视这些学问的价值。中国人'生命的学问'的中心就是心和性，因此可以称为心性之学。"①他认为中国哲学"没有西方式的以知识为中心，以理智游戏为一特征的独立哲学，也没有西方式的以神为中心的启示宗教。它是以'生命'为中心，由此展开他们的教训、智慧、学问与修行"②。

中国人"生命的学问"的中心就是心和性，因此可以称为心性之学。这是对中国哲学和文化核心命题的一句精彩概括。可以说，中华文化的主流是关于生命的学问，它以生命为对象，思考生命的意义和方向，思考人如何通过觉解和践履来安顿我们的生命，来实现我们的生命。特别需要指出，中国人对生命的思考，不仅是生物意义的、社会意义的，而且是宇宙意义的，是在"天人合一"的大视野下，考虑生命价值和意义；不仅是思维意义的理论意义的，而且是实践意义的，是在"知行合一"的大视野下，探索生命价值和意义，因此是一种"顶天立地"的大学问。了解和认识这一大学问，是我们跨入中西会通创造学大门的第一步。因此，本书的第一篇不是探讨创造起步的创造思维，也不是论述实用的创造技法，而是深入反观作为创造主体——人的心性问题。

性，在中文里含义颇多，如①人的本性；②事物的性质或性能；③生命、生机；④性情、脾气；⑤身体、体质；⑥姿态；⑦性别；⑧指与生殖、性欲有关的；⑨佛教语，指事物的本质。③

在现在流行的语句中，谈到"性"，常常被理解为第八个含义，即理解为男女性欲之事。以此为主题，诞生了一个新学科sexology，翻译为中文，叫"性科学"或"性行为学"，也有的简称"性学"。性学是关于人类的性表象的系统

① 牟宗三：《中国哲学的特质》，上海古籍出版社，2008年，第71页。

② 同上，第5页。

③ 罗竹风主编：《汉语大词典》，汉语大词典出版社，2001年，第476~477页。

研究。它的范畴涵盖了性的所有面向,包括了所谓的"正常的性"以及"性心理变态"。

在中国哲学中,主要指的是第一个含义,即人的本性。汉代许慎《说文解字》对"性"的解释颇具哲理:"人之阳气性善者也。从心,生声。"认为从阴阳的角度说,人性代表"阳",本质为善。这是一个形声字,心为形符,生为声符。那么,"阴"的一面由哪一个字代表呢?"情"字。《说文解字》对"情"的解释是:"人之阴气有欲者。从心,青声。"认为,"情"代表"阴气",本质为欲。这是一个形声字,心为形符,青为声符。这样,"性"和"情"就形成了阴阳对立统一的词组。可以说,《说文解字》借鉴、汲取了先秦到汉代的哲学,特别是儒家思想研究成果。

傅斯年通过对"性"字的考证指出:"独立之性字为先秦遗文所无,先秦遗文中皆用生字为之。至于生字之含义,在金文及《诗》《书》中,并无后人所谓'性'之一义,而皆属于生之本义。后人所谓性者,其字义自《论语》始有之,然犹去生之本义为近。至于《孟子》,此一新义始充分发展。"[1]这说明,中文"性"字出现较晚,原本只是个"生"字,今天我们熟悉的"性"的含义,是随着儒家典籍《论语》而产生,随着《孟子》而发展。傅斯年认为:"生字本义为表示出生之动词,而所生之本、所赋之质亦谓之生(后来以姓字书前者,以性字书后者)。"意思是说,"生"字的本义是表示"出生"的动词,而出生物的"本源"、出生物的"本质"是"生"的引申义。后来,出生物的"本源"演化出"姓"字,出生物的"本质"演化出"性"字。原来,"百家姓"是我们出生本源的印记,"天性"是我们出生本质的印记。由此可见,"性"字植根于"生"字中,"性"与"生"有不解之缘。

所谓"性"就是人的本性或本质,是人区别于他物(如动物、植物)的质的规定。

本篇尝试以儒家为重点线索,从古代、近代、现代三个阶段,透视一下中华文化对"性"认识的演进和变革。本篇第三章为起点,主要论述古代对"性本善"观点的论辩,包括孔子、孟子、告子、荀子等先哲观点。告子"生之谓性,性无善无不善";孟子"性善";荀子"性恶",构成了中国古代有代表性的人性观。从创造心性观的角度说,荀子思想的最大亮点,不在人性恶的结论,而在创立了"化性起伪"的学说,呈现出人在改造自身、建设道德社会上的巨大潜

---

① 傅斯年:《性命古训辨证》,广西师范大学出版社,2006年,第3页。

在创造性。

人的最高本性究竟是什么？仅仅是善恶的问题吗？如果不局限在善恶问题上，那么还有什么东西体现着人特有的本性？要回答这一问题，必须把人性讨论引向更高的层面。本篇第四章以《易传》为基础，宋明理学为重点，在更高层面探讨了心性观的发展。其中程朱理学、陆王心学、张王气学、胡刘性学，以及王夫之等的观点，突破"善恶"论性的局限性，展现出"生生日新"的大视野。

中华文化探寻人的本性奥秘，大致经历了三道大门，：古代推开的第一道大门，是"仁义之性"（并行道家自然之性等）；近代推开第二道大门，是"生生之性"（并行佛家空灵之性等）；现代正在推开的第三道大门，是"创造之性"。本篇第五章现代创造之性的觉醒，其中包括：当代新儒家熊十力、梁漱溟、牟宗三、方东美、罗光等的心性观，特别是张岱年等，以"综合创造论"为基础的创造心性观。

中华文化的现代创造心性观并非内部自然产生，而是在西学东渐的大潮中逐渐形成的。本篇第六章，评述和分析了马克思、基督教、尼采、柏格森、怀特海等的创造观，揭示了西学在中华传统文化创造性转化中的重要意义。

第三章　古代:善恶之性的交锋

> 人之初,性本善。
>
> ——《三字经》

在《论语》中,"性"字总共出现了两次:

> 子曰:"性相近也,习相远也。"(《论语·阳货》)
>
> 子贡曰:"夫子之文章可得而闻也,夫子之言性与天道不可得而闻也。"(《论语·公冶长》)

《论语》这两段涉及"性"字的语句,传达出两个重要信息:人的先天本性是相近的,因为后天沾染了不同的习气,便相距很远了。经典文章可以讲授,"性"与"天道"问题难以用语言表达,所以孔子的学生子贡抱怨:只能听到老师讲解经典,却听不到老师讲解"性"与"天道"的问题。孔子提出了人类"性相近"的命题,但并没有直接回答"性"的具体内涵,由此引发了中国文化发展史上探寻人类本性的艰辛曲折的历程。揭开这一探寻序幕的,是孟子和告子关于"性"的大辩论,《孟子》一书中,相当详细地记录了交锋的一些主要观点。

一、孟子和告子的大战

在"人性本质究竟是什么"的论辩擂台上,首先登场的是孟子和告子两位"大侠"。

孟子(前372—前289),战国时期鲁国人。中国古代著名哲学家、教育家,战国时期儒家代表人物。著有《孟子》一书。他继承并发扬了孔子的思想,成为仅次于孔子的一代儒家宗师,有"亚圣"之称,与孔子合称为"孔孟"。

图 3-1 孟子像

告子,与孟子同时代的战国时期思想家。名不详,一说名不害。赵岐在《孟子注》中说,告子"兼治儒墨之道"。他的著作没有流传下来,孟子在人性问题上和他有过几次论辩,所以他的学说仅有一鳞半爪记录在《孟子·告子》中。

图 3-2 告子像

告子"大侠"守擂的基本观点是:"生之谓性。"(《孟子·告子上》)用今天的话说,生就是性。这句话是一个双关语:一是从字义的角度说,"性"字是由"生"字演化而来,性的原本义就是"生";二是从思想的角度说,告子认为,与生俱来的就是性,或生来俱有的就是"性"。告子举例说:"食色,性也。"(《孟子·告子上》)这就是说饮食男女,即人们吃东西,过性生活,就是"性"的体现。

告子以水打比方说:"性犹湍水也,决诸东方则东流,决诸西方则西流。人性之无分于善不善也,犹水之无分于东西也。"(《孟子·告子上》)意思是说，人性就像湍急的流水，从东方决开就向东流，从西方决开就向西流。人性本不分善与不善，就像水并不固定向东流向西流一样。

孟子"大侠"打擂的基本观点是：人的本性是善。他通过批驳告子的比喻，亮出了自己的观点："水信无分于东西。无分于上下乎？人性之善也，犹水之就下也。人无有不善，水无有不下。"（《孟子·告子上》）意思是说，水确实不固定向东流向西流，但它难道没有向上或向下的趋向吗？人向善的本性，就像水向下流趋向一样。人没有不向善的，水没有不向下的。

告子又亮出一个守擂的杀手锏：他以树打比方说："性，犹杞柳也，义，犹桮棬也①；以人性为仁义，犹以杞柳为桮棬。"（《孟子·告子上》）告子说，人的本性好比杞柳（树木），义好比杯盘；使人性变得仁义，就像把杞柳做成杯盘。

孟子顺势来了一个回马枪："子能顺杞柳之性而以为桮棬乎？将戕贼杞柳而后以为桮棬也？如将戕贼杞柳而以为桮棬，则亦将戕贼人以为仁义与？率天下之人而祸仁义者，必子之言夫！"（《孟子·告子上》）孟子说：您能顺着杞柳的本性把它做成杯盘呢，还是要伤害它的本性把它做成杯盘呢？如果是伤害了它的性而把它做成杯盘，那么也要伤害了人的本性使他变得仁义吗？引导天下的人来损害仁义的，一定是您的这番言论啊！

在台下观战的孟子"大侠"的徒弟公都子，发现老师似乎有破绽，连忙提醒说："告子曰：'性无善无不善也。'或曰：'性可以为善，可以为不善；是故文武兴，则民好善；幽厉兴，则民好暴。'或曰：'有性善，有性不善。是故以尧为君而有象，以瞽瞍为父而有舜，以纣为兄之子且以为君，而有微子启、王子比干。'今曰'性善'，然则彼皆非与？"（《孟子·告子上》）公都子的意思是，告子说："人性无所谓善和不善。"又有人说："人性可以使它善良，也可以使它不善良。所以周文王、周武王当朝，老百姓就趋向善良；周幽王、周厉王当朝，老百姓就趋向横暴。"也有人说："有的人本性善，有的人本性不善。所以虽然有'尧'这样善良的人做天子，却有'象'这样不善良的臣民；虽然有瞽瞍这样不善良的父亲，却有舜这样善良的儿子；虽然有殷纣王这样不善良的侄儿，并且做了天子，却也有微子启、王子比干这样善良的长辈和贤臣。"如今老师说"人性本善"，那么他们都说错了吗？

孟子对"徒弟"的疑问进行了耐心解答："乃若其情，则可以为善矣，乃所

---

① 杞(qǐ)柳：树名，枝条柔韧，可以编制箱筐等器物。桮(bēi)（同杯）棬(quān)：器名。先用枝条编成杯盘之形，再以漆加工制成杯盘。

谓善也。若夫为不善,非才之罪也。"(《孟子·告子上》)意思是说,就实情来说,人的本性都是向善的,这就是我说人性本善的意思。至于说有些人不善,那不能归罪于他的性。接着,孟子谆谆诱导,讲解了他所说的性"善"的内涵:

> 恻隐之心,人皆有之;羞恶之心,人皆有之;恭敬之心,人皆有之;是非之心,人皆有之。恻隐之心,仁也;羞恶之心,义也;恭敬之心,礼也;是非之心,智也。仁义礼智,非由外铄我也,我固有之也,弗思耳矣。①

意思是说,同情之心,人人都有;羞耻之心,人人都有;恭敬之心,人人都有;是非之心,人人都有。同情之心属于仁;羞耻之心属于义;恭敬之心属于礼;是非之心属于智。仁义礼智都不是由外在的因素加给我的,而是我本来就有的,只不过平时没有思索探求罢了。孟子举例说,当人看到小孩将要掉进井里时,就会产生一种马上援救的"同情心"。这种同情心,一不是为了讨好小孩的父母,二不是要在亲朋中获取好名声,三不是厌恶小孩的哭声,完全是一种天赋的"恻隐之心"使然。由此来看,无恻隐之心,不配做人;无羞恶之心,不配做人;无辞让之心,不配做人;无是非之心,不配做人。人的本性中有这四种善心,就如同人的身体有四肢一样。

以上是打擂片段镜头,详情请见《孟子》(《孟子·告子篇》)。透过两位"大侠"的激辩,我们可以清楚了解孟子时代的四种人性论:一是告子的"性无善无不善"论,二是孟子的"性善"论,三是公都子转引的"性可以为善,可以为不善"论,四同样是公都子转引的"有性善,有性不善"论。后两种观点的具体提出人不详,没有在擂台上亮相,影响不大。重点是告子和孟子的观点交锋。打擂的结果,孟子观点占优势,告子观点呈劣势,孟子"性善"观点成为儒家思想的主流,影响中国哲学与文化发展达两千多年。妇孺皆知的《三字经》开篇即说:"人之初,性本善,性相近,习相远",巧妙地融合了孔子和孟子的观点,成为古代儿童的启蒙教材,至今对中国人的道德伦理有深远影响。

擂主换人,告子下台,孟子上台。不久,一位"黑马"跃上擂台,向孟子观点提出挑战,这就是荀子。荀子以与孟子观点针锋相对的"性恶"说宣战,迎来了善恶之性辩论的第二个高峰。

---

① 《孟子·公孙丑上》。

二、荀子"似黑马"出山

荀子(约公元前313—前238)，名况，字卿，战国末期赵国猗氏(今山西安泽)人。著名哲学家，儒家代表人物之一，时人尊称"荀卿"。荀子对儒家思想有所发展，提倡性恶论，常被与孟子的性善论对照比较。对重整儒家典籍也有相当的贡献。其思想反映在《荀子》一书中。

图 3-3　荀子像

荀子的人性论思想比较集中地体现在《荀子》的"性恶篇"之中，从篇名可以看出，荀子这位攻擂"黑马"，对孟"大侠"完全针锋相对立题，直接对抗孟子的"性善"功法，见招拆招，步步紧逼，刀叉剑戟，轮番上阵，一时杀得天昏地暗，令台下"看客"眼花缭乱，难辨双方高下。

《荀子·性恶》开篇就立论说：

> 人之性恶，其善者伪也。今人之性，生而有好利焉，顺是，故争夺生而辞让亡焉；生而有疾恶焉，顺是，故残贼生而忠信亡焉；生而有耳目之欲，有好声色焉，顺是，故淫乱生而礼义文理亡焉。然则从人之性，顺人之情，必出于争夺，合于犯分乱理，而归于暴。故必将有师法之化，礼义之道，然后出于辞让，合于文理，而归于治。用此观之，人之性恶明矣，其善者伪也。

大意是说：人的本性是恶，其转化为善，是后天人为努力的结果。人的本性，一生下来就有喜欢财利之心，依顺这种人性，所以争抢掠夺就产生而推辞谦让就消失了；一生下来就有妒忌憎恨的心理，依顺这种人性，所以残杀陷害就产生而忠诚守信就消失了；一生下来就有耳朵、眼睛的贪欲，有喜欢音乐、美色的本能,依顺这种人性,所以淫荡混乱就产生而礼义法度就消失了。这样看来,放纵人的本性,依顺人的情欲,就一定会出现争抢掠夺,一定会和违犯等级名分、扰乱礼义法度的行为合流,而最终趋向于暴乱。所以一定要有了师长和法度的教化、礼义的引导,然后人们才会从推辞谦让出发,遵守礼法,而最终趋向于安定太平。由此看来,人的本性是邪恶的就很明显了,他们那些善良的行为则是人为的。①

荀子说:"人之性恶,其善伪也。"这里"伪"即"人为"之意。就是说:人性本是恶的,但其所以善是社会教化、人为改造的结果。把"性"和"伪"对举,是荀子一大发明,是其人性论的逻辑基础。他认为孟子之所以得出性善论的错误结论,没有觉悟性的真义,就是因孟子没有明了"性"和"伪"的区别。荀子对"性"和"伪"的分野进行了清晰界定,他说:

> 凡性者,天之就也,不可学,不可事。礼义者,圣人之所生也,人之所学而能、所事而成者也。不可学、不可事而在人者,谓之性;可学而能、可事而成之在人者,谓之伪;是性、伪之分也。(《荀子·性恶》)

意思是说,大凡本性,是天然造就的,是不可能学到的,是不可能人为造作的。礼义,才是圣人创建的,是人们学了才会、努力从事才能做到的。人身上不可能学到、不可能人为造作的东西,叫做本性;人身上可以学会、可以通过努力从事而做到的,叫做人为;这就是先天本性和后天人为的区别。

"性""伪"是荀子经过深思熟虑而创立的一对范畴,在其人性论中居于核心地位。两个字在字型上有美妙的对称性,"性"字有生来俱有,存于心中之意;"伪"字有后天作为,人所造作之意。一个是先天带来,一个是后天形成,二者既对立又互补,不尽意蕴仿佛都刻画在字体之中。这样美妙对称的含义,恐怕很难原汁原味地译成外文,而这正是中国哲学和文化的魅力所在。

荀子不仅论述了"性"和"伪"相区别的一面,也论述了两者相联系的一面。他指出:

> 性者,本始材朴也;伪者;文理隆盛也。无性,则伪之无所加;无伪,则性不能自美。性、伪合,然后成圣人之名,一天下之功于是就也。(《荀

---

① 张觉:《荀子译注》,上海古籍出版社,1995年,第489页。

子·礼论》）

意思是说，先天的本性，就像是原始的未加工过的木材；后天的人为加工，则表现在礼节仪式的隆重盛大。没有本性，那么人为加工就没有地方施加；没有人为加工，那么本性也不能自行完美。本性和人为的加工相结合，然后才能成就圣人的名声，统一天下的功业也因此而能完成了。①这里，荀子强调了"伪"在人和社会发展中的关键性意义，正是人类之"伪"造就了文理隆盛的社会气象，造就了圣人大名。

更为深刻的是，荀子提出了"性"和"伪"之间的转化方法问题。

> 性也者，吾所不能为也，然而可化也；情②也者，非吾所有也，然而可为也。注错习俗，所以化性也；并一而不二，所以成积也。习俗移志，安久移质；并一而不二，则通于神明，参于天地矣。（《荀子·儒效》）

大意是：本性，我们不能造就，但可以转化。文理之情，不是我们本有的，却可以造就。对人的安排措置以及习惯风俗，是用来改变人性的；专心致志地学习而不三心二意，是用来造成知识和智慧积累的。风俗习惯能改变人的思想，安守习俗的时间长了就会改变人的情质；学习时专心致志而不三心二意，就能通于神明，达到参天辅地的境界了。

由此可见，荀子首先提出"察乎人之性伪之分"的观点，把人们基于生理机能而产生的对物质生活的欲求归之于与生俱来的自然本性，把为了调节这一欲求而必须具备的道德意识归之于后天人为的社会规范（伪）。接着，他说："性也者，吾所不能为也，然而可化也；情也者，非吾所有也，然而可为也。"荀子认为人的自然本性可以改造变化，道德规范是人为创制的结果。他还指出，通过"化性而起伪"，人人都可改造成为圣人，"涂之人可以为禹"（《荀子·性恶》），即一个平常人也可成为圣人，但需经历一个长期磨练过程——"起于变故，成乎修为"——即开始于自然本性的改变，完成于后天人

---

① 张觉：《荀子译注》，上海古籍出版社，1995年，第415页。

② 情字在荀子著述中有多义，基本含义是"情者，性之质也"（《荀子·正名》）。"质"是性的填充料，天然的情填的是恶，但可以通过后天人为而填善。从上下文看，这里说的是文礼之情，原本没有，通过"积"（积累性学习）得到填充。

第二章

为的积累。

三、古代人性论点评

观看了告子、孟子、荀子三位"大侠"的论战,我们尝试从一个旁观者的视角作一简要评析。

告子"生之谓性,性无善无不善";孟子"性善";荀子"性恶",构成了中国古代有代表性的人性观。总的看,告子以生论性,是符合由"生"和"心"构成的"性"字本义的,"性"就是打在心灵中的天生印记,它是一种与生俱来的特质。但告子的观点也有明显缺陷。正如葛荣晋指出的:"告子的人性论,由于过分强调人的自然本性,而忽视人的社会性,所以认为'生之谓性',即认为人生而具有的欲望便是性,生而具有的生理欲望莫大于食色,故认为'食色,性也',把性理解成生而具有的饮食男女等生理本能,混淆了人性和动物性的本质差别。孟子正是抓住了他的这一理论缺点,着重从人的社会性方面去探讨人性,从而加深了对人的本质性认识。"①

告子对性的考察,着眼于人的天然本性和生理需求,而孟子的考察,着眼于人的社会本性和伦理需求,着眼的视角不同,对"性"的结论自然不同。人类的身份是双重的,既有自然属性,也有社会属性,从这个角度说,二者都属人的"性"。但就性的本质研究来说,二者不是同一层面的,因为人与动物相区别的本性,不在其自然属性,而在其社会属性,这样说来,孟子的考察超越了告子以"食色"为代表的初级自然层面,跃升到一个以"仁义道德"为代表的高级社会层面,抓住了人与动物相区别的一个关键问题。

人的本性是上天所赋予的,天生俱来,不是后天学习而来。孟子"性善"观,如何与"天性"联系起来呢? 为此,孟子提出了"尽心知天"说。孟子认为:"尽其心者,知其性也。知其性,则知天矣。"(《孟子·尽心上》)依孟子看来,仁义礼智根于心灵本性之中,只要务尽自己的"恻隐之心""羞恶之心""辞让之心""是非之心",就是可以知道自己本性是善的,本具有仁、义、礼、智四端的善性。而人的善性是上天赋予的,所以认识了人的善性,也就可以认识到天的善性。这就是孟子的"人能尽心知性,然后就可以知天"的"天人合一"人性论。由此,可以推论出儒家使命可以归结为一句话:"学问之道无他,求其放

---

① 葛荣晋:《中国哲学范畴通论》,首都师范大学出版社,2001年,第496页。

心而已矣。"(《孟子·告子上》)孟子说,有的人丢了鸡犬,赶忙去寻找,现在他的心丢了(心性迷失),却不知寻找。儒家学问说到底,就是把丢掉的心找回来。

有这样一个故事:旅行家辛格和他的一位朋友在穿越喜马拉雅山的某个山口时,突遇暴风雪。在与风雪搏斗数小时后,两人又冷又饿又累,但他们丝毫不敢懈怠,不停地向前走以维持他们微弱的体温。突然,他们发现不远处的雪地上有一个被雪埋没、已经昏迷的人。辛格决定背上那个人同行,但辛格的朋友担心救了这人会连累他们也无法走出困境,因此执意不肯相助,撇下了辛格和那个人独自前行。冰天雪地里,辛格独自背着这个人艰难地前进,虽然筋疲力尽,但始终没有放弃,并且用自己的体温逐渐温暖了他。走了许久,两人终于走出了山口。在那里,辛格发现先前那个独自走的朋友冻死在雪地里。辛格的恻隐之心,让他战胜了严寒,走出了困境,还挽救了一个濒临死亡的生命;而自私和狭隘使辛格的朋友最终葬送了生命。

透过这个故事,对人的本性我们可以演绎出两个截然相反的结论。一是性善论,即辛格和他的朋友原本都有"恻隐之心",但是在恶劣的社会环境的影响下,辛格朋友的"恻隐之心"丢掉了,成了自私狭隘的人;一是性恶论,即辛格和他的朋友原本都有"自私狭隘之心",但是在善良的社会环境的影响下,辛格的"自私狭隘之心"向善的方向转化,成了富有同情心的人。

说到这里,读者马上就明白了,前一个演绎出来的观点是孟子的性善论,后一个就是荀子的性恶论。荀子的性恶论正是抓住了孟子性善论的立论不严谨之处,逆向思维,建立了看起来和孟子截然相反的人性论。

从告子到孟子,从孟子到荀子,更像一个人性论观点"否定之否定"的过程:孟子否定了告子,荀子又否定了孟子,似乎又回到的告子的出发点,但不是简单的回复,而是汲取了告子与孟子双方观点的积极因素,在更高层面与孟子展开论战。比如,他汲取了告子"生之谓性"的思想,认为"生之所以然者谓之性","不事而自然谓之性"(《荀子·正名》),把性规定为"生之所以然""不事而自然"的"本始材朴"。但他并没有把性的内涵局限在"食色"生理表层,而是向善恶问题上扩展,向孟子的社会本性论层面延伸。他说:"人之性,饥而欲饱,寒而欲暖,劳而欲休,此人之情性也。……故顺情性则不辞让矣,辞让则悖于情性矣。用此观之,然则人之性恶明矣,其善者伪也。"(《荀子·性恶》)大意是说,人的本性,饿了想吃饱,冷了想穿暖,累了想休息,这些就是人的情欲和本性。人饿了,看见父亲兄长而不敢先吃,这是因为要有所谦让;

累了，看见父亲兄长而不敢要求休息，这是因为要有所代劳。儿子对父亲谦让，弟弟对哥哥谦让；儿子代替父亲操劳，弟弟代替哥哥操劳；这两种德行，都是违反本性而背离情欲的，但却是孝子的原则、礼义的制度。所以依顺情欲本性就不会推辞谦让了，推辞谦让就违背情欲本性了。由此看来，那么人的本性为恶就很明显了，他们那些善良的行为则是后天人为的。荀子正是利用这种从自然本性向社会本性延伸的推理方法，推倒孟子性善论，建立了性恶论。

从创造观的角度说，荀子思想的最大亮点，不在人性恶的结论，而在创立了"化性起伪"的学说，呈现出人在改造自身、建设道德社会上的巨大创造性。荀子说："凡礼义者，是生于圣人之伪，非故生于人之性也。故陶人埏埴而为器，然则器生于工人之伪，非故生于人之性也。"（《荀子·性恶》）这段话大意是，所有的礼义，都产生于圣人的人为（创制），而不是产生于人的本性。陶匠和泥制成陶器，陶器产生于陶匠的人为（创制），而不是产生于人的本性。他总结道："故圣人之所以同于众、其不异于众者，性也；所以异而过众者，伪也。"圣人和众人相同而跟众人没有什么不同的地方，是先天的本性；圣人和众人不同而又超过众人的地方，是后天的人为（创造）能力。

图 3-4　陶匠制陶器

但是，令人遗憾的是，荀子不承认这种创造性为人的本性。有人问：礼义是积累创制的结果，这也是人的本性，所以圣人才能创造出礼义来啊。荀子回答说：这不对。陶匠和泥制作陶瓦，那么把黏土制成瓦器难道就是陶匠的本性么？木匠削木制作木器，那么把木材制成木器难道就是木匠的本性么？圣人对于礼义，打个比方来说，也就像陶匠和泥制作瓦器一样，那么积累创制礼义，难道就是人的本性了么？（据《荀子·性恶》译意）显然，荀子回答浮于事物现象的表面,没有看到圣人、陶匠、木匠创制活动的共性和本质意义,而忽视了"伪"这个人类最高的本性。

先秦时期拉开了中国"人性论"探讨的序幕,尔后各个历史时期不断深化发展。例如,西汉时期扬雄提出了人性善恶混说,他说:"人之性也善恶混,修其善则为善人,修其恶则为恶人。"(《法言·修身》)认为人来自阴阳二气,阳为善,阴为恶,二者结合而成人。所以,人性既不是孟子所说的纯善,也不是荀子所说的纯恶,而是有善又有恶,善恶相杂于人性之中。再如,西汉时期的董仲舒提出了人性"三品"说,有"圣人之性",是纯善;有"斗筲(小人)之性",是纯恶。这二者都不代表普遍人性,因此"不可以名性"。又有"中民之性"才具有普遍性,是人性的代表(《春秋繁露·实性》)。普遍的人性有善有恶,可善可恶。完全取决于后天的教化。他把性比作禾,善比作米。米出禾中,而禾未可全为米;善出性中,而性未可全为善。善与米,都是"继天而成于外",既是天生的,同时也需要人为的努力。又如,唐代韩愈进一步提出"性之品有上中下三"并把"性"和"情"对立起来,"性"的内容为"仁、义、礼、智、信",是"与生俱生"的;"情"的内容为"喜、怒、哀、惧、爱、恶、欲",是"接于物而生"的。他认为性的内容是仁义礼智信,也就是儒家的五种伦理道德。又把人性分为上、中、下三个品级。他认为五种伦理道德在不同人身上的搭配以及所起的作用是不相同的,这样,人性便有了高下之分;同时,他把情也分成三个品级,而高下取决于每个人对自己的情感表现不同。宋代王安石不同意性情二分的思想,认为:"性情一也。七情之未发于外,而存于心者,性也。七情之发于外者,情也。性者,情之本;情者,性之用也。故性情一也。"(《性情论》)

第四章　近代:生生之性探寻

一阴一阳之谓道,

继之者善也,

成之者性也。

——《易传》

在上一章,我们谈到了古代关于人的本性是"善"还是"恶"的讨论。人的最高本性究竟是什么? 是仅仅善恶的问题吗? 如果不局限在善恶问题上,那么还有什么东西体现着人特有的本性? 要回答这一问题,必须把人性讨论引向更高的层面。引人瞩目的是:早在战国时期诠释《周易》的《周易大传》,以其恢宏的天人观,独特的哲学思想,为在更高层面回答上述问题奠定了基础。

谈到《周易》,很多人马上想到马路上的算命人,张口周易,闭口八卦;电影电视剧中的术士,身披阴阳八卦道袍,口中念念有词,似乎《周易》与蒙昧和迷信有不解之缘。这里我们随机打开讨论《周易》的网页,就可以看到网民七嘴八舌的有趣议论。

图4-1　《周易全书》

▲在马路边摆个小摊给别人"算命"看手相的人,大多就是以《周易》为教材自学,然后瞎蒙乱侃。真不知道为什么到了现在为止还不宣布这本书是邪书呢?▲现在的封建思想多了,信这信那的,都是扯淡!▲书是好书,有些人非要把它变成迷信,有什么办法? 他要是扔钢锁断吉凶,难不成还把钱给禁了? ▲认为《周易》是迷信,你大可不信,怎么能说是邪书呢?▲我只看了一小部分,没觉得是迷信,就看你怎么用了。刀自己不会杀人,可有拿刀去杀人,罪过不在刀吧? ▲《周易》是中国的最珍贵国粹! ▲天,地,人,可预测万物的神奇书呀! ▲《周易》是天地之常经,古今之通义。▲《周易》不是迷信,是儒家崇尚的六书之一,有深刻的人文思想。▲看手相的不见得懂《周易》,只是打《周易》的招牌而已。▲千万别赞扬,要不就有"伪科学"的嫌疑。▲一本伟大的哲学书。至于预测功能那就是迷信了。▲大部分国人不以为是迷信,少部分国人明白,但还要拿它去蒙人,因为中国人就信玄的东西,越是玄得找不到根据越是信,自古至今,中国人只知其然,根本就不想知其所以然。▲当我们从遗传学上弄懂什么是命,什么是运,命运的客观性,就不会说《周易》和算命是迷信了,我认为先有《周易》后有中华文明。①

在周易专家看来,《周易》是我国最古老的典籍之一,被崇奉为"群经之首,大道之源",在中华文化发展历程中有深远影响。早在春秋战国时代,就已被视为重要的典籍。《周易》既被儒家列为"五经之首",又被道家尊为"三玄之一"。可以说,在中国古文献中,没有其他任何一部书能超过《周易》在民族文化心理中的热度。古往今来,人们对《周易》进行注解、诠释和研究蔚然成风,形成了一种专门的学问,即易学。俗语说:旁观者清。韩国学者金忠烈把《周易》与长城放在一起评价,具有一定的代表性:"如果说万里长城是横跨在中国大陆的有形的建筑,那么《易》是随着中国历史长河纵向地持续了一万年之久的积累和人类智慧精华的无形思想体系。"②

为什么民间和专家对《周易》的看法相距甚远呢? 一个重要原因,打卦算命,传统悠久,应用性强,普及性广,几乎家喻户晓;而《周易》真正的哲学智

---

① http://tieba.baidu.com/f?kz=100794901,2011-07-13。

② 金忠烈:《〈易〉的宇宙观,性命观及文化观》,《国际易学研究》(第5辑),华夏出版社,1999年,第309页。

慧,虽然注家如云,典籍似海,但经学式研究、急功近利式应用过多,综合贯通和智慧提升不够,未能普及社会大众。

从历史上看,对《周易》的研究和利用大致可以分为两大学派:①"象数学派",即对《周易》的八卦象数研究和应用,通过重叠八卦成六十四卦,象征世间万事万物,再通过六十四卦变化推演,试图揭示事物发展趋势或规律。着力探索易学符号系统的象征含义、作用机制和现实应用。如八卦象数在自然科学、社会科学、文学艺术、体育医学等具体应用,以及在预测、算卦、堪舆等的应用。②"义理学派",即不停留在象数层面,而着眼象数背后文辞哲理的阐发和应用,从卦名的意义和德性的角度,阐发易学符号系统的内在意蕴和深刻哲理,由八卦→四象→两仪→太极(道),居高临下,从太极(即道)的层面把握易的实质。探讨涉及宇宙和人生的根本问题,提升人生智慧和人生境界。如《周易》的本体论、认识论、人生论、伦理学、美学、逻辑学等研究,及其深入浅出的大众普及。

本书着眼点不是前者象数八卦推演,而是后者义理智慧提升,即通过《周易》思想与创造人生观的历史演变和内在联系,揭示太极(道)本义和人的本性,普及《周易》的大智慧,推动大众本性的自觉。

《周易》究竟给人的本性探索带来哪些新变化呢?宋明理学如何借题发挥,深化人的"生生"之性探讨呢?

一、易传独辟性蹊径

按现在学术界流行的观点,《周易》包括《易经》与《易传》(即《周易大传》)两个部分。《易经》是一部占筮之书,核心是由八卦与六十四卦组成的符号系统。传说是周文王所作,但无确据。今天多数哲学史家都承认《易经》是西周初年的作品。《易传》是对易经的解释,共由《彖》(音tuàn)上下、《象》上下、《系辞》上下、《文言》《序卦》《说卦》《杂卦》十篇文章组成,又称"十翼",翼有辅助之义。旧说《易传》为孔子所作。宋代欧阳修始疑十翼中的《系辞》非孔子所作,清代崔述认为《彖》《象》也非孔子所作。近人认为十翼均非孔子所作,而是战国以来陆续形成的解《易经》作品的汇集。《易经》形成在儒家、道家诞生之前,而《易传》形成在儒家、道家诞生之后,二者的时间差距达七八百年。

(一)《易传》与生生哲学之源

古老的《易经》虽属占筮书,但在其神秘的形式中蕴含着较深刻的理论思维和哲理象征。《易传》利用了《易经》的思维结构和框架形式,充实了现实的社会内容,汲取当时诸子各家特别是儒家和道家思想成果,从而建立了系统哲学思想体系。

图4-2　高亨:《周易大传今注》

《易传》实际是在百家争鸣的学术环境中,中国哲学发展史上第一次有深远意义的综合创造活动的结晶。《易传》综合创造出的,既不是单纯的易经思想、儒家思想或道家思想,也不是三种思想的简单拼盘,而是以"生生之道"为核心的独特哲学思想。"生生"以及由"生生"观念为核心建立的《易传》哲学体系,完全是在易、儒、道背景下的综合创新的成果,在中国哲学发展史上有独立的意义和地位。为此,我们称之为"生生哲学""生生"之道,或简称"易道"。

粗读《易传》,使人感觉好像是《易经》术语和儒家术语的汇集和贯连,易、儒合一感特强。细读其以道为纲,放眼宇宙,用天道释人道,又给人以强烈的道家味道。若超越文字,结合宇宙人生,整体品悟,我们会深刻感到,《易传》立道的根本,不在前人经典,不在哪家学派,而在实践之中。《易传》说:

> 古者庖牺氏之王天下也,仰则观象于天,俯则观法于地,观鸟兽之文与地之宜,近取诸身,远取诸物,于是始作八卦。(《易传·系辞下》)

大意是说:远古时期包牺氏称王于天下,仰首以观天象,俯身以取法地形,观察鸟兽的花纹与大地相适宜,近的取自身边,远的取自他物,搜罗万象,开始创制易经的八卦。这里,《易传》作者叙述了远古帝王伏羲,通过"仰天俯地"的实践,创制八卦的过程。这个过程不是由历史文献考察得来的,因为,《易经》产生年代久远,作者是谁没有十分把握,产生经过更无历史文献记载。由此可见,这是《易传》作者根据《易经》内容和自己亲身体验推测出来的,因此,与其说这段话是阐述《易经》产生过程,不如说是真实反映了《易传》产生过程。这就是说,《易传》作者仰观天象日月星辰,俯观地形山川泽壑,又观鸟兽皮毛文彩与植物生于地各得其宜,近取之于己身,远取之于器物,于是开始了构思《易传》哲学体系。正是这种丰富的观察和反思实践,使《易传》作者对《易经》有了超越经典字面的深刻认识。

《易传》中有一句关键的话,是透视周易本质、解开周易奥秘的钥匙。这句话就是:"《易》与天地准,故能弥纶天地之道。"(《易传·系辞上》)句中的《易》指《周易》,"准"即齐准对应,"弥纶"指普遍包罗。这句话的大意是:《周易》以天地自然作为立论的准绳,与大自然实际相对应,所以能够体现包罗天地万物的大道。金景芳先生说:"'《易》与天地准'句,我最近有了新的认识,认为这句话对于学《易》来说,至关重要,甚至可以说了解不了解它,是了解不了解《周易》的试金石。"[①]金景芳先生的"试金石"的论断,确实是一位研究《周易》老专家的高明之见。这启示我们,对于《易经》和《易传》各种观点,我们都可以用"与天地准"的标准来检验之,取其精华,去其糟粕。秉承《易传》这一诠释经典,立足天地,创新发展的方法,本书坚持尊重经典,不拘泥经典,汲取现代科学和知识成果,以实践为检验标准,进一步推进和深化人的心性研究。

(二)生生哲学的核心观点

生生哲学的核心观点是什么呢? 这里,我们引用《易传·系辞上》原话:

> 一阴一阳之谓道,继之者善也,成之者性也。仁者见之谓之仁,知者见之谓之知,百姓日用而不知,故君子之道鲜矣!

---

① 金景芳:《〈周易·系辞传〉新编详解》自序,辽海出版社,1998年,第15页。

　　显诸仁,藏诸用,鼓万物而不与圣人同忧,盛德大业至矣哉!富有之谓大业,日新之谓盛德。生生之谓易。

上述语言中,揭示了《易传》中的"生生"之道,包含两层重要意思。

1.一阴一阳之谓道

一阴一阳就是易家所说的"道"。《易经》中本无"阴阳"的观念,春秋时代解释《周易》的学说中也没有使用"阴阳"。《易传》在诠释《易经》思想时,不仅引入了阴阳概念,而且把它提升为大道运行的根本法则,这是一个十分重要的哲学创见,是全面理解《易传》的"纲"。

怎样理解"一阴一阳"? 焦循的观点具有一定的代表性,他说:"一阴一阳者,阴即进为阳,阳即退为阴也。道,行也。往来不穷,故阴阳互更。"(焦循:《易章句》)他把"一阴一阳"解释为阴阳的进退互更变化,在阴阳交错往来中,阴退阳进,阳隐阴显,循环不已。例如,在昼夜变化中,白天黑夜的转换;寒暑变化中,冬夏的转换。笔者认为,这一解释显然表面化,没有揭示出"一阴一阳"的本质。

"一阴一阳"的本质含义是什么呢? 我们需要从《易传》中再寻蛛丝马迹。《易传·系辞上》说:"乾道成男,坤道成女。乾知大始,坤作成物。"(《易传·系辞上》)这里"乾"代表"阳",象征"男";坤代表"阴",象征"女"。正像男女交合,产生新生儿一样,乾(阳)坤(阴)交合,产生了天地万物。在这个新生事物产生的过程中,乾主导和启动了新生,坤制作完成了新生。所以说"男女构精,万物化生"(《易传·系辞下》)。这里我们看到的不再仅仅是阴阳进退的变化,而是阴阳交合的新生事物诞生,这才是体现阴阳本质性的"道"。

如果说"一阴一阳之谓道"是指天地的话,那么"继之者善也,成之者性也"指的是人。意思是说:继承这个"阴阳交合而生新"大道的,就是"善"的体现;践行成就这个大道的就是"性"的体现。这里,我们看到了对"善"和"性"的全新解释,即超越了传统的伦理善性界限,建立了以"一阴一阳之道"为衡量标准的新的"善""性"观。请注意,这一观点经后来的宋明理学(新儒学)等的系统阐述和发挥,成为了中国哲学"哥白尼式"革命的起始点。

"仁者见之谓之仁,知者见之谓之知,百姓日用而不知,故君子之道鲜矣!"说的是:对于这个大道,讲仁学的人把它看成了"仁",讲知识的人把它看成了"知识",老百姓在日常中应用了却不晓得,所以真正了解大道的人太少了!

第四章

第四章

2.生生之谓易

"显诸仁,藏诸用,鼓万物而不与圣人同忧,盛德大业至矣哉! 富有之谓大业,日新之谓盛德。生生之谓易。"大意是说:一阴一阳之道,产生万物,呈现仁德之功,却不见所为,隐藏在大量事物之中。鼓舞推动万物生长,不像圣人一样忧国忧民,这是最高的德性和最伟大事业。繁多丰富称作"大业",日新月异称作"盛德",生生不息称作"易"。

生生,即生而又生。阴阳通过交合作用,对立转化,相易相生,因而能够推动万物生生不穷,称之为易。换句话说,易的本质就是"生生"。阴阳之道造化万物,生生不息,日新又新;一刻也不休止,这是最盛大的德性。在创生不已的过程中,新生事物层出不穷,万象森罗,丰富繁多,这是最宏大的事业。

把上述思想线索简化一下,就是阴阳—生生—日新—富有,它们分别和道—易—德—业相对应。这是一个层次分明的观点体系:道是由一阴一阳构成的,它们相互交合易转,形成生生不已的大化过程,日新月异,气象万千,大德大业兴焉。在这个观点体系中,"阴阳"是源泉,"生生"是核心,"日新"是面貌,"富有"是物象。由此,"生生哲学"的构架鲜明地呈现出来。

(三)"立人之道"的局限性

《易传》的结论性观点是:"天地之大德曰生"(《易传·系辞上》),也即天地最大的德性是"生"。当然这个"生",不是告子"饮食男女"的"生",而是"生生不息,新新不已"的"生",亦即"生生"。

《易传·文言》说:"夫大人者,与天地合其德",说明这个大德不仅天地独有,而且体现在人的身上,有道德的人,也有与天地相合的大德。"百姓日用而不知"(《易传·系辞上》),说明百姓也有此大德,只不过没有觉悟到罢了。从自然的角度说,人类结婚生子就是大德"生"的自发体现;从社会的角度说,人类不断发明创造,更是大德"生"的自觉体现。但由于种种原因,人类大德自觉的展现,却长期受到各种压制和歧视。天地"大德"被发现了,但把这一"大德"下贯到人,却遇到种种难以想象的困难,因为占主流的统治思想、哲学思想、制度文化,阻止了这一大德的社会实现。

基于这一点,《易传》也给我们一个充满矛盾的答案。《易传·系辞下》说:"昔者圣人之作《易》也,将以顺性命之理。是以立天之道曰阴与阳,立地之道曰柔与刚,立人之道曰仁与义。"《易传》提出圣人作《周易》,遵循的是"性命"

之理,无疑是正确的。具体地说,就是"一阴一阳之谓道"或"天地之大德曰生"。但我们发现,《易传》的作者没有在天、地、人中弘扬这个"一以贯之"的大道大德,而是分立天道、地道、人道,分别述之,性命各不相同。天之道为"阴与阳",地之道为"柔与刚",人之道为"仁与义"。这一分立,实际把人与天地大德分裂,人性又回归到儒家的伦理本性。

《易传》矛盾的表述,有表层和深层两大原因。从表层原因上说,《易传》关于三才(天、地、人),是针对诠释卦爻的六种状态而言的,分成三才,每个才有两种情况(如阴、阳,柔、刚,仁、义),"三才而两之",正好对应卦爻的六种状态。这是释卦的需要。从深层原因上说,《易传》是站在儒家立场解读《周易》,作者既想坚持自己发现的天地德性,又想坚持儒家的仁义德性,于是采取了一种折中立场,有时主张人与天地合其德,有时又主张天人各有其道。结果,《易传》中人伦本性和天地本性的矛盾比比皆是。

随着汉代推行董仲舒的"罢黜百家,独尊儒术",儒家成为封建社会的官方思想,《易传》被纳入儒家思想轨道,它所发现的天地之大德,也被解读得符合孔孟思想。一个人性革命的思想火花,无声无息地被湮灭了。

二、理学拓展性空间

宋明理学的出现,承继《易传》思想,将古代自然生理本性、社会伦理本性的人性论探讨,提升到宇宙生命本性的高度探讨,着眼天地本性和伦理本性的贯通,开拓了人性论探讨的新局面。

宋明理学亦称"道学",又称"新儒学",指宋明(包括元及清)时代,占主导地位的儒家哲学思想体系。宋明理学是以儒学为主干,融摄佛家和道家的智慧,综合创造的新形态的哲学。理学重建了宇宙本体论和心性修养论,重建了道德形上学的体系。作为一种文化现象,理学是整个东亚文明的体现。它不仅在元明清成为我国官方意识形态,而且在朝鲜半岛、日本列岛和越南等地区和国家都得到深化和发展。①

牟宗三曾对理学中的"理"字进行了分析,认为"理'有六种含义:①名理,此属于逻辑,是逻辑的别称;②物理,此属于科学;③玄理,此属于道家;④空理,此属于佛家;⑤性理,此属于儒家;⑥事理,此属于政治哲学与历史

第四章

---

① 冯达文、郭齐勇主编:《新编中国哲学史》(下),人民出版社,2004年,第10页。

哲学。宋明理学所讲的即是"性理之学",也可以直接说是"心性之学"。因为宋明理学讲学的重点落在道德本心与道德创造之性能上。①

理学实际创始人为周敦颐、邵雍、张载、二程(程颢、程颐)兄弟(被称为"北宋五子")。冯友兰认为宋明理学有程朱(二程和朱熹)"理学"一派,陆王(陆九渊、王阳明)"心学"一派,还有张王(张载、王船山)"气学"一派。牟宗三则认为还有胡刘(胡宏、刘宗周)的"性学"一派。总之,可以把宋明理学体系大致分为四个主要学派。其中程朱理学和陆王心学体系完整,论战久远,影响最大。四个学派的观点有分亦有合,有些观点常常出现"你中有我,我中有你"的交织态,难以截然分开。宋明理学的学派众多,著述浩繁,这里不作详论,仅就天地本性和伦理本性的贯通问题,在评述宋明理学的开创者周敦颐观点基础上,综述理学中一些代表性思想。

(一)道学宗主:周敦颐

周敦颐(1017—1073),北宋道州营道(今湖南道县)人,字茂叔,晚年定居庐山莲花峰下,以家乡营道之水名"濂溪"命名堂前的小溪和书堂,故学者习称濂溪先生。被后人誉为"道学宗主""理学开山",宋明理学中之"濂学"即由周敦颐而得名的。

他写了一篇文字优美、寓意深刻、语言精练的文章《爱莲说》,用以寄寓自己的情怀和道德品性。其中说:"予谓菊,花之隐逸者也。牡丹,花之富贵者也。莲,花之君子者也。噫! 菊之爱,陶后鲜有闻。莲之爱,同予者何人? 牡丹之爱,宜乎众矣。"周敦颐认为:菊花象征花中隐逸之士,牡丹象征富贵之人,莲花象征君子。令人感叹的是,牡丹为众人所爱,陶渊明之后,很少听到爱菊的人了,谁又同我一样喜爱莲花呢?

文章言志,周敦颐既不愿做出世的隐士,也不愿做世俗的大款,而是志做闻道的君子。这样的君子,不仅要有高尚的品德,而且要觉悟天地人生之道,即通晓《易传》中"君子之道"的君子。下面,我们就从《易传》的君子之道谈起。

《易传》提出"生生日新"的天道观,孟子提出"人初性本善"的人性观。用现在的语言说,一个属于"宇宙论",一个属于"人性论",二者的联系是什么,天道和人性能够贯通吗? 儒家的创始人孔子"罕言性与天道",把这个问题留

① 牟宗三:《心体与性体》(上),上海古籍出版社,1999年,第3页。

给了后人。战国时期,《易传》《中庸》等典籍都对这个问题做了开创性探讨,但不够系统和深入,在天性和人性的连接点上语焉不详。

图 4-3 周敦颐

1.以易道为基础的天性到人性贯通

"天道"与"人性"相贯通的问题,是宋明理学高度重视的"显学",其中周敦颐是一位先驱者。周敦颐把原来方士讲炼内丹过程的"太极图"改造成宇宙生成的图式,以"太极"说"人极",不仅建立了宇宙生成论,而且从宇宙推演到人类,与人性论衔接形成一个系统的宇宙人生一体论,成为公认的理学开山祖。他的名作《太极图说》,只有250字,却被后学作为经典反复引证,堪比微言大义的佛学经典《心经》。《太极图说》全文如下:

> 自无极而太极。太极动而生阳,动极而静;静而生阴,静极复动。一动一静,互为其根。分阴分阳,两仪立焉。阳变阴合,而生水、火、木、金、土。五气顺布,四时行焉。五行,一阴阳也;阴阳,一太极也;太极,本无极也。
>
> 五行之生也,各一其性。无极之真,二五之精,妙合而凝。乾道成男,坤道成女。二气交感,化生万物,万物生生而变化无穷焉。
>
> 惟人也,得其秀而最灵。形既生矣,神发知矣。五性感动而善恶分,万事出矣。圣人定之以中正仁义而主静,立人极焉。
>
> 故圣人与天地合其德,日月合其明,四时合其序,鬼神合其吉凶。君子修之吉,小人悖之凶。故曰:立天之道,曰阴与阳;立地之道,曰柔与刚;立人之道,曰仁与义。又曰:原始反终,故知死生之说。大哉易也,斯其至矣!

第四章

　　《太极图说》共分四个自然段。第一、二两个自然段,说的是万物生成的天道;第三自然段,说的是天道到人性的下贯;第四自然段,用《易传》的原话做了总结。

　　下面我们结合图4-4太极演化图,图文对照,首先对万物生成天道作一解释。

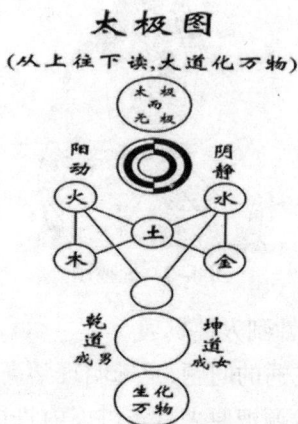

太极图
(从上往下读,大道化万物)

图 4-4　太极演化图

　　最上层的圆圈,表示宇宙万物生成的源头,文字为"无极而太极",即"道"的本体。

　　下面第二层为"阳动阴静图"。即"一阴一阳之谓道",是"道"生成运动的开始。

　　第三层:阴阳的变化交合,就产生了"水、火、木、金、土"五行之气,春夏秋冬四时变化也出现了。

　　第四层:二五(阴阳、五行)聚合凝炼,由乾健之性生成阳男,由坤柔之性生成阴女。

　　第五层:阳男和阴女交合感应,化生万物,万物生生日新,宇宙变化无穷。

　　《太极图说》第三自然段,由宇宙论推演到人性论。大意是说:只有人类,得到了宇宙太极的真性而最具灵慧。人的形体一旦生成,精神和认知能力就随之出现了。人的"五常之性"①,感物而动之,天性与人欲相竞争,便有了善恶之分,人间各种各样的事情都出来了。圣人落实"中正仁义"的准则并力主修静,类似天地"太极"的人性"人极"就确立了。

---

　　①　五性,指仁、义、礼、智、信。(汉)班固《白虎通·情性》:"五性者何? 谓仁、义、礼、智、信也。"

《太极图说》最后一个自然段,以《易传》的观点作为全篇概括总结。认为圣人与天地合其德,吉人天相,小人违背天地之德,难免凶险。进而引证《易传》"立天之道,曰阴与阳;立地之道,曰柔与刚;立人之道,曰仁与义"的观点作为全篇的结论。即确立了"阴和阳"的天道准则;"柔和刚"的地道准则;"仁和义"的人道准则。觉悟了宇宙人生之道,通达"始"与"终"周而复始相续,死生的问题就明白了。伟大的《周易》呀,境界高到极点了!

2.以儒道为基础的人性到天性贯通

周敦颐对理学的另一个重要贡献是从新的视角上发展了"诚"的思想。"诚"原本于《中庸》和《孟子》,是将天道与人道沟通的一个范畴。如《中庸》:"诚者,天之道;诚之者,人之道。""诚"是天道的,践行而至诚,是人道。"诚"虽然在《中庸》中属天道,地位至高,但这天道并没有自身明确的内容,只是说:"天地之道,博也,厚也,高也,明也,悠也,久也。"周敦颐把《易传》思想引入"诚"的范畴,赋予天道"诚"的具体的内涵。他说:

> 大哉乾元,万物资始,诚之源也。乾道变化,各正性命,诚斯立焉,纯粹至善者也。故曰:一阴一阳之谓道,继之者善也,成之者性也。元亨,诚之通;利贞,诚之复。大哉《易》也,性命之源乎!(《通书·诚上》)

通过引入《易传》"一阴一阳之谓道",周敦颐赋予"诚"崭新的"生生"思想,并将启动生新过程的"乾元"作为"诚"的源头。易道就成了人的性命之源。

《易传》的天地的"生生之道"与儒家传统的"仁义之道",是什么关系呢?周敦颐回答说:"天以阳生万物,以阴成万物。生,仁也;成,义也。故圣人在上,以仁育万物,以义正万民。"(《通书》)天道与人性的沟通如此简单,如此生硬,以致显得逻辑有些混乱。

以上,我们领略了周敦颐将"天道"与"性命"相贯通的两种方法:一是在以生生天道阐述为主的《易传》中,加入儒家中正仁义和静修内容,实现天道至性命的通贯;二是在以仁义人道阐述为主的《中庸》中,通过"诚"的新诠释,加入易道生生日新的内容,实现性命至天道的通贯。

(二)异彩纷呈的理学观点

(1)在宋明理学中,特别推崇《易传》"生生日新"学说并加以发展的是程颢。程颢(1032—1085),河南洛阳人,字伯淳,学者称明道先生,与其弟程颐被合称为"二程",北宋理学家。程颢提出"天只是以生为道"的命题,他说:"生生之谓易,是天之所以为道也。天只是以生为道,继此生理者,只是善,便有一个元的意思。元者,善之长,万物皆有春意便是。继之者善也,成之者性也。"(《二程全书》卷二)并说:"道即性也,若道外寻性,性外寻道,便不是圣贤论天德。"(同上)又说:"天地之大德曰生,天地氤氲,万物化醇,生之谓性,万物之生意最可观。此元者善之长,斯所谓仁也。"(同上书,卷十一)程颢的观点堪与前面周敦颐的观点有异曲同工之妙,都是以《易传》生生的观点,推演出"生之谓性",认为生元是善的首义,包含在"仁"之中。程颢强调说:"学者须先识仁,仁者浑然与物同体,义礼知信皆仁也。识得此理,以诚敬存之而已,不须防检,不须穷索。"(《遗书》卷二上)

程颢以上几段语录,显示了宋明理学在处理天地之道与人伦之性的三部曲:①推崇天地的生生之道;②肯定人秉承生生之性;③此性已经存在于儒家"仁"的含义中,不须再穷索。

(2)朱熹(1130—1200),徽州婺源人,字元晦,后改仲晦,号晦庵。南宋著名理学家,继承了程颢、程颐的理学,是程朱学派的主要代表。朱熹以仁释生最有力,他认为"生底意思是仁","仁是天地之生气","仁是个生底意思"。他指出,仁为生之本,万物有生即万物有仁,他以仁义礼智比对春夏秋冬,仁为春,礼为夏,义为秋,智为冬。仁主春,春风和暖,万物化生,故主生,也最大。他说:"仁字须兼义礼智,方看得出,仁者,仁之本体;礼者,仁之节文,义者,仁之断制;知者,仁之分别。犹春夏秋冬虽不同,而同出于春,春则生意之生也,夏则生意之长也,秋则生意之成也,冬则生意之藏也。"(《朱子语类》卷一)天地之道统之于"生",人伦之道统之于"仁",二者相聚,"仁"为"生"之本,仁生遂一体。

(3)谈到天道与人性,不能不提到胡宏。胡宏(1105—1161),字仁仲,宋建宁府崇安(今福建崇安)人,号五峰,南宋著名理学家,湖湘学派的开创者,"性学"代表人物。胡宏之学继承了周敦颐、程颢等人思想,提出"性"作为宇宙的本体,为天道与人性的贯通,开辟一条新路,建立了宋明理学之"性学"学派。胡宏的论性之学,把性作为天地万物之本,作为"道之体"。他说:"形而上者谓之性,形而下者谓之物。性有大体,人尽之矣,一人之性,万物备之矣。"(《胡宏集》)

胡宏的性即是天道,通常所说的人性,是这种天命之性的一个部分,而这一"性",是人伦意义上的善恶之性不能包括的,所以胡宏主张"不以善恶言性"。

> 或问性。曰:性也者,天地之所以立也。曰:然则孟轲氏、荀卿氏、扬雄氏之以善恶言性也,非欤? 曰:性也者,天地鬼神之奥也,善不足以言之,况恶乎? 或者问曰:何谓也? 曰:宏闻之先君子曰,孟子所以独出诸儒之表者,以其知性也。宏谓曰:何谓也? 先君子曰:孟子道性善云者,叹美之辞也,不与恶对。(《胡子知言疑义》)

大意是说,有人向胡宏请教性的问题。胡宏回答:性是天地所以立的根据。问者说:"那么,孟子、荀子、扬雄以善恶说性就不对了吗?"胡宏说:"性蕴含着天地鬼神的奥妙,善不能完全表达,更何况是恶。"问者说:"为什么这样说呢?"胡宏说:"我听先父说过:孟子在儒者中出类拔萃,就是因为对性的精通。我问为什么这样说。先父说:孟子所说的性善,是对性的赞叹语,不是和恶相对应的善。"

胡宏的一席话,是我们了解从古代的"善恶"之性,向近代的"生生"之性转变的典例。这一观点,曾经遭到朱熹的批驳,认为是因袭告子的性无善恶论。显然,朱熹过于武断,没有看到天地之性恢弘博大,是善恶之性无法表达的。

胡宏一句"性也者,天地之所以立也",把我们带到"生生日新"的天地境界,"如天地造化万物, 生生日新, 无气之不应, 无息之或已也"(《知言·仲尼》)。但胡宏并没有把这一天地之性贯穿到底,落实到人。人之性仍然是"仁义"伦理之性。他说:"道非仁不立。孝者,仁之基也;仁者,道之生也;义者,仁之质也。"(《知言·修身》)至此人之本性由超越善恶,又回到孝悌之本。

(4)胡宏"不以善恶言性"的观点,对湖湘后学魏了翁有深刻影响。魏了翁(1178—1237),字华父,号鹤山,后代学者称之为鹤山先生,南宋邛州蒲江(今四川成都市蒲江县)人,是南宋后期著名的理学家。若不以善恶言性,究竟以什么言性呢? 魏了翁回答说:"大抵性善之义具于《易》。""性善"源于"易",即是性善根源于易之"生生之道"。他从易道的高度论证了性善问题,并对性善与现实的善做了区别。魏了翁详细阐述了性善源于易的问题:"夫易,圣人所以开物济民者也,首于乾坤发明性善之义,曰'大哉乾元,万物资始;至哉坤元,万物资生。'凡各正性命于天地间者,未有不资于元,元则万善之长,四德之宗也。犹虑人之弗察也,于《系辞》申之曰'一阴一阳之谓道,继之者善也,成之者性也。'犹曰是理也,行乎气之先而人得之以为性云耳。"

第四章

（《鹤山集》）魏了翁正是从"一阴一阳之谓道"的高度，以"生生"来讲"性"。"生"是最高的性，也就是至高无尚的"善"。①

（5）王夫之（1619—1692），湖南衡阳人，著有《船山全书》，约五百余万言，是中国明清之际的早期启蒙思想家。王夫之崛起于明末清初的社会大变动中。他对宋明理学进行了总结、批判与发挥，是宋明理学后期的高峰。近人钱穆认为："晚明儒王夫之，可说是湖湘学派之后劲，他极推崇张载之《正蒙》，也竭力发挥成性的说法。阐述精微，与胡宏《知言》大义可相通。"②

王夫之发展胡宏成性的学说，认为"天道之本然是命，在人之天道是性"（《读四书大全说·中庸》）。"性者生也，日生而日成之也"（《尚书引义》卷三）。明确强调天道与人性统一在"生"字上。

王夫之主要在对"生生"的全时空"日新"解读。他提出"命日受则性日生"的"日新之命"。他说："形日以养，气日以生，理日以成，方生而受之，一日生而一日受之。故曰性者生也，日生而日成也。"（《尚书引义》卷三）在王夫之看来，人与动物的不同："禽兽终其身以用其初命，人则有日新之命矣。"（《诗广传》卷四）杨国荣在解释这一点时指出：动物（禽兽）的本性是命定的，其自然的禀赋即构成了它一生的本质，换言之，它只能被动地接受天之所赋。人的本性并非由自然的禀赋所决定，从而完全不同于既成的规定。从根本上说，人的本性乃是形成于主体自身的创造过程，而并不是一种先天的命运。所谓人有日新之命，便是指人性处于不断创造过程中，也正是在同一意义上，王夫之强调人性"日新而日成"。③

图 4-5　王夫之

---

① 参见鞠巍等：《独特的理欲观——试论胡宏对魏了翁思想的影响》，《船山学刊》2008年第1期。

② 钱穆：《宋明理学概述》，台湾学生书局，1977年，第127页。

③ 杨国荣：《善的历程》，上海人民出版社，1994年，第328页。

谭嗣同对王夫之作了高度评价,以诗赞道:"万物招苏天地曙,要凭南岳一声雷。"(《论六艺绝句》)称其为五百年来真正通天人之故者。事实上,以周敦颐为起点代表,王夫之为终点代表,整个理学,都可以是"通天人之故"的春雷,报道了"生生"之性春天的开始。

三、六经责我开生面

王夫之故居湘西草堂上有一副对联:"六经责我开生面,七尺从天乞活埋。"上联极富哲理,下联极为难解,引用者无数,解意者纷纭。打开网络搜索,提问者很多,解答者很少,有些解释很笼统,如:"表明了他凛然大义的崇高气节以及对中华传统文化继往开来的历史责任感。"有的说:"他决不辜负天赐他的七尺之躯,要埋头著作,使'六经'在他的手里别开生面。"有的网友慨叹:"能在网上查到的,都是什么看不懂的,要不就是跟没回答一样,真想有好点的答案。"

的确,王夫之本人没有解释对联,后人只从字面解释不免产生许多歧义,更不用说深层意蕴了。如若开展一个全国性的解联竞答,也许会得到上乘之解。因为这是一副王夫之自选的对联,表明了他的生平之志和思想追求,对我们了解宋明理学,特别王夫之哲学思想有积极的意义。这里我们抛砖引玉,仅就一家之言,试做一解答。

对联中最难解的是"乞活埋"三个字。从字面说是"乞求活埋",结合对联整体,确实很难理解。不过,清代袁枚一段随笔,对我们了解"乞活埋"三个字,很富启发。

> 嵩亭上人《题活埋庵》云:"谁把庵名号'活埋',令人千古费疑猜。我今岂是轻生者,只为从前死过来。"周道士鹤雏,有句云:"大道得从心死后,此身误在我生前。"两诗于禅理俱有所得。(《随园诗话》)

这里引用了清代嵩亭和尚《题活埋庵》诗,据说嵩亭是受王夫之对联的启发,题"活埋庵"的。从字面上说,诚如嵩亭和尚所言,"活埋"不是轻生,而是对清朝异族统治的不满,是无声的反抗,是孤愤心情宣泄,是宁死不屈精神的表达。1937年,日本侵占上海,柳亚子愤激地把自己的居室也取名为"活

第四章

埋庵"①，表达了同样的意思。

但王夫之的意思没有止于这个层面，而是蕴含更深的义理和更高的追求。在这一深层面，周鹤雏道士的"大道得从心死后"，可能更富启发性。这就是说，活埋不是"身死"，而是"心死"。觉悟大道就是旧心死去、新心产生，脱胎换骨的大彻大悟过程。再观"六经责我开生面，七尺从天乞活埋"，就会别有一番意义空间。上联的意蕴是：六经把开生面的责任落在我的肩上。"六经"（诗、书、礼、易、乐、春秋）是中华传统文化象征，"生"是"新"的意思，"开生面"就是开创新局面，说明王夫之以开创中华文化新局面为己任。下联意蕴是：七尺男儿追从天地之道，求埋葬旧心，获彻底新生，以开中华文化新境。值得指出的是，王夫之特别崇尚《周易》（六经之首，大道之源）的"生生日新"思想，主张"日生而日成"，所以在王夫之的对联中，"六经"与"生"，都具有特别深意。传承天地"生生日新"之道，求新求变，是王夫之毕生追求，也是他开创中华文化新局面的集中体现。

对联上述两层含义，可以从王夫之自撰的墓志铭"抱刘越石之孤愤而命无从致，希张横渠之正学而力不能企"一句得到旁证。刘越石指东晋将领刘琨，是一个著名的抗敌英雄，孤军奋战，直至牺牲，王夫之参与了南明永历政权的抗清斗争，与之有"孤愤"的共鸣；张横渠，即张载，北宋理学大家，气学开创者，王夫之以张载"正学"为楷模，立志开创中华文化新局面。王船山非常推崇这两个人物，对联中蕴含着"孤愤"和"正学"的双重意义。

以"六经责我开生面"为导向，我们可以看到"天道"与"人性"贯通的曲折历程。

（一）"天道"与"人性"贯通的发展

古人云"天人合一"，具体说就是"天道"和"人性"的合一，这是贯穿整个中国哲学发展的基本命题。实事求是地说，这是一个美好的理想追求，但在理论和实践上做到"一以贯之"却非常困难。对此，古代的儒家和道家，从两个出发点做了探讨。

（1）儒家以人伦为出发点，追求从"人性"到"天道"的贯通。《论语·公冶长》云："夫子之言性与天道不可得而闻也"，说明孔子很少解释"人性"与"天

①　李海珉：《柳亚子"活埋庵"内立遗嘱》，《社区》2009年第23期，第42~43页。

道"的关系,但他是一个实践上悟了的人,当他说"天何言哉"时,就是教导弟子以天为榜样,亲身体验说"人性"与"天道"在实践中的合一。孟子为"人性"与"天道"理论贯通做了奠基性贡献。在本书第三章我们论述了这一点,孟子说:"尽其心者,知其性也。知其性,则知天矣。"(《孟子·尽心上》)依孟子看来,仁义礼智根于心灵本性之中,只要务尽自己的本性,就是可以知道人的本性是善的,而人的善性是上天赋予的,所以认识了人的善性,也就可以认识到天的善性。这就是孟子"尽心知天"的"天人合一"论。

儒家的"人性""天道"相贯通的推理思路是:"天之根本性德,即含于人之心性之中;天道与人道,实一以贯之,宇宙本根,乃人伦道德之根源;人伦道德,乃宇宙本根之流行发现。本根有道德的意义,而道德亦有宇宙的意义。人之所以异于禽兽,即在人性与天相通。人是秉受天之德性以为其根本德性的。"①用一句最简单的话来说,就是:"仁"是天生的,生"仁"者亦仁,天人合一为"仁义之道"。一个微妙的"仁"字,包罗了天上人间的一切,天性和人性尽在其中,这是儒家的特点,也是儒家的局限。

(2)道家以天地为出发点,追求从"天道"到"人性"的贯通。老子说:"大道废,有仁义;智慧出,有大伪;六亲不和,有孝慈;国家昏乱,有忠臣。"(《老子·十八章》)意思是说:大道废弃了,才有仁义;智巧出现了,才有虚伪;六亲不和了,才有孝慈;国家混乱了,才有忠臣。在这里,老子强调"天道"的根本性,是统领人的"仁义"之性的。大道被废弃了,才会出现种种的乱性问题,不能头痛医头,脚痛医脚,要从大道上解决根本问题。

道家的"天道""人性"相贯通的推理思路是:"天下有始,以为天下母。既得其母,以知其子;既知其子,复守其母。"(《老子·五十二章》)其大意是说:"道"启动了天地的开始,是生育万物的"母亲"。了解了"母亲"(道),也就明白了"儿子"(人),明白了"儿子",就要坚守"母亲"。"天道"和"人性"的母子关系,由此豁然开朗。"儿子"如何了解"母亲"呢? 老子给出的方法是:"致虚极,守静笃。万物并作,吾以观其复。"(《老子·十六章》)意思是说:达到心灵虚无的极点,保持高度清静,万物都在成长,我就此观察它们的循环往复。万物都在"作",人却是一个外在的观察者,用庄子的话来说就是:"天在内,人在外,德在乎天。"(《庄子·秋水》)天地在观察者的心中,观察者则站在天地之外,由此得到天德。人超然物外,致虚守静,是难以完全达到"天人合一"

_____

① 《张岱年学术论著自选集》,北京:首都师范大学出版社,1993年,第150页。

第四章

的，正如荀子批评的"蔽于天而不知人"（《荀子·非十二子》）。

（3）从"天道"和"人性"贯通的成果说，儒家"仁义之道"和道家"自然之道"各有优点，也各有不足。儒家的"仁义礼智"难以推广为天地之德，道家的"清静无为"也难以概括人类之性，"天道"和"人性"贯通仍有难以跨越的沟壑。当此之时，战国末期一些无名学者，借鉴易经框架、儒家语言、道家方法，大胆进行综合创新，获得了对中华文化和哲学发展有深远影响的原创性成果，这就是通过《易传》呈现的"生生之道"。

通常《易经》与《易传》都是合二而一，印在同一本书《周易》之中，许多人便把二者混为一谈，经、传不分；又由于很长时期都认为是孔子作《易传》，许多人便把《易传》与儒家混为一谈；再由于《周易》《老子》《庄子》三部著作在历史上合称"三玄"，也造成了《易传》与道家思想的混淆。这一复杂背景，更加之《易传》作者不明，使《易传》独特哲学思想和独立的哲学地位长期受忽视，给人们印象，似跟在（易）经、儒、道三位"大人"后边的"小孩"。

今天，我们应当重估《易传》的哲学意义和地位。《易传》的思想和内容清楚表明，与其说它是跟在易经、儒经、道经三位"大人"后面跑的"小孩"，不如说是综摄易经、儒经、道经的精华为一体、有独创性的"大家"。从哲学的角度说，《易经》尚未形成完整的哲学思想和体系，只有到《易传》才初步形成。我们可称《易传》为代表的"生生"哲学思想为"易家"（本书所用"易家"一词，即指本义），以与孔孟为代表的原始儒家相区别。

易家的"人性""天道"相贯通的推理思路是："一阴一阳之谓道，继之者善也，成之者性也。"（《易传·系辞上》）易家发现，阴阳交变、生生日新是天地之道，依此推广到人，考量人的"善"与"性"标准是：凡继承和体现此道的，就是"善"，凡践行成就此道的，就是"性"。这既颠覆了原始儒家的思路，也超越了原始道家思路，在善的界定和人的本性探索上独树一帜，给人以"柳暗花明又一村"的鲜明感受。如果把这个观点"一以贯之"，统领《易传》所有观点，则有可能成为中国古代哲学的巅峰之作。令人可惜的是，由于该书以诠释《易经》面目出现，又要坚持儒家原则立场，十篇文章由多位不同作者完成，以至整体内容上有些庞杂，特别是理论不能一贯到底，使"人性""天道"相贯通的独特思想，淹没在大量纷纭的观点中，一千多年几近默默无闻。

（4）在《易传》出现大约一千年后，迎来了一个"生生"观点大放异彩的时期，这就是宋明理学的兴起。这一时期，正是西方文艺复兴酝酿和发生的时期，宋明理学也可以说是一个小版本的中国哲学复兴，这一复兴的最大亮点是《易传》生生哲学发扬光大。

宋明理学的学派众多，文献浩繁，观点驳杂，令人眼花缭乱。但只要抓住"天道"与"人性"贯通的主线，宋明理学的脉络就清晰呈现出来。这一贯通主线，从总的方面说，是四书（《大学》《中庸》《论语》《孟子》）和五经（《诗经》《尚书》《礼记》《周易》《春秋》）的对接，从具体的方面说，主要是《中庸》与《易传》的对接。对于后者，周敦颐给出了两条明晰的路线图：在《易传》生生之道中，增加儒家仁义之道解读；在《中庸》诚之者之道中，增加生生之道的解读。

这两条路线图，以多种不同形式，体现在宋明理学四大学派中：程朱理学以"理"为基础论性；陆王心学以"心"为基础论性；张王气学以"气"为基础论性；胡刘性学以"性"为本体论性。见图4-6。

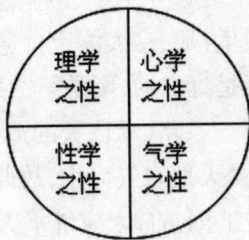

图 4-6　宋明理学主要学派

（二）对宋明理学"天道"与"人性"贯通的点评

对宋明理学"天道"与"人性"贯通问题，这里做两点分析。

（1）天地的"生生之道"与人伦的"仁义之道"能否贯通？宋明理学的回答是肯定的。本章我们引述的理学各派观点，都指向了贯通的方向。

这种贯通的努力，为原始儒学开拓了新视野，为孔孟之学的"仁"注入了新的生命力，为建立新的天人合一形而上学体系奠定了基础，其哲学和文化意义深远。正如王树人指出的：从孔子开始，仁这个范畴一直是儒家思想体系的核心范畴。但是这个范畴的含义，则主要限于社会伦理的方面。在孔子那里，仁具有两重含义：一是指具体伦常之爱，与其他范畴诸如义、礼、忠、孝、信等并列。二是指"爱人""泛爱众"这种具有普遍性的人道主义之爱。但总的说来，仍然局限于人的伦理和社会的层次。后来的儒家，从汉、隋唐到宋初，基本上那个是在孔子设定的这个圈子里谈论仁。首先突破孔子这个圈子给仁以新的解释的，是二程，特别是程颐。他把仁比作种子，从而指出仁具有生生不已之性或创生性。如他所说:"天地之大德曰生,……生之谓性,万物之生意最客观,此元者善之长也,斯所谓仁也。"(《二程集》)这样,程颐实际上已经赋予仁以形而上学的意义,即仁在程颐这里已经上升到"天地之大德"的高度。朱熹完全继承了程颐关于仁这种创生的形而上学思想,并对之加以深化与升华。朱熹所作的深化和升华,主要表现在他把这种生生之意放在"理"的基础上,并从体用、一多等层面加以分析,从而使仁的形而上学意义更为明确。从本体论转向上说,就是使仁更加本体论化了。①

"仁"与"生"的贯通,长了人的志气,如朱熹所言:"天人本只一理,若理会得此意,则天何尝大,人何尝小?"(《朱子语类》卷十七)

(2)天地的"生生之道"与人伦的"仁义之道"如何贯通?这里有两条路可走,一是仁为纲,以仁统生;二是以生为纲,以生统仁。判别两条路的重要标准是:既然天能造化,以显天生;那么,人能否自觉造化,以显人生?如回答是否定的,是第一条路;如回答是肯定的,则是第二条路。

宋明理学选的基本是第一条路,承认天的造化,回避人的自觉造化。朱熹说;"天地之大德曰生,人受天地之气而生,故此心必仁,仁则生矣。"(《朱子语类》卷五)人是从天地之间生的,人应继承天地之大德,方是顺理成章,但朱熹却半路笔锋一转,言人心必仁,达到了仁,就达到了天地之大德,给人以明显偷梁换柱之感,用仁代生,由此人的大德,就变成仁义礼智信了。朱熹说:"天地生生之理,这些动意未尝止息。人唯有恻隐之心方会动,动处便是恻隐。若不会动,却不成人。"(《朱子语类》卷三十五)天地有生生之理,由此却推及到人却变成了恻隐之心,无形中悄悄偷换了概念。这并不奇怪,因为朱熹早就认定,人有仁义礼智信就够了,不必有真正意义上的生生之理。当然,朱熹否定一般人能造化,却没有否定圣人的造化。他说:"圣人能赞天地之化育,天地之功,有待于圣人。"(《朱子语类》卷六十七)但是像尧、舜、禹、汤、孔一样的圣人太少了,实际上是否认了百姓大众的造化德性。

通过以上两方面分析可知,在"生"与"仁"的关系上,宋明理学做了很有价值的贯通努力,但这种努力选择的是"仁为纲,以仁统生"的道路,即以仁学为核心,同化、消解生生哲学。通过这条道路,虽然使"仁"的视角扩大到天地宇宙,明确了仁的形而上学意义,坚持了孔孟立场,促进了新儒学的诞生,但也明显束缚了生生哲学的生机勃勃活力,使其成为仁学的附庸,阻断了生

---

① 王树人等:《传统智慧再发现》(下),作家出版社,1996年,第265~266页。

生哲学创生力在人类身上的落实,把"天地之大德曰生"变成了观赏。

"生"与"仁"的贯通,还有另一条"生为纲,以生统仁"的道路,宋明理学没有走,道家和佛家也没有走,今人能尝试走一下吗? 这就是20世纪到21世纪提出的跨世纪议题。

"六经责我开生面",《易传》诞生大约一千年后,宋明理学提出了"仁为纲,以仁统生"的天道与人性贯通之道;又过了一千年,提出了"生为纲,以生统仁"议程,这会是怎样一种场景呢? 且听下文分解。

第四章

第五章　现代：创造之性的觉醒

> 宇宙中一切都是新陈代谢的，
> 只有创造力永远不灭而是值得我们执着的。
>
> ——张岱年

　　吴稚晖（1865—1953）曾写了一篇《一个新信仰的宇宙观及人生观》，把人生比作一出舞台演出的戏剧。他说："所谓人生，便是用手用脑的一种动物，轮到'宇宙大剧场'的第亿垓八京六兆五万七千幕，正在那里出台演唱。请作如是观，便叫做人生观。这个大剧场，是我们自己建筑的。这一出两手动物的文明新剧，是我们自己编演的。"①

　　舞台上有名角有配角。吴稚晖用三句话概括出舞台上头等名角的态度：

> 有清风明月的嗜好，
> 有鬼斧神工的创作，
> 有覆天载地的仁爱。②

　　他认为，第一句诗人相对赞成，第二句画家相对赞成，第三句宋明理学家相对赞成。他称之为这是"三句江湖尺牍调"。如果剥了这三句话的皮，赤裸裸使他们的真相，用粗俗话交代明白，这三句粗俗的话就是：

---

　　①　吴稚晖：《一个新信仰的宇宙观及人生观》，《中国哲学思想论集》（现代篇之一），牧童出版社，1978年，第437页。

　　②　同上，第438页。

吃饭，

生小孩，

招呼朋友。①

他说："吃饭，生小孩，书本上叫做饮食男女，再包括紧一点，也可以叫做食色。从前也有人大胆地说道：食色性也。仔细一点分别着，叫他这是欲性。招呼朋友用什么手续呢？最周到是要恻隐、辞让、是非、羞恶，完全了，招呼才算尽心。这恻隐等四项，还标明便是仁、义、礼、智四根大柱子。人有这四端，便像人有两腿两手的四肢一样，这是人皆有之的良心。亦即是人性本善的善性。与吃饭生小孩的欲性分别着。这个叫做理性。或者承认欲是性，理也是性，不过彼此加个形容词是要的。这就是主张性是善恶混的。或者承认理性是性，欲性是情。这就是主张性的纯粹善的。或者承认欲性真是性，善都是人为的伪做作。这就是主张性的纯粹恶的。"②吴稚晖以"三句粗俗话"作比喻，把古代以来，关于人性本善、善恶相混、纯善、纯恶四种观点简明、形象地表达出来。人的本质就是饮食男女性的"欲性"和仁义礼智的"理性"的合一。

吴稚晖认为，他这篇新信仰的宇宙观及人生观，也可以说就是"三句粗俗话"与"三句江湖尺牍调"的相加混合，"并且不客气，管他通不通，做出三个题目"：

（甲）清风明月的吃饭人生观；

（乙）鬼斧神工的生小孩人生观；

（丙）覆天载地的招呼朋友人生观。③

吴稚晖像一个老顽童，以半调侃、半研究的语气，半文学、半哲学的语言，推出了他发明的拼盘式"新信仰的人生观"。并用了很多力气，解释了一番加合后难通的语句。遗憾的是，吴稚晖未对加合后的甲、乙、丙三个不同人生观作进一步的提炼整理，除了表明对宋明理学"仁义礼智"人生观的不满，

---

① 吴稚晖：《一个新信仰的宇宙观及人生观》，《中国哲学思想论集》（现代篇之一），牧童出版社，1978年，第439页。

② 同上，第439~440页。

③ 同上，第442页。

我们难以了解到他的"新信仰的人生观"究竟新在何处。

吴稚晖虽然没有解决人的本性深层问题,但他的说法有一个好处,就是把复杂的人性问题,形象化、通俗化了,我们不妨借吴先生的比喻,继续深入探寻人的本性究竟。

中华文化探寻人的本性奥秘,大致经历了三道大门:古代推开的第一道大门,是"仁义之性"(并行道家自然之性等);近代推开第二道大门,是"生生之性"(并行佛家空灵之性等),现代正在推开的第三道大门,是"创造之性"。参见图5-1。以上是中国人性论的进化的三个最重要关口。事实上,由于两千多年来小农经济、专制制度、经学文化的束缚和影响,每前进一道关口都会遇到强大的传统惯性挑战,需要先行者极大的勇气和百折不回的恒心。上一章,我们回顾了宋明理学闯入生生之门的简况,不难看出,其前进是困难且不彻底的,最后仁义礼智仍然耸立在人性的最高点,生生之性被包藏在"仁义"之性的名下,以致许多人(例如前面提到的吴稚晖)仍然认定宋明理学的核心就是仁义礼智而已。

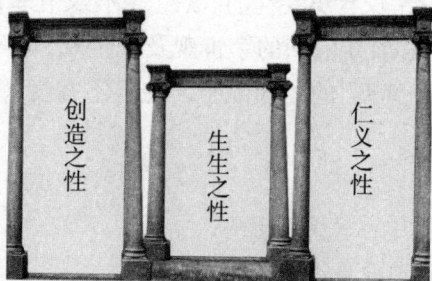

图5-1　中国人性论的三道大门

进入20世纪,在五四新文化运动的推动下,向创造之性的大门挺进的号角吹响了。应当指出,这次向第三道大门的挺进,是在西学东渐、西学大潮猛烈冲击的大背景下出现的——现代西方哲学,特别是宇宙观和人性论,对中国人性论向现代大门的进军有深刻影响。如达尔文的进化论、柏格森(Henri Bergson,1859—1941)的创造进化论,以及怀特海、叔本华、尼采、倭伊铿(Eucken,1846—1926)等。详见《生命哲学在中国》[1]《进化主义在中国》[2]等著作。

---

[1] 董德福:《生命哲学在中国》,广东人民出版社,2001年。

[2] 王中江:《进化主义在中国》,首都师范大学出版社,2007年。

　　中国现代人性论的前沿探索,肩负两重使命:一是承继并光大宋明理学的生生本性说;二是开拓、建立新时代的创造本性说。碰巧在吴稚晖的"三句粗俗话"与"三句江湖尺牍调"中,也蕴藏着这两说,但吴先生自己却没有发现。如"生小孩"的"生"字,就是生生之性的生动体现,《易传》把天比作男,地比作女,天地交合,产生万物,酷似"生小孩",宋明理学家把生生比作春天,春天万物生长,亦是一个"生"字。"生万物"说的是天性,"生小孩"是天性在人类中的自然表现。又如"鬼斧神工的创作"中的"创"字,就是创造之性的微妙体现。其实,不仅作画,大凡艺术的创作,科学的发现,技术的发明,衣服的设计,房间的布置,菜肴的新作等等,都蕴含一个"创"字。陶行知说:"人人是创造之人"(《创造宣言》),一句话,把人的创造之性表露无遗。吴稚晖自创的"鬼斧神工的生小孩人生观",把"生"和"创"合为一体,虽字面难懂,但仔细推敲起来,却不乏新意。

　　当然,真正哲学家做的,不是吴稚晖式的拼合,而是"生"和"创"的理念贯通。本章的重点,可以说是对"鬼斧神工的生小孩人生观"的深层解析。

一、当代新儒家承启

　　宋明理学,又称"新儒家"。当我们探讨人性论的三道门时,首先想到的自然是接着宋明理学讲、承前启后的"当代新儒家"。要谈这个话题,也自然首先要谈到被一些学者称为"当代新儒家的开山鼻祖"的熊十力先生。

图 5-2　熊十力

第五章

(一)熊十力:恒创恒新之谓生

在经学传统桎梏下,敢和世人崇拜的圣人平等谈论、据理力争的人,常被视为狂徒或神经病人。以致章太炎感慨地说:"大凡非常可怪的议论,不是神经病人,断不能想,就能想也不敢说。说了以后,遇着艰难困苦的时候,不是神经病人,断不能百折不回,孤行己意。所以古来有大学问成大事业的,必得有神经病才能做到。"[1]熊十力就是这样一位执着中国新哲学探索的"神经病"人。

熊十力(1885—1968),湖北黄冈人,原名继智,又名升恒,号子真。1924年,熊先生为自己更名十力。"十力"是佛典《大智度论》中赞扬佛祖"如来"即释迦牟尼的话,比喻他具有超群的智慧、广大的神通和无边的力量。熊先生以"十力"自称,意即可与佛祖"工力悉敌",毫不逊色。此种自尊、自信、自强、自立的博大气概,非常人所能达到。

熊十力哲学的根本特色是"援佛入儒而归宗大易",即援用佛家的概念或思想引入儒家思想,但其哲学的主旨是归宗于大易。这里说的大易,就是《易传》,即生生哲学。他的代表作是《新唯识论》。众所周知,唯识论是佛教唯识宗的理论基础,也是佛学认识论的精华。熊十力把《易传》生生哲学注入唯识论,改变了唯识论的"基因",创造了前所未有的"新唯识论"。他在谈到《新唯识论》主旨时认为:

> 佛家说《大般若》,为群经之王,诸佛之母;余于《大易》,亦曰群经之王,诸子百家之母。真知中国学术源流者,当不忽吾言。《易》之谈本体,则从其刚健纯粹,流行不息,生化不测之德用,而显示之。此与佛道二家谈本体,显然不同。
>
> 《新论》谈本体,则明夫空寂而有生化之神,虚静而含刚健之德。所以挟造化之藏,立斯人之极者,在是也。
>
> 佛氏证空寂,道家悟虚静,谓其所见非真,固不得,但耽空溺静,即未免合其生生化化不息之健。如佛氏反人生,道家流于委靡,皆学术之蔽也。《新论》透悟本原(谓本体),明夫空寂虚静,而有生生化化不息不

---

[1]　章太炎:《东京留学生欢迎会演说辞》,《民报》第六号1906年7月15日。

测之健。虽融三家(儒佛道)而冶于一炉,毕竟宗主在《大易》。①

以上这段话出自《摧惑显宗记》附录一"与诸生谈《新唯识论》大要"一文,对了解熊十力哲学所"宗",十分重要。他认为,《大易》是群经之王、诸子百家之母。《大易》所谈的"本体",是通过刚健纯粹、流行不息、生化不测的"德用"方式显示出来的。这与佛家通过"空寂"、道家通过"虚静"方式显示本体截然不同,因为它们丢失了生生化化不息之健。《新唯识论》透悟了本体,明空寂而有生化之神,明虚静而含刚健之德,可谓融儒道释而冶于一炉,但归根结蒂宗主在《大易》。

事实说明,熊十力所"宗"的,正是这一生生哲学。他说:"生生之本然,健动,而涵万理,备万善,是《易》所谓太极,宇宙之本体也。"②"生生"的核心思想是什么呢? 熊十力说:"夫生命者,恒创恒新之谓生,自本自根之谓命。二义互通,生既是命,命亦是生故。"③这里的"恒",是不间断的意思,"恒创恒新"就是时时创,日日新。这句话的大意是说:生命,不断的创、不断的新叫做"生",本根自有叫做命。生和命的意思是互相通用的,生就是命,命也是生。熊十力认为其哲学可用《易传》上"天行健,君子以自强不息"一语来表达。他解释说:"天行健,明宇宙大生命,常创进而无穷也,新新而不竭也。君子以自强不息,明天德在人,而人以自力显发之,以成人之能也。"④这就是说,天行健,揭示出刚健有为,是天德的体现,是宇宙大生命的展示,恒创恒新,新新不已。君子以自强不息,揭示出生生天德也体现在人身上,有道德的人(君子)要自觉努力显发天德,成就人的天德本性。"吾人之生命,即是宇宙大生命,元来不二,故曰天德在人。"⑤这样,宇宙论和人性论合而为一,正如熊十力所说:"宇宙论、人生论虽名言上不妨分别,而理实一贯,不堪割裂。"⑥

应当强调指出,熊十力的大觉大悟,不仅来自经典,更重要的是来自亲身实践。正如他说:"平生饱经忧患,愿在求真。仰观俯察,近反远取,久之脱然超悟。证以《大易》乃有冥契。此理非可从文字悟人,要在自得之,而后于古

---

① 熊十力:《熊十力集》,群言出版社,1993年,第387页。

② 同上,第216页。

③ 熊十力:《熊十力全集》(第3卷),湖北教育出版社,2001年,第358页。

④ 熊十力:《熊十力集》,群言出版社,1993年,第237~238页。

⑤ 同上,第237页。

⑥ 同上,第342页。

第五章

人知所抉择耳。"①这也正契合了《易传》"易与天地准"的主旨。

(二)牟宗三:人性指创造之真几

以熊十力为代表的一脉"当代新儒家"已经有三期发展,牟宗三、唐君毅和徐复观并称熊十力"三大弟子",是第二期的代表,而杜维明、刘述先等为第三期代表。由于本书不是研究"当代新儒家"的著作,为突出重点,这里仅以熊十力大弟子牟宗三为例,简要分析其"人性论"观点。

熊十力的弟子牟宗三(1909—1995),字离中,出生于山东栖霞县,当代新儒家的重要代表人物之一。牟宗三"以反省中国文化生命,以重开中国哲学之途径"为一生职志,他的思想受熊十力的影响很大,不仅继承而且发展了熊十力的哲学思想。"心性论"是他研究的重点,特别是在天道与人性的一体化上,独树一帜。

图5-3　牟宗三

《心体与性体》是牟宗三心性论的代表作,在该书中,他对宋明理学各派的思想做了系统的诠释、梳理和总结。宋明理学被称为"新儒家",那么"新"究竟在何处? 牟宗三总结了五点,其中四点都是关于"天道"与"人性"的合一问题:①孔子践仁知天,未说仁与天合一,宋明理学共同倾向是合一;②孟子说尽心知性知天,但未显明地表示心性与天是一,宋明理学共同倾向是一;③《中庸》说"天命之谓性",但未显明地表示天所命于吾人之性完全同于那"天命不已"之实体,宋明理学则显明地表示"天道"与"性命"通而为一;④《易传》"乾道变化,各正性命",未明显地表示此所正之"性"即是乾道实体,宋明

---

① 熊十力:《熊十力集》,群言出版社,1993年,第237页。

理学则显明地表示"乾道"与"性命"通而为一。①这是牟宗三对宋明理学"新"的精湛总结。

以上四点，涉及《论语》《孟子》《中庸》《易传》四书的思想，其中：

①《论语》践仁知天，但罕言天道与人性的问题；

②《孟子》涉及由"仁性"上通"天道"的问题；

③《中庸》涉及由"诚之道"下贯"人性"的问题；

④《易传》涉及由"生生之道"下贯"人性"的问题。

由此，浓缩出中国"人性论"发展的四大步。在这几大步中，《易传》一步显得格外重要，它为中国人性论从"仁义之性"到"生生之性"的转向，迈出了第一步；宋明理学发扬光大了《易传》思想，形成了当时儒家思想新潮；而当代新儒学继续承启发展，并开启与"创造之性"衔接。

牟宗三认为：中国哲学的中心问题是"性"的规定问题，这问题可谓历史悠久，自孔子以前一直下贯至宋明以后。综观中国正宗儒家对于性的规定，大体可分两路：①《中庸》《易传》所代表的一路，中心在"天命之谓性"一语。②《孟子》所代表的一路，中心思想为"仁义内在"，即心说性。心就是具有仁、义、礼、智四端的心。这一思路可称为"道德的进路"。《中庸》《易传》代表的一路不从仁义内在的道德心讲，而是从天命、天道的下贯讲，可以称为"宇宙论的进路"。②

牟宗三谈到《中庸》《易传》所代表的"宇宙论的进路"时指出：

> 中国儒家从天命天道说性，即首先看到宇宙背后是一"天命流行"之体，是一创造之大生命，故即以此创造之真几为性，而谓"天命之谓性"也。③
>
> 人性有双重意义（Double meaning）。上层的人性指创造之真几，下层的人性指"类不同"的性。④
>
> 禽兽、草本、瓦石均无创造性之性，换句话说，它们的性不如人之有双重意义，而只有下层的意义。可见"天地万物人为贵"。人如堕落而丧失创造性之性，在正宗儒家眼中，是与禽兽无异；另一方面，假如人以外的任一物突变而能吸收宇宙的创造性为性，那么它亦甚可贵。

---

① 牟宗三：《心体与性体》（上），上海古籍出版社，1999年，第14~15页。

② 牟宗三：《中国哲学的特质》，上海古籍出版社，2008年，第47页。

③ 同上，第49页。

④ 同上，第50页。

第五章

　　牟宗三从天命天道说性，明确"人性"含有"创造之性"，可以说是当代新儒家对人性探索的最重要结论，是超越宋明理学的鲜明标示。由此，人性研究通向了"创造之性"的大门，中国人性论跨进第三道大门。当代新儒家是迈向第三道大门的报春者。

　　与熊十力类似，牟宗三也强调：要真正了解人性的真谛，就不能只靠文字，不能只靠置之身外的旁观（客观）式了解，必须身临其境，用生命和心灵去体悟。他说："理性之了解亦非只客观了解而已，要能融纳于生命中方为真实，且亦须有相应之生命为其基点。否则未有能通解古人之语意而得其原委也。庄子有云：'圣人怀之，众人辩之以相示也。'吾所作者亦只辩示而已。过此以往，则期乎各人之默成。"①从语言文字"辩示"到自身体会"默成"，是每位想真正了解人性本质的人必须迈出的一步。

（三）第三道大门口的徘徊者

　　当代新儒家带领国人从"仁义之性"的大门出发，穿越"生生之性"的第二道大门，"差一点"把国人带入"创造之性"的第三道大门。但实际上毕竟没有带进去，因为他们根深蒂固的孔孟"情结"和仁学"底线"，阻碍了向"第三道大门"的深入。若按熊氏和牟氏哲学的指向和魄力，他们定会势如破竹，超越孔孟"仁学"体系，在新的境界高度建构其哲学大厦，但他们实际上并没有这样做，而是试图以仁学为框架，"旧瓶装新酒"，既保持"仁学"的至高无上地位，又融进生生日新的精神，也认可天地的创造之性，结果在第二道和第三道大门转了一圈以后，又回到了第一道大门。经过这样一个否定之否定的过程，成就的是一个包含生生和创造要素在内的"仁学"新体系。

　　熊十力声称："学不至于仁，终是俗学。"②又说："仁实为元，仁即道体。以其在人而言，则谓之性，亦名本心，亦名为仁。以其生生不已，备万理，含万德，藏万化，故曰仁。"③这里我们看到，熊十力通过将"生生"寄托在仁学名下的方式，沟通了新旧儒学的联系，实现了"自以孔子之道为依归"④。在他眼中，"生生"即仁，仁即"生生"，二者浑然一体。其实，这种拔高"仁"的地位，泛

---

①　牟宗三：《心体与性体》，上海古籍出版社，1999年，序1~2页。

②　熊十力：《熊十力集》，群言出版社，1993年，第207页。

③　同上，第206页。

④　同上，第353页。

化"仁"的内涵,一厢情愿用"仁学"包装"生生哲学"的做法,既非《大易》原旨,也非《论语》本意,反使熊氏哲学"削足适履",束缚了自身发展。这反映了当代新儒家的局限性。

　　牟宗三给出了人性问题的两种进路:孟子的"仁义之性"进路和《中庸》《易传》的"生生(创造)之性"的进路。他认为:后一进路"是绕到外面而立论的,其中所谓性简直就是创造性,或者创造的真几。但这似乎很抽象。于此,人们可以问:这个性的具体内容是什么呢?"①"假如须要对性作深入的了解,那么我们不应允许自己满足于'创造性'这个抽象的说法,而应直接认为道德的善就在性之中,或者说性就是道德善的本身。"②

　　据此,牟宗三把"创造性"分成两类:"道德的创造性"(Moral creativity)和"生物学上的创造性"(Biological creativity),并认为,后者的典型就是艺术天才的创造力,如李白斗酒诗百篇。诗仙的创造性亦不外生物生命的创造性而已,并无道德的含义,亦无道德的自觉。生物生命的创造性都是机械的,唯有道德方面的创造性才可算是真正的"创造性"。前面提到《中庸》《易传》的进路:"从外面建立,道德本身不能自足,因而,其本身不能有清楚意义。所以必须转到重视内在的讲法,建立'道德的善本身'之善以及'道德性本身'之性。"③

　　牟宗三的结论是:孟子是心性之学的正宗,《易传》生生之学只是旁支,后者一路"开始已与孟子的不同,但是它的终结可与孟子一路的终结相会合"④。

　　很明显,牟宗三的推理有很大漏洞,逻辑上很难说通,他对创造性"似乎很抽象""不能有清楚意义"的论断,更凸显他对"创造"内涵理解的欠缺。我们看到的是,牟先生以孟子人性标准为最高标准,然后以此为取舍,把两千年来人性探讨的所有新知新识都裁剪后纳入孔孟体系,包括把"创造性"束缚在道德仁义名下,以保持孔孟儒家的纯粹血统。

　　历史地、客观地说,当代新儒家虽然直觉到了生生哲学的现代意蕴,触到了时代精神本质,在人性论中吸纳了宝贵的创造性要素,但由于受儒家学科视野的局限,对创造本质和社会实践了解不够,以致在转换并建构自己的学说体系时,过分拘泥于中国传统文化的惯性,特别是在关键范畴最高概念上,没有突破、超越孔孟的"仁学"的"范式",令人扼腕。

第五章

---

①　牟宗三:《中国哲学的特质》,上海古籍出版社,2008年,第54页。
②　同上。
③　同上,第55页。
④　同上,第47页。

二、创造性含苞欲放

在熊十力、牟宗三等由《易传》转化出人的创造性同时,其他学者或学派也不约而同地聚焦这一问题,在五四新文化运动推动下,谈创造蔚然成风,创造性的春天,已经是悄然来临。这里,我们选三位不同背景的学者观点,做一简介。

(一)梁漱溟:人类生命的意义在创造

梁漱溟(1893—1988),原名焕鼎,字寿铭,祖籍广西桂林,出生于北京。中国思想家、哲学家、教育家。哲学方面代表作有《东西文化及其哲学》《中国文化要义》《人心与人生》等。

梁漱溟是与熊十力并行的另一位当代新儒家代表。1922年梁漱溟出版《东西文化及其哲学》,"评判东西文化各家学说,而独发挥孔子哲学"。他推崇《易传》生生哲学,赞赏宋明理学的陆王心学和泰州学派思想,受法国哲学家柏格森"创造进化论"思想启发,将孔学定义为生命之学。

图 5-4 梁漱溟

梁漱溟提出了贯通"天道"与"人性"的广义创造观。他在《朝话》(1937)一书中说:

> 宇宙是一个大生命。从生物的进化史,一直到人类社会的进化史,一脉下来,都是这个大生命无尽无已的创造。一切生物,自然都是这大生命的表现。但全生物界,除去人类,却已陷于盘旋不进状态,都成了刻

板文章,无复创造可言。其能代表这大生活活泼创造之势,而不断向上翻新者,现在唯有人类。故人类生命的意义在创造。

人类为什么还能充分具有这大生命的创造性呢?就因为人的生命中具有智慧。本来脊椎动物就是走向智慧这边来(对本能那边而言);却是就中除去人类,都没有成就得智慧(人类是脊椎动物中最高等的)。智慧是什么?智慧就是生下来一无所能,而其后竟无所不能的那副聪明才质。换句话说,亦就是能创造的那副才质。①

这是一段相当精彩的见解,由宇宙进化之创造,推演到人类生命的意义在创造。梁漱溟接着设问道:人类为什么充分具有这种创造性呢?就因为人的生命中具有智慧。智慧是什么?智慧就是生下来一无所能,而其后竟无所不能的那副聪明才质。换句话说,亦就是能创造的那副才质。

梁漱溟借用《中庸》的"成物、成己"学说,赋予其崭新的内涵,使我们对创造的本质、价值和意义,有了更深刻的了解。他说:

创造可大别为两种:一是成己,一是成物。成己就是在个体生命上的成就,例如才艺德性等;成物就是对于社会或文化上的贡献,例如一种新发明或功业等。这是粗略的分法。细研究起来,如一个艺术家,在音乐美术上有好的成功,算是成己呢?算是成物呢?从他自己天才的开展锻炼面说,算是成己;但同时他又给社会和文化上以好的贡献了,应属成物。

所以任何一个创造,大概都是两面的:一面属于成己,一面属于成物。因此一个较细密的分法,是分为:一是表现于外者,一是外面不易见者;一切表现于外者,都属于成物。只有那自己生命上日进于开大通透,刚劲稳实,深细敏活,而映现无数无尽之理致者,为成己。——这些,是旁人从外面不易见出的。或者勉强说为:一是外面的创造,一是内里的创造。人类文化一天一天向上翻新。进步无已,自然是靠外面的创造;然而为外面创造之根本的,却还是个体生命;那么,又是内里的创造要紧了。②

梁漱溟将创造细密地分为"外面的创造"(成物)和"内里的创造"(成

① 《梁漱溟全集》(第2卷),山东人民出版社,1989年,第94页。
② 同上,第95页。

己），认为"内里的创造"是"外面的创造"之本。这些见解，对本书"创学"的结构有深刻的启发。以内为本，以外为用，是中华文化的重要特征。现代西方创造学，以外为本，以内为用。两者在实践基础上的结合，是中西会通创造学建设的宗旨和目标。

接着，梁漱溟还专门谈了创造与教育的关系。他指出：教育就是帮助人创造。可惜人类直至于今，仍然忽视创造；亦就不看重教育（还有许多不合教育的教育），人类生命的长处，全被压抑不得发挥表现。说起来，可为伤痛叹息！——这可以说是梁漱溟先生刻骨铭心的感受。

梁漱溟在谈到"我们今日应当努力创造的方向"时指出："我们这个时代，亟待改造，因为要改造，所以非用心思不可，也可以说非用心思去创造不可。我们要用心思替民族并替人类开出一个前途，创造一个新的文化。这一伟大的创造，是联合全国人共同来创造，不是个人的小创造、小表现，乃至要联合全世界人共同来创造新世界。不是各自求一国富强而止的那回旧事。"[①]新的中华文化创造，不是个人的小创造、小表现，而是要联合全国人、乃至全世界人共同来创造新世界的伟大事业。

（二）方东美：创造的生命精神贯注于天上、地下、人间

方东美（1899—1977），安徽桐城人，金陵大学卒业之后，留学美国，专攻西方哲学。返国之后，任教各大学，从事中西哲学与文化比较研究，后研究重点逐渐转回东方。方东美与熊十力为友，而比熊年轻。他们二人曾为佛学问题通信打过笔战，但两方面平行而不相交。方东美与熊十力哲学思想有异曲同工之妙，是另一位当代新儒家的代表。

熊氏哲学和方氏哲学的主根都源自《易传》生生思想，但其发展的道路和方法大不相同。熊氏是通过佛儒对比凸显大化流行、创新不息宏旨的，其人其文，呈现古典圣者气象，严谨细微，典雅深情；方氏是通过中西对比凸显生生日新、弥贯天地意蕴的，其人其文，呈现现代诗人气质，自由奔放，恢宏壮美。

① 梁漱溟：《朝话——梁漱溟讲谈录》，安徽文艺出版社，1997年，第229页。

图 5-5　方东美

方东美认为,中国民族生命之特征可以老子(道家)、孔子(儒家)、墨子(墨家)为代表。"老显道之妙用。孔演易之'元理'。墨申爱之圣情。贯通老墨得中道者厥为孔子。"①这里,方东美认为孔子的儒家贯通道家、墨家而得中道,代表了生命特征的主线。引人注目的是,方东美谈孔子,有意避开《论语》,而以《周易》的"元理"为代表,即把孔子思想直接与《易传》的生生说联系在一起。这意味着,生生哲学观是中华民族生命的"中道"和发展主线。方东美把收入上述观点的论文集命名为《生生之德》,可以看出生生说在他心目中的重要地位。

方东美指出,《易传》充分展现了生生的哲学智慧:"天德施生,地德成化,腾为万有;非惟不减不灭,而且生生不已,寓诸无竟。因此呈现于吾人之前者,遂为浩瀚无涯,大化流行之全幅生命景象,人亦得以参与此永恒无限、生生不已之创化历程,并在此'动而健'之宇宙创化历程中取得中枢地位。总而言之,儒家之宇宙观,视世界为一创化而使动不息的大天地,宇宙布获大生机,生存其间的个人生命可有无限的建树。"②这是一个大化流行,生命创进,天人争新,人居中枢的宇宙观和人生观。

由此,方东美进一步明确了原始儒家之本和一贯之道。他指出:

> 乾元是大生之德,代表一种创造的生命精神贯注宇宙之一切;坤元是广生之德,代表地面上之生命冲动,孕育支持一切生命的活动;合而言之就是一种"广大悉备的生命精神",这就是儒家之所本。这种创造的生命精神贯注于天上、地下、人间。

---

① 方东美:《生生之德》,黎明文化事业公司,1979年,第141页。

② 同上,第193页。

人在宇宙中可以发扬同等重要的创造精神,与天地抗衡。如此,人乃是参赞天地之化育,与天地同为造物主宰,以此种精神实现普遍的生命意义及价值。这就是儒家的一贯之道。①

"创造的生命精神贯注于天上、地下、人间"就是方东美的"天道"与"人性"的通贯之道。方东美将《易传》生生说与法国哲学家的"创化"说、怀特海的"创进"说融会贯通,借以展开为一种中西一体的生生创造哲学。方东美对艺术造诣颇深,将哲学和艺术融为一体,既有哲理深刻,又富艺术浪漫。他在诠释庄子"天地之大美"一语时认为:"天地之大美即在普遍生命之流行变化,创造不息。""换句话说,天地之美寄于生命,在于盎然生意与灿然活力,而生命之美形于创造,在于浩然生气与酣然创意。"②

傅佩荣在概括了方东美在哲学体系建设上的三点贡献:①宇宙与人生是旁通统贯的谐和整体,因而万有的本体、存在、生命、价值皆可统一相融自在无碍。②天人合德的高妙理想,就是一方面肯定天道的创造力充塞宇宙,流衍变化,万物由之而出。同时亦强调人性之内在价值,翕含辟弘,发扬光大,妙与宇宙秩序合德无间。③以价值为中心的本体论与人生论,亦即生命的创造历程就是人生价值实现的历程,因而人人可以凭借先天的性善与优美的懿德,充量尽类地发展成为大人、贤人以至神人。③

方东美说:"假如哲学的命脉在我们的精神里面没有死亡,我们便应当负起一种责任,为未来的世界,在哲学上面打一个蓝图,仿佛建筑师一样,要建筑一个新的哲学体系。"④1974年,方东美曾赋咏梅诗一首,用诗的语言,表达了"创造的生命精神贯注于天上、地下、人间"的思想境界。

浩渺晶莹造化新,无云无霾亦无尘;
一心璀璨花千树,六合飘香天地春。⑤

---

① 方东美:《原始儒家道家哲学》,黎明文化事业公司,1983年,第193页。

② 方东美:《中国人生哲学》,黎明文化事业公司,1982年,第212页。

③ 傅佩荣:《集东西哲学之智者——方东美》,张永儒主编《中国新文明的探索》,正中书局,1991年,第249~250页。

④ 方东美:《中国哲学对未来世界的影响》,《方东美先生演讲集》,黎明文化事业公司,1978年。

⑤ 方东美:《中国人生哲学概要》,先知出版社,1974年,前言第1页。

(三)罗光:人性具有宇宙间最高的"创生力"

一位虔诚的天主教活动家,却以《易传》思想为出发点,援士林哲学入中国哲学,建构别具特色的"生命哲学",并逐年修改自己的见解,出版了五次修订的《生命哲学》专著,其独特的中西结合哲学视角和孜孜不倦的探索精神,为中华新文化建设多方向探路做出了自己的贡献,理应受到尊重。

罗光(1911—2004),别名焯炤,湖南衡阳市人。罗马传信大学哲学博士并留校任教25年,1961年回台湾出任天主教台南教区主教,1965年升任台北总教区总主教。1978—1992任台湾辅仁大学校长。中国哲学代表作为《中国哲学史大纲》《生命哲学》等。

图 5-6　罗光

罗光认为:"中国哲学虽一贯讲生命哲学,然而对根本观念和根本哲理并没有说明,我们要发挥传统儒学,使成为现代的哲学,我们要采纳这个传统的根本观念:'生生',而加以说明,加以发扬。"①正是在诠释和发扬《易传》根本观念"生生"的基础上,罗光将自然科学、宗教神学、中国传统哲学结合起来,创立了有独到特色的"生命哲学"。

罗光对"生生"和"生命"作了有独到见解的诠释。他指出:《易传》的"生生",前一个"生"字,是"化生";后面一个"生"字,是动的"存有"。宇宙间的一切"存有",都由化生而来。所谓"化生"并不是讲进化论。"化生"的意思是"由原素变化而生",原素是动的,动乃有变,变乃有化。万物由原素变化而生,原素即是阴阳,阴阳乃是气。罗光认为,"生命"的意义和通常生物学、哲学上的

---

① 罗光:《生命哲学》,《哲学与文化》1996年第2期,第1268页。

意义不相同。"生命"即是内在之力的内在动,整个宇宙不断地动,整个宇宙便有生命;每一物体不断地化生,便也有生命。内在之力的内在动,程度有高低。程度来自气,气有清浊,气浊则生命的理不显;气较清,生命的力较为显露,到了人,则为最清,生命之理乃能完全显露,即是心灵生命。

罗光关于人类"创生性"的理论要点是:

(1)罗光引入现代物理学和宇宙学的观念指出:当代物理学扬弃了静止物体的观念,以量子力学解释物体的存在,物体为"力"的结合,物体内部的力常动。宇宙开始时是一个气体,体内有不可想象的力,发生剧烈的大爆炸,渐次形成恒星和银河。宇宙大爆炸由宇宙的"力"所发动。

(2)这个极大的宇宙不能是自有的,是由天主——上帝所创造。因为宇宙逐渐变化,有开始点,有始即不能自有。为创造宇宙万物,天主使用的是自己神力,称为"创造力"。天主按照自己的"理念",创造"质料",以创造力使"理念"与"质料"接合,成一动力的宇宙。被创造的宇宙有自己的"理念",有自己的"质料",有自己的"力"。宇宙的"力",称为"创生力"。"创生力"使宇宙常动,使"质料"常起变化,变化而成物体。这种变化,即《易传》所谓"生生"。

(3)人的生命也就是人的"存在",我的存在有我的"性";人性为天主所造。而且天主仿照自己的天性而造了人性,人性相似天主性。相似天主性和"存在"相结合成为宇宙的最优秀存在,具有宇宙间最高的创生力。人类生命的发扬便运用生命力去"创新"。宇宙间的创新和进化,由人类的生命而表现,而完成。①

由上可见,罗光以《易传》生生说为基点,广泛引入中国传统哲学、古希腊哲学、士林哲学、自然科学等领域的思想和概念,建立了一个独树一帜的"生命哲学"理论体系。其基本构成是:宇宙部分主要吸收古希腊和现代自然科学观点;宇宙以上部分主要吸收士林哲学、基督神学观点;宇宙以下部分(人类)主要吸收中国传统哲学观点。罗光独创了"创生力",作为人性的标志,成为了为沟通天上与人间联系的纽带和桥梁。

我们简要介绍了罗光将《易传》生生思想与西方基督教神学结合而产生的生命哲学要点。这一结合方式,会使许多中国学者,特别是大陆学者感到意外:中华传统文化原本是"有天无神论",怎么会和神学结合在一起呢?但从西方人的角度看,结论会不同。在谈到中华传统文化中的"无极"思想时,

---

① 罗光:《生命哲学》,学生书局,1990年,第209页。

金岳霖说:"如果我是欧洲人,谈无极之后,也许我就要提出上帝,那是欧洲思想底背景使然。"[①]在探索东西方文化会通的道路上,我们不能不注意他的西方文化和教育背景。换言之,罗光的结合方式,是东西文化会通探索中必然会出现的一种选择,我们不能因为与我们的观点不同,而不屑一顾。事实上,罗光中西结合的哲学建构,在学术上是严肃的,态度上是真诚的,表现了对东方文化和西方文化的挚爱,其独具特色的生命哲学,不失为百家争鸣中的一派。

(四)何时"六合飘香天地春"?

前面,我们介绍了三位经历、学派、观点、背景完全不同的学者,共同以《易传》生生思想为出发点,经过各自不同的学理阐发和演绎,殊途同归地发现了人的"创造性",把中国哲学与文化对人的本性探索,推进到现代的第三道大门。

那么,三位在创造人性背景下的新哲学、新文化建设如何呢?

梁漱溟特别赞赏宋明理学泰州学派将孔子学说普及平民的做法,自认为:非学问中人,乃问题中人。他是个文化大家,但对新哲学新文化的理论建构并不是其关注的重点。中国的实际问题,始终是梁漱溟关注的重心。他说:"我研究中国问题时,只见眼前政治经济两大难题,只求在实际的具体的事情上,求其如何做得通而已,初未尝于此外,留心到什么文化问题。""只须在事实上求办法,不必于政治经济外,另提一个文化问题。"[②]因此,作为梁漱溟十分精彩的"成物""成己"创造思想,只在少数文章上昙花一现,没有去尝试建立系统的新哲学新文化理论。

方东美的新理论建构语言优美,激情四溢,但逻辑严谨不够,缺乏实践可操作性。正如刘述先所说:"方先生比观东西文化理想,学力广博,文词优美,引发人的理想,向往东西圣哲所开启的崇高境界。但是方先生并没有指出,如何落实在每一个人的生命上,去体现这些理想的境界。方先生似乎假定,我们通过智慧的抉择去践履,自然有所如实相应。但各个不同理想之间的矛盾冲突,如何在具体的生命或文化的创造之中加以消融化解,却未能指

① 金岳霖:《论道》,商务印书馆,1987年,第200页。
② 梁漱溟:《朝话——梁漱溟讲谈录》,安徽文艺出版社,1997年,第134页。

第五章

出实际可行之道,乃不免尚停留在观解的层次上,而难以具体落实,发生真正深厚的影响。"①

在罗光的生命哲学中,天主用创造力创造宇宙万物,人性为天主所造,而且天主仿照自己的天性而造了人性。照此推理,人的创造性应是人的最高本性,体现在人生理想追求和社会生活实践的各个方面,但实际上,罗光并没有把这一思想贯彻到底,而在谈人时,离开了创造性,谈论求真、求善、求美,谈论圆融的爱,给人的印象是:从上天和宇宙那里辛苦发现的"创生性",在谈到人间的社会生活时,大多时候已经难见踪影。

总之,进入20世纪以后,在西学东渐,儒学复兴的大背景下,中国人性论的重心从"仁义之性",转化到"生生之性",再转化到"创造之性",人性论的第三道大门初步打开,呈现出三门同开的新景象,为现代中国哲学和文化理论建设提供了新空间。当然,由于中华传统文化本身的特点,特别是儒家学派视野的局限,当代新儒家的理论建设并不尽如人意,或是缺乏理论彻底性,或是缺乏实践可操作性,"一以贯之"的新哲学、新文化理论并没有真正建立,更未能普及社会大众。

三、综合创造展新心

打破儒家学派局限,沿着《易传》生生思想直道而行,转化出创造思想,创立"综合创造"理论,开辟与当代新儒家不同道路的先驱者,是张岱年先生。

(一)张岱年:生即创造

张岱年(1909—2004),河北献县人,曾任清华大学、北京大学教授,中国哲学史学会会长。代表作有《中国哲学大纲》《天人五论》等,"综合创造论"(又称"综合创新论",简称"综创论")的提出者,"综创学派"的创立者。

① 刘述先:《当代新儒家的探索》,《文化危机与展望》(下),中国青年出版社,1989年,第318页。

图 5-7　张岱年

　　张岱年年轻时好深沉之思,喜综合之研,慕创造之新,自称"文化创造主义"。他不仅提倡创造,而且力行创造,早1935年就提出了"综合创造论",其要义是:

> 兼综东西两方之长,发扬中国固有的卓越的文化遗产,同时采纳西方有价值的精良的贡献,融合为一,而创成一种新的文化,但不要平庸的调和,而要做一种创造的综合。①

第五章

　　到了20世纪80年代,张岱年再次高扬"综创论"旗帜,结合新形势和时代需要,进行了多方面论析和探索。他认为:"所谓综合有两层含义,一是中西文化之综合, 即在马克思主义普遍原理的指导下综合中国传统文化精粹内容与近代西方文化的先进成果。二是中国固有文化中不同学派的综合,包括儒、墨、道、法等家的合理思想的综合以及宋元明清以来理学与反理学思想的综合。"②这说明,"综合创造"是一个整体,综合有两层含义:①中西文化的综合;②中华文化内部不同学派的综合。在综合的基础上,融合为一,而创成一种新的文化。这是一个视野广阔、目标宏大的文化使命,而贯穿这个大综合的大原则或思想主线是什么呢?

　　张岱年认为:"《易大传》对于中国哲学思想的发展确实有其不可磨灭的贡献。"③他指出:中国古代哲学关于天道有一个基本概念,曰"生"。所谓天道

---

① 张岱年:《张岱年全集》(第1卷),河北人民出版社,1996年,第229页。

② 张岱年:《张岱年全集》(第8卷),河北人民出版社,1996年,第525~526页。

③ 张岱年:《张岱年全集》(第5卷),河北人民出版社,1996年,第234页。

即是自然界的演变过程及其规律。所谓"生",指产生、出生,即事物从无到有,忽然出现,亦即创造之意。《周易大传》进一步发展了"生"的观念。《系辞上》说:"日新之谓盛德,生生之谓易。"《系辞下》说:"天地之大德曰生。"又说:"天地氤氲,万物化醇;男女构精,万物化生。"《周易大传》高度赞扬了"生"的范畴,表示生不是一次性的,生而又生,生生不已。①

由此,张岱年得出一个重要的观点:

> 《易大传》认为,变化的根本要义是"生生"。《系辞上》赞美天地的伟大说:"盛德大业至矣哉!富有之谓大业,日新之谓盛德,生生之谓易。"世界是富有而日新的,万物生生不息。"生"即创造,"生生"即不断出现新事物。新的不断代替旧的,新旧交替,继续不已,这就是生生,这就是易。②

上文中有一个非常重要的转语:"生"即造创,这一"转",就把"生生之学"转向了"创造之学"。由此,张岱年引入了广义的"创造"范畴。他说:

> 宇宙大化由粗而精,由简而赜,由一而异。宇宙是一个创造的发展历程。突变即是创造。突变是新性质之创成。世界已往之成就,并非毁灭,而乃容纳于新的成就之中。每一次新的否定之否定,皆增加世界丰满之程度。世界并非完成,世界在创造之中。③

由此可知,张岱年提出了广义"创造"的概念:"创造即前所未有者之出现。"④创造不再为人类独有,天地生万物亦是一个创造过程。这样,"创造"成为了"天道"与"人性"新的贯通点。由古代"仁义"贯通,到近代"生生"贯通,发展到现代"创造"贯通。"天人合一"是中国传统哲学的一个基本命题,其观点源远流长。传统哲学所讲的天人合一,可以说是一种静的"天人合一"。张岱年认为:人生之鹄的在于"动的天人合一":

① 张岱年:《张岱年全集》(第7卷),河北人民出版社,1996年,第525~526页。
② 张岱年:《张岱年全集》(第5卷),河北人民出版社,1996年,第228页。
③ 张岱年:《张岱年全集》(第1卷),河北人民出版社,1996年,第370~371页。
④ 张岱年:《张岱年文集》(第3卷),清华大学出版社,1993年,第141页。

> 人之作用在自觉的加入自然创造之历程中，调整自然，参赞化育。人的创造亦即是天的创造，人改造自然亦即是自然之自己改造。人克服天人之矛盾以得和谐，亦即是天自克服其中矛盾以得和谐。①

天地万物是宇宙生生创造的结果，人的作用在自觉地加入自然创造的过程中去，像天一样，发挥创造性，改造自然，参加到天地创造的洪流中去。人是自然的一部分，所以人的创造就是天的创造。人从创造中来，又回到创造中去，达到人性自觉和天人和谐，由此领悟到天人合一的真谛，这就是"动的天人合一"。张岱年以"生生日新"为基础，通过由"生"向"创"的新范畴转换，将天人通贯成一体，由此产生了一个完全新视角的"天人合一"。"动的天人合一"的核心是天的创造性与人的创造性的合一，"天道"与"人性"在创造基础上的贯通。

借用牟先生关于中国人性问题分《易传》和《孟子》两条进路的说法，可以说，以熊十力为代表的"当代新儒家"选择的是以《孟子》一路为正宗，《易传》一路为旁支，生生和创造都挂在仁义名下，走人性统一于仁义的"仁学"之路。与此相反，以张岱年为代表的"综创家"选择的是以《易传》一路为正宗，《孟子》一路为旁支，仁义和生生都挂在创造名下，走人性统一于创造的"创学"之路。应当指出，20世纪上半叶，青年时期的张岱年鲜明地坚持以"创造"通贯"天道"和"人性"的观点，并形成"天人五论"新哲学大纲；自20世纪中叶后，由于"左"的社会环境束缚，这种气势如虹的通贯不见了，新哲学的建构也戛然而止。20世纪80年代改革开放后，张岱年的"综创论"又充满了活力，但重点集中在新文化探索，没有重拾以通贯为标志的新哲学探索。

（二）刘仲林：跨学科、跨文化的"创学"探索

20世纪末到21世纪初，张岱年思想越来越受到学界重视，"综创论"研究蔚然成风。

方克立倡导"古为今用、洋为中用、批判继承、综合创新"的方针，提出可以把张岱年的文化观概括为："马学为魂，中学为体，西学为用，三流合一，综

_____

① 张岱年：《张岱年全集》（第1卷），河北人民出版社，1996年，第393~394页。

合创新"的新思路。"马学为魂"即以马克思主义和社会主义的思想体系为指导原则;"中学为体"即以有着数千年历史积淀的自强不息、变化日新、厚德载物、有容乃大的中华民族文化为生命主体、创造主体和接受主体;"西学为用"即以西方文化和其他民族文化中的一切积极成果、合理成分为学习、借鉴的对象。①

张岱年研究会会长刘鄂培认为,张岱年为中国哲学、文化的更新和转型探索出一条新路,并建立了一个新的哲学、新的文化模式。张岱年在《天人简论》中提出:"最高的价值准则曰兼赅众异而得其平衡。简云兼和,古代谓之曰和,亦曰富有日新而一以贯之。"刘鄂培指出:张岱年的"兼和"思想是中国古代哲学重"和"思想的提炼和升华,是新的哲学、新的文化的理论基石。②

另外,如李存山、陈来、王东、衷尔钜、程宜山、钱耕森、羊涤生、刘笑敢、王中江、李维武、周德丰、陈卫平、张允熠、洪晓楠、干春松、胡家祥等许多学者,对"综创论"思想研究做出了自己的贡献,有关张岱年思想的学术研讨会、论文、文集、专著等层出不穷,综合创造(创新)论的影响与日俱增。

笔者也是"综创论"思想研究队伍中的一个成员,但研究的重点、研究方法和其他学者有所不同。笔者关注的重点,是续写张岱年青年时期的理想,通贯"天道"和"人性"背景下的"创学"理论建设和大众实践问题,研究的方法是跨学科、跨文化的中西会通方法。

图5-8　中国新哲学:古道今梦书系

笔者有幸10年间,在张岱年老师悉心指导下,从事"创学"探索,在世纪之交出版系列拙作,如《新精神》(1999)、《新认识》(1999)、《新思维》(1999)、《中国文化综合与创新》(2000)、《中国创造学概论》(2001),对"中国哲学"与"创造"的关系,进行了系统梳理和深入分析,其中包括"天道"与"人性"的贯

① 方克立:《关于文化的体用问题》,《社会科学战线》2006年第4期。
② 刘鄂培:《"兼和"论——为纪念恩师张岱年诞辰100周年》,《中共宁波市委党校学报》2009年第5期。

通问题探索。与以往的纯中国传统哲学式的讨论不同,这一探索是在不受学科和学派的局限,在跨学科的视角下进行的,涉及中国哲学、西方哲学、科学哲学、自然科学、美学、逻辑学、创造学、心理学等领域,对"创造"的概念、内涵、过程、理论、方法、实践进行了全方位探讨,初步形成了以"创造"为核心的"创学"理论架构。

在上述拙作中,笔者认为:创造,不仅改变了世界,也改变了人自身。换言之,人不仅创造了世界,也创造了他们自身。人是一种处在不断的创造和不断自我创造过程中的活的存在物,是人不同于任何其他存在物的本质特征。"实践—劳动—创造"是人的本质的三个层面。实践作为人的本质体现,其基础扎根于劳动,其最高表现是创造。换句话说,创造是人的最高本质。[①]

> 人类的创造本性是在千万年进化中形成的,早已有之,但人类对创造本性的自觉,却经历了漫长而曲折的过程,特别是对中华民族和中国文化而言,这一过程显得格外沉重艰难。传统文化的变革,首先要打破传统经学思想的禁锢,解放中华民族的创造本性,自觉投身创造实践。今日世界,是一个竞争世界,今日时代,是一个创新时代,专长守势的文化精神是无法站到世界和时代前列的。所以,创造及创造精神,既是传统文化变革的出发点,也是传统文化变革的归宿。[②]

在新的时代,我们深化《易传》生生思想,高扬人的创造本性,把"创"作为中国哲学最高范畴之一,明确写入中华文化核心,这对改变传统精神消极面是完全必要的。[③]在中华文化的核心,到底是"仁"大,还是"创"大?这是新儒家和综创家的分水岭。如果用"海"和"湖"作比喻,则"仁"是"大湖","创"是"大海",新儒家闻见到滚滚涛声,却试图把"大海"归流"大湖",致使"大湖"不堪其负,"大海"不堪其忧。[④]综创家认为:还"大海"本来面目,"大湖"归流"大海"。

第五章

---

① 刘仲林:《新精神》,大象出版社,1999年,第207页。
② 刘仲林:《中国文化综合与创新》,天津社会科学院出版社,2000年,第30页。
③ 刘仲林:《新精神》,大象出版社,1999年,第225页。
④ 同上,第208页。

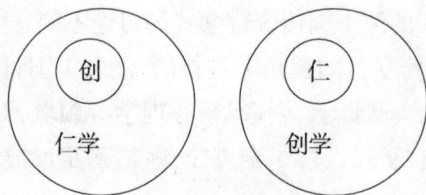

图 5-9　仁学与创学的关系

　　以广义"创造"为纽带,将宇宙创造和人类创造融会贯通,应强调两类创造的内在联系和区别。张岱年十分重视中国哲学中的"本"和"至"问题,他说:"凡物有本有至。本者本根,至者最高成就。"①1996年笔者在编辑《张岱年教授访谈录》一文时,曾向张老师请教:能否用"明本舒至"一词概括"综创论"的中心思想,张先生亲笔改为"知本达至"。②关于"知本达至"的深入探讨,是本书的一个重点议题,详见本书第十八章第一节"知大本达至境"。

　　《易传》所说的"生生日新",正是通过生机勃勃的"自然"和"人类"的双向创造活动而形成的,这就是"动的天人合一"。在这个过程中,"天道"和"人性"得到了融会贯通。"创学"的宗旨和目标就是"知本达至"。

---

① 　张岱年:《张岱年全集》(第3卷),河北人民出版社,1996年,第215页。
② 　刘仲林:《张岱年教授访谈录》,《天津师范大学学报》1996年第5期,第8页。

第六章　西学东渐的创造之性

> 通过实践创造对象世界,即改造
> 无机界,证明了人是有意识的类存在物。
> ——[德]马克思

　　20世纪上半叶的中国,在西学东渐的大潮影响下,出现了一个引人注目的现象:对"创造"的推崇超越了中学与西学的隔阂、激进与保守的对立,成为一个被普遍赞赏和关注的热门观念。①20世纪下半叶以来,在改革开放的大潮影响下,打破了政治、经济、文化的分野,"创造(创新)"成为了一个全民流行的时尚用语。值得注意的是:这两次"创造"热,相同点都是源自西学,不同点则是,前一次着眼点偏重"文化思想",后一次着眼点偏重"经济实用",且两者的联系被今人割裂,未能上升到更高的中国哲学层面反思,使"创造观"大多停留在"形而下"的实用层面,未能产生深层的"形而上"变革。西方"创造观"在推动中国传统哲学的创造性转化中的重大作用,被多数人忽略。西方创造观与中华传统文化结合产生的中华新文化创造观,对西方现代创造学发展的影响,更是很少有人问津。

　　20世纪中国创造心性观,是在西方文化影响下形成的。这里,我们简述一下西方部分有代表性的观点,包括马克思、基督教、西方哲学等。

一、马克思的创造观

　　马克思(Karl Marx,1818—1883)从社会实践的观点出发,揭示了社会的本质和人与社会的关系,具体地历史地说明了人性的真实内涵。社会是人的

---

① 高瑞泉:《创造与传统——简论"创造"价值之确立与演进》,《学术界》1998年第4期,第7页。

活动本身,也是这种活动的产物。人在历史活动中创造了社会,同时也就创造了人自身。人创造了社会的物质财富和精神财富,也创造了社会交往关系,包括物质的交往关系和精神的交往关系。社会是人的本质在历史活动中的对象化。有什么样的人,就会创造什么样的社会;反过来说,社会是什么样的,创造这个社会的人就是什么样的。人在自己的社会或社会关系中表现出来的属性,就是我们所说的人性。

图 6-1　马克思

马克思主义从现实的、社会的人出发,得出三个紧密相联系的人性观点:①人的需要就是人的本性;②人的类本质是自由自觉的活动;③人的本质在其现实性上是一切社会关系的总合。下面,笔者就从这三个方面作一论析和发挥。

(一)需要与人的本质

在马克思关于人的本性的论述中,有一个重要思想,即人的需要就是人的本性。关于这一思想,马克思和恩格斯有一系列直接论述。

1844年,马克思在《詹姆士·穆勒〈政治理济学原理〉一书摘要》中说:"我的劳动满足了人的需要,从而物化了人的本质,又创造了另一个与人的本质的需要相符合的物品。"[1]这里,马克思是把人的本质与人的需要联系起来考虑的。1845—1846年,马克思、恩格斯在《德意志意识形态》中更明确地阐述了这一思想。他们指出,人类社会历史的第一个前提是:人们为了创造历史,必须能生活,但为了生活首先需要衣、食、住以及其他东西,因而人必须投身

---

① 《马克思恩格斯全集》(第42卷),人民出版社,1979年,第37页。

于生产满足需要的生产活动中去。人的需要是人的历史活动的前提。马克思、恩格斯指出，在现实世界中，人有许多需要，"他们的需要即他们的本性"①。这就明确指出了人的需要是人的本性；因而是人的全部生命活动的动力和根据。

21世纪人类生产方式和生产对象日新月异，这一世纪对人的本质力量的新证明和对人的本质的新的充实是什么呢？这正是我们需要进一步探讨的问题。这里，我们借用美国心理学家马斯洛(A.Maslow，1908—1970)观点，分析人的需要层次。马斯洛指出，总起来看，"需要"按上下间的依赖性可分为生理的、安全的、社会的、自尊的、自我实现的五个层次：

(1)生理的需要。人的需要中最基本、最强烈、最明显的一种，就是对生存的需要。人们需要食物、饮料、住所、性生活、睡眠和氧气。生理需要是其他一切需要的基础。

(2)安全的需要。一旦生理需要得到了满足，就会出现安全需要。这些需要包括保障、稳定、依赖、秩序、法律、限制等。

(3)归属与爱的需要。当生理和安全的需要得到满足时，对爱和归属的需要就出现了。马斯洛说："现在这个人会开始追求与他人建立友情，即在团体里求得一席之地。他会为达到这个目标而不遗余力。"

(4)尊重的需要。马斯洛发现，人们对尊重的需要可分为两类：自尊和受尊。自尊包括对获得信心、能力、本领、成就、独立和自由等的愿望。受尊包括这样一些概念：威望、承认、接受、关心、地位、名誉和赏识。

(5)自我实现的需要。"一个人能成为什么，他就必须成为什么，他必须忠实于自己的本性。这一需要我们就可以称为自我实现(self-actualization)的需要。"②发现人类有成长、发展、利用潜力的心理需要，是马斯洛心理学中的一个最重要的方面。他把这种需要描述成："一种想要变得越来越像人的本来样子、实现人的全部潜力的欲望。"③

第六章

---

① 《马克思恩格斯全集》(第3卷)，人民出版社，1979年，第514页。

② [美]亚伯拉罕·马斯洛：《动机与人格》，华夏出版社，1987年，第53页。

③ 同上，第53页。

图 6-2　马斯洛"需要"层次图

马斯洛认为:这里所说的自我实现并不是指人人都变成圣人或伟人,而是指尽量发挥自己的潜力,显示人的本质力量,而这种显示的最佳途径就是创造。当然,在一定条件下,生理需要、安全需要、爱的需要、尊重的需要都可能成为创造的动机,但最重要的动机来自"自我实现"的需要。

马克思认为:"创造"是人的全面发展趋向的最高目标。"从全部才能的自由发展中产生的创造性的生活表现"①,这是马克思赋予人的本质力量最高展现。马克思从社会发展的角度研究人的需要,马斯洛从人本心理学的角度研究人的需要,方法和角度大不相同,但对需要的层次和人的本质理解却有强烈共鸣,特别是通过高层需要对人的本质的揭示,打开了通向创造性的大门,具有深刻的理论意义和现实意义。

人的需要即是人的本性。人的需要是多层面的,最高层的需要是"人的本质力量对象化""自我实现"的需要,换言之,是自由展现人的创造本性的需要。正是在创造实践中,体现着人的最高本质和本性。

(二)自觉与人的本质

马克思在《1844年经济学哲学手稿》中指出:

---

① 《马克思恩格斯全集》(第3卷),人民出版社,1979年,第248页。

一个种的全部特性、种的类特性就在于生命活动的性质,而人的类特性恰恰就是自由的自觉的活动。①

"自由的自觉的活动"是马克思对人的本质又一个层面的揭示。这里有三个关键词:自由、自觉、活动。

一切有生命的东西,如微生物、植物、动物、人,都是活动体,无时无刻不在活动。那么,人的活动与其他生物活动的本质区别是什么呢? 马克思回答说:动物(包括微生物、植物等)和它的生命活动是直接同一的。动物不把自己同自己的生命活动区别开来。它就是这种生命活动。人则使自己的生命活动本身变成自己的意志和意识的对象。他的生命活动是有意识的。这不是人与之直接融为一体的那种规定性。有意识的生命活动把人同动物的生命活动直接区别开来。正是由于这一点,人类的活动才是自由的活动。②

马克思所说"自由的自觉的活动",是指人的社会实践活动,特别是改造客观世界的生产劳动。马克思认为,劳动的对象是人的类生活的对象化:人不仅像在意识中那样理智地复现自己,而且能动地、现实地复现自己,从而在他所创造的世界中直观自身。③这是一个非常重要的观点,我们就从这里入手,探讨"自觉"的内涵。

(1)自觉的第一层含义是主客二分,即觉察主体(我)和客体(物)的区别。由此,形成了主观世界和客观世界。主观世界,指人的意识、观念世界,是人的头脑精神活动以及心理活动的总和。客观世界,指人的意识活动之外的一切物质运动的总和。能够区别主观和客观、主体和客体,是"自觉"的初级内涵。张岱年指出:"人自知其存在,且知人与他物之关系,是谓自觉。"④说的就是这层意思。

(2)自觉的第二层含义是主客互动。通过生产实践,或者说创造实践,亦即马克思所说的人的本质力量对象化,获得的自觉,是更高级的自觉。如果说初级自觉着眼于主客二分,则高级自觉着眼于主客在实践中的相互作用和转化。这种相互作用是通过主体对象化和客体非对象化的双向运动而实

第六章

① 《马克思恩格斯全集》(第42卷),人民出版社,1979年,第96页。

② 同上,第96页。

③ 同上,第97页。

④ 《张岱年全集》(第1卷),河北人民出版社,1996年,第207页。

现的。主体对象化指人通过实践使自己的本质力量转化为对象物。

马克思指出："在生产中,人客体化,在消费中,物主体化。"①生产活动是劳动者改造天然物的过程,在这一过程中,产生了自然界原来所没有的种种对象物。这种对象物是人在与外在世界的相互作用中创造出来的,是人的体力和智力的物化体现,也就是主体的本质力量通过活动转化为静止的物质的存在形式,即积淀、凝聚和物化在客体中,即主体客体化。在主体对象化的同时,还发生着客体非对象化的运动。所谓非对象化,指客体失去对象化的形式,变成主体的一部分。在生产活动中,主体需要把一部分对象作为直接的生活资料加以消费,或者把物质工具作为自己身体器官的延长包括在主体的生命活动之中。这些都是客体向主体的渗透和转化,即客体主体化。②

(3)自觉的第三层含义是物我(主客)合一。经上述分析以后,笔者仍感到意犹未尽,因为这仍属理论家的分析,未触及实践的本质特点。实际上,在创造过程中对人的本质的体验,其丰富无比的内涵,是很难用语言表达清楚的,唯有身临其境,方能恍然大悟。从这一意义上可以说,高级自觉的最高状态,是实践中的主客一体、物我合一的境界。例如,在掌握骑自行车技术之前,车对我们来说,是外在而陌生的东西,主客二分十分明显。经过多次实践,我们熟练掌握了骑车技术,就会达到一种"从心所欲,不逾矩"的"车人合一"境界。正如马克思所说:"对象对他说来也就成为他自身的对象化,成为确证和实现他的个性的对象,成为他的对象,而这就是说,对象成了他自身。"③

用"物我合一"的境界理解创造实践,就能体会到马克思所说的:

> 我们看到,工业的历史和工业的已经产生的对象性的存在,是一本打开了的关于人的本质力量的书,是感性地摆在我们面前的人的心理学;对这种心理学人们至今还没有从它同人的本质的联系上,而总是仅仅从外表的效用方面来理解……

通过人类创造的成果,特别是从工业的历史和工业的成果,体验和觉悟人的本质,是马克思指出的重要方向。确实,当我们审视我们周围的一切,就

---

① 《马克思恩格斯全集》(第46卷),人民出版社,1979年,第26页。
② 李秀林等主编:《辩证唯物主义与历史唯物主义》,中国人民大学出版社,1995,第83页。
③ 《马克思恩格斯全集》(第42卷),人民出版社,1979年,第125页。

会发现：从衣、食、住、行到工作、学习、娱乐各方面，所接触的几乎都是人类生产创造的东西，纯天然东西很难寻觅。人们享用这些创造成果，习以为常，却很少有人从中领悟人的本质，更少有人理解它们"是感性地摆在我们面前的人的心理学"。马克思把"工业创造成果"与"感性心理学"联系在一起，振聋发聩，打开了我们从实践上自觉人的本质的新空间。他强调，人的本质对象化，是一种"创造对象世界即改造无机界"的感性的实践活动，人则可以"在他所创造的世界中直观自身"。由此，凸现出"自觉"在认识人的本质上的关键意义。这一认识，不是理论的阐释，也不是他觉，而是在人类创造的世界中，直观自身。

这样，在人的本质对象化的意义上，人同自然界实现了本质的统一，"是自然界的真正复活，是人的实现了的自然主义和自然界的实现了的人道主义"①。

（三）创造——人最高本质聚焦

人的本质主要有哪几个层面？我们试用马克思观点作一分析和总结。

马克思从社会实践观点出发，具体地历史地揭示了人的本质真实内涵。从现实性上说，人是一种包含理性在内的感性活动的存在，即实践的存在。人的实践活动是社会性的活动，只有在社会中，人才真正成为人。正是在这个意义上，马克思说："人的本质并不是单个人所固有的抽象物。在其现实性上，它是一切社会关系的总和。"②这是我们寻求人的本质的第一个立足点：社会实践。

人的社会实践活动中最基本的形式是物质资料的生产劳动。人是靠制造工具、利用工具改造自然的劳动，生产满足自己需要的产品，在改造客观世界的同时改造自己的主观世界，造成社会的文化、文明，确证着人的本质力量。人的劳动不同于动物的活动，而是有理想有目的的自由的自觉的活动。这是我们寻求人的本质的第二层立足点：生产劳动。

人类的劳动有两种：重复性劳动和创造性劳动。重复性劳动是必要的，它使劳动产品有足够的量以满足人类需要，并且也有改造自然和改造人类自身的功能。但最高价值的劳动是创造性劳动。创造使劳动产生了质的飞

第六章

① 《马克思恩格斯全集》（第42卷），人民出版社，1979年，第122页。
② 《马克思恩格斯选集》（第1卷），人民出版社，2012年，第18页。

跃。在创造性劳动过程中,人不仅创造了工具,创造了各种各样的物质生活资料,而且创造了知识、科学、技术、艺术等宝贵精神财富,创造了各种社会关系和各种社会组织形式。正如马克思所说:

> 通过实践创造对象世界,即改造无机界,证明了人是有意识的类存在物,也就是这样一种存在物,它把类看作自己的本质,或者说把自身看作类存在物。[1]

这段话起始,马克思就开门见山地指出:"通过实践创造对象世界",是人类的本质特征。创造,不仅改变了世界,也改变了人自身。换言之,人不仅创造了世界,也创造了他们自身。人是一种处在不断的创造和不断自我创造过程中的活的存在物,是人不同于任何其他存在物的本质特征。这是我们寻求人的本质的第三层立足点:创造。

总结以上分析,我们可以说:实践—劳动—创造,是人的本质三个层面。实践作为人的本质体现,其基础扎根于劳动,其最高表现是创造。换句话说,"创造"是人的最高本质和本性。

二、基督教的创造观

基督教有广义和狭义之分。广义的基督教(Christianity),是基督各教派的总称,其中最大的支派有三个:天主教、东正教和基督新教。狭义的基督教仅指基督新教。本书采用广义说。

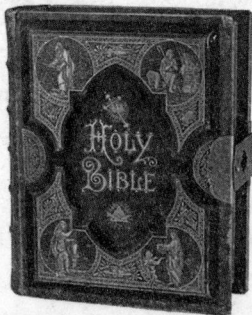

图6-3　《圣经》

---

[1] 《马克思恩格斯全集》(第42卷),人民出版社,1979年,第96~97页。

基督教、基督教哲学和文化、基督教在中国,这些都是很大的议题,本书不拟做探讨,仅就基督教思想,特别是其创造观,对中华传统文化创造性转化的影响,做一扼要讨论。

有学者指出,基督教进入中国大致可分为三个历史时期:①公元1500年以前(以景教为代表);②明末清初(以天主教为代表);③1840年迄今(以天主教和基督新教为代表)。基督教景教兴盛在唐代,销声匿迹在宋代。自明代万历年间,随着天主教传教士进入中国,几百年过去,中国基督教会有很大发展,但基督教文化对中华文化的整体影响,却很微弱,尤其是对比佛教进入中国后,形成中华传统文化的儒、释、道三大派别,基督教影响更加相形见绌。

这里,举一个小例子。本书第五章曾介绍罗光将天主教思想和儒家思想结合撰写出版《生命哲学》一书,第一版(1984)序中作者信心很足,直言:"生命哲学可以代表中国传统哲学的革新而成为中国的新哲学吗? 生命哲学可以作为天主教思想和儒家思想的结合成为教会本地化的基础吗? 请好心的读者自作答复。"出版后的现实可能和作者预见的相反,信心变成了疑虑,修订本(1988)序带着悲观的调子说:"生命哲学修订本现在付印,出版后大概不容易被读者所明了, 更不容易被读者所接纳, 但我相信我的路线是不错的。"到了修订本(1990)序,作者对书的前景既不谈信心,也不谈忧虑,而是默默无语。

基督教文化对中华文化发展的整体影响微弱,原因很复杂,既有内在原因,也有外在原因;既有历史原因,也有现实原因等等。其中基督教文化与中华文化各自鲜明不同的特质,可能是影响两大文化会通的重要内在原因。犹如两大风格不同的高手过招,这既是挑战,也是推动双方变革发展的契机。由于篇幅原因,我们仅以人的本性问题探讨为中心,选取三位有代表性学者的观点,逐层深入,探寻会通的突破口。

(一)选择基督教文化与中华文化的会通点

近年,基督教文化与中华文化的对话与沟通问题,引起一些学者关注。例如,傅佩荣曾提出有关中国思想与基督教会通的十大基点:①性善论与原罪说;②自立与他力;③内存与超越;④天人合一与神人合一;⑤总体和谐与冥合于神;⑥参赞化育与受造意识;⑦孔子与耶稣;⑧儒家的仁与基督的爱;

第六章

⑨宗教依于道德与道德依于宗教;⑩知行合一与信行合一。①又如,刘述先、杜维明、庄祖鲲、赵敦华、梁燕城等许多当代海内外的学者,都曾从不同的角度来讨论这个问题。不约而同地,他们都强调两个最重要的交汇点:一个是有关于"人性论",另一个则有关于"宇宙论"。

下面,我们以庄祖鲲的专著《契合与转化:基督教与中国传统文化之关系》②为探讨的起点,逐层深化基督教文化与中华文化的会通问题。

庄祖鲲(1948—),祖籍福建省晋江,出生于台湾。曾获美国西北大学化工博士学位,从事化工科技研究15年。1990年赴美攻读神学,1995年获得三一神学院的文化学博士学位。现任美国波士顿真理堂牧师。

《契合与转化:基督教与中国传统文化之关系》第六章为"基督教与中国文化之会通的回顾与展望",在书中庄祖鲲提出以"人性论"与"宇宙论",作为未来会通的交点。

庄祖鲲指出:就"人性论"而言,中国传统主流文化强调"性善论",而基督教则强调"原罪论"。这两者之间有没有会通点呢? 他分析道:首先,基督教的"原罪论"并不等同于荀子的"性恶说"。因为基督教一方面强调所有人类陷溺罪中无法自救的事实,但又同时肯定人类原来是依据神公义和慈爱的形像而造。前者似乎接近"性恶说",而后者又类似"性善说"。其次,基督教所强调的"罪"(Sin),并非作奸犯科的"罪行"(Crime),而是偏离神完美形象的"罪性"(Sinful Nature)。因为基督教的"罪"在希伯来文与希腊文中,均指"射不中的"之意。换句话说,"罪"在《圣经》中,是指人没有达到作"人"应有的标准,而这标准正是神自己。这种观念与儒家"人非圣贤,孰能无过"的看法也很接近。这"圣贤"也就是基督教所说的"像神之人"(Godly Man)。所以对"人性论"的再思考,将是未来中国文化脱胎换骨的一个新起点。在这样新的理解下,"原罪论"不但不会成为中国人接触基督教的"绊脚石",反而应该会成为基督教与中国文化新的交会点。

就"宇宙论"而言,宇宙论所牵涉的重要问题包括神是否存在、创造以及"超越观"等重要的问题。其中"超越观"对现代社会的人生观影响最大。中国文化一向比较强调用"内在超越"的途径来达到"自我提升"的目的。因为中国人喜欢强调,无论是儒家的"天",或是道家的"道",或是佛教的"佛性",都

① 樊志辉:《台湾新士林哲学研究》,黑龙江人民出版社,2001年,第460~462页。
② 庄祖鲲:《契合与转化:基督教与中国传统文化之关系》,陕西师范大学出版社,2007年。
 国外版:《契合与转化:基督教与中国文化更新之路》,加拿大福音证主协会,1997年。

内在于吾人的生命之中,不假外求。但基督教却与儒释道三教大相径庭,强调"外在超越"或"纯粹的超越"。因为基督教认为,创造世界的神本身不属于这个世界。基督教重视神的"启示",儒家和佛教则看重人的"领悟"。凡此种种,两者似乎难有会通之道。但事实上,基督教真理的特色之一,就是它的"二律背反性"(Paradox,悖论)。若从这种"二律背反"的特征去看基督教,基督教乃是以"外在超越"的方法,来使人脱胎换骨得到生命的"更新";再由这新生命来进行"内在超越"的"成圣"工作。通过这样来理解基督教,就可以找到许多可以与中国文化会通之处,甚至可以找到对治中国传统文化弊病之道。

总起来说,庄祖鲲在"人性论"方面聚焦"原罪论"和"性善论"的会通;在"宇宙论"方面聚焦"外在超越"和"内在超越"的会通。他抓住基督教思想"二律背反性"的特性,即基督教的许多观点往往是以"似非实是""似反实正"的表达特点,由"似非"入"实是"、由"似反"入"实正",简言之,由表入里,对基督教观点做出接近中国传统文化观点的新解读,从中寻找基督教思想与中国传统文化会通点。这当然是一个非常有特色的探寻(其严谨性有待进一步推敲),但给人总的感觉,会通点的选择视野不够广,立足点不够高。笔者认为,应当在更高的层面,即"人性论"和"宇宙论"合一(亦即天人合一)的角度,看待基督文化与中华文化会通问题。换句话说,庄祖鲲讲的是天人二元论,而更高层次会通需要的是天人一元论。显然,这一会通,打破了"内在超越"与"外在超越"的差异,超越了"性善论"和"原罪论"区别,在更高层次上将人性论和宇宙论融为一体。

贯穿天性和人性的一元论的"大原则"是什么呢？请听别尔嘉耶夫概括的"基督教的第三个启示"。

(二)别尔嘉耶夫:基督教的第三个启示

别尔嘉耶夫(Nikolaj Berdjajew,1874—1948),生于乌克兰基辅,信奉基督东正教,俄罗斯著名的"自由—创造"哲学家。著作颇丰,如《自由哲学》(1911)、《创造的意义》(1916)、《新的中世纪》(1924)、《论人的使命》(1931)、《精神王国和凯撒王国》(1949)等。

别尔嘉耶夫哲学思想庞杂,但有一条清晰的主线贯穿。他说:"我的一生的基本思想是关于人、关于人的形象以及人的创造性自由和创造性使命的

第六章

思想。"①人、自由、创造，是构成别尔嘉耶夫哲学的三个核心范畴。他所说的自由，主要是指人的创造性活动。他认为，创造是人的自由的集中体现。在《创造的意义》一书中，他以"创造"概念为基础构建了自己独特的基督教宗教哲学理论。在他的理论中，上帝、人、个性、精神、自由、存在、历史等等，都可以通过"创造"的概念加以说明。

图6-4　别尔嘉耶夫

别尔嘉耶夫哲学的中心是对人性研究，与传统基督教人性"原罪论"不同，他提出了令人耳目一新的人性"创造说"。他认为，《圣经》旧约中的各种教条主要是在讲人的原罪以及人和恶的斗争，新约的那些福音书则重在宣传耶稣基督对人的拯救，在拯救中使这一斗争得到继续与完成。这种对人的理解太消极了。实际上，人是上帝的创造物，具有上帝的形象和上帝所赋予的创造能力。别尔嘉耶夫高度肯定了人的创造活动的意义，指出，人的创造活动是继旧约和新约之后的第三个启示。上帝七天创造了世界，但这一工作并没有结束，仍然在第八天继续，只不过在第八天从事创造工作的不是上帝，而是人。上帝就存在于人、人的创造活动之中。②别尔嘉耶夫说："新的、完成了的神的启示，将是人的创造启示。"③

别尔嘉耶夫说："人能否不仅证明自己对最高力量俯首帖耳，而且证明自己具有创造热情？为了证明我的思想，最重要的是要懂得：对我来说，人的创造不是人的需要和人的权力，而是上帝对人的要求和人的责任。上帝期待

---

①　[俄]别尔嘉耶夫：《精神王国和凯撒王国》，安启念等译，浙江人民出版社，2000年，第254页。

②　安启念：《别尔嘉耶夫哲学简论》，载《精神王国和凯撒王国》译者前言，浙江人民出版社，2000年，第254页。

③　[俄]别尔嘉耶夫：《自我认识思想自传》，雷永生等译，广西师范大学出版社，2001年，第201页。

于人的是,以人的创造行为实现人对上帝创造行为的回答。"①

他批评了传统基督教只在"原罪"的层面理解人性的正统观念。指出:"上帝关于人的观念无限地高于传统的关于人的正统观念,后者是忧郁的和宿命的意识的产物。上帝的观念是最伟大的关于人的观念,人的观念是最伟大的上帝观念。人期待着上帝在人之中诞生,上帝期待着人在上帝之中诞生。在这样的深度上应当提出创造问题。这种上帝需要人,需要人的反响,需要人的创造的思想,是异常勇敢的。"②

把基督教的人性论由"原罪论"层面提升到"创造论"层面,是对基督教思想的重要发展。《圣经》有大量关于上帝创造的描述,但缺乏关于人创造的文字描述。别尔嘉耶夫说:"在圣经中我们找不到关于人的创造的公开描述。这是不公开的,是上帝秘而不宣的。如果对我提出引证条文来证明我关于人的创造的宗教意义的要求,那么,它将成为无法理解的问题。对我来说,创造的果敢精神是神的意志的实现,但神的意志不是公开的,而是隐蔽的。"③如果在《圣经》文字上找不到证据,那么从哪里证明人的创造性呢? 别尔嘉耶夫在自述中说:"关于创造,关于创造的使命之主题是我一生的基本主题。对我而言,这一主题的构成并不是哲学思考的结果,而是内在的体验,内在的领悟。"④原来,在人的"内在的体验,内在的领悟"之中。

别尔嘉耶夫详细描述了他的领悟过程:

> 我经历着由于罪孽而产生的消沉意识的时代。这种意识的增长不可能燃起光明,只有扩展黑暗。最后,人将习惯于观察的不是上帝,而是罪过。习惯于黑暗,而不是光明,强烈的和长期的罪孽感将导致忧郁,那时,宗教生活的目的将成为克服忧郁。因此,我抑制忧郁状态,企图达到高涨的热情状态。这是真正内在的激动和恍悟。事情发生在夏天,在乡村里。我躺在床上,已经是清晨了,忽然,我的全部存在都因创造的热情而激动起来,强烈的光照耀着我。我从罪孽的消沉中走向创造的高潮,我明白,忧郁意识应当转变为创造热情意识,而另一种人则应当倒下去。这就是人的存在不同极端。基督教的秘密不可能局限于赎罪的秘

第六章

---

① [俄]别尔嘉耶夫:《自我认识思想自传》,雷永生等译,广西师范大学出版社,2001年,第196页。

② 同上,第196页。

③ 同上,第196页。

④ 同上,第195页。

密。赎罪仅仅是神秘仪式行为之一。"①

别尔嘉耶夫接着谈道:

宗教的特别烦琐形式对于我是格格不入的。在创造的经验中,忧郁性、二分性、奴役性将被克服。我再说一遍,我所了解的创造不是指文化作品的创作,而是为了向另一种更高的生活、新的存在而产生的全部人的存在的激动与热情。在创造的经验揭示出:"我"主体比起"非我"客体来,是第一性的和更高的。同时,创造和自我中心主义也是对立的,它是忘却自己的,它力图趋向超出自己,创造的体验不是固有的不完善性的反映,它引向世界的改造,引向新的天和新的地,这种新的天地应当由人来准备。②

无疑,别尔嘉耶夫创造"引向世界的改造,引向新的天和新的地"的体验是精彩而深刻的。身心体验性本是中国哲学的强项和长处,为什么今日我们却很少见到这样的反思和体验呢?显然,并不是中国哲学的学者不能,而是没有意识到。我们的体验和反思,基本上仍局限在伦理道德的视野中,这一主题已反思两千多年,而伦理道德之外的新天新地,却很少有人理会。个别新儒家学者即使涉及创造,最后也是归宗为儒家道德仁义体系。诚然,伦理道德是重要的,在市场经济条件下加强道德建设是个重要话题。但是,在中西思想大会通的创造时代,我们的研究如仍据守伦理道德一隅,缺乏超越祖宗设定范围的视野和勇气,中国哲学和文化的长处也会变成短处。

在肯定别尔嘉耶夫对创造深刻感悟的同时,应该指出,他关于"创造"的观点、体验的途径和方法,和我们的观点是有重要区别的。别尔嘉耶夫的创造观有浓厚的宗教印记,他将人比肩上帝,高扬人的创造性,激发人的创造精神,无疑是积极的;但他对真正的社会创造实践却缺乏应有的了解,更没有提出可操作的道路和方法,这样,就使创造成了无法落地的"空中阁楼",特别是他关于"创造"是"无中生有""没有规律"等观点,更显偏颇。他说:"创造的才能是上帝赋予人的,但是人的创造行为渗入的是自由的因素,而不是

---

① [俄]别尔嘉耶夫:《自我认识思想自传》,雷永生等译,广西师范大学出版社,2001年,第197~198页。
② 同上,第198页。

决定论的世界,或决定论的上帝。""柏格森书中使用的词组——'创造的进化',我一直认为是不正确的。创造和进化不仅是不同的,甚至是对立的事物。在世界的和历史的过程中没有进步,没有规律地发展的必然性。"①

　　针对别尔嘉耶夫把"创造"和"进化"截然分开的观点,一位美国基督教哲学家提出了相反的观点,在他看来,宇宙和生命的进化,本质上不是别的,就是创造。下面,我们就介绍一下这位哲学家及其观点。

(三)考夫曼:隐匿在进化过程中的上帝

　　考夫曼(Gordon D.Kaufman,1925—2011),美国哈佛大学神学院教授,从事基督教神学和哲学研究,当代美国最重要的基督教神学家之一,主张宗教自然主义,被称为自然主义神学家。曾任美国宗教学会主席,还曾是佛教—基督教研究协会的成员。有多部专著出版,如《上帝难题》《直面神秘》《起始创造性》《耶稣和创造性》。

图 6-5　考夫曼

　　传统的基督教思想认为有一个独立天地之外并创造了天地的上帝存在,考夫曼与此鲜明不同,认为上帝不在天地之外,而是以"创造性"的方式隐含在天地进化过程之中。他指出:在西方宗教传统中,创造(creating)的观念是非常古老的,甚至比希伯来圣经更早,而在希伯来圣经中,上帝最初被描绘为恰恰在事物的开端就已经"创造天地"的上帝:正是上帝创造了现存的所有事物。然而我们晚近所使用的"创造性"(creativity,又译创造力)一词为思考上帝、世界以及世界中的人类观念开启了新的可能性。"创造性"指的仅仅是创造的活动,或者是创造——产生出某种新事物——的力量。而且当

①　[俄]别尔嘉耶夫:《自我认识 思想自传》,雷永生等译,广西师范大学出版社,2001年,第204页。

它意指此内涵时,绝没有暗示着创造要求或预先假定有一位进行创造的造物主存在——这一点很重要。考夫曼认为,我们不应想当然地认为"上帝"这个词就是已经创造了万有的造物主的名字,而应当把现今的"上帝"一词看作这种神秘的创造性的宗教之名,因为这种奥秘是我们人类无法解释的,而且它超越了所有人类的理智。①

考夫曼认为,把现代科学对宇宙的起源和生命的出现的宇宙论与进化论,同宗教神人同形同性的上帝联系在一起,是难以令人理解的。按照现代进化论方式来思考,诸如生命与意识这种复杂现实是通过一定的进化过程出现的,难以想象在这个过程中有一个神人同形同性的上帝伴随其中。考夫曼主张,并没有一个先于宇宙存在的位格全能上帝。在否定位格上帝存在的同时,考夫曼强调:"但创造性观念(与造物主观念相比)——以前不存在的、新的事物通过时间而产生的观念——现今仍然具有可信性。的确,它与如下这一信念紧密相关,即我们的宇宙是一个进化的宇宙。在其中,各种新实在在非常漫长而复杂的时间延展中得以出现。尽管科学家们并不经常运用'创造性'一词,但无论从哲学上还是从神学上来说,它都是非常有用的,因为它鼓励我们聚焦于今天我们所理解的生命与世界的一个非常重大特征——新实在在时间中逐渐产生出来,并把它统一在一个单一的概念中。当代的哲学家与神学家们能够而且应当继续运用创造性观念来思考,但我们不应再认为这种创造性寄居在造物主—施动者(一个不再是可理解的概念)之中。"②

考夫曼认为,至少有三种明显不同的创造性形式,每一种形式都以其独特的方式彰显出创造性这一难解之谜。其中的第一种创造形式(C_1)是宇宙最初起源,通常人们把它称为宇宙大爆炸;第二种创造形式(C_2)是从无生命到有生命的进化,这一复杂过程在数十亿年的时间里产生出无数种不同的生物,包括人类;第三种创造性形式(C_3)(需要注意完全不同于前两种)是人类文化的创造和人类符号的创造。这三重区分能够使我们从三种截然不同的角度来审视创造性。这三种创造的地位是不同的——考夫曼强调:"最根本的创造性就是典型地体现在宇宙与生命进化中的创造性,而不是显现在人类有目的的活动中的创造性。"③

"创造性"开启了对上帝理解的新方式。考夫曼指出:"正是由于'创造

①　[美]戈登·考夫曼:《基督教关于创造性的观点:作为上帝的创造性》,《求是学刊》2008年第6期,第7页。
②　同上,第8页。
③　同上,第8页。

性'完全是一个谜,所以它是一个非常好的、用以思考上帝的隐喻。的确,与其他更为传统的把上帝物化为造物主的宗教概念相比,它更能吸引我们对作为奥秘的上帝保持一种更深刻的敏感性。"①考夫曼提出:

> 我认为,今天的我们应当把这种创造性——所有这些创造性——看作上帝,即认为上帝就是创造性。在西方的语言中,"上帝"一词毕竟是最重要的名称,是最难解的名称,是最受尊敬的名称,因为它是所有存在的终极根源——事物的终极奥秘。②

上帝就是"创造性"! 这是考夫曼得出的一个令传统神学家目瞪口呆的结论,也是一个与现代自然科学研究成果自然对接的结论。正如考夫曼所说:"这种对上帝的理解方式——正如对这种创造性的理解方式——能够使我们把这种古代的符号同对宇宙起源、生命进化以及人类生命与文化在地球上的出现与发展进行现代/后现代思索的核心特征联系起来。"③从中不难看出,考夫曼为什么被称为"自然主义神学家"。

考夫曼把作为"创造者"的位格上帝,转化为作为"创造性"的隐匿上帝。由此,考夫曼总结出三点推论:①创造性(上帝)——新事物的产生——在我们所指的任何地方都可以找到:从大爆炸到宇宙膨胀为星星与行星并在其中出现的银河系,再到地球上生命的出现以及它进化为无数种形式,最后包括在某种程度上使创造性成为自觉而有意识的人类的出现。②从连续性与辩证性的角度来说,我们已经考察的三种创造性形式彼此之间是相互关联的,它们明显处于一种连续的秩序之中。当然,尽管它们每一种都产生出新的实在,但它们彼此之间完全不同。③无论我们何时看到——或逐渐相信——创造性已经发生,我们总是会发现难解之谜:我们真的无法理解创造性为何发生以及如何发生。

考夫曼以对《约翰福音》开篇诗句的意译作为结尾:"太初有创造性,创造性与上帝同在,创造性就是上帝。所有事物都是通过神秘的创造性而形成的;除了创造性之外,什么都不会形成。"④

---

① [美]戈登·考夫曼:《基督教关于创造性的观点:作为上帝的创造性》,《求是学刊》2008第6期,第8页。

② 同上,第11页。

③ 同上,第8页。

④ 同上,第12页。

第六章

对考夫曼的观点,我们主要有两点不同看法。①创造性确实包含令人惊奇和奥妙,基督教将之归结为神或上帝,中华传统文化中与创造性相近的观念是"生生",并将之归结为道或"太极"。②将创造性划分为三个层面:宇宙起源和演化中的创造性(C_1),生命起源和进化中的创造性(C_2),人类社会和文化进步中的创造性(C_3)。因为考夫曼研究的核心问题是基督教神学与现代自然科学相融洽的问题,所以他关注的重点是C_1、C_2中的创造性,即天地自然中的创造性,认为这两种是最根本、最典型的创造性,对人的创造性则有所忽视,认为没有根本性和典型性。从现代创造学的角度看,则关注的重点恰恰与考夫曼相反,不是自然界的创造性,而是人类自身的创造性及其在社会实践中的实现。

(四)创造天地,学而时习

2004年12月在波士顿举行的美国哲学学会年会上,美国库茨城大学黄勇教授组织了一个"基督教和儒家关于创造性"的讨论会,邀请考夫曼作为基督教的代表和他的哈佛同事杜维明作为儒家的代表进行对话,并由对两个传统均熟悉的时任波士顿大学神学院院长的南乐山(Robert Neville)对他们的对话作响应。①

这是一个很有意义的对话,关于考夫曼的观点,我们在上面已经做了评述。黄勇进一步论证了考夫曼神学与宋明儒学儒家明显的亲缘性,指出:"考夫曼的上帝概念的一个显著特征是:上帝不是一个实体,甚至不是一个具有创造性的实体,不是一个创造者,而是体现于世界万物(包括人类历史)之中的深不可测、妙不可言的创造性。这样一种上帝概念虽然与传统基督教的上帝概念很不相同,却与儒家传统,特别是宋明儒学,有着惊人的相似性。宋明儒学也称为理学,其原因就是其把理看作世界万物的终极实在。"②那么被宋明儒学看作万物的终极实在的理到底是什么呢? 黄勇指出:程颢用《易经》中的"生"的概念来加以说明:"天地之大德曰生。天地纲缊,万物化生,生之谓性";又说:"生之为易,是天之所以为道也";"天地以生物为心"。这就表明,

---

① 这三篇文章后来几经修改,以"基督教和儒家关于创造性的对话"专题,在英文学术刊物《道:比较哲学杂志》(Dao:A Journal of Comparative Philosophy)2007年的夏季号上发表,中文《求是学刊》2008第6期翻译并转载全文。

② 黄勇:《基督教和儒家关于创造性的对话》,《求是学刊》2008年第6期,第5页。

作为万物的终极实在，"理"或者"天"不是什么静态的形而上学原则，而是活生生的生命创造活动。

黄勇还比较了考夫曼与北宋程颢对"神"和"善"的观点相近性。①在谈论事物的终极实在时，宋明儒家也谈到了"神"。例如程颢说："生生之为易，生生之用则神也"；又说："天地只是设位，易行乎其中者神也。"这里的神是什么意思呢？程子说："天者理也，神者妙万物而为言者也"；又说："生生之为易，阴阳不侧之为神。"这就是说，作为宇宙的终极实在的生命创造活动变化莫测、奥妙无穷。而考夫曼谈论的奇迹般的、出人意料的创造性所强调的也是这个道理。②虽然宇宙的生命创造活动——"生"——奥妙无穷、变化莫测，程颢强调其有一个善的方向："天只是以生为道，继此生理者，即是善也"；在另一个地方，在讲了天地之大德为生之后，程颢又说："万物之生意最可观，此元者善之长也，斯所为仁也"。在这里的第二段话中，程子不仅把生与善相联系，而且还因此直接道出了儒家伦理的最根本概念：仁。①程颢把生与善、与仁相联系，又与考夫曼讲的那种奇迹般的创造活动具有的某种方向性具有异曲同工之妙。考夫曼强调，这样一种创造性不是盲目的、不确定的，而是具有一定方向性的，这个方向就是使人类变得更加人道，使生态变得更能持续；而这就要求我们尽可能地抵制败坏着我们共同的生命、我们的自我和我们的世界的恶的力量。②

杜维明论述了儒家视阈之创造力，指出：人不仅仅是创造物，而且就是宇宙过程的协同创造者（co-creator）。他们积极地参与到"大化"中来。一旦我们理解了天是一种创造力的象征，是一种我们自己创造想象的内在部分的时候，我们就必须为这个"天人的"相互影响负责任。用《易经》里的话说，宇宙从来不是一个静态结构，而是一个动态过程。在其不断的开展中产生新的现实，通过创造性地将充满矛盾的既存秩序转变成不断创新的适宜过程。用人世进取、自我修养或某一灵修形式来仿效天之创造力。③

杜维明认为："从协同创造者的观点出发，我们可以推断出天人相互关联性更为深远的意义。无论作为个人，还是作为群体，人类都有责任通过自身修养去实现我们用来欣赏天之足智多谋的审美能力，以及可以积极地继续天的伟大工作的道德力量。中国古人所说的'天生人成'准确地表达了这

① 黄勇：《基督教和儒家关于创造性的对话》，《求是学刊》2008年第6期，第5页。

② 同上，第5页。

③ 杜维明：《儒家视阈之创造力》，《求是学刊》2008年第6期，第14页。

第六章

种'天人'观的精神。"①

由于讨论者对基督教和儒家都有深刻造诣,"基督教和儒家关于创造性"的讨论富有启发性。不过,其中一些观点,特别是对中华传统文化"创造性"的认识,值得商榷。这里笔者提出两点:

(1)在讨论中,讨论者多次提到《易经》和宋明儒学,认为其中"生生"观点就是中国传统文化的创造观。"生生"的确蕴含创造的观念,但与真正"创造性"的表述尚有重要区别,这就是说,基督教表明的是"创造论",中国传统文化标明的是"生成论",虽然联系密切,但不能不做任何说明,就在概念上等同使用。因为中国哲学认识史表明,从宋明理学"生生"观发展到现代"创造"观,经历了几百年曲折历程,其中包括西学东渐的触动和启发,它是中国哲学认识上一个质的飞跃。"生生"观与"创造"观尽管联系密切,但毕竟是"前创造"观阶段。

(2)在基督教中,创造与上帝同在,是一个原发、至上的观念;在中国传统儒家哲学中,"生生"被宋明儒家规定为"仁"下的一个概念,是一个后发、非至上的观念。儒家讲"天下归仁",包括天地的生生不息运动,都被归结为"仁"的体现。"仁"的核心是道德伦理问题,以致"生生"(包括"创造")都被局限在泛伦理的名下,束缚了"生生"(包括"创造")观的全面发展。作为"仁学"的儒家不免面对一个难以破解的悖论:承认"创"隶属"仁学",则"创"很难呈现真貌;不承认"创"隶属"仁学",则很难再称"儒家"。

儒家面对"创"的难题,也是中华传统文化在现代转化中面临的难题,但反过来说,更是转化的机遇。笔者认为,基督教(也包括其他西方文化)与中华文化会通的最关键之处,不是别的,就是"创造"二字,中华传统文化的创造性转化,即是"创造性"在中华文化内核中的贯通和转化。这种新形态的文化,传承了"仁学",并把"仁学"拓广、提高到"创学"的境域。

由上可见,笔者认为,应当坚持人性论和宇宙论的融会贯通,这一贯通是以"创造"为核心实现的,亦即宇宙创造性与人类创造性的会通。显然,这一会通,打破了"内在超越"与"外在超越"的差异,超越了"性善论"和"原罪论"区别,在更高层次上将人性论和宇宙论融为一体。

我们做一个珠联璧合的比喻:《圣经》开篇第一句话是"起初神创造天地"。对这句话的解读,有两个重点:一是重点在名词,强调神与天地的"外在超越"关系(如上述庄祖鲲的观点);二是重点在动词,强调由神到天地,再到生命,一直到人类的"创造过程"。后一个解读,可以自然看到,在创造的过程中,发生了"创造性"由"神"向"人"的转移,形成基督教所说的"像神之人"(Godly Man)。由神的"创造性"传递到人,人亦有"创造性"。

《论语》开篇一句话是"子曰:学而时习之"。第一句说的是老师对学生的教诲,谈的是学习与实践(习)的问题。学习的重点是以"孝悌"为本的"仁义礼智信"。《论语》中只出现了一次"创"字:"裨谌草创之。"(《论语·宪问》)意思是说:郑国大夫裨谌起草了文件。谈的仍是广义"学习"问题。

《圣经》谈的是天地创造,起点属宇宙论;《论语》谈的是人间学习,起点属人性论。如果把西方"圣经"与中国"圣经"开篇的话联系在一起,会形成一个有趣的组合:

　　　　起初神创造天地。子曰:学而时习之。

这象征了中西古代"宇宙论"和"人性论"的一个大贯通,意思是:"神创造了天地,孔子说,学习并实践之。"考虑孔子不谈"怪、力、乱、神"(《论语·述而》),如果学的重点不是"神",而是"创造",即可能形成一个以"创造"为人本性的中华新文化。当然,历史不能重来,《论语》中"仁"字出现了109次,而"创"字只出现了一次,注定孔孟之学是"仁学"而不是"创学"。可是,从新世纪中华文化"承古开今"的建设角度说,这不乏是一条"柳暗花明又一村"的新路。《中西会通创造学》的主旨,就是对以"创造"为人的本性的新哲学新文化探索。这可能是中西文化最大的一个会通点。

三、西哲中的创造观

西方哲学学派五花八门,谈创造性的也不少,因篇幅关系,我们选择三个有代表性人物的观点,做一扼要分析。

(一)尼采:"一切价值重估"

尼采(1844—1900)是一位"爆破力"极强的德国哲学家,有人诟其为"精神狂人",有人称其为西方文化的"解剖者"。我国学者王国维(1877—1927)

称颂尼采"肆意叛逆而不惮","以极强烈之意志而辅以极伟大之知力","其高掌远蹠于精神界,固秦皇汉武之所北面而成吉思汗拿破仑之所望而却步者也"。①

图 6-6　尼采(1844-1900)

这里,我们不准备全面评价尼采,仅欣赏一下尼采向传统道德的爆破,分析一下他手中珍爱的武器。尼采自己说:"一切价值的重估——这就是我关于人类最高自我认识行为的公式,它已经成为我心中的天才和血肉。"②在尼采的全部学说中,没有比"一切价值重估"这声响亮的号召更加震撼现代西方人心灵的了。西方人精神生活中的巨大变化,归结到一点,就是价值观念的变化。③尼采声称"我不是一个人,我是一种炸药"④,他不仅爆炸了西方传统,也爆炸了东方传统。

尼采价值重估的范围甚广,包括宗教、道德、哲学、科学、文化、艺术等。中心是道德批判,因为尼采认为,在一个时代、一个民族乃至整个人类,道德观念即对善恶的评价基本上决定了其精神面貌。他指出,传统的善恶道德,是一种与生命相敌对的伦理。这种伦理长期以来作为最高行为规范支配着人类,颠倒了善恶是非,把人类引向颓废。

在考察了以往道德以后,尼采声称:"在道德的整个发展中毫无真理:全部概念和原理……都是杜撰,全部心理……都是委曲,偷运到这个谎言王国的全部逻辑形式都是诡辩。"⑤尼采敏锐地觉察到,人的最高价值并非来自道

---

① 王国维:《叔本华与尼采》,《静庵文集》,辽宁教育出版社1997年版。
② 《尼采选集》,1978年慕尼黑版(第2卷),第475页。
③ 周国平:《尼采——在世纪的转折点上》,上海人民出版社,1986年,第163页。
④ 《尼采选集》,1978年慕尼黑版(第2卷),第475页。
⑤ 《尼采全集》(第15卷),1894—1926年莱比锡版,第455页。

德,"道德并无自足的价值"①,凭借道德概念"人的价值还完全没有被触及到"②,没有单为伦理而伦理的事情。人的最高价值,不是来自道德,来自何方? 他指出:"当我们谈论价值,我们是在生命的鼓舞之下、在生命的光学之下谈论的:生命本身迫使我们建立价值;当我们建立价值,生命本身通过我们评价。"③因此,新的道德观的基本原则是:"道德中的每一种自然主义,也就是每一种健康的道德,都是受生命本能支配的——生命的任何要求都用'应该'和'不应该'的一定规范来贯彻,生命道路上的任何障碍和敌对事物都借此来清除。相反,反自然的道德,也就是几乎每一种迄今为止被倡导、推崇、鼓吹的道德,都是反对生命本能的,它们是对生命本能的隐蔽的或公开的、肆无忌惮的谴责。"④

简言之,尼采爆炸了以往一切道德伦理,并试图以生命本能取而代之。道德是社会性的,而生命是个体性的。由此,价值判断的焦点由群体转向个体,尼采发现并强化了被道德家们压抑和埋没的"自我"。

尼采认为,每一个人都是一个独特的自我,区别在于,有些人(例如艺术家)强烈地意识到这个独特的"自我",在自我创造的过程中实现了这个独特的"自我",而许多人的"自我"却是一种终未实现的可能性,埋没在非本质的存在之中了。"每个人都有他的良辰吉日,那时候他发现了他的高级自我",但"有些人逃避他们的高级自我,因为这高级自我是苛求的"。⑤

在尼采那里,真实的"自我"有两层含义。在较低的层次上,它是指隐藏在潜意识之中的个人的生命本能,种种无意识的欲望、情绪、情感和体验。在较高的层次上,便是精神性的"自我",它是个人自我创造的产物。更确切地说,即是这自我创造过程本身。不过,对于尼采来说,这两层含义并不矛盾,因为他一向把生命本能看作创造的动力和基础。⑥

尼采的口号是:"成为你自己! 你现在所做的一切,所想的一切,所追求的一切,都不是你自己。"⑦"成为你自己",就是要居高临下于你的生命,做你生

第六章

① 《尼采全集》(第8卷),第146页;第16卷,1894—1926年莱比锡版,第294页。
② 同上,第294页。
③ 尼采:《偶像的黄昏》,湖南人民出版社,1987年,第36页。
④ 同上,第35页。
⑤ 《尼采全集》(第2卷),1894—1926年莱比锡版,第400页。
⑥ 周国平:《尼采——在世纪的转折点上》,上海人民出版社,1986年,第115~116页。
⑦ 《尼采全集》(第1卷),1894—1926年莱比锡版,第388页。

命的主人,赋予你的生命以你自己的意义,即"成为新人,独一无二的人,无可比拟的人,自颁法律的人,自我创造的人!"①

传统道德以"无我""利他""爱人"的说教为核心,要求人们逃避自我,憎恨自我,牺牲自我,否定自我,在他人之中生活,看他人脸色生活,凭他人思想生活,随他人大流生活,在尼采看来,这正是颓废的征兆。"本能地择取对己有害的,受'无私'的动机吸引,这差不多为颓废提供了公式。"②

尼采孜孜以求的始终是个人的独特和优异。他说:"我的道德应当如此:夺去人的公共性格,使他成为独特的……做成别人理解不了的事。"③"个人是一种全新的东西,创新的东西,绝对的东西,一切行为都完全是他自己的。"④

尼采肯定生命本能,揭示高层"自我",有两件得心应手的法宝:一曰酒神精神,二曰强力意志。这两件法宝本质上是一致的,它们的核心都是源自生生的力感。酒神精神出自古希腊。"只有在酒神秘仪中,在酒神状态的心理中,希腊人本能的根本事实——他们的'生命意志'——才获得了表达。"真正的生命是通过生殖实现的,"所以,对希腊人来说,性的象征本身是可敬的象征,是全部古代虔敬所包含的真正深刻意义。生殖、怀孕和生育行为中的每个细节都唤起最崇高、最庄严的情感"⑤。

尼采认为,那种睥睨一切,笑傲天下,狂放不羁的酒神精神是人生的极境。正是这种酒神可以代表他那悲剧的人生观:人生坎坷曲折、经历艰辛,虽时有欢悦与慰藉,最终难免一死,因此只有张扬强力意志,努力奋发,矢志进取,积极创造,人才能获得一种高超的生育境界,人生才有真正存在的本体意义。

酒神精神和强力意志把尼采带入审美世界。他说,审美的评价是他所确认的对人生的唯一评价。人生是一个美丽的梦,是一种审美的陶醉。可是,科学却要戳破这个梦,道德却要禁止这种醉。所以,审美的人生态度是与科学的人生态度、伦理的人生态度相对立的。

审美的人生,是创造的人生,超越的人生。"创造一个比我们自己更高的本质即是我们的本质。超越我们自身!这是生育的冲动,这是行动和创造的冲

---

① 《尼采全集》(第5卷),1894—1926年莱比锡版,第257页。
② 《尼采全集》(第8卷),1894—1926年莱比锡版,第143页。
③ 《尼采全集》(第11卷),1894—1926年莱比锡版,第238页。
④ 尼采:《强力意志》,1952年柏林版,第456页。
⑤ 同上,第617页。

动。正像一切意愿都以一个目的为前提一样,人也以一个本质为前提,这本质不是现成的,但是为人的生存提供了目的。"①

尼采把创造看作"痛苦的大解救和生命的慰藉",尽管作为一个创造者,自己必定备尝更深的痛苦,历尽更多的灾难,但这是值得的,创造的人生是最值得一过的人生。他满怀深情地写道:"我经历了一百个灵魂,一百个摇篮,一百次分娩的阵痛。我经受了许多回诀别,我知道最后一刻的心碎。可是我的创造的意志、我的命运甘愿如此。或者更确切地说,正是这样的命运为我的意志所意欲。"②

以上,我们简要介绍了尼采一些思想,确切地说,介绍了与儒家学说针锋相抗的思想。如果说道家对儒家是出世无为的阴柔对抗,则尼采对儒家是爆破再生的刚猛对抗。尼采点名批判孔子,把自己比喻成猛狮与巨龙的搏斗,巨龙喊"你应该",坚持传统道德对人的僵化规范;狮子吼:"我定要",打碎传统道德,创造新的人生。这场搏斗的精彩和深远意义,值得每位哲学家注意和深思。在中国大地上,古代思想家李贽(1527—1602)反孔孟最为激烈,某些思想甚至和尼采有共鸣,但其深度和广度,均不及尼采。李贽发现了人类天真的"童心",却没有发现充满创造力的"自我"。从某种意义上,是不是可以说:要看清仲尼(孔子)的不足,必先知尼采。

尼采的荒谬见解与精辟见解同样多,同样赤裸裸。我们非常重视在他的学说中,从伦理人生到审美人生,从道德人生到创造人生,从群体人生到个体人生,从现实人生到超越人生的视角转换,——这种转换意义深远,但尼采的转换极不成功。他呼唤大地,却忽视了大地人群;他呼唤创造,却无视创造的实践;他呼唤酒神,却脱离了社会立脚点……尽管爆破成果废墟片片,建设成果却是海市蜃楼。当然,作为爆破专家来说,这些成绩已是令人刮目相看的成果了。在"创造"和"伦理"之间,尼采只关注对立,不关注会通,可称是传统摧毁传统束缚的斗士,但不是新文化大厦的建设者。

中华文化"天人合一"的超大圆融力,使我们看到了仲尼与尼采之后的新文化大厦蓝图。从这一意义上说,中西会通创造学,是对尼采否定仲尼以后,又一次否定,这一否定,不是回到传统的伦理观,而是兼容尼采创造观后的一次大会通。

第六章

---

① 《尼采全集》(第14卷),1894—1926年莱比锡版,第262~263页。

② 《尼采全集》(第6卷),1894—1926年莱比锡版,第126页。

(二)柏格森"创造进化论"

　　1928年12月10日,瑞典首都斯德哥尔摩举行隆重的颁奖仪式,将1927年诺贝尔文学奖授给了《创造进化论》的作者、法国哲学家柏格森(Henri Louis Bergson,1859—1941)。获奖颁奖辞说:"他亲身穿过理性主义的华盖,开辟了一条通路。由此通路,柏格森打开了大门,解放了具有无比效力的创造推进力……向理想主义敞开了广阔无边的空间领域。"柏格森成为继德国的倭铿(Rudolf Christoph Eucken,1846—1926)之后,第二个闯入诺贝尔文学奖的哲学家。柏格森的著作颇丰,如《时间与自由意识》《形而上学导论》《物质和记忆》《创造进化论》《道德和宗教的两个来源》等。其中1907年问世的《创造进化论》是其流传最广的代表作。

图6-7　柏格森

　　《创造进化论》全书由"论生命的进化""生命进化不同的方向""论生命的意义"和"思想的电影放映机制和机械论的错觉"共四章构成,论述的主题是"生命进化"。柏氏的"进化论"与其他进化论,如达尔文的"进化论",有什么区别呢? 用最简单的话说,区别鲜明地表现在书名前面"创造"两字上。

　　众所周知,对自然界"生命"的出现,基督教主张"创造论",达尔文主张"进化论";一个建立在神学的基础上,另一个建立在生物科学基础上,这是两个彼此排斥的理论系统。现在,柏格森做出了一个绝妙的、出人意料的尝试:把"创造"与"进化"合二而一论。从形式上看,柏格森为"创造论"加了一个"进化"的"身",为"进化论"加了一个"创造"的"头",合起来就是"创造进化论"。从内容上看,柏格森论述的重点是"进化"的认识论问题,而不是"创造"的神学问题,他说:"神并没有创造任何东西,神只是一种永不止息的生命力,是行动和自由。"①柏格森给出的"创造"源头是"生命冲动",并以此源头为出发点,建构了无处不打着"创造"印记的"创造进化"理论体系。由此,"创造"不再为"神"的专有,而成为生命根本特征。

在《创造进化论》中,柏格森认为:整个宇宙的演化不是一个"机械进化"过程,而是一个"创造进化"过程。创造进化的动力源自"生命冲动"。生命冲动是一股向上、向外、向前永恒推进的力量,它每前进一步,都要同其载体(物质)的惯性作斗争,整个宇宙就是由两种反向的运动,即向上的攀登的生命和往下降落的物质矛盾斗争而成。当然,往下降落的物质并非没有价值和意义,柏格森用焰火腾起和扩展的比喻来描绘这种动力的发展,这一比喻使人想起"火箭"。这样他就成功地把那些静止不动或落后的因素也放到了发展的动力中去。这些东西是上升运动的燃烧过程中出现的燃烧剩余物。

柏格森的创造进化论的另一个关键词是"绵延"。他把时间区分为两种,其一是习惯上用钟表指针表达的时间,他称之为"抽象的时间";其二是身临其境般连绵不断的时间,即"真正的时间",对此他称之为"绵延"。绵延唯有在记忆中方有可能体验到,因为记忆中过去的时刻是在不断积累的。因此绵延是一个浑然不可分割的整体,处在不断地流动和变化的过程之中。他说:绵延是"一股连续不断的流,它不能与我们任何时候见到的任何流相比较。这是一种状态的连续,其中每一种状态都预示未来而包含既往"②。

人无时无刻不处在这一绵延过程中,绵延借助于记忆保留过去。人幼时的感受、思考和希望都延伸到了今天,与现在融为一体。柏格森指出:"意识不可能再度经过同一状态。因为同一环境不会作用于同一个人,环境所攫住的是这个人历史的全新时刻。我们的人格由每一瞬间的经历积蓄而成,因而处在不断变化中。"③这种变化的每一瞬间都是全新的,所以,人的每一状态都是历史中的独创时刻。人是自己行动的创造者,人们在不断地创造自己。所以柏格森说:"我们是自己生活的创造者,每一瞬间都是一种创造。"④

柏格森创造进化论的又一个关键词是"直觉"。柏格森认为,认识一个事物,既可围绕事物转又可进入事物内部。前者是知性,后者为直觉,前者只能

第六章

---

① [法]柏格森:《创造进化论》,王珍丽等译,湖南人民出版社,1989年,第196页。

② [法]柏格森:《形而上学导言》,刘放桐译,商务印书馆,1963年,第5页。

③ [法]柏格森:《创造进化论》,王珍丽等译,湖南人民出版社,1989年,第9页。

④ 同上,第10页。

获得相对知识,后者则可以达到绝对。①对"生命冲动"的领悟,对"绵延"的体验,不能靠知识,靠的是"直觉"。直觉是把握人内在本性的唯一方式。柏格森对直觉下了一个经典定义:"所谓直觉,就是理智交融,这种交融使人们自己置身于对象之内,以便与其中独特的、从而是无法表达的东西相符合。"②

柏格森强调了创造与自由的密不可分的关系。人向往自由,渴望自由,但自由对我们意味着什么?柏格森认为,自由就是对自我的把握,就是创造。自由与创造是属于同一层次的范畴,承认人的自由性同时也就意味着承认人的创造性,反之亦然。因为自由是出自于"真正的自我"的行为,而真正的自我是绵延的,其每一瞬间的变动都是不确定的,它没有任何固定的轨道,也不受任何先决条件的支配。它在成长中创造,又在创造中成长,有无数发展的可能性。因此,自由就是纯粹的自我创造。③

生命冲动—绵延—直觉—创造—自由,当我们把这些概念串成一个整体的时候,生命进化的实质清晰地呈现出来:"生命的特性永远处于实现之中,绝不会完全实现。在生命进化的前方,未来的大门一直敞开着,生命进化实质上是起始运动永不停息的创造。"④生命的本性就是由"生命冲动"推动、延绵不断的创造性。

柏格森采用的方法,有其独到特色,正如他所强调的:"认识理论和生命理论在我们看来是不可分割的。"⑤他认为,通常以形式逻辑分析方法为核心的传统认识论,站在事物之外静态认识事物,有很大的局限性,无法把握动态的真实,为此,他给传统认识论注入了鲜活的生命力,使时间认识转化到绵延的认识,静态认识转化到动态认识,概念认识转化到直觉认识,局部认识转化到整体认识,结构认识转化到过程认识,"创造性"一跃成为认识中的主旋律。有人说柏格森是"非理性主义",这是不确切的,应当说是"超越"传统理性主义(以形式逻辑为核心)的,因为他发现,不做这一"超越",包含混沌和不确定性的"创造",很难进入传统认识论。

第六章

① 李文阁等:《生命冲动——重读柏格森》,四川人民出版社,1998年,第151页。
② [法]柏格森:《形而上学导言》,商务印书馆,1963年,第3~4页。
③ 齐爱兰等:《生命就是创造》《中国农业大学学报(社科版)》,2002年,第4期,第65页。
④ [法]柏格森:《创造进化论》,王珍丽等译,湖南人民出版社,1989年,第15页。
⑤ [法]柏格森:《创造进化论》,姜志辉译,商务印书馆,2004年,第4页。

(三)怀特海"创造过程"

怀特海(Alfred North Whitehead,1861—1947),英国数学家、哲学家和教育理论家,"过程哲学"(也称"有机哲学")的创始人。主要著作有《数学原理》(与罗素合著)、《科学与近代世界》《宗教的形成》《过程与实在》《观念的历险》《思维的方式》《教育的目的》等。其中《过程与实在》是其哲学代表作,被称为是"最近两个世纪以来最重要的哲学著作之一"[1]。

图 6-8　怀特海

他视野宽广,兴趣广泛,思想深邃,是一位特立独行的跨学科学者。日本怀特海研究专家田中裕称之为 "七张面孔的思想家"——数理逻辑学家、理论物理学家、柏拉图主义者、形而上学家、过程神学的创造人、深邃的生态学家和教育家立场的文明批评家。[2]

怀特海广阔的"跨学科"造诣,使其在研究某一个学科的问题时,常常既能"入其内",深入分析问题实质,又能"出其外",在更高的层面得出超越原学科主流观点的真知灼见。例如,作为一位数学与物理学基础的研究者,与大多数同行相反,怀特海的大部分学术生涯都在嘲笑绝对的明晰性和精确性。他并非总是向精确科学求助,也常常援引浪漫主义文学以求得对实在的洞见。他最后答复他人批评的论文的结论赫然在目:"精确性是虚妄的。"又如,作为一位科学哲学家,他不像大多数后继流派那样局限于对科学进行语言的、逻辑的、历史的、社会的和心理学的分析,他的目标是,从科学革命中汲取灵感,阐发科学更广泛的含义,以现代科学的几个核心概念为主干,建

---

① [美]小约翰·B.科布等:《过程神学》,曲跃厚译,中央编译出版社,1999年,第177页。

② [日]田中裕:《怀特海有机哲学》,包国光译,河北教育出版社,2001年,第3页。

第六章

立奠基于新科学之上的整体宇宙观，进而构筑作为人类文明基石的形而上学体系。①

许多学者对《过程与实在》的思想进行了归纳和介绍。陈英敏的归纳比较简明，②这里我们转述其中三点：

1.世界是由相互联系的有机体构成的整体

怀特海反对西方现代哲学建基于传统机械论自然观之上的实体思维模式，这种模式认为："自然是永恒的物体所组成的，这些物体也就是在本来空无所有的空间中遍处移动的物质粒子，每个粒子都具有它自己的形状、体积、运动、颜色、气味。"③这种实体观实际上是对世界的一种"实体—性质"的静态的形态学描述。19世纪末20世纪初，由于相对论和量子理论的勃兴，机械论依据经典力学所假定的稳定性便被否弃了。"在新物理学看来，世界是由处在一定时空关系中的'事件'组合而成的统一体，而事件只不过是'多种关系'的综合而已。"④怀特海吸纳了现代物理学的成就，把"事件"看作是世界的基本要素，整个自然界除了事件之外没有任何其他东西，时间—空间也融入事件之中，宇宙就是事件场。

2.现实世界是流动生成的过程

怀特海认为，世界是由有机体构成的。有机体的根本特征是活动，活动表现为过程。过程哲学的"共生与过程原理"阐明了事物的生成、发展和演化的过程。怀特海认为，"现实世界是一个过程，这个过程就是现实实有的生成（becoming）"。⑤"一个现实实有（actual entity）如何生成就构成该现实实有是什么，因此对现实实有的这两个描述不是独立的。它的'存在'（being）由它的'生成'（becoming）构成。"⑥怀特海认为过程即实在，实在即过程，实在的本质是在过程中生成的。因之整个宇宙，包括自然、社会和人的生命，都是由各种实际存在物的发展过程所构成的一条历史轨迹，这一过程承继的是过去，立足的是现在，面向的是未来，从而使整个宇宙表现为一个生生不息的能动的流变过程。

① 陈奎德：《怀特海》，东大图书公司，1994年，第2页。

② 陈英敏等：《过程、整体与和谐》，《华东师范大学学报》（教育科学版），2009年第3期，第56~57页。

③ ［英］怀特海：《分析的时代》，杜任之译，商务印书馆，1981年，第81页。

④ 刘放桐主编：《现代西方哲学》（修订本）上册，人民出版社，1990年，第350页。

⑤ Whitehead, A.N., *Process and Reality*, New York：Ma cmillan, 1929, p.30.

⑥ Whitehead, A.N., *Process and Reality*, London & New York：Harper and Row, 1960, pp.34~35.

第六章

3.机体和过程是创造的、冒险的与享受的

在怀特海看来，每一种实际存在物都有其自身绝对的自我造就能力，因此在流动进程中会时时更新，其每一瞬间都具有以往瞬间所没有的新内容、新变化，是不断地演进、创新、完善的过程，整个宇宙就"是一种面向新颖性的创造性进展"①。怀特海认为，过程在本质上是创造的。而创造是和历险紧密相连的，人类文明是最具潜力的创造过程，宇宙的进化和文明的进步都必须有历险。怀特海经常使用"享受"(enjoyment)这个语词。他认为，过程的所有单位(无论是在人的层次上还是在电子的层次上)都是以享受为特征的，都具有内在的价值。享受的过程也是审美的过程，是文明的一个不可或缺的因素。

总之，从本体论角度看，过程哲学"试图把世界描述为那些个体的实际存在物的产生过程，每一种实际存在物都有其自身绝对的自我造就能力"②。整个宇宙就"是一种面向新颖性的创造性进展"，而不是一种稳定的形态学意义上的宇宙。

怀特海还明确地讲道：每一种哲学理论中都有一种根本原则，在过程哲学中，"这种根本原则叫做'创造性'"。过程哲学"抛弃了思想的主词—谓词形式，迄今为止就其前提而言，这种形式是对事实的终极特征的直接体现。结果，那种'实体—性质'概念被排除，并且以动力学过程描述代替了那种形态学描述"③。在这里怀特海一方面坚持用创造性原则来说明宇宙及其过程，另一方面明确地提出了他的形而上学原理所采用的基本方法，是以流变和生成为基本特征的动力学方法，而不是静态的形态学描述方法。

第六章

---

① ［英］怀特海：《过程与实在》，杨富斌译，中国城市出版社，2003年，第407页。

② 同上，第109页。

③ 同上，第11页。

II 运思篇

创造思维

本篇导言

　　人类在漫长的进化中凝聚出独特的创造性，这一本性在未展现时是静态、潜在的，一旦化为现实活动，则通过思维运动付诸实践，使创造之性由"静"变"动"、由"潜"转"显"。在这个过程中，思维是使创造由"静潜"转化为"动显"的关键因素，它贯穿于创造活动的始终。顺理成章，在本书第一章创造本性的探讨之后，下面将进入对创造思维的探讨。

　　人类思维活动五彩缤纷、变化万千，但其基本形式只有两种：即概念思维（抽象思维等）和意象思维（象思维、形象思维、直觉思维等）。概念思维和意象思维作为最基本的思维方式，是人类思维的两翼。人类的创造活动，都是思维两翼齐飞的结果，纯粹的概念思维和意象思维在思维实践中是罕见的。《易传》云："一阴一阳之谓道"，"太极生两仪"，象征地说，人的创造"本性"是道体（太极，一），而创造"思维"是道用（两仪，一阴一阳）。

　　从思维的角度说，西方近代科学的发展与其严谨成熟的概念思维密切相关，而中国阴阳、五行、八卦思维方式背后是其独特高超的意象思维。从人类思维演化史和个体思维成长史看，通常是意象思维在先，概念思维在后，二者相互作用，共同推动思维发展。但在思维基本形式的研究上，却是概念思维研究领先，意象思维研究滞后，二者形成鲜明差距。时至今日，对概念思维的研究已相当成熟，其遵循的形式逻辑和方法（演绎法和归纳法）比较清晰，并形成了专门的形式逻辑学领域。反观对意象思维的研究，则不仅起步晚，且涉及因素异常复杂，研究进展缓慢，迄今对其所遵循的逻辑和方法仍不清楚，其规律仍令人难以捉摸和把握，以致一些学者只承认概念思维是思维，而认为意象思维是非理性、非逻辑，甚至是非思维的。

　　意象思维究竟遵循何种思维的规律和方法，是影响我们对创造思维全面认识的关键，也是中华文化走向复兴的一个突破口。如果我们对意象思维的认识长期停留在对一些相关要素，如想象、直觉、顿悟、灵感等零散孤立的分析上，而对这一思维的整体规律、逻辑方法缺乏应有的认识，则意象思维就很难被人们广泛接受和自觉应用，东方文化精华就很难被人们普遍理解，不同文化的对立也将很难走向会通。遗憾的是，众多创造学或哲学文化研究著作回避或忽视这一关键问题。笔者从1980年开始发表有关意象思维逻辑方法研究，其中代表作是在《中国社会科学》杂志1983年第2期发表的《科学创造性思维中的逻辑》论文，首次提出了以类比法和臻美法为核心的审美逻辑方法。

本篇首先在分析创造过程和创造思维的基础上（第七章），以科学、艺术领域的意象思维作为典型，通过逻辑学与美学的跨学科结合，阐述一条反映意象思维规律的逻辑新路，这就是"审美逻辑方法"（第八章）。审美逻辑方法体现了美学与逻辑学的跨学科会通，是本篇乃至本书的一个重要创新点。当然，本篇也没有忘记对概念思维所遵循的传统形式逻辑论述（第九章），以及对两大思维形式及其逻辑的整体关系的新颖探讨（第十章）。

本篇的核心观点是：人类思维是由一阴一阳（或一柔一刚）两种基本思维方式构成的，其中概念思维，由概念、判断、推理等要素组成，遵循形式逻辑规律，主要推理方法有演绎法和归纳法；意象（直觉）思维，由想象、直觉、灵感等要素组成，遵循审美逻辑规律，主要推理方法有类比法和臻美法。两种思维逻辑在构成上对称和谐，与左右脑的功能分工有密切联系。审美逻辑是笔者1980年开始提出的原创性观点。①

---

① 刘仲林：《自然科学中美的旋律》，《潜科学》1980年第2期，第62~63页。
　　详见刘仲林：《科学臻美方法》，科学出版社，2002年。

第七章　创造过程与创造思维

> 这些心理机制
> 通常处于心灵的深层。
> ——[美]阿瑞提(S.Arieti)

1970年左右，有一小群物理学家、生物学家、画家和诗人聚集在科罗拉多州的埃斯彭(Aspen)，讨论获得创造性思维的经验。我是这一小群人中的一个。我们每人描述各自工作中的一个偶然事件。我举的例子就是在普林斯顿演讲时发生口误的事件。

会议记事上显示出惊人的一致看法。我们每人都发现，在已经确立的工作方法和我们必须去完成某件事情之间，有一个矛盾：在艺术上，是表达一种情感、一种想法、一种洞见；在理论科学上，是解释某些实验事实，但却面对一种已被接受的"范式"(paradigm)不允许这样的一种解释。

首先，我们已经工作了几天、几周或几个月，我们脑子里装满了研究中所遇到的困难以及试图克服困难的想法；其次，有一段时间继续有意地去思考，毫无用处，就是整天不停地思考也没用；最后，当我们骑自行车、刮胡子或做饭时(或者像我说的发生口误)，关键性的思想突然冒出来了。我们撼动了我们熟悉的常规。①

① [美]盖尔曼：《夸克与美洲豹》，湖南科技出版社，1997年，第258页。

图 7-1　盖尔曼(1929—)美国物理学家

　　这是著名美国物理学家盖尔曼(M.Gell-Mann)及其群体对创造过程和创造思维的切身体会,它们以出人意料的方式,撼动了科学家们熟悉的常规。这启示我们,当我们把创造纳入一个规范的、可以言传的理性范围时,是否已丢失了某些宝贵不可言传的创造的要素?

　　创造学家阿瑞提(S.Arieti)从另一个角度回答了这一问题。他说:"必须把创造过程和创造产品严格区分开。创造过程与那种能称之为创造产品的东西形成对比,它完全失去新与崇高的特征。在很大程度上它是由古老的、不再使用的和原始的心理机制所组成。这些心理机制通常处于心灵的深层,隶属于弗洛伊德称之为原发过程的领域。"①

　　这些处于心灵深层,古老的、不再使用的和原始的心理机制所包含的内涵是什么呢?它们突出呈现在创造过程或创造思维哪个阶段?这些心理机制与同样古老的东方文化有什么关系?与现代流行的关于思维的理解有什么区别?这些心理机制在创造过程中的价值和意义是什么?怎样在创造实践中充分发挥这些心理机制的作用? 这些都是我们关注的问题。总之,在我们熟悉的关于创造过程和创造思维的常规见解以外, 还有某些现在被我们忽视的重要因素,以常规以外的方式在创造过程中起着神奇的作用,我们是否应认识它们、理解它们?

一、创造过程

　　创造心理学中的创造过程是指个体从开始创造到产品落实时的一段心智历程。人类的创造活动,是个复杂的心理过程,早在1896年著名德国生理学家赫尔姆霍兹(H.L.F.Helmholtz)就提出了创造性工作的三个阶段:①最初

---

　　①　[美]阿瑞提:《创造的秘密》,辽宁人民出版社,1987年,第14页。

的努力,直到无法进展为止;②停顿和徘徊时期;③突然的发现和意外的解决。后来法国数学家彭加勒(J.H.Poincare)又加上了一个阶段:即④再次有意识的努力时期。法国数学家阿达玛(J.Hadamard)进一步验证了以上四阶段模式,并给出四个阶段的初步命名。

图7-2　沃勒斯(1858—1932)

1926年,英国心理学家沃勒斯(Graham Wallas)在前人的基础上,总结出至今仍享有盛名的创造四阶段说。①他认为,无论哪一个科学家、艺术家、发明家,也无论其发明创造的成就具有多大意义,任何发明创造都大体经过四个时期:①准备;②孕育;③豁朗;④验证。下面我们依次介绍一下这四个阶段的各自内容。

(一)准备阶段(preparation)

从事创造活动,必须有一定的准备阶段。这种准备包括发现问题,收集必要的事实资料、必要的知识和经验的储存,技术和工具的筹集,其他条件的争取,等等。"要产生新构想,你必须先熟悉别人的想法",创造者在创造之前,需要对前人在同类问题上所积累的经验有所了解,对前人解决到什么程度,哪些问题已经解决,哪些问题尚未解决,作深入的分析,这样,既可以避免重复前人的劳动,还可以使自己站在新的起点从事创造工作。从前人的经验中,不仅能获得知识,还能获得启示。例如,爱迪生用碳化的卷绕棉线作为灯丝,成功制作出世界上第一个电灯泡。他花了近3天时间把灯丝装进真空玻璃泡,通上电源,发出相当于10盏煤气灯的温柔光芒,延续了约40个小时,

---

①　Wallas, Graham. *The Art of Thought*. New York: Harcourt, Brace and Company, 1926.

为了使灯泡照得更久,他又试验过从世界各地找来的1600种耐热材料、6000种植物纤维。最后确定以碳化竹丝做灯丝能连续照明1200小时。

准备工作的范围应尽量大些,包括相关学科、跨学科的知识汲取、方法借鉴,准备的时间应充分些,问题的本身也可在准备中重新界定,对资料、经验应作深入的整理分析,无效的观念应予抛弃,对问题作多角度、多思路、多方法的试探解决。到某种程度时,创造者在解决问题的过程中会遭受种种挫折,苦思不解。因此就将问题搁置一旁,暂时"忘记"。这一阶段科学家也称之为饱和(saturation)阶段。

(二)孕育阶段(incubation)

孕育阶段,又称酝酿阶段。当问题搁置一旁时,创造者虽然不再有意识地努力,但根据沃勒斯的理论,创造者的潜意识或前意识仍在围绕这个问题工作。这就像母鸡在孵蛋时的情况一样,从外表看,鸡卧伏不动,而实际上在它所孵的卵内正发生着育化的演变——鸡雏正在形成。

在孕育阶段,可以换一种工作,也可使脑筋休息一个时期。沃勒斯认为可以将前一个问题搁置而换一个其他的问题,然后有意地半途予以搁置,再换第三甚至第四个问题。这种交替工作,很可能同时得到几个结果,使孕育阶段得到充分利用。比如,英国科学家高尔顿兴趣广泛,他原来是学医的,但他对气象学、地理学、优生学、指纹学、创造心理学、数学都做过贡献。他往往是一个问题不能突破,就暂时搁下,搞另一个有兴趣的问题,有时还会转到第三个问题。在适当时,又回转搞第一个问题,这样交错穿插,他的创新成果非常之多。若用头脑休息的方法,也有两类办法:一为静中养智,坐在舒适恬静的地方以澄清自己的心境,或将身心松弛,听音乐、看电影、洗温水浴、日光浴等都有助于休息;二为从事不剧烈的运动,如散步、游泳、旅游、干一件自己嗜好的事等等。例如,分子生物学创始人之一沃森在回忆DNA发现过程的《双螺旋》一书中,介绍到当他的研究工作遇到挫折时,苦思而无法进展,他就去看电影、参加舞会、访朋友、滑雪、度假、打网球等。当碱基在DNA模型中的位置问题久攻不下时,沃森写道:"几乎每天下午,我总在网球场上打球。……茶点以后,我也只在实验室泡上几分钟,随便摆弄一下什么东西,然后就急急忙忙地赶到'老妈'旅馆和女孩子们一起喝雪利酒去了。……我仍把大部分夜晚都消磨在看电影上,幻想着答案说不定什么时候突然出现在我的脑子里。然而,对电影的过分着迷也会产生副作用。"玻尔兹曼喜欢古典音乐,爱因斯坦专长小提琴,普朗克钢琴弹得好,苏步青喜欢作诗,……许多大科学家的爱好,对他们创造思想的孕育,有着积极作用。

孕育阶段的存在表明,创造是一种有节奏的工作,有行有止,有动有静,有忙有闲,需要恰当协调。那种目不转睛的死读书、马不停蹄的疲劳战,对创造有百害而无一利。像故事影片《爱情啊!你姓什么》里的那位工程技术人员,被迫旅游时还捧着书,旁若无人似地埋头苦读,这不是创造者,而是愚型书生的形象。确实,学习需要苦读,创造需要苦思,但光有苦干并不能使创造成功。会不会有节奏的孕育,包含着很多学问和方法。

孕育阶段可能是短暂的,也可能是漫长的,有时甚至延续很多年。在这个时期中,创造者的观念仿佛是在"冬眠",等待着"复苏"。一旦孕育成熟,创造者在内部突如其来的"闪光"或在外部事件的触发下,新观念就会脱颖而出。

(三)豁朗阶段(illumination)

豁朗阶段,也称明朗阶段。将一个苦思不解的问题搁置一旁,经过一个时期的孕育,某个偶然的时刻,创造性的新观念可能突然出现,出现"豁然开朗,一通百通"的境界。对这一心理现象人们通常称之为灵感。

数学家彭加勒讲到,在进行了一段时间紧张的数学研究以后,他到乡间去旅行,不再去想工作了。"我的脚刚踏上刹车板,突然想到一种设想……我用来定义富克斯函数的变换方法同非欧几何的变换方法是完全一样的。"又一次,在想不出一个问题时,他走到海边,然后,想些完全不相干的事情。"一天,在山岩上散步时候,我突然想到,而且想得又是那样简洁、突然和直截了当:不定三元二次型的算术变换和非欧几何的变换方法完全一样。"

图 7-3　彭加勒(1854—1912)

文学家欧阳修自谓:"余生平所作文章多在三上,马上、枕上、厕上也。盖惟此尤可以属思耳。"豁朗阶段是创造过程的高潮,久攻不克的堡垒,突然间被打开一个缺口,创造取得了突破! 创造者欣喜若狂,思绪万千,心理学家称之为"有啦!"现象、"啊哈!"现象。灵感是创造中的一个重要因素,我们将在第三篇专题分析。

(四)验证阶段(verification)

在豁朗阶段所获得的灵感是否就是答案,是否就是一种可用的发明,尚需经过验证。新的观点要经过逻辑的推敲和完善,并经实践的检验。在验证阶段,对假设的新观念新设想完全不作修改的情况是不多的,完全否定假设的情况也是有的。总之,灵感所获得的观念,必须经过审美、逻辑、实践等方面的检验。

1934年,物理学家费米发明了人工获得超铀元素的新方法:用中子轰击92号元素铀,这样就有可能产生在元素周期表上没有的第93号元素,费米称之为超铀元素。为此,他获得1938年诺贝尔物理学奖。但后来证明,这是一次发"错"了的奖金,因为费米得到的并不是超铀元素,而是地球上早已存在的钡元素。通过科学家们的检验,不仅纠正了费米的失误,而且引出了"裂变"的新理论,导致了原子能的应用。

以上,我们介绍了沃勒斯创造四阶段说。应当指出,对四阶段不应教条地理解,把一切创造都一成不变地纳入四阶段的框框之中,顺序不可逾越。实际上,现实中的创造是复杂的,创造四阶段只有第一与第四两阶段可鲜明分开,其他几个阶段虽然在理论上可以分开,但在实际上很难划分。有的发明发现是偶然得到启发,旋即全力完成的,没有明显的孕育阶段。正如心理学家克雷奇指出的:"虽然这个模式仅仅提供了关于解决问题过程的粗略描绘,而且往往颠倒了事件的实际次序,但对于进一步的分析,它却证明了是一个有用的普遍的参照体系。"

沃勒斯四阶段说提出后,许多心理学家通过实验进行了证实。最著名的是帕特里克,她研究了113名人员,其中包括55名有成就的诗人以及58名普通人。帕特里克与每一位受试者面谈15分钟到1小时,然后受试者必须就测验者所给的图画立即作诗,并将思考过程及诗意尽量说出以便记录。诗做完以后,每位诗人尚须答复与写作方法特征有关的问卷。非诗人组不必答复这个问卷。帕特里克最后将诗人作诗时所说的话以及所花的时间分成四个部分,每一部分都将有关思想的改变、观念的再现、第一个草稿以及修改等详细记录下来。实验的结果是支持沃勒斯的创造四阶段说。后来,帕特克里又进行了另外两个实验,其中一个实验是让受试者设计一个科学实验。这两个实验的结果也是支持沃勒斯观点的。

沃勒斯以后,还有不少人提出各种创造阶段说,三段、四段、五段、六段以至七段都有。例如,苏联创造心理学家鲁克提出"五阶段"模式:提出问题—搜索相关信息—酝酿—顿悟—检验。

美国创造学家奥斯本把创造分为七个阶段:定向—准备—分析—设想—孕育—综合—评判。

费邦(D.Fabun)在沃勒斯模式的基础上又增加三个具有"启示"性的阶段,从而构成"创造过程七阶段模式"。具体内容为:

第一阶段为期望:创造主体面对问题时,其思考失去了常规状态下的平衡,由此期望得到某种使问题解决的想法以恢复平衡;

第二阶段为准备:同于沃勒斯模式第一阶段的准备期;

第三阶段为操纵:创造主体往往积极操纵某种想法或资料,如尝试性地对多种想法进行排列或组合,以找出最感兴趣、最有效或能产生美感的想法;

第四阶段为孕育:同于沃勒斯模式第二阶段的酝酿期;

第五阶段为暗示:创造主体产生一种良好温馨的感觉,似有某种好事要发生但又尚未到来,它常出现在已接近得到对问题的创造性答案时;

第六阶段为顿悟:同于沃勒斯模式第三阶段的明朗期;

第七阶段为校正:同于沃勒斯模式第四阶段的验证期。①

有趣的是,加拿大内分泌专家、应力学说的创立者G.塞利尔,把创造与生殖过程相类比,提出一个"七阶段"的模式:

①恋爱与情欲:指创造者对真理追求的强烈愿望与热情;

②受胎:实指发现和提出问题及资料准备等;

③怀孕:创造者孕育着新思想。开始,创造者自己甚至也可能没意识到;

④痛苦的产前阵痛:这种独特的"答案临近感",只有真正的创造者才能体会到;

⑤分娩:使人愉快和满足的新思想的诞生;

①　[美]G.A.戴维斯、S.B.里姆:《英才教育》,新华出版社,1992年,第268页。

第七章

⑥查看和检验：像检查新生儿一样，使新思想受到逻辑和实验的验证；

⑦生活：新思想受到考验并证明了自己的生命力后，便开始独立生存，且有可能被接受。

我国创造学家傅世侠、罗玲玲比较了沃勒斯"四阶段说"与我国晚清学者王国维的"三境界"说，得出了有趣的对应性。分析表明，王国维在其传世佳作《人间词话》(1908)中描述的"三境界"，实际上与沃勒斯模式的第一、二、三阶段便是一致或相当的。它们的相应关系是：

图 7-4　王国维《人间词话》

"望尽天涯路"的悬想境界，相当于"发现问题"的准备期或第一阶段；

"消得人憔悴"的苦索境界，相当于"酝酿"或"潜伏"期的第二阶段；

"回头蓦见"的顿悟境界，相当于直觉闪现或"明朗"期的第三阶段。

王国维这一真情实感的反思描述，便没有"验证"或"校验"的第四阶段。这或许是因为，文学艺术创造更注重于"情"或"善、美"，而科学技术创造注重的是"理"或"真"。①

二、创造思维

思维，通俗地说就是动脑筋考虑问题。思维这个词虽然大家口头上常用，但定义却很难下准确，正如一位英国学者指出的："思维一词有许多定义，但是没有一个定义能使所有的人满意。"这里我们不准备评价几十个思维定义的孰优孰劣，仅介绍一个比较好的定义。日本学者仓石精一在《世界大百科事典》上对思维的定义是：思维是关于思和想的事情，也称为思考。从

---

① 傅世侠、罗玲玲：《科学创造方法论》，中国经济出版社，2000年，第267~268页。

广义上说,思维是对"问题情境"作出解决办法所经历的过程的总称;从狭义上说,是指运用语言来表达观念所形成新的构成的过程。

创造性思维是思维的高级综合活动,是创造者在已有的知识和经验的基础上,从某些事实中寻求新关系,找出新答案,创出新成果的思维过程。

苏联心理学家彼得罗夫斯基指出:"在哲学认识论一般原理基础上,人类思维由两门相互补充的具体特殊科学,即形式逻辑和心理学来研究。"当然,从今天的角度看,不仅逻辑学和心理学研究思维,而且哲学、创造学、脑科学、计算机科学、语言学等都研究思维,思维科学作为一门独立的新兴学科正在崛起。不过,从历史的角度看,逻辑学与心理学对思维的研究确实有代表性。

(一)从逻辑学的角度看创造性思维

在逻辑学上,认为概念、判断、推理是思维的基本形式。所谓概念,是一般化了的表象,例如"桃花"这个概念,是从现实中许许多多桃花概括抽象出来的;所谓判断,是对两个概念之间的关系的理解,例如"桃花是粉红色的"就是一个判断,通过判断可以对客观事物获得肯定或否定的认识;所谓推理,则是使两个判断关系明确起来,逻辑学上经典的推理,主要有演绎推理(演绎法)和归纳推理(归纳法)。上述内容,形式逻辑书上讲得很多,许多读者很熟悉,本书不再展开论述。

下面,我们以科学创造为例,选取三个分别代表古代、近代、现代的具有典型性的论点,用以勾画这一角度的创造思维的历史演变。

1.亚里士多德的演绎方法

古希腊学者亚里士多德提出了著名的"三段论"(演绎法)。三段论由大前提、小前提、结论三部分组成一个"连珠"。大前提是已知的一般原理;小前提是研究的特殊场合;结论是将特殊场合归到一般原理之下推出的结果。他的著名论证如下:

(大前提)凡人都有死

(小前提)苏格拉底是人

∴(结论)苏格拉底有死

由上可以看出,演绎是从一般到个别的推理方法,即用已知的一般原理考察某一特殊对象,推演出有关这个对象的结论。例如:

第七章

（大前提）正常人都具有创造力

（小前提）张三是正常人

∴（结论）张三有创造力

图 7-5　亚里士多德（前 384—前 322）

亚里士多德认为，科学研究从有关某些事件发生或某些性质存在的知识开始。只有当关于这些事件或性质的陈述从解释性原理中被演绎出来时，科学解释才得以完成。在历史上，有些所谓"亚里士多德主义者"经常把亚里士多德当成演绎主义的鼻祖，实际上亚里士多德对归纳也有一些论述。

2.培根的归纳法

培根是近代观点的代表，他激烈批评了亚里士多德主义者的演绎至上论，强调逐步的、渐近的归纳法。

图 7-6　弗朗西斯·培根

归纳是从个别到一般的推理方法，即从许多个别事实中概括出一般原理。例如，人们在实践中接触瓜、豆这类个别事物，然后在反复实践中，就会逐步认识到种瓜得瓜、种豆得豆的性质，从而积累了大量的经验，经过分析推理，从个别推演到一般，得出一切生物都有遗传的规律。这个过程就是一

第七章

个归纳推理的过程。

培根认为，科学研究就是从观察和事实出发，像登金字塔一样从底部一阶一阶向上登攀。他说："科学认识只有通过合理的上升阶梯和连续而没有间断的步骤，从个别上升到较低公理，再上升到一个高于个别的中间公理，最后达到普遍公理。"他告诫世人："决不能让理智从个别一下子跳跃到遥远的公理……"，"决不能给理智插上翅膀，倒是要给它挂上秤砣，严禁它跳跃飞翔。"

3.爱因斯坦的"思维自由创造"

爱因斯坦突出的特点是强调了想象、直觉在科学创造中的作用。他认为培根单纯强调连续而没有间断步骤的归纳法，表现了科学幼年期的一种稚气，20世纪的科学已摆脱了这种稚气。

图 7-7　爱因斯坦（1879—1955）

爱因斯坦认为创造性思维中是有直觉飞跃的，他指出：在直接经验和公理体系之间"不存在任何必然的逻辑联系，而只是一个不是必然的直觉的（心理的）联系，它不是必然的，是可以改变的"。

爱因斯坦提倡"思维自由创造"，突破了传统的形式逻辑思维模式，对创造性思维的研究产生了重大而深远的影响。本篇第八章，将以爱因斯坦的这个思想为基础，探讨与形式逻辑迥然不同的审美逻辑问题。

以上三个人的观点，只是古代、近代、现代三种有代表性的观点，实际上还有许多观点和派别。总的来看，从古代到近代，把思维主要看成是归纳法或演绎法，因而有归纳主义和演绎主义之分，但到了现代，对创造思维的研究突破了归纳、演绎轮流统治的格局，直觉和想象受到应有的重视。

科学圈内的人，即科学家是怎样看待"象思维"（直觉思维）的呢？诺贝尔奖金获得者、日本物理学家汤川秀树指出："中国人和日本人所擅长的并以

第七章

他们的擅长而自豪的,就在于直觉的领域——日本语叫做'勘',这是一种敏感和机灵。一般说来,日本人似乎都具有良好的'勘'。但是,这种'勘'往往被认为是与科学精神对立的。不过,认为直觉在数学和科学中没有用处,那却是不对的。"①汤川秀树不仅指出了直觉的重要性,而且强调了想象的重要性,他说:"但是,直觉地把握整体也还不够。只有当一向被忽视的新事物浮现出来时,才能有真正的创造。"

图 7-8　汤川秀树

　　"看来正是在这儿,所谓'勘'就开始起作用了。在这里,一个有关的问题就是所谓想象力的问题。科学往往被看成想象力的直接对立面。但是持有这种看法的不过是那些只知道科学一面的人们。像我刚才说的那样,创造新事物的行为不是仅仅从已有的事物开始的。科学家本人力图在这种或那种形式下给旧事物增添某种新的东西。简言之,通过用他已经想到的东西补充既有的事物,他就得出一个完整的整体。如果他的尝试成功了,矛盾就将得到解决。他在初次尝试时可能并不成功,但是,如果他按照一切不同的方式来应用他的想象力,他就将终于得到真解。而且这就是实际上出现的情况。对我们科学家说来,想象力是一个重要的因素。"②汤川秀树指出的是在想象力作用下,增添某种新东西,使对象更臻完美的思维过程。不仅如此,汤川秀树还谈了象思维另一个重要的推理方法——比类法。他说:"我想说明的另一个问题是直觉和想象力自行发展的方式。这儿有各种各样的可能性,但是其中最重要的一种就是比类。比类是这样一些方式中最具体的一种,它们把那些在一个领域中形成的关系应用到另一个不同领域中去。这是中国人自古以来就很擅长的一个领域。表现比类的最古老形式就是比喻。在许多事例

---

①　[日]汤川秀树:《创造力与直觉》,复旦大学出版社,1987年,第41~42页。
②　同上,第43页。

中,古代思想家的论证都是依靠比类或比喻的。"[①]这里,汤川秀树以比类为中介,直接把现代科学思维与中国传统思维联系起来,突出了传统思维的现代价值,揭示了传统思维向现代转换的方向和方法,这一思想是很宝贵的,没有深刻的现代科学知识和深厚的中华传统文化素质,便很难做到这一点。

我国科学家钱学森大力倡导思维科学,强调科学思维的全面性。他指出:

> 联系到科学方法论,它最重要的思维方式有两种,一种是抽象(逻辑)思维,还有一种是形象(直感)思维。必须强调的是二者不能缺其一,做科学研究,光有形象思维不行,还要有逻辑思维;但光有抽象(逻辑)思维也不能取得成果,科学上任何小的前进都要先有一个设想,而这个设想的产生是和形象(直感)思维有关的。现在思维科学的研究重点应放在形象(直感)思维上。[②]

钱学森先生不仅指出了在科学思维中抽象(逻辑)思维和形象(直感)思维二者不能缺其一,而且着重指出:现在思维科学研究重点应放在形象(直感)思维上。钱学森明白无误地指出:现在就应把形象(直感)思维研究列入重点,这是科学进步和发展的必需。"因为科学方法论中这部分是最难的,它的真正规律我们现在还没有找到,这要等形象(直感)思维科学搞出来后也许才能说清楚。"[③]

图 7-9　钱学森

---

① ［日］汤川秀树:《创造力与直觉》,复旦大学出版社,1987年,第44页。
② 钱学森:《自然辩证法要与科学技术同步发展》,《理论月刊》1988年第1期,第5页。
③ 同上,第5页。

从现代观点看,创造性思维由以下两种形式的思维组成:

创造思维 { 概念思维(概念　判断　推理)
　　　　　 意象思维(想象　直觉　灵感)

上述意象思维和概念思维组成的两大思维,我们将在第八章和第九章进一步论述。

(二)从心理学的角度看创造性思维

美国心理学家盖茨指出:"思维过程的心理学常是被同逻辑分开的。前者主要是研究推理的历程,后者则致力于熟虑的思维的结果的正确。虽然这种区分是有用的,这两种研究推理的方法实际是相辅相成的。"的确,每个人的思维是一个整体,并不能被逻辑学与心理学截然分开。我们在上面提到的直觉思维,就含有很强的个体心理成分,这里已经跨入了心理学。另外像概念、判断、推理也同样是心理学研究的内容。所以创造思维分为概念思维和直觉思维两种形式,这在心理学研究中也成立。

图 7-10　吉尔福特

除此以外,心理学家还提出了一种新的思维分类方式,这一新的分类对创造思维研究有重大影响,这里我们作一分析介绍。

1959年,美国心理学家吉尔福特(J.P.Guiford)在智力操作分析中提出了发散性思维和收敛性思维的概念。吉尔福特认为,通常分析思维所用的概念如演绎法、归纳法、分析法、综合法、想象等都不够精确。他从信息的角度,对思维形式重新进行了分类。

1.发散思维(divergent thinking)

发散思维,国内又译为扩散思维、求异思维、分殊思维、辐射思维、分散思维等。根据吉尔福特的定义,发散思维是从所给的信息中产生信息,从同一来源中产生各式各样为数众多的输出。用我们通常的语言说,发散思维,是指以一个要解决的问题为中心,朝多方向推测、想象、假设的"试探"性思维过程,答案越多越好,越新奇越好。这种思维就像烛光一样,朝四面八方扩散,任凭"标新立异""异想天开",从已知的领域去探索未知的境界,这是一种开放性的思维,和想象力、直觉力有密切关系。

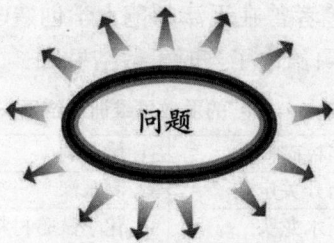

图 7-11　发散思维示意图

　　例如,一个简单的问题:旧报纸有什么用? 会得出许多不同的答案。日本心理学家伊藤隆二曾用这一问题提问五年级的小学生,除了得到"包东西""当衣服纸样""做纸袋""做雪纸片"等一般性回答外,还有一些学生作出了"用大小不同铅字做视力表""做被子""调查常用字使用频率""做测量重力工具"等较新颖、发散指数较高的回答。笔者在给大学生讲课中,曾以同样问题向一年级大学生提出,起初回答很平淡、很少,只限于最容易想到的几项,如"包大果仁""做糊墙纸""当衣服样""包书皮"等,这暴露了我们中学创造思维教育的弱点。在讲解发散思维并用例子提示后,大学生们思想活跃,在课堂上展开了旧报纸新奇用法的争论,一下子提出了几十种用途。

　　创造心理学文献中常举砖头的用途为例,分析发散性思维。如果回答说砖可以用来造房子、砌围墙、铺地、铺路、盖牛棚、垒鸡窝等,这些答案都对,但可以看出,实际上仅把砖看成一种建筑材料,只限于从"建筑材料"这个范围去考虑用途。如果进一步回答说,砖可以用来做锤子、做武器、压纸、刹车、练气功等,就表明发散思维有了新的深入,但这里只是利用了砖的重量和硬度,仍有局限性。如果进一步从砖的成分、颜色、形状、体积……各个角度,向四面八方想开去,砖的用途就数不胜数。发散思维深无止境,像回答出砖可以雕刻艺术品、做吸水剂、做颜料、做儿童积木、体育器械(如田径运动新项目的投掷砖头)、做秤砣等。

第七章

图 7-12　发散题:砖的用途

20世纪90年代初,笔者曾在天津师范大学创造学选修课上以"砖"为题进行发散思维训练,表7-1给出了当时发散结果。

表 7-1　"砖"的发散思维训练结果一览

1. 建筑(各类)	16. 当秤砣	31. 堵鼠洞	46. 当增高物
2. 垫路、铺路	17. 门开关定位	32. 测水深	47. 作碗碟
3. 垫车脚(刹车)	18. 压水龙头	33. 化学试验材料	48. 过滤东西
4. 敲门砖	19. 担子平衡物	34. 当棋子	49. 图腾象征
5. 自卫武器	20. 作绘画颜料	35. 小贩充分量	50. 作机器零件
6. 气功表演(砸砖)	21. 作装修涂料	36. 作吸水剂	51. 作首饰
7. 代哑铃锻炼	22. 作几何教具	37. 绊人	52. 发泄闷气
8. 当锤子	23. 当粉笔	38. 挂砖潜水	53. 磨粉作假药面
9. 当板凳	24. 当尺测量	39. 作模具	54. 磨粉充辣椒粉
10. 当路标	25. 粉碎喂鸡	40. 磨刀	55. 儿童积木
11. 当球门	26. 砖雕艺术品	41. 作乐器	56. 航天试验材料
12. 压东西	27. 丢砖游戏	42. 爱情见证物	57. 作铅锤
13. 堵烟筒	28. 作多米诺骨牌	43. 测压力、重力	58. 作道具
14. 杠杆支点	29. 作记录(刻字)	44. 作奖牌	59. 卖钱
15. 当枕头	30. 作刑具(老虎凳)	45. 烧红治病	60. 作为发散思维题

考察发散思维有三个重要的参量,即流畅度、变通度、独特度。

(1)流畅度(fluency)

创造能力强的人,思维活跃、流畅,能在较短的时间内表达出较多的新观念。流畅度是发散思维的数量量度,例如说出砖的一种用途是一分,那么说出十种用途就是十分,在规定时间内,说出的用途越多,则流畅度越大。吉尔福特认为创造者思维的流畅有四种:

用词的流畅:是迅速想起符合一定要求(如包含特定字母或音节)词汇的能力;

观念的流畅:是迅速列出特定范畴中有意义的词汇或列出满足特定要求的有意义想法的能力;

联想的流畅：是对给定词，举出与其有关系词的能力，例如举出"模糊"的各种同义词或反义词。

表达的流畅：是把词组成词组和句子的能力，同样的素材，组法多种多样。

按照尼诺德的看法，流畅性高的人与普通人相比在"单位时间内可产生更多的想法，其想法涉及的人类经验的范围更大"。

从群体的角度看，如果一个人数适当的小组在一起讨论，互相启发，互相激励，其流畅度一定比个人冥思苦想要高得多。基于这种思想，奥斯本提出创造的"脑激励"技法，由此奠定了创造工程学的基础。

（2）变通度（flexibility）

创造能力强的人，思维变化多端，能由此及彼，触类旁通，迅速转移思路。变通度是发散思维的灵活性量度，思路越灵活，转移越快，变通度越高。例如两个人同样说出了砖的十种用途（即流畅度一样），但其中一人说的用途全局限在建筑类，而另一人说的有五种用途是建筑类，其他五种用途分属运动、自卫、雕刻等类，则后一人的变通度比前者高。简言之，变通是开辟思维新方向的能力。吉尔福特认为变通有两种：

自发性变通：自动从一种思考方向转向另一种思考方向。例如，激光的用途最初是打孔，但很快被变通度高的创造者，利用激光单色性能好、亮度高、方向性强、相干性好等特性，广泛应用于医疗、工程、国防、通信、摄影、农业等领域。

适应性变通：根据实际需要，将原概念加以修改或转意而获得新的应用。例如，用铅笔做筷子、电冰箱做室内装饰品、用扣子下围棋等。

从群体的角度看，如果一个人数适当的小组由不同领域的人组成，集思广益，其变通度一定高，因为外行人能够用另一种眼光观察本行人所观察不到的或熟视无睹的盲点。基于这种思想，美国学者戈登提出了创造的"提喻法"技法，成为创造工程学中的重要内容。

（3）独特度（originality）

创造能力强的人，思路与众不同，能超凡脱俗，独辟蹊径，不落窠臼。独特度是发散思维的新奇性量度，思维越独出心裁、新奇绝妙，独特度越高。吉尔福特在总结他10年来在创造力方面进行的研究时，认为"独特性"是刻画创造者的一个主要特征。勃利斯托注意到"独特性"是当今世界100名最重要人物都具有的一个创造特征。

例如，几年前，荷兰一个城市发生了垃圾问题，因为人们不愿使用垃圾桶,使得垃圾满天飞。卫生当局想了许多办法,如严厉处罚乱丢垃圾的人,罚款自25元提高到50元;又如增加街道巡逻人员人数,加强巡查,但均收效甚微。这时有人提出,可以在每一个垃圾桶上装设电子感应的退币机器,当人们倒垃圾入桶时,就可以得到10元奖金。这一想法可谓独出心裁,语惊四座。当然要实施这一想法,有明显的资金困难,垃圾肯定会倒入垃圾桶,市政府可得破产了。人们沿着这个独创的思路进行了改进,把退钱改为播放一则笑话,这个措施大受欢迎,笑话还每两个礼拜换一次。结果几乎所有的人不论距离远近,都把垃圾倒入桶里,城市又恢复了清洁。

发散思维是创造性思维的代表性思维形式,特别是创造初期,发散思维起着主导作用,所以吉尔福特认为发散思维几乎可与创造并称。但是也不能忘记与发散思维起互补作用的另一种思维,即收敛思维。

2.收敛思维(convergent thinking)

收敛思维,国内又译为集中思维、求同思维、汇合思考、辐辏(còu)思维、辐合思维等。根据吉尔福特的定义,收敛思维是从已给的信息中推出一个正确的答案,或者引导出一个公认为最好的或常规的答案。用我们通常的语言说,收敛思维,是指问题只有一个答案,思考的方向都集中指向这个答案,利用已有知识,推演出正确结论。这种思维就像聚光灯一样,集中指向(收敛于)一个焦点。收敛思维利用个人已有的知识、经验,把事实材料综合于逻辑程序之中,有条理有组织地思考,本质上和形式逻辑推理(演绎法、归纳法)有密切联系。

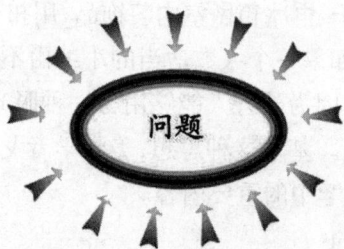

图 7-13　收敛思维示意图

例如,《爱丽丝漫游迷惑国》一书中有这样一个智力问题:餐桌上的一碟盐被偷吃了,小偷是以下三者之一,即毛虫、蜥蜴和猫。它们被带去受审,下面是它们的供词:毛虫说:蜥蜴偷吃了盐。蜥蜴说:是这样。猫说:我根本不吃盐。已知它们三个中至少有一个讲了假话,也至少有一个说了真话。试问:究竟是谁偷吃了盐?

问题可这样分析:假定猫吃了盐,那么三个都说的是假话,与题意不符,所以这种可能性可以排除;假定蜥蜴吃了盐,那么三者都说了真话,这个可能性也可排除;假定毛虫吃了盐,那么供词中前两个是假话,猫的供词是真话,符合原题中的条件,所以答案是毛虫偷吃了盐。这个题的分析每一步都指向问题的中心,排除错误,找出唯一正确的答案,是一种明显的收敛性思维。

上述语言分析过程不够直观,若题复杂,用语言分析起来更为麻烦。下面给读者一个简单的列表法,可以很容易直接看出答案。这一方法借鉴了形式逻辑方法,因为收敛思维本质上是一种形式逻辑思维。

表7-2 偷盐问题判断图

	毛	蜥	猫
毛	×	√	×
蜥	×	√	×
猫	√	√	×

在表7-2中,纵向的毛、蜥、猫分别代表问题中的毛虫、蜥蜴和猫。横向的"毛""蜥""猫"分别代表假定的偷盐者。√代表真话,×代表假话。例如,假定毛虫是偷盐者,根据题的条件,可判定毛、蜥说的是假话,猫说的是真话,在这一纵行中,至少有一句真话,一句假话。而"蜥"纵行看是3句真话,"猫"纵行看是3句假话。从中可以很直观看出,只有毛虫是偷盐的假定,符合题的要求,因而是问题的答案。

我们再举一个稍复杂的例子。警察局抓到4个小偷嫌疑犯,知道其中有一个真小偷。下面是4个嫌疑犯的口供:

甲:乙偷了东西。

乙:丁偷了东西。

丙:我没有偷。

丁:乙说我偷东西,是说谎。

问:①如果这4句中只有一句是真话,问谁是小偷?

②如果这4句中只有一句是假话,问谁是小偷?

表7-3 小偷问题判断图

	甲	乙	丙	丁
甲	×	√	×	×
乙	×	√	×	√
丙	√	√	×	√
丁	√	√	√	×

我们可以依题意列判断图,如表7-3所示。从表中纵向4排很容易看出,有一句真话的是丙,有一句假话的是乙。所以第一问答案为丙,第二问答案为乙。

学生做作业,往往是根据老师在课堂上讲的思路,进行分析和演算,最后得出唯一的答案,这些过程均属收敛性思维。我们有许多老师只喜欢收敛思维,培养的学生只会收敛思维,这是教育中的一个弊病。记得笔者上中学的时候,一次语文期中考试,老师出了一个作文题叫作"炉边夜读",当时并未限制读什么,结果大多数同学写的是炉边读书,而我写了一篇炉边读东北学友的来信,立意新颖,颇有自信。但宣布考试结果时,老师说我写炉边读信是走题,因为只能读书,不能读别的什么,结果我得了个全班最低分。既然命题中未规定读什么,为什么不能读信?原因是没有收敛到老师的意图上去。

发散思维与收敛思维的关系,特别是它们各自在创造思维中的作用和地位,是一个引人注目的问题,目前代表性的观点认为:创造性思维由发散思维和收敛思维两种形式组成,在思维运动中相辅相成,按发散—收敛—再发散—再收敛……的规律前进,不断把创造思维提高到新水平。有人认为,发散思维表现为"大胆假设",收敛思维表现为"小心求证",二者有机结合,完成创造使命。

笔者认为,以上观点综合考虑到收敛思维和发散思维的各自作用,用互补的眼光来处理它们与创造思维中的关系,应当说是比较全面的。但从现实的角度看,这一看法仍有不足之处。在现实生活中,特别是教育中,目前仍是收敛思维占主导,发散思维受冷落,创造潜力不能充分发挥。所谓创造,往往是在常规的收敛思维遇到困境、无法进展时发生的,不发散、不突破旧模式就没有出路,所以从总体上(不是从个别例子上)看,创造思维运动的顺序是发散在前,收敛在后,亦即发散思维第一,收敛思维第二。开发发散思维,精炼收敛思维,是当前发展全民族创造力的重要任务。创造学的重心是意象思维,亦即发散思维的解放和发挥。

三、一阴一阳

为了进一步揭示创造过程和创造思维的实质,解决创造思维中的焦点和难点问题,下面我们分别进行一下探索和分析。

(一)关于创造过程

我们在本章第1节介绍过,有代表性的创造过程说是英国心理学家沃勒斯的四阶段说。无独有偶,德国学者雷维兹(G.Révész)也提出了类似的四阶段说:

第一阶段为准备期:包括检查和清理问题,其心理状态是,高度紧张,全神贯注,努力对对象作深入探讨。

第二阶段为酝酿期:将思维活动的重点从意识区转向无意识区,此时,有的人养神休息,有的人运动、散心。

第三阶段为灵感期:此时产生了解决问题的办法,其状态是,豁然开朗,"啊! 原来如此","我找到了! "①

第四阶段为完善(或精炼)期(elaboration):为准确阐明问题不倦思索和探求。其状态则是意识功能在发挥作用。

不难看出,这一模式与沃勒斯模式之间并没有根本性的区别,它的特点同样是明确地突出了对创造主体的心理机制或心理状态的分析。海纳特(G.Heinelt)则进一步认为,雷维兹的模式实际上表明了创造过程的本质特征乃是"紧张"与"松弛"的循环,即:

紧张→松弛→紧张

而通过松弛阶段则产生出"灵感"。并认为,如果用吉尔福特的观点来看,该模式所表达的实则是:"收敛思维"与"发散思维"的循环,也即:

收敛思维→发散思维→收敛思维

海纳特指出:"一方面是努力、紧张和积极性,另一方面是散心、松弛和解决,这两方面的'灵活性'以及积极性和'休息'之间的交替,看来意味着创造过程的本质特征。"②很明显,海纳特这里说的本质特征,是指创造过程中从紧张到松弛、再到紧张的心理状态变化。海纳特的这一概括,可以说与黑格尔的哲学观点,即认为创造过程实乃蕴含着直觉认识的从感性到知性、进而到理性思维的辩证发展的观点不无关联。换句话说,这里涉及的正是两种

① "我找到了"的心理状态又称"尤利卡(Eureka)经验",源于古希腊阿基米德创立"浮力定律"的传说:阿基米德在浴盆中突然颖悟,当即边喊"Eureka(我找到了)!"边跑上大街。

② [德]海纳特:《创造力》,工人出版社,1986年,第25页。

心理状态（紧张与松弛）或两种思维方式（收敛或发散）的辩证统一关系的问题。沃勒斯模式吸收赫尔姆霍兹和彭加勒等人的思想，以及通过对数百个富于独创性的思想家和作家传记的分析研究，而得出了关于第二阶段（孕育期）以及第三阶段（豁朗期）的到来，需要有"意识思维"间歇的描述，实际上也涉及"紧张"与"松弛"的关系问题。不过，沃勒斯没有从总体上明确地指明这一点。海纳特对雷维兹模式的这一分析和概括，可以说从揭示创造性思维过程的本质特点上，对沃勒斯模式作了发展。

傅世侠、罗玲玲认为，各种各样的分阶段模式都表明，在创造性思维的运演过程中，始终存在着意识与无意识两种心理状态或心理能力的作用。仍以经典的沃勒斯模式为例，该模式即明确指出，科学家、诗人或艺术家从事的"较严格形态的智力生产在出现障碍时"，也即在孕育阶段，通常便要让"意识思维"停歇下来（to rest）而处于无意识状态中。根据彭加勒案例，沃勒斯指出：在彭加勒看来，暂时得不到成功结果的"大部分孕育阶段，几乎完全为无意识所占据"。此外，沃勒斯还认为，在处于孕育阶段时，创造主体也可以"有意识地思考所设定问题以外的其他题目"。其实，这也是使"意识思维"停歇下来采取的另一种方式。因为在思考其他题目时，其"意识思维"便已不再针对原来的问题。沃勒斯关于孕育阶段的这些看法，可以说源出于"赫尔姆霍兹-彭加勒模式"，后来则实已成为其他许多研究者的共识。

从傅世侠等的研究角度看，似更宜采纳前述海纳特分析雷维兹模式所表达的观点，即认为：所谓创造性思维过程，实乃"紧张"与"松弛"的交替作用；或其本质特征是"紧张"与"松弛"的循环。这里所谓的"紧张"或"松弛"，乃是针对"意识思维"的活动状态而言。也就是说，当主体作意识努力时，其心理状态便处于紧张中；一旦暂时放弃这种意识努力，原有的心理紧张便自然松弛下来，但这时恰恰是无意识心理处于活跃的状态之中。

所以，所谓"紧张"与"松弛"交替作用或循环，实即意识与无意识的心理状态或心理能力的交替作用或循环。这便是创造过程分阶段模式研究所提示的创造性思维及其本质特征的精要。它实质上也是对创造过程运演机制的一种心理动力学揭示。因此，无论将创造过程划分为多少阶段乃至多少步骤，只有把握这一精要，才真正把握了创造过程模式研究的根本。①

傅世侠等人的分析是很深刻的，其中，认为创造过程的本质特征乃是"紧

---

① 傅世侠、罗玲玲：《科学创造方法论》，中国经济出版社，2000年，第278~279页。

张"与"松弛"的循环,即意识与无意识的心理状态或心理能力的交替作用,这多少会使一些读者感到意外。各种创造学著作纷纷谈大量技法,但在这些技法中,强调"松弛"或"无意识"一面的很少,特别是在我国创造学著作中谈得更少,似乎创造与"松弛"或"无意识"无关。这说明,我们的创造技法还存在某种缺陷,未能全面体现创造过程的本质特征。

如果把"紧张""意识"视为"动","松弛""无意识"视为"静",或进一步把前者视为"阳",后者视为"阴",我们就会得到一个动静交叉、阴阳互补的创造过程模式。《易传·系辞上》云"一阴一阳之谓道",把握了创造过程的阴阳关系,就是把握了创造的根本。纵观目前各类创造学著作,绝大部分谈的都是"阳",即主动的、理性思考的一面,而忽视了"阴",即主静的、放松的一面,使阴阳失衡,无形中忽略了"孕育"阶段的存在。有的创造学讲座,夸口要在课堂上立刻产生多少发明和专利,更显出对创造过程的无知。发明创造绝不是一讲技法,立杆见影就出创造成果,因为真正意义的创造,需要长短不一的"孕育"阶段。

怎样达到"入静""松弛""无意识"的心境呢? 数千年的东方文化,对此做出了大量丰富而珍贵的贡献,具有无穷无尽的宝藏。从一定意义上说,东方文化总体上是一种偏"静"倾向的文化,儒、道、释在身心修养方面都达到了极高的境界。宋明儒学的代表人物周敦颐说:"圣人定之以中正仁义,而主静,立人极焉。"(《太极图说》)朱熹认为:"若以天理观之,则动之不能无静,犹静之不能无动也;静之不可不养,犹动之不可不察也。……然敬字功夫,贯动静而必以静为本。"(《答张敬夫》)静中存养,动中省察,不容偏废,但静是主导、是根本。道家更是重视虚静的功夫,老子说:"致虚极,守静笃,万物并作,吾以观其复。"(《老子·十六章》)庄子说:"圣人之静也,非曰静也善,故静也;万物无足以铙心者,故静也。水静则明烛须眉,平中准,大匠取法焉。水静犹明,而况精神? 圣人之心静乎,天地之鉴也,万物之镜也。夫虚静恬淡,寂漠无为者,天地之平而道德之至。"(《庄子·天道》)庄子这段话的意思是说:圣人的"静",并不说是因为清静好所以才静,万物不足以搅扰内心的安宁才是静。水平如镜,可以照见须眉。静而平,是大匠取法的标准。水静便明澈,何况是精神呢! 圣人内心的静,可以作为天地万物的明镜。虚静、恬淡、寂漠、无为,乃是天地本原和道德的极致。庄子以"水平如镜,可照万物",来说明心静的重要作用和意义。佛家讲"戒、定、慧"三字,其中的"定",即禅定,亦称"止",就是一种典型的止妄入静功夫。佛经云:"明镜体若不动,色像分明,净水无波,鱼石自现。"(《摩诃止观》卷五)意谓自心清净,就能洞明一切。"定也者静也,慧也者明也。明以观之,静以安之。"(《辅教篇》下)强调定就是静,慧就是明,静中生明,是佛家修行的重要思想。

图7-14　宁静致远

　　以上,我们简要介绍了儒、道、释的修静观,它们不仅是一种理论,更是一种实践,各学派有极为丰富的静心修养的功夫和方法。这马上会使敏感的读者联想到:能不能把这些功夫和方法引入到创造技法中去,开发一系列与西方迥然不同的技法? 日本学者在这方面做了有益探索,例如,高桥诚主编的《创造技法手册》,就收入了坐禅法、瑜伽法、瞑想法等带有鲜明东方文化特色的技法。"坐禅法"是由恩田彰撰写的,他认为:"禅定的修行法,不仅限于禅宗,佛教各派把它作为'戒、定、慧'三学之一加以重视。'戒'是戒律,'定'是禅定,'慧'是智慧。智慧相当于创造性,从广义上说,智慧包含智能和创造性两个方面。但是,与其说智慧是主要起逻辑思维作用的智能,不如说接近于主要起创造思维作用的创造性。"[1]他进一步解释说:"在禅中,通过进行身心调整,可以使身心安定。这就是说,过分紧张的感觉获得解放,紧张和松弛得以保持平衡。进入禅定以后,不久便浮现许多形象和设想,有时会萌发出创造性的设想和形象。"[2]

　　我们很欣赏日本学者把东方文化引入现代创造学的开拓精神。同时,也感觉到,西方文化和东方文化是两大类不同的文化。植根于西方文化背景的现代创造学,在与东方文化结合上,需要有一个整体上融会贯通的环节,仅从局部借鉴,就有可能形成机械的拼合,达不到有机的整合。例如上述坐禅创造技法,佛学者可能认为不是佛学,因为其目的显然与修佛不同;创造学者可能认为不是创造技法,因为其方法与其他创造技法显然不同。所以,把

---

[1]　高桥诚编:《创造技法手册》,上海科学普及出版社,1989年,第259页。

[2]　同上,第259页。

坐禅法引入创造学固然有积极意义,但如果缺乏两大文化观念整合的环节,将很难达到会通一体的境地。

笔者认为,不能仅从个别技法的引入,来解决现代创造学与东方文化结合问题,而应从东西两大文化融会的高度,通过观念和理念的革新,促进二者的高层次有机整合。具体来说,要实现现代创造学与东方文化的结合,双方首先要各自改变观念,扩大视野,获得兼容对方的空间。例如,创造学的目的是创造产品,东方文化目标是境界修养,一个注重"成物",一个注重"成己",二者相距甚远。要实现二者结合,首先要变革观念,创造学要关注"成己",提高修养境界,改变急功近利的短视;东方文化要关注"成物",着眼创造成果,改变伦理至上的狭隘。本书即是按上述思想探索的,着眼东西文化整合融会,从心性、思维、技法、境界四个层面建设"成物"与"成己"兼备的有东西方文化特色的创造学。

应当指出,中国传统文化并不是只关注"静",忽视"动",也有许多关注"动"的学派和观点,特别是儒家学派,比较关注动与静的平衡问题。但是中国传统文化所说的"动静",落实到人仍是个道德伦理修养和实践问题,不是创造过程中创造思维的动静问题。因此,借鉴中国传统文化,首先要着眼传统文化的现代转化,打破伦理至上观念的束缚,确立以创造为核心的新的文化观。

(二)关于创造思维

傅世侠、罗玲玲深入研究了和创造过程相应的两种创造思维(逻辑的和非逻辑的)关系。作为个体的人,本来就存在着两种性质或两种形式的思维,即符合逻辑的思维或谓"逻辑思维",以及并不要求符合逻辑的思维或谓"非逻辑思维",因而便合理地有了逻辑学与心理学这两种不同门类的学科,各自从不同的角度对思维的研究。所谓逻辑思维,也即借助于言语形式(或谓自然语言)表达的思维。其具体表达方式,则既可以是口头语言,也可以是负载于文字、符号、图表及其他多种形式的载体所表达的非口头语言。我们知道,言语或语言乃是人类社会实现人际交往或思想交流的工具,因而它所表达的思维,则必定要符合语言的法则(所谓语法),以及传统形式逻辑研究所揭示的关于形成概念、判断和推理形式所要求的种种具体规则。否则,人与人之间各行其是便无法沟通,也就不可能交流,更不用说借助于文字等载体

第七章

而使人类社会形成的文化遗产得以世代传承。所以,从这个意义上说,所谓逻辑思维,我们也可以称其为"言语思维"。

非逻辑思维则恰恰相反,严格说,它们纯属人们内在的心理活动,比如"联想""想象"或"直觉"。这类心理活动本来并不需要、有时甚至还难以用言语的方式来表达。但尽管如此,只要它们同样具备作为思维所必须具备的,如认知的间接性、概括性,以及能解决问题等基本功能,我们便完全可以将它们称之为"非言语思维"。当然,无论联想、想象或直觉,一旦这类思维形式也能通过言语的方式表达出来,那么,它们也就不再是非逻辑的或非言语的思维,而已经转化成了逻辑的或言语的思维。而这时,它们便同样也必须符合语法以及逻辑的规则。

如我们前已提到,无论有多少种创造过程阶段划分模式,最基本的乃是三阶段,即:

准备(主要是发现问题和收集资料)→创新(酝酿和顿悟)→验证(主要是实验/实践检验和逻辑/数学证明)

在这三个阶段中, 贯穿始终的是主体的意识与无意识两种心理状态的作用,其表现则是"紧张—松弛—紧张"的循环。那么,这种意识与无意识从紧张到松弛、再从松弛到紧张,乃至进而再循环的心理活动机制,究竟何以实现为创造性地解决问题的实际思维过程呢?

据以上分析,我们可以清晰地看到,在创造过程的前期即准备阶段,以及后期的验证阶段,主要便是通过言语形式的逻辑思维的运用:即当主体处于准备阶段,除对问题的敏感性外,主要便是从人类知识宝库中,搜集、整理、分析和筛选现成文献资料,或从前人精神产品中获取知识和经验,这时,所利用的只能是与之相适应的符合逻辑常规的思维形式,即逻辑思维;而经创新阶段后的验证阶段, 最主要的就是以符合逻辑常规的程序来检验经创新获得的新观念。与这两个阶段不同,在过程中期的创新阶段,主体则主要是处于内心活动中,或冥思苦索,或泰然休闲,直至突然间豁然开朗——这时,则无须诉诸语言,也无须受制于逻辑规范,所利用的思维形式则是非逻辑思维。

可见, 人的创造过程正是逻辑与非逻辑两种思维形式分别地适当利用的最成熟表现。而且,在整个过程中,它们是缺一不可、协作互补的关系。

在这里,似有一问题尚需提出来略加辨析,即关于"思维形式"与"心理状态"的区别和联系问题。如上述,思维形式即指逻辑或非逻辑思维;而所谓心理状态,指的则是关于意识与无意识的心理动力机制问题。它们实属两种既有联系又有区别的概念,而不宜相互混淆。具体说,"意识心理"与"逻辑思维""无意识心理"与"非逻辑思维",虽各有密切关联,但并非彼此对等或可相互置换的概念。例如,在运用逻辑思维时,尽管必须有意识心理的努力,以至于有时也可称逻辑思维为"意识思维";但有的非逻辑思维,如联想和想象,当其是随意或有意(voluntary)联想或想象时,同时也需要在意识心理作用下进行。从这个意义上说,我们则不可简单地等同"意识心理"与"逻辑思维";同时,也不可将"非逻辑思维"简单地等同于"无意识心理"。换言之,在意识心理驱动下,既可能是逻辑思维,也可能是非逻辑思维;而有的非逻辑思维如直觉,则为无意识心理所驱动。它们的关系可简示为:

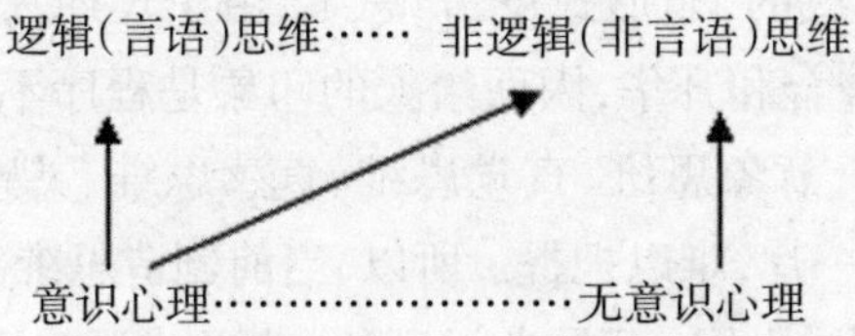

图 7-15　心理与思维关系图

传统逻辑学的贡献就在于它依据人类的言语特征,将其所表达的意识心理驱动下的逻辑思维规律给予了充分揭示,但它没有、也无必要揭示以非言语形式表达的非逻辑思维的规律性。它已属于心理学的研究范围。心理学则不仅要关注意识思维,还必须关注为意识或无意识驱动的非逻辑思维的研究。①

以上我们较详细引用了傅世侠、罗玲玲关于逻辑与非逻辑两种思维以及两种思维与创造过程的关系的观点,原因有二:一是笔者赞同上述分析思路,确实抓住了创造过程和创造思维的实质,化繁为简,阐述清晰,富有启发性;二是上述观点尚不够完善,笔者欲扩大论题视野,从一个新角度,进一步发展之。

笔者感到,只从逻辑学(且仅限于形式逻辑)和心理学二个学科谈创造过程和创造思维,显然领域偏少:如美学、文艺理论有大量关于想象、直觉、灵感等内容研究成果,应引起关注;再如,在认识论领域,英国哲学家波兰尼(M.Polanyi)的言传(explicit)认识和意会(tacit)认识观点,对认识创造过程和

---

① 傅世侠、罗玲玲:《科学创造方法论》,中国经济出版社,2000年,第279~283页。

创造思维很有价值;又如,中国传统哲学与文化特别关注"只可意会,不可言传"的认识现象,儒、道、释都有大量有关体认、意会、顿悟等问题的深刻研究,应注意汲取其精华思想。

如果我们从多学科和跨学科的视角着眼,就会感到,"逻辑思维"和"非逻辑思维"之说不够确切,应称"形式逻辑"和"非形式逻辑"两类思维,因为逻辑是一个广义的概念,傅世侠等指的"逻辑"仅指形式逻辑。在形式逻辑之外还有没有逻辑呢? 换言之,"非形式逻辑思维"会不会遵循一种新的逻辑思维方式? 这是读者感兴趣的一个问题,也是本篇下面要讨论的主题。

众所周知,形式逻辑学是一门成熟的学科,它以概念为基元,通过严谨的判断、推理过程,获得逻辑结果,程序清晰,步骤具体,得到公认。反观由想象、直觉、灵感等组成的"非形式逻辑"思维,由于长期只注重个别现象的孤立研究,缺乏逻辑整合和升华,因而给人的印象是程序不清、步骤飘忽,甚至名称也有形象思维、意象思维、直觉思维、直感思维、灵感思维等多种叫法,更使人感到如散沙一片,难以把握。所以,当前创造思维研究的突破口,不是已成熟的"形式逻辑"思维,而是尚无序的"非形式逻辑"思维,亦即直觉(意象)思维。换言之,是一种与形式逻辑不同的新的逻辑方法探索。这正是本篇内容重点所在,也是笔者自20世纪70年代末以来,一直倾力研究的课题,这一新的逻辑方法我称之为审美逻辑。其具体内容将在下面第八章节介绍。

这里,把图7-15作一发展,补充为图7-16多了一个相应的认识层面,包括言传认识和意会认识,把思维的名称规范化,三个层次关系也补充完整。

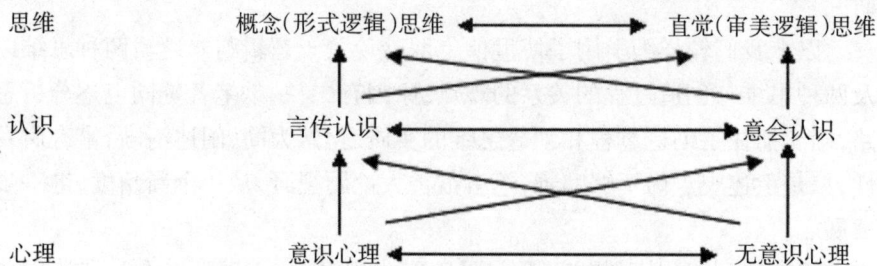

图 7-16　思维、认识与心理关系图

下面第八章将围绕图7-16的思维层面展开,全面分析概念(形式逻辑)思维和直觉(审美逻辑)思维两种思维形式,且以后者为重点和特色。

第八章　意象思维与审美逻辑

> 有意识的稳健而彻底的逻辑改革运动，
> 只有在美学中才能找到基础或出发点。
>
> ——[意]克罗齐

我们先来做一个猜花点的游戏。

图8-1　扑克牌猜点

在图8-1中，有(A)(B)两图，为简化后的扑克牌，其中(A)画面上有一颗红桃，另手盖住下半部，请你猜一下(A)可能是红桃几? 图(B)是另一张牌，画面上有两颗红桃，另手盖住上半部，请你猜一下(B)可能是红桃几?

实验表明，受试者通常猜(A)为桃花1，(B)猜为桃花3。猜者采用的是和谐对称判断推理，即扑克牌花色排列是均匀对称的，图(A)红桃居中央，上部无花，可推知手盖处也无花，所以猜牌(A)为红桃1。而图(B)中央及下方各有一红桃，从对称的角度考虑，可推断手还盖着一红桃，所以猜(B)为红桃3。

实际上，试验设计者给出的牌是一张，即红桃2(图C)，无论猜1或3，猜者都猜错了。当然，这一推断失误不能怪猜者，而是设计者故意打破和谐对称排列造成的。

上述实验表明，人类心理上对和谐对称的图像有一种敏感，这即是"完形"倾向，或称"臻美"趋势。这种以达到"美"的理想为目标的判断推理方式，即是本章要重点展开的审美逻辑方法。受试者猜花色运用的推理方法就是

"臻美法"。这里的"臻",就是"达到"的意思。以达到美的标准为核心的推理,已不是形式逻辑,而是已迈进审美逻辑的大门。

审美逻辑是创造过程中意象思维遵循的逻辑。通常,我们说到逻辑,一般是指概念思维运动遵循的形式逻辑,如果只是把形式逻辑方法套用在意象思维上,就会感到意象思维是非逻辑的,所以很多人称意象思维是"非逻辑思维",指的其实是"非形式逻辑思维"。

显然,形式逻辑不能代表逻辑的全部,我们下面要介绍的是一种逻辑学与美学交叉融合而成的一种有别于"形式逻辑"的"审美逻辑"。意大利美学家克罗齐曾预言说:"有意识的稳健而彻底的逻辑改革运动,只有在美学中才能找到基础或出发点。"①克罗齐指出了逻辑改革的出发点,但没有给出改革的具体结果。我们将通过科学、艺术以及各种创造活动事例,探索审美逻辑的内涵与结构。

一、逻辑学与美学联姻

关于以形式逻辑为代表的传统逻辑局限性,德国心理学家韦特墨(M. Wertheimer)有一评价:

> 同现实的、有意义的、创造性的过程比较,传统逻辑的论题以及常见的例子常常显得笨拙、乏味,没有生气。诚然,传统逻辑处理问题相当严密,但是它似乎常常枯燥无味、令人厌倦、空洞,而且没有创造性。如果用传统逻辑描述真正思维的过程,其结果常常不能令人满意:人们有一系列的正确运算,但是过程的含义以及其中有生命、有力量以及创造性的东西,似乎在系统的阐述中消失了。换句话说,很可能有一系列正确的逻辑运算,每一个运算本身都完全正确,但是不能形成有意义的连贯思维。
>
> 不应该贬低传统逻辑,传统逻辑的训练可以使思维的步骤严密而有说服力,有助于使头脑清晰;但是它本身似乎不产生创造性思维。总之,传统逻辑虽然准确,但却有可能陷入空洞、无意义;而且运用在真正的创造性上总是有困难。②

① [意]克罗齐:《美学原理·美学纲要》,外国文学出版社,1983年,第51页。
② [德]韦特墨:《创造性思维》,教育科学出版社,1987年,第11页。

第八章

这里,韦特墨指出了传统逻辑的局限性。笔者认为,传统逻辑思维,不管是在日常思维或创造思维中,都是很重要的,它们是思维的"半边天",缺此,思维就会陷入混乱,特别是对中华民族这样一个在历史上形式逻辑研究欠发达的民族,研究和普及这一逻辑尤为必要。从这一角度说,韦特墨断言传统逻辑空洞、无意义,在用语上有些偏激。但另一方面,单纯靠传统逻辑,确实缺乏创造的前冲力和活力,它老道有余而朝气不足,传统逻辑显然把思维中最活跃、最有探索性的思维方式排除在外了。这一点,甚至连传统逻辑的奠基人亚里士多德也感觉到了,他说:"心灵没有意象就永远不能思考。"①被传统逻辑遗忘的正是意象思维这一人类思维的"半边天"。

图8-2 韦特墨

能否以跨学科的眼光,打破传统逻辑学边界,将意象思维也纳入逻辑学考察的视野呢?这是一个有深远意义而又需要冷静思考的议题。说其深远,就在于一旦意象思维的逻辑搞清,则艺术思维与科学思维、西方传统思维与东方传统思维、逻辑思维与创造思维,将贯通成为一个整体;说其冷静,就在于这一跨跃,涉及两门以上学科的重组和协调,不能靠主观生搬硬套,而需要深入思维和学科实际,探索有机自然的融合。

众所周知,概念思维是传统逻辑学研究对象,意象思维是传统美学研究对象。现将逻辑学视野拓展到意象思维,立刻涉及逻辑学和美学的关系问题。意大利美学家克罗齐(B.Croce)指出:"审美的与理性的(或概念的)两种知识形式固然不同,却并不能完全分离脱节,像两种力异向牵引那样。"②"人的心灵能从审美的转进到逻辑的,正因为审美的是逻辑的初步。"③克罗齐的

---

① [希]亚里士多德:《论心灵》,第431页。

② [意]克罗齐:《美学原理·美学纲要》,第29页。

③ 同上,第43页。

上述话虽是为提高美学地位而言,在客观上却打通了美学和逻辑学的联系,为逻辑学的改革找到了基础或出发点。

下面,我们就探讨一下逻辑学和美学的结合问题。这一问题,有科学思维与艺术思维融会的前提,也有西方思维和东方思维交汇的背景。从一定意义上说,西方传统主导思维与逻辑学关系密切;东方传统主导思维与美学关系不一般。李泽厚认为:"与讲究分析、注重普遍、偏于抽象的思维方式不同,中国思维更着重于在特殊、具体的直观领悟中去把握真理。庄子与惠施的濠上辩论,禅宗的种种机锋,都显示出它们讲求的是创造的直观,亦即在感受中领悟某种宇宙的规律。这种思维认识方式具有审美积淀的特征,它是非概念非逻辑性的启示。"[1]"这种非分析非归纳的创造直观或形象思维正是人不同于计算机器,是人之所以能做真正科学发现的重要心理方式。"[2]作者不仅指出中华传统思维的审美特征,而且指出这一思维与科学发现过程密切相关,这一见解无疑是深刻的。

什么是逻辑学? 一种较流行的看法认为:"人的认识包括感性认识和理性认识两个阶段。感性认识有三个形式:感觉、知觉、表象。理性认识有三个形式:概念、判断、推理。思维就是理性认识。思维形式就是概念、判断、推理。"[3]"逻辑学是以思维为研究对象的一门科学。逻辑学包括三个大的门类:形式逻辑、数理逻辑、辩证逻辑。它们都以思维为研究对象,但具体内容和研究方法,各有不同。"[4]

在上述见解中, 从认识论、思维论到逻辑论,都把中华传统主导思维——意象思维,排斥在外,这是一个不容忽视的偏颇之见。人类两大思维,即以概念思维为代表的阳思维和以意象思维为代表的阴思维, 共同组成一个完整的思维有机体。上述见解只把阳思维称作思维,认定思维是一种"孤阳"运动,而无视意象思维的存在,丢失了思维的"半边天",显然是片面的。按上述见解,科学和艺术中的想象、直觉、灵感,中华传统思维中的玄览、意象、顿悟都被排除在思维的定义之外,在这种定义限制下,还有真正意义的创造思维吗? 由此可见,上述见解的认识、思维、逻辑界定均含有片面性,是不完全的。

① 钱学森主编:《关于思维科学》,上海人民出版社,1986年,第340~341页。
② 同上。
③ 陈翼浦:《形式逻辑》,语文出版社,1996年,第3页。
④ 同上,第1页。

　　这一见解的根源在认识论,如果认为人类只有感性认识(感觉、知觉、表象)和理性认识(概念、判断、推理)两种界限分明的认识,则必然会把概念思维看成思维的全部,并由此产生逻辑只是概念思维逻辑结论。事实上,人类认识是动态的、复杂的、丰富的,并不能死板地分为感性认识和理性认识两个阶段。例如,在人类认识过程中,由想象、直觉、灵感,或玄览、意象、顿悟形成的认识,即意会认识,既非单纯的感性认识亦非单纯的理性认识,它们是认识的真实形式,不应排除在认识论视野之外。人类认识大体可分为言传认识和意会认识两大类型,与此相应,人类思维也分两大类型,即建立在言传认识基础上的概念思维,以及建立在意会认识基础上的意象思维。

　　现在,我们要深入逻辑层次,对意象思维进一步分析。一般认为,逻辑学是以思维为研究对象的一门科学,笔者认为,既然以思维为研究对象,则不应只研究概念思维,而把意象思维排除在外。若要在逻辑学中包容对意象思维逻辑规律的研究,首先要突破“概念”中心论,即不能以概念思维作为逻辑学划界标准。这样,在逻辑学定义上就需要有一个超越“概念”局限的高层视野。对逻辑学定义,不是着眼“概念”,而是着眼“推理”,不失为一种明智选择。

　　《中国大百科全书》称逻辑学是“一门以推理形式为主要研究对象的科学”。“推理是以一个或几个命题为根据或理由,以得出一个命题的思维过程。”①以推理来界定逻辑学,就为逻辑学的视野拓展留下了空间。例如,我们熟悉的《周易》象术思维中,有观物、取象、运数、比类程序鲜明的推理过程,但这一过程的主导方面不是概念思维而是意象思维,它不符合传统的形式逻辑规律,但符合大逻辑学范围。

　　通过中西比较,我们可以很明显看出中西不同的逻辑推理侧重点。例如,“古代中国的逻辑思维主要发展起了比类与类推这一形式。比较考察表明,这一形式的最重要特征是基本上做横向运动,即由某一事物比另一事物,由一类事物推另一类事物。而古代希腊则与此不同,它在这里主要发展起演绎推理的形式,这一推理形式的主要特征是沿种属关系作纵向的思维运动。就知识的可靠性而言,无疑优于比类形式。同时,古代中国的比类形式保留有更多的经验色彩,因而也具有更多的联想和创造因素,而这却是演绎形式所没有的。”②这正是意象思维的逻辑与概念思维的逻辑一个重要不同点。

第八章

---

① 《中国大百科全书·哲学》,中国大百科全书出版社,1987年,第534页。

② 吾淳:《中国思维形态》,上海人民出版社,1998年,第239页。

令人感兴趣的是,若意象思维也遵循一定的逻辑,则这一新逻辑是何种逻辑?显然,这一逻辑既非形式逻辑,更非数理逻辑或辩证逻辑,它已超越现有诸逻辑范围,触角深入传统的美学世袭领地,是在逻辑学和美学交叉地带形成的,我们可称之为"审美逻辑"。关于审美逻辑的具体内容,我们将在下节详细讨论。这里,需要指出审美逻辑的几个基本特点:

(1)审美逻辑存在的基础是人类思维的统一性。事实上,将思维分为概念思维和意象思维是人类研究的需要,在现实思维运动中,纯粹的概念思维或纯粹的意象思维是极为罕见的,通常都是以两种思维兼有的方式进行,不管是科学家的思维还是艺术家的思维,都兼有"意象"和"概念"两种思维要素,当然在不同的学科、不同的场合,两种思维的作用有主辅之分或显隐之别,但并没有非此即彼、黑白分明的界限。这一客观事实,决定了美学和逻辑学之间有一交叉过渡的中介环节的存在。

(2)审美逻辑不是形式逻辑的简单推广。在美学中寻找概念思维的踪迹、总结形式逻辑的成果,以至机械地套用审美概念、审美判断、审美三段论等观点,这不是真正意义上的审美逻辑。真正的审美逻辑,应从意象思维的现实出发,探索和总结其特有的逻辑规律和逻辑方法。总之,它不是单纯的形式逻辑扩展,而是传统逻辑的突破与更新。

(3)审美逻辑不是对传统意象思维研究的重复。它不是想象、直觉、灵感、意象、顿悟,诸要素的罗列或孤立研究,而是对其逻辑学的整合和分析,包含着理性层面和规律层面质的提升。它将表明,意象思维既是自由开放的,也是严格有序的。

(4)审美逻辑是意象思维逻辑规律的反映。它既具有美学特点,也具逻辑学特点,但既非传统美学,也非传统逻辑学。因而,不能用传统美学或传统逻辑学划界标准去理解它,而需要用跨学科的视野去审视它。

应当指出,在东方文化与西方文化对峙、科学家和艺术家分家、逻辑学和美学绝缘的背景下,理解审美逻辑是困难的。正如艺术心理学家阿恩海姆(R.Arnheim)所指出的:"在那些致力于培养感性能力的人中——尤其是艺术家中——有不少人对理性能力采取不信任的态度,认为它是艺术的敌人,在最好的情况下,也把它说成是一种同艺术格格不入的东西。反过来,那些从事理论性思维的人,又喜欢把理论思维说成是一种完全超越了感知的活动。

总之,双方面都对理性与感性的重新结合持怀疑态度。"①实际上,东方思维和西方思维、艺术思维和科学思维,它们彼此有不同却又互相关联,它们在审美和逻辑的交叉点上相会。简言之,创造性思维超越了东西方思维、科艺思维、美学与逻辑学的界限。

二、审美逻辑要点综述

逻辑学是研究思维形式及其规律的一门科学。研究概念思维形式及其规律的称为形式逻辑,研究意象思维形式及其规律的称为审美逻辑。

在形式逻辑分析中,我们曾指出:概念、判断、推理是形式逻辑的主线,其中概念是形式逻辑的"细胞",推理是形式逻辑核心问题。对审美逻辑而言,其起点不是概念,而是想象,想象(及其意象)是审美逻辑的"细胞",想象和直觉的矛盾运动,以及在此基础上形成的审美判断、审美推理,构成了审美逻辑的主线。当然,审美推理是审美逻辑的核心问题。

(一)想象与直觉

法国哲学家狄德罗(D.Diderot)指出:"想象,这是一种特质。没有了它,一个人既不能成为诗人,也不能成为哲学家、有机智的人、有理性的生物,也就不成其为人。"②另一位法国学者伏尔泰(Voltaire)认为:"想象是每个有感觉的人都能切身体会的一种能力,是在脑子里拟想出可以感觉到的事物的能力。"③他进一步指出:

> 想象有两种:一种简单地保存对事物的印象;另一种将这些意象千变万化地排列组合。前者称为消极想象,后者称为积极想象。
>
> 积极想象把思考、组合与记忆结合起来。它把彼此不相干的事物联系在一起,把混合在一起的事物分离开,将它们加以组合,加以修改;它看起来好像是在创造,其实它只是在整理;因为人不能自己制造观念,他只能修改观念。

① ［美］阿恩海顿:《视觉思维》,光明日报出版社,1987年,第38页。
② 《外国理论家作家论形象思维》,中国社会科学出版社,1979年,第27页。
③ 同上,第29页。

看到有人用一根木棒掀起一块用手推不动的大石头，积极想象就能创造出各种各样的杠杆，然后还能创造出各种复合的动力机，这种机械不过是杠杆的改装而已；必须首先在心灵里设想出机器及其效能，然后才能付诸实现。①

图 8-3　伏尔泰

伏尔泰提出的想象"组合作用"引起了许多科学家关注。科学家普利斯特利(J.Priesley)指出："凡是能自由想象并把互不相干的各种观点结合起来的人，就是最勇敢、最有创造性的实验者。"②爱因斯坦认为："在我的思维机构中，书面的或口头的文字似乎不起任何作用。作为思想元素的心理的东西是一些记号和有一定明晰程度的意象，它们可以由我'随意地'再生和组合……这种组合活动似乎是创造性思维的主要形式。"③

简言之，"组合"作用是创造性想象的本质特征。

全面地说，想象是由非自觉想象(如做梦、走神等)、自觉与非自觉兼有想象(如自由联想)、自觉想象(如再造想象、组合想象等)三种类型的想象共同组成的，它们对创造思维都有不同程度的影响和作用。其中联想是由一事物想到另一事物的心理过程。例如，由天空联想到小鸟，由小鸟联想到飞机，由飞机联想到火箭。由此及彼，形成意象的运动，通过联"象"达到联"意"，为进一步创造思维的展开奠定基础，联想也是创造性想象主要成员之一。

爱因斯坦认为："想象力比知识更重要，因为知识是有限的，而想象力概括着世界上的一切，推动着进步，并且是知识进化的源泉。严格地说，想象力是科学研究中的实在因素。"④令人遗憾的是，我们曾长时间把想象排斥于思

① 《外国理论家作家论形象思维》，中国社会科学出版社，1979年，第30~31页。

② 转引自《教学与研究》，1980年第2期，第27页。

③ [美]克雷奇等著：《心理学纲要》(上)，文化教育出版社，1980年，第210页。

④ 《爱因斯坦文集》(第1卷)，商务印书馆，1976年，第284页。

第八章

维和逻辑的研究视野之外，似乎思维和逻辑只和现成的写在纸上的知识有关，而和人的想象无关，结果这种思维是静态的而逻辑是封闭的，远离了人的创造实践。

物理学家普朗克曾说："每一种假说都是想象力发挥作用的产物，而想象力又是通过直觉发挥作用的。"①普朗克强调了想象与直觉的孪生性，这一点是很重要的。苏联哲学家凯德洛夫开始不承认直觉的作用，后来改变了观点，他说："我完全相信，如同自然界的一切事物一样，我们头脑中进行的心理活动过程遵循严格的规律。但是这些规律不是外部世界规律简单的模写，而是具有自己的特点。因此，想从宇宙规律和社会规律中直接得出人类思维、意识，特别是创造性活动的企图，是注定要失败的。这些规律的特点之一，就是同直觉活动相联系。没有任何一个创造性行为能脱离直觉。所以，关于思维的发展，特别是处于创造性行为发生时刻的规律性问题的解决，与对直觉出现的规律的认识不可分割。"②

在创造过程中，想象是非常重要的。但单纯的想象组合本身，并不是科学创造的目的，也构不成思维的运动。把大量想象成果毫无取舍地机械罗列，不进行取舍选择、判别，是没有任何科学意义的。著名科学家彭加勒在谈到数学上的发明时指出："数学的发明实际上指的是什么呢？它不是由已知的数学事物做了新的组合就构成了。这随便一个人都能做出这种组合，而且可以形成组合的数目是无穷的，但大部分毫无意义。确切地说，发明并不是由无用的组合构成的，而是由在数量上极少的有用组合而构成的。发明就是鉴别、选择。"③当想象组合依次或突然地闪现在人的头脑时，在刹那间是来不及做完整的形式逻辑推理的，最初的取舍判断，很大程度上是一种直接的、迅速的感觉。换句话说，创造中的直觉，就是没有完整的传统逻辑过程相伴随而发生的对想象组合瞬时的、直接的选择（判断）。直觉有两种：肯定型直觉和否定型直觉。不过科学家通常说的直觉，是肯定型直觉，即问题突然得到解决的感觉。其实，否定型的直觉也很重要。例如，我们在猜测一个难解的问题时，会产生大量形形色色的想法，其中有许多想法刚一出现，我们就觉察到它对要解决的问题无益，随即否决，又产生新的猜想。由此可以看出，

第八章

---

① 转引自王梓坤：《科学发现纵横谈》，上海人民出版社，1984年，第63页。

② ［苏］凯德洛夫：《论直觉》，《哲学译丛》1980年第6期。

③ H.Poincare, *Science and Method*, Thomas Nelson and Sons, p.51.

否定型直觉是大量的、反复出现的,而肯定型直觉则是稀少的,甚至在有的场合解决一个问题时仅仅出现一次。

创造性的想象在内容上是形形色色、多种多样的,因而直觉判断也是丰富深远的,在这一点上,它远远超越了形式逻辑中的概念判断。创造中的直觉,特别是创造假说或模型阶段的肯定直觉,往往带有鲜明的美感(雅致感)特点。法国数学家哈达马(J.Hadammard)说:"这种选择(判断)是如何做出的呢?指导选择的原则必定是非常好,令人愉快。它们是感觉到的,几乎不可能确切地表达出来。"①贝弗里奇指出:"有相当部分的科学思维并无足够的可靠知识作为有效推理的依据, 而势必只能主要凭借鉴赏力的作用来作出判断。"②他把这种鉴赏力描写为美感或审美敏感性,按哲学家康德的术语,称之为审美判断(鉴赏判断)。康德认为,审美判断和传统的逻辑判断不同,它的根据不是概念,而是直觉。哈达马在总结科学家彭加勒思想后得出以下两点简明结论:"发明就是选择。这种选择不可避免地由科学上的美感所支配。"③

一般来说,直觉的含义很广,并非一切直觉都伴有明显的美感。但在科学和艺术的创造者那里,在想象力充分发挥作用的场合,在着眼于从整体上创造一个优美的作品或雅致的理论过程中,肯定型直觉和美感往往相伴而生。

(二)审美判断

在以上对想象和直觉的论述中,我们引入了康德的一个重要的术语"审美判断"(又称鉴赏判断)。众所周知,概念、判断、推理是逻辑学的基本概念,而康德大胆把逻辑学的范畴引入美学,把美学范畴引入逻辑学,提出了"审美判断"新范畴。正如有的学者所指出的:"审美被称作判断,与判断一词连在一起,这在美学史上是一个独特的发展。"④

①　J.Hadammard, *The Psychology of Invention in the Methematical Field*, Oxford University Press, p.30.

②　[英]贝弗里奇:《科学研究的艺术》,科学出版社,1979年,第84页。

③　J.Hadammard, *The Psychology of Invention in the Methematical Field*, Oxford University Press, p.31.

④　李泽厚:《康德的美学思想》,《美学》1979年第1期,第43页。

图 8-4　康德

康德认为,"审美判断"凭借想象力,而通常逻辑(形式逻辑)的判断凭借概念,这是二者最重要不同。他说:"为了判别某一对象是美或不美,我们不是把〔它的〕表象凭借悟性联系于客体以求得知识,而是凭借想象力(或者想象力和悟性相结合)联系于主体和它的快感和不快感。"①"美是那不凭借概念而普遍令人愉快的。"②"鉴赏是凭借完全无利害观念的快感和不快感对某一对象或其表现方法的一种判断力。"③

康德强调了审美判断的直觉性,他说:"对于美的愉快却是不以概念为前提的,而是和对象所赖以表示的表象直接地(不是通过思想)相结合着的。"④他称这种直接的结合为直观,亦译直觉。

康德首次提出了"审美判断"这个把美学与逻辑学联系在一起的范畴,奠定了审美逻辑学范畴的基石。

由于受一些观念,特别是认为美学没有创造性的传统观念的束缚,康德没有进一步提出审美推理问题,这是很可惜的。当然,那个时代,是美学走向独立的时代,美学和逻辑学的结合尚没有提到日程,康德的"审美判断"在当时已经是一种超前的见解。

康德虽然没有提出审美推理,但他的"审美理想"观点,为审美推理的建立铺平了道路。他指出:"最高的范本,鉴赏的原型,只是一个观念(又译意象、理念),这必须每人在自己的内心里产生出来,而一切鉴赏的对象、一切鉴赏判断范例以及每个人的鉴赏,都是必须依照它来评定的。观念本来意味

---

① 　[德]康德:《判断力批判》(上),商务印书馆,1964年,第39页。
② 　同上,第57页。
③ 　同上,第47页。
④ 　同上,第68页。

第八章

着一个理性概念,而理想本来意味着一个符合观念的个体的表象。"①康德的意思是,在人的内心里有一个"观念",本来这观念意味着一个理性概念,但内心中的这个观念是难以阐明的,不能经由概念来表达,只能通过个别形象表达出来。他认为:"这个观念是概念自身不能达到的,因此观念是审美性质的。"②这种符合观念的形象表达,称之为美的理想。譬如,一位画家要表现一位英雄,他就不能凭借英雄的概念作为作画的标准,而是要经过深入实际,艰苦创造,反复尝试,才能把内心产生的一种不能用概念语言表达出来的"观念",形象生动地表达出来。

广义地讲,美的理想存在于一切需要创造的场合。科学假说的诞生,恰恰是一个高度复杂的创造性工作。特别是当一个旧的理论已不能自圆其说,新的理论尚未见端倪的时刻,科学家必然调动想象、直觉、灵感大胆创新。这时未来新理论的图景,朦胧地隐藏在科学家的心中。它是不确定的,一时不能用确切的概念表达出来。它不断地被探索着、推敲着、修改着……直到一个久盼的鲜明信息出现——符合美的理想的图景显现,顿时一种强烈的美感传遍科学家全身。这一过程,从细节看,是意象思维和概念思维的交替交换,从整体看,是审美理想实现的过程,其中已包含着以审美理想为核心的审美推理活动。

康德的"内在观念",表达似欠准确;马克思提出的"内在尺度",似更为确切。马克思说:"动物只是按照它所属的那个种的尺度和需要来建造,而人却懂得按照任何一个种的尺度来进行生产,并且懂得怎样处处都把内在的尺度运用到对象上去;因此,人也按照美的规律来建造。"③"内在尺度"是人特有的判断和衡量美的一种内在标准,即类似康德所说的人自身内部的"观念"。"内在尺度"的最大特点是存在于内心,不能用准确的概念语言表达,它是无形的,难以言传的,似乎隐藏在心灵深处。别林斯基指出:"美都是从灵魂深处发出的,因为大自然景象不可能具有绝对的美;这美隐藏在创造或者观察它们的那个人的灵魂里。"④当然,我们并不同意那种把美仅仅看成来自心灵的观点,只是认为美的标准是内在的,难用概念定义和表达。按马克思的思想,这一"内在尺度"是人类进化和社会实践的结果,并非纯主观的心灵

---

① 〔德〕康德:《判断力批判》(上卷),商务印书馆,1964年,第70页。
② 同上,第203页。
③ 《马克思恩格斯全集》(第42卷),人民出版社,1979年,第97页。
④ 《别林斯基选集》(第一卷),上海译文出版社,1979年,第241页。

产物,因而虽难以用概念语言表达,但却是客观存在的,不是神秘莫测的。

由此,我们可以得到一个简明的结论:

美,就是"内在尺度"的感性显现;

审美逻辑,就是实现"美的理想"的思维序则。

关于审美推理的具体内容,将在下节论述。

(三)审美逻辑方法

"审美逻辑方法"这一名称,较早出现在墨西哥著名哲学家瓦斯孔塞洛斯(José Vasconcelos Calderón,1882—1959)的著作中。他把逻辑分为:①理性的逻辑方法(演绎);②归纳的逻辑方法;③伦理的逻辑方法;④审美的逻辑方法。

瓦斯孔塞洛斯认为:理性是一个在(概念)水平上进行抽象的综合,即同种同质的东西综合;感性(审美)倾向于吸引和推动作为互异的东西各不相同要素并把它们结合在一起,产生出一种保证它自己同我们所经验的千变万化的世界相联系的丰富知识。因此依靠感性认识,我们就能达到一种连理性都不能想象的综合类型:异种异质东西的综合。当然,瓦斯孔塞洛斯这里所说的感性认识,不是我们通常所说的初级感性认识,而是包含想象和直觉在内的高层次感性认识,即"赋予理性以活力"的感性认识。

审美逻辑方法体现了"异种异质东西的综合"。只有美感才能够渗透到实在的核心——这是因为实在本身就是美的。他坚持认为,只有审美逻辑方法才是真正的知识。当然,瓦斯孔塞洛斯的"审美逻辑方法"与本书论述的审美逻辑无论在形式或内容上都有很大不同。

美国创造学家戈登(W.J.J.Gordon)在朝审美逻辑探索方面也做了许多有特色的工作。他在《提喻法》一书中指出:像直觉、移情、玩耍以及不相关、卷入、超脱这些抽象观念的心理习惯,由于它们缺乏具体性,所以几乎是不能言传的,即它们是无法操作的。怎么办呢?他想到可以借用类比方法,因为类比是大家熟悉的,这一方法既可言传也可操作,而类比中包含着大量直觉、想象、移情、超脱等非形式逻辑的认知因素。于是,他结合创造实践,将传统的类比推理广义化,提出拟人、直接、象征、幻想四大类比,并以类比为核心,总结归纳出"提喻法"创造技法。更为可贵的是,戈登的类比法理论密切联系审美问题,以美学为其理论基础,为审美逻辑学的发展做出了积极贡献。本

第八章

书提出的臻美推理和前人发展的类比推理,构成审美逻辑的两大推理支柱,奠定了审美逻辑的理论基础,初步改变了审美逻辑神秘不可捉摸的形象。

(四)审美逻辑基本规律

审美逻辑的基本规律是什么? 李廉曾总结出《周易》形象思维的三条规律:①相似相异律。是指由思维制作出的形象——意象或意境,与被认识的对象的形象既相似又相异,它是客观世界存在事物形象的反映,但又不是,也不可能是对象完善无差的反映。②形意一致律。是指形象思维所表达的形象与其蕴含的主体对对象的理解——意识,古人称之为"神",是一致的。③多样协调律。形象思维所表达的形象,既与被认识的具体对象相似,这种形象或意象,就必然是多样(部分、成分、元素)综合而成的统一的形象或意象。①这三条规律对我们理解审美逻辑有启发作用,但尚不全面。

这里,我们以形式逻辑的三条基本规律(同一律、矛盾律、排中律)为镜像,总结一下审美逻辑的三条基本规律,这就是异质律、和谐律、归一律。

1.异质律

审美逻辑与形式逻辑的最大不同,在于其着眼的基点不是"同质",而是"异质"。瓦斯孔塞洛斯指出:审美的逻辑方法是依据关于性质或和谐的纯粹法则对异质的东西加以比较或综合。它倾向于吸引和推动作为互异的东西、各不相同的要素相互作用并结合在一起。异质律的内容是:在同一思维过程中,每一思想与其思维对象有差异性。异质律的公式是:$B \neq A$。"A"表示思维对象(或意象),"B"表示某一思想,这里B可以是一种"内在尺度"、一种观念、或另一对象(或意象)。

这意味着,在审美逻辑中,思维对象是作为一个整体存在着,且在思维中有外在于对象的异质成分引入对象,从而引起A与B的差异和矛盾。

2.和谐律

在同一思维过程中,可以通过改变思想或修正对象而使二者达到和谐。和谐律的公式是:$B \approx A$。"$\approx$"是相似号,表示A与B相类似或相共鸣。

和谐可能是两个对象(意象)之间的和谐,也可能是"内在尺度"与对象的和谐,这种和谐首先以美感的方式体现出来。

---

① 李廉:《周易的思维与逻辑》,安徽人民出版社,1994年,第39~40页。

3.归一律

在同一思维过程中,通过思想与对象的归一,而使对象完美有序。归一律的公式是:B→A。"→"是归一号,表示B的思想作用于A,而使A呈现新貌。

归一律体现了审美逻辑的目的,在于获得一个更加完美有序的对象,思想B是为这一目的服务的,它通过施加作用和影响,使A更臻完美有序。

异质律、和谐律、归一律本质上是一致的,它们反映了思维通过异质综合而达到的创新,但反映的角度和阶段不同。"异质律"以差异的形式反映了创新思维初始阶段的思想与对象的矛盾;"和谐律"反映了创新思维通过思想建构和对象修正而达到的审美和谐,这是一中间转化环节;"归一律"反映了创新思维通过获得更加完美有序的对象,达到创新思维第一阶段(即审美逻辑阶段)成果。这三个环节(定律)是一个有机的整体。

当然,如作为科学或理论创新工作,上述成果还需进一步经过形式逻辑的推敲、论证,并进而通过实验或实践的检验、修正,才能成为较成熟的科学或理论成果。

三、臻美推理与类比推理

逻辑学以思维的推理形式为主要研究对象,审美逻辑遵循何种形式的推理,是审美逻辑研究的核心议题。

形式逻辑以演绎推理和归纳推理为其推理支柱(详见下章内容),有板有眼,推理的思路和程序清晰;而审美逻辑的思维程序和推理方法乍看起来比较模糊,给人以零散无规律可循的感觉。这样就大大削弱了意象(直觉)思维在思维中的地位,它仿佛成了概念思维的陪衬甚至是累赘,被称为"非逻辑思维"或"非理性思维"。下面我们的重点进行意象(直觉)思维规律特别是推理方法探寻,揭示意象思维推理的内涵、原理、结构和一般序则。

下面,我们以科学创造的过程为例,在给出科学美概念基础上,分析一下审美推理的内涵和结构。

(一)科学美

美学认为,美的本质虽然相同,但其表现形式却是多种多样的,大家比较熟悉文学艺术中的美,下面我们要简要介绍一下科学中的美。"科学美"是有特定含义的。20世纪初以来,许多科学家和各方面学者对这种美进行了大量研究,比较一致地公认它有和谐、简单、新奇等标准。

图8-5 彭加勒

1.和谐

法国科学家彭加勒说:"我所指的是一种内在的美,它来自各部分的和谐秩序,并能为纯粹的理智所领会。可以说,正是这种内在美给了满足我们感官的五彩缤纷美景的骨架,没有这一支持,这种易逝如梦的美景将是不完善的,因为它们是动摇不定的,甚至是难以捉摸的,相反理智美是自我完善的。"科学美不是指自然中的形象和景致之美,而是一种内在的(即揭示自然规律的)以"和谐"为表现方式的美。苏联物理学家米格达尔看到,美的概念在核对结果和发现新规律中被证明是非常宝贵的,它是存在于自然界的"和谐"在我们意识中的反映。在"和谐"这一概念中,"对称"关系扮演着重要角色。例如,门捷列夫周期律不论在形式和内容上都是非常对称协调的,各行各列,上下左右,联系十分巧妙,像花边图案一样,形成一个和谐的整体,中间缺一个元素也不行。

2.简单

罗森在评价爱因斯坦时指出:"在构造一种理论时,他采取的方法与艺术家所用的方法具有某种共同性;他的目的在于求得简单性和美(而对他来说,美在本质上终究是简单性)。"法国哲学家狄德罗也曾说过:"算学中所谓美的问题,是指一个难于解决的问题,所谓美的解答,是指一困难复杂问题的简易回答。"

核内电子的运动,宇宙星系的旋转;腾空飞离的火箭,自天而降的陨星;潮汐涨落,季节更迭……凡此种种,无限的宇宙之中的无数种运动,凝缩成牛顿万有引力定律的5个字母:

$$F=g\frac{m_1m_2}{r^2}$$

这一简洁公式揭示了天上地下数不清的和引力有关的运动，使人感到清晰透彻，犹如指挥家手中一根小棍，协调着千万种声响。

3.新奇

"没有一个极美的东西不是在匀称中有着某种奇异。"评论家爱笛生指出："凡是新的不平常的东西都能在想象中引起一种乐趣，因为这种东西使心灵感到一种愉快的惊奇，满足它的好奇心，使它得到它原来不曾有过的一种观念。"

例如，广义相对论把原来认为是完全独立的基本概念结合在一起，一方面是时间和空间的特性；另一方面是物质性质和运动速度概念，大大超出人的意料，根本上改变了人们的时空观。物理学家朗道认为这个理论很可能是现有一切物理理论中最美的了。

科学美和艺术美有很大区别，它不是通常的艺术意义上的美，这一点必须强调指出。为了表明这种独特意义，有些科学家常用雅致一词来表达。例如，彭加勒把雅致看作是不同的各部分和谐，是其对称，是其巧妙的协调，"一句话，是所有的那些导致秩序、给出统一，使我们立刻对整体和细节有清楚的审视和了解的东西"。他认为，那些依习惯放不到一起的东西的意外相遇，问题的复杂与解决方法的简单形成对比，便可以产生雅致。著名现代生物学家莫诺认为，不但理论体系有雅致，实验也有雅致，他称实验雅致为"技巧的雅致"，即实验美。

总之，所谓科学美，通常以科学理论的和谐、简单、新奇为其重要标志。为了突出科学美的特点，科学家们常用"雅致"一词来表达。

(二)科学创造的过程和方法

人的科学创造活动，包括着复杂的心理活动，是创造心理学研究的对象。1926年，心理学家沃勒斯(G.Wallas)提出了著名的创造过程四阶段：准备—孕育——豁朗——证实。这一划分，得到许多科学家和心理学家的肯定。近些年，国外又有许多更为详细的划分，基本上是这一划分的发展和演变。

我国生物学家杨纪珂，从一个更广泛的角度，提出了另一种四阶段，即：实践(S)→归纳(G)→理想(L)→演绎(Y)。人的科学认识就是这四个阶段的循环，作螺旋式上升。他称之为SGLY循环。可用图8-6表示。引人注意的是，

第八章

在归纳阶段和演绎阶段之间,有一个"理想"阶段,他认为"理想"主要是指创立的模型和假说。

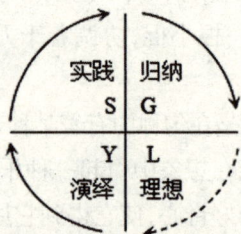

图 8-6　SGLY 循环图

杨纪珂在谈到SGLY图时,也谈到某些阶段所应用的主要方法。例如,实践阶段有观察法、实验法等。归纳阶段有归纳法,演绎阶段有演绎法,但与理想阶段相对应有什么方法,他没有进一步说明。

不难看出,既然存在有"理想"阶段,就必然有认识和达到这个阶段的方法。这个方法位置在归纳法之后(图中虚线部分),在演绎法之前,可以看成是由归纳法向演绎法过渡的中介方法。借用数学上常把未知的东西称为X的方法,我们暂且称理想(假说)阶段的方法为X方法。

显然,X方法不会仍旧是前一阶段的归纳法。在创造中归纳法有很大的局限性,特别是当观察或实验的事实比较少,而理论问题又很复杂时,归纳法更显得局限性很大。此时,为了构成一个较完美的理想假说,就需要添加一些假定的成分,在基本上不违背已知事实的前提下,最大限度地发挥创造性想象力,组构一个简单而和谐的理论框架。正是在这个意义上,爱因斯坦指出:"要走向理论的建立,当然不存在什么逻辑(这里指形式逻辑——笔者注)的道路,只有通过构造性的尝试去摸索,而这种尝试是要受支配于对事实知识的缜密考查的。"①发挥想象力的"构造性尝试"是X方法的重要特征,如同皮萨列夫所描绘的那样:"跑到前面去,用自己的想象力来给刚刚开始在他手里形成的作品勾画出完美的图景。"②

在假说或模型阶段,有一个以充分发挥想象力为特点的思维方法,这一点,连西方某些逻辑实证主义者也从长期曲折的认识过程中体会到了。例如,美国科学哲学家亨普尔(C.G.Hempel)指出:"不存在普遍适用的'归纳规则',用这样的规则假说和理论可以从经验资料中机械地引申或推论出来。

① 《爱因斯坦文集》(第1卷),商务印书馆,1976年,第566~567页。
② 《外国理论家作家论形象思维》,中国社会科学出版社,1979年,第97~98页。

从资料过渡到理论需要创造性的想象。"①

值得强调指出的是,X方法与从事实出发的归纳法相比,已经发生了立脚点的转移:问题的中心不再限于对事实的比较分析、归纳整理,而是以归纳整理的条理为基础,对和谐而简单的理想假说的组构,是从整体上对未来理论雏形的"塑造"。下面,我们举几个例子说明。

例1,门捷列夫的元素周期表。在他以前,已有三素组、八音律等理论,都有其优点,但共同的缺点是拘泥于已有的元素发现,或者说拘泥于用简单的归纳法整理。门捷列夫的独到之处在于把体系的协调放在首位,并不受当时发现元素的数量局限。他曾利用玩纸牌的方法,制作了"元素卡片",反复拼排组合,寻求简谐的元素周期表,甚至在梦中也在进行。这种情况,已远远超出了一般所说的归纳法,而是包含对一种理想化的体系反复追求。这种从整体协调着眼的创造方法,使之超越了事实不甚充足的局限,大胆预言了四种当时尚未发现的元素存在。门捷列夫称之为"亚铝""亚硼""亚硅""亚碲",这就是以后被发现的镓、钪、锗、钋。

例2,物理领域粲夸克的预言。科学家在基本粒子弱相互作用理论研究中发现,轻子共有四种,夸克有三种。如表8-1。第四种粲夸克提出的一个重要理由是什么呢?物理学家许温特追述说:"起先,根据轻子和夸克之间可能有深刻的联系的想法,从审美的角度支持这种建议。因为已知有四种轻子,所以认为如果也有四种夸克,那么,基本粒子谱就会漂亮得多。轻子成对地出现,电子(e)跟一种中微子(Ve)相关联,而μ子跟另一种中微子(Vμ)相关联,u和d夸克形成相似的一对,但s夸克却没有伙伴,于是设计一个新的夸克来填补这个真空。"②当然,今日发现或证实轻子和夸克已不止四种,但其和谐对称的图景依然存在。

表8-1 轻子夸克图

轻子	e	Ve	μ	Vμ
夸克	u	d	s	?

例3,生物学中DNA双螺旋结构的发现。发现者之一沃森(J.D.Watson)在谈到一次构思时说:"我的手指冻得没法写字,只好蜷缩在炉火边,胡思乱想,想到一些DNA链怎样美妙地蜷缩起来,而且可能是以很科学的方式排列

① C.G.Hemple:《自然科学的哲学》(英文版),第18页。

② R.F.Echwitters:《粲基本粒子》,载《科学美国人》杂志(英文版)1977年第4期,第237卷,第60页。

起来。"又有一次,他说:"我在户外欣赏番红花,至少还能希望出现一种美妙的基本排列。""有时,在刹那之间,我会发生恐惧,生怕这种想法太巧妙,可能有错误。"当初模型似乎有不符合事实的地方,两位发现者"互相告慰说,如此美妙的结构一定存在"。①其他科学家对他们的模型则表示:"一看到模型就喜欢它。"模型体现了科学意义上的美和真的统一,开创了分子生物学的新篇章。

通过以上化学、物理学、生物学的科学创造事例分析,我们可以看到,科学家在创造假说或模型的"理想阶段"所体现的X方法,不仅包含着想象力的高度发挥,而且包含着对一种科学意义上的美的追求。

马克思说:"人也按照美的规律来建造。"人们一般认为,马克思所说的"建造",既包括物质生产,也包括科学和艺术的精神生产。就科学而言,它的美当然不是绘画、小说等艺术意义上的美,而是科学雅致含义下的美。而当一个科学的假说或模型还没有达到"雅致"的境界,就必须继续进行创造、发展,"按照美的规律来建造",这个过程中体现的方法就是我们要讨论的X方法。根据现在的分析和前面举例指出的,参照归纳法、演绎法等提法,我们称X方法为"臻美法"。不言而喻,这里讨论的"美"是科学意义中的美。

以上,结合SGLY关系图,介绍了科学创造各阶段所对应的方法,简要分析了臻美法在创造过程中的地位。应当指出的是,这种方法在科学创造过程中早就在使用了,中外许多科学家以亲身的经历谈到过它,这里我们仅仅是给这种方法取了个名字,而并非创造了一种新方法。另外,创造性思维是一种高度复杂的思维活动,是各种思维方法的综合运用,很难设想,在一个阶段仅仅使用一种方法。所以,各阶段中方法的划分是相对的。它仅指在某一阶段有某一对应方法起主要作用。

(三)臻美推理方法

在想象和直觉的讨论中,我们已经指出想象的本质是"组合",而直觉是对这些组合的选择判断。把这些组合和判断的矛盾运动联系在一起,就构成了臻美推理运动。具体地讲,这个过程大体是这样的:首先出现一个组合方案,接着被直觉判断否决了;跟着出现第二种组合方案,接着可能又被否决;

---

①　[美]詹姆斯·沃森:《双螺旋链》,今日世界出版社,1970年,第120页,第154页,第149页,第164页。

然后出现第三种组合，……依此类推，循环不断，把组合推向前去。在一系列否定型直觉过后，可能会出现一个肯定型直觉。它的出现，正是我们理想中等待和追求的东西，一种强烈的美感闪电般传遍全身，这就是灵感或顿悟状态。所以，可以说，灵感是想象和直觉的矛盾运动达到高度统一，即想象的结果被直觉肯定时突然间呈现的一种理智和情感异常活跃的状态。与此类似的过程，意大利美学家克罗齐是这样描述的："某甲感到或预感到一个印象，还没有把它表现，而在设法表现它。他试用种种不同的字句，来产生他所寻求的那个表现品，那个一定存在而他却还没有找到的表现品。他试用文字组合M，但是觉得它不恰当、没有表现力、不完善、丑，就把它丢掉了。于是他再试用文字组合N，结果还是一样。'他简直没有看见，或是没有看清楚'，那表现品还在闪避他。经过许多其他不成功的尝试，有时离所瞄准的目标很近，有时离它很远，可是突然间（几乎不求自来的）他碰上了他所寻求的表现品，'水到渠成'。霎时间他享受到审美的快感或美的东西所产生的快感。丑和它所附带的不快感，就是没有能征服障碍的那种审美活动；美就是得到胜利的表现活动。"①

这里，我们试举两个文学创作例子作一说明。

例1，有一旧本杜甫诗集，文字多有脱落。在《送蔡希曾都尉还陇右因寄高三十五书记》诗中，有一句"身轻一鸟X"，写一个志坚气猛的大将，驰马战斗，说他身轻得像一只鸟那样"X"。"X"字脱落，有些人便辗转揣测这"X"究竟是一个什么字。有的说是"疾"，即"身轻一鸟疾"，有的说是"落"，有的说是"起"，也有的说是"下"，但都感觉不美，不怎么恰当，不像大诗人杜甫之言。后来，终于得到一个善本，才真相大白，原来是"身轻一鸟过"。对此，大家叹服了。用"疾"字露了，用"下"字拙了，用"起"、用"落"，似乎又仅仅限于鸟的状态，有些不自然，不贴切。恰是用了一个"过"字，叫人联想起碧空晴日，一鸟翩然掠过，那样地轻灵活泼，方产生枪急将勇，驰马追敌，一闪而去的感觉。这样一句"身轻一鸟过"，才呼应得起下面一句"枪急万人呼"。原句："身轻一鸟过，枪急万人呼。"大意是"身体轻捷如同一鸟掠过，枪法迅疾引得万人惊呼"。

例2，林则徐的女婿沈葆桢，年轻的时候很有些才气。由于他年轻有为，未免有些骄傲。有一次，沈葆桢写了一句咏月的诗："一钩已足明天下，何必

---

① ［意］克罗齐：《美学原理·美学纲要》，第129页。

清辉满十分。"意思是,弯弯的一钩残月已照亮了大地,又何必要那银盘一样的满月呢? 诗句里流露出一股自满到顶的情绪。碰巧,他的这句诗给丈人林则徐看见了,思考推敲后,就提笔把"何必"改成了"何况",变成"一钩已足明天下,何况清辉满十分。"虽是一字之改,意思却大相径庭,由自满的口吻变成了壮志凌云的生动写照。

这两个例子所含的臻美推理活动,是很清楚的。刘勰《文心雕龙·隐秀》中一段话,可以看作是臻美之论:

> 夫立意之士,务欲造奇,每驰心于玄默之表;工辞之人,必欲臻美,恒匿思于佳丽之乡。呕心吐胆,不足语穷;锻岁炼年,奚能喻苦? 故能藏颖词间,昏迷乎庸目;露锋文外,惊绝乎妙心。使酝藉者蓄隐而意愉,英锐者抱秀而心悦;譬诸裁云制霞,不让乎天工;斫卉刻葩,有同乎神匠矣。

文中"立意"即是确定"审美理想","臻美"即为实现这一理想推敲尝试不止。"呕心吐胆","锻岁炼年",说出了臻美推理的困难曲折。臻美推理的完成,即"立意"的实现,使审美创造作品达到"昏迷乎庸目","惊绝乎妙心"的效果,审美创造者达到"不让乎天工","有同乎神匠"的地步。这里"臻美"一词,正是我们命名"臻美推理"的词源。固然,这里所指的是艺术创造过程,但它同科学创造过程在思维形式上有酷似之处。

为了形象地说明上述过程,我们用一个三角形做象征性比喻,如图8-7所示。

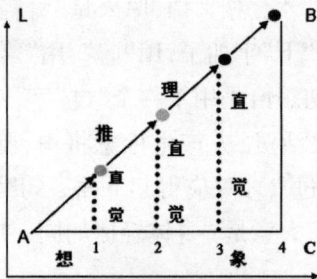

图8-7　臻美推理结构图

在图8-7中,横轴t表示时间,纵轴L表示理性高度。AC表示想象的发展方向,其中1、2、3、4……表示随着时间推移想象发生的次数。各次数之间彼此间隔是不等距的,有大有小,表示在创造中有想象频繁集中的时刻,也有想象沉寂进行孕育的时刻。同次数相对应的虚线,表示否定型直觉。直觉高潮是BC,它是一个肯定型直觉,用实线表示,亦即灵感产生之处。AB斜边表示推理,由低向高,不断上升,构成了思维的运动。从图中可以看出,这种推理不是连续的,而是由一系列否定型直觉判断和一个肯定型直觉判断组成许多"点","点"的推移形成推理的"线",用一种物理学术语来比喻,它是"量子化的"。

什么是推理?推理是指诸判断之间有联系、有规律的思维运动。传统形式逻辑讲的推理,是诸判断之间依次的线性运动,即"根据一个或一些判断得出另一个判断的思维过程"①。我们可以称之为线性推理(严格地讲,归纳推理蕴含着非线性因素)。在臻美推理中,有许多直觉判断,它们也组成一种有规则的推理运动,不过不是线性的,而是非线性的。它是在许多判断中去选择一个判断的思维过程,我们称之为非线性推理。

在上述分析的基础上,我们尝试给出臻美推理的一般性定义:臻美推理——在创造过程中,通过想象和直觉的矛盾运动而达到的从整体上推出(领会)理想结果的思维过程。由于这种推理本质上不同于形式逻辑推理,而且它的基本结构又是由想象、直觉、灵感这些在美学上常用的范围组成的,所以我们称之为臻美推理。臻美推理是一种或然性的非线性推理,是接近真理的一种手段。通过臻美推理有时可以推出正确的结论,有时则会推出虚假的结论,这是它的局限性。在科学创造中,臻美推理的成果,总要向演绎阶段过渡,用形式逻辑表达出来,而且其结论还要通过实践来检验。因此,单独使用臻美推理不能直接达到求真的目的,它只是科学求真的先导性手段。

臻美推理是从一般到一般的推理。推理是逻辑学的重要范畴之一。形式逻辑讲的推理方法大体有两种(详见第九章):归纳法(从个别到一般的推理)和演绎法(从一般到个别的推理)。

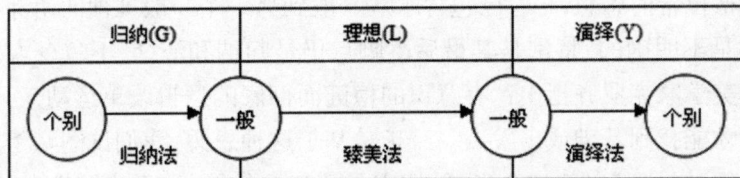

图 8-8 SGLY 图与推理关系图

---

① 金岳霖:《形式逻辑》,第139页。

　　在SGLY过程分析中,我们已经指出,臻美法是归纳法的继续和补充,是由归纳法向演绎法过渡的中介方法。由此我们可以推论:既然归纳法是由个别到一般、演绎法是由一般到个别,作为中介,臻美法应当是由一般到一般的推理(见图8-8)。确切地说,是由"有缺陷、不完美(不雅致)的一般"到"理想的、完美的一般"的推理。这就是说,从事实或实验出发的归纳法,虽然能分析、整理出条理来,但单凭归纳法,往往达不到雅致而理想的假说或模型,因此需要臻美法。物理学家德布罗意指出:"非常经常的是,我们需要借助想象或直觉的行为(这种行为就其本身不是完全合理的),由一种推理过渡到另一种推理。"①臻美法不正是以想象和直觉为主导,体现了由归纳法到演绎法的过渡吗?

　　对于科学创造而言,归纳法的局限性和它所达到"一般"的不完备性,已被许多学者注意到。国外有人把那种不同于传统归纳法,但为达到完美"一般"起过重要作用的方法,称为"直觉归纳法""想象归纳法""猜测归纳法""创造性归纳法"等。这些提法都有道理,但共同缺点是不确切,有点像盲人摸象,摸到什么部位,就把象形容成什么样子。其实,把这些提法综合起来,并从结构和实质上分析上述方法,它们就是我们已分析过的臻美法。对于臻美法,我们没有沿用上述那种"某某归纳法"这样的称呼,因为事实上以想象和直觉的矛盾运动为主导的臻美推理,已远远超出了传统归纳法的原意。

　　"从一般到一般的推理"这种提法,在逻辑学中很少提及。英国哲学家F.培根曾指出过从一般到另一个一般的推理是有意义的。匈牙利哲学家弗格拉希认为两个"一般"之间的推理是"从一般到更高级一般",或者说是从"小一般"到"大一般"的推理。②他举例说,从伽利略定律到牛顿定律,就体现了从一般到更高一般的推理。他并且认为, 这种推理包含归纳和演绎两种成分,其中演绎的因素常常多于归纳的因素。

　　弗格拉希的思想,尽管已包含了从一般到另一个一般推理的萌芽,但他的表述是不明确的,特别是其最后落脚点仍是归纳和演绎,不免令人失望。意大利美学家克罗齐指出:"有意识的稳健而彻底的逻辑改革运动, 只有在美学中才能找到基础或出发点。"③正是基于这种思想,我们试图赋予"从一般到一般的推理"以新的含义,并把它与臻美法的统一,看成一个自然而然

---

　　① [法]路易·维克多·德布罗意:《沿着科学的蹊径》,1962年俄文版,第294页。

　　② [匈]贝拉·弗格拉希:《逻辑学》,三联书店,1979年,第310页。

　　③ [意]克罗齐:《美学原理》作家出版社,1958年,第39页。

的趋势。这里,不禁使我们想起恩格斯一段著名的预言。在谈到一些人的倾向时,他指出:"这些人陷入了归纳和演绎的对立中,以至把一切逻辑推理形式都归结为这两种形式,而且在这样做的时候完全没有注意到:①他们在这些名称下不自觉地应用了完全另外的推理形式;②只要他们不能把全部丰富的推理形式都硬塞进这两种形式的框子中,就把这一切丰富的形式全都丢掉了;……"①

弗格拉希评价恩格斯上述观点时指出:"十分可惜的是,恩格斯在他指出推理有着十分丰富的形式时没有详细谈出自己关于推理形式的想法。"②他呼吁应"从现代科学的观点来分析推理的各种形式"。我们提出臻美推理,就是对这种呼吁的一个尝试性回答。

(四)类比推理方法

和我们上面谈到的臻美推理有异曲同工之妙的另一推理形式是类比推理。按传统的定义,类比推理是根据两个(或两类)对象在一系列属性上的相同或相似,从而推出它们在其他属性上也相同或相似的推理。因为两个比较对象通常都是个别事物,所以类比推理是从个别到个别的推理。类比推理公式如下:

$$A \text{ 对象有 } a\text{、}b\text{、}c\text{、}d \text{ 属性}$$
$$\underline{B \text{ 对象有 } a'\text{、}b'\text{、}c' \text{属性}}$$
$$\text{所以 } B \text{ 对象也有 } d' \text{属性}$$

应用类比推理的例子很多。例如,在科学领域,我国古代科学家宋应星在1637年就曾运用类比法,由水波推知声波,提出了气之波动说。他指出:"物之冲气也,如其激水然。气与水,同一易动之物。以石投水,水面迎石之位,一拳而止,而其文浪以次而开,至纵横寻丈而犹未歇。其荡气也,亦犹是焉,特微渺而不得闻耳。"(《天工开物·论气》)这一类比过程相当细致形象,声波传播过程,通过以石投水,波纹扩散的道理,揭示得栩栩如生。又如,1678年荷兰物理学家惠更斯将光和声进行类比,由声是物质振动而产生的一种波的学说,类推光也是一种波。与惠更斯同时代的英国物理学家牛顿,

---

① 恩格斯:《自然辩证法》,人民出版社,1971年,第204页。

② [匈]贝拉·弗格拉希:《逻辑学》,三联书店,1979年,第306页。

第八章

则根据光的反射和折射相似粒子运动方式,类推光是一种粒子。从而形成物理学发展史上,光的波动说和光的粒子说两大学派争鸣。类比在科学发展的历史上比比皆是,例子不胜枚举,以致法国科学家彭加勒感慨万千地说:"类比给我们预示了多少真理的存在啊!"

在艺术领域,类比更为重要和活跃。我国古代的"比""兴"就与类比法有密切联系。刘勰指出:"比者,附也;兴者,起也。附理者,切类以指事;起情者,依微以拟议。"(《文心雕龙·比兴》)这就是说,"比"是喻事理,"兴"是引起联想,比喻事理即用打比方类比方式说明事理,兴有托物喻意之义,"称名也小,取类也大",亦以类比为基础。刘勰还指出:"夫'比'之为义,取类不常:或喻于声,或方于貌,或拟于心,或譬于事。"(《文心雕龙·比兴》)也就是说,类比的角度是多方面的,有的类比声音,有的类比形貌,有的类比心思,有的类比事物。这一对类比分类研究,是类比研究深化的体现。从一定意义上说,类比是中华传统文化在思维上的起点。

对于类比推理,许多形式逻辑学教材都有论述。但有趣的是,它在逻辑推理中的地位却众说纷纭,有人把类比法并入归纳法(如狄德罗、穆勒、金岳霖);有人则把它并入演绎法(如斯宾塞、洛斯基、巴克拉节);还有的人把类比法当作归纳和演绎的依次相继结合(如亚里士多德)。

上述类比推理归类的分歧,和臻美推理的处境是相同的。其实,类比法是一个在本质上与归纳法、演绎法不同的方法。笔者认为,把类比法和臻美法归为一个大类型更为合适。这不仅因为二者在推理方式——从一般到一般、从个别到个别——有形式上对称的优美,而且两者在结构上也是非常相似的。

经常被逻辑学家回避的一个问题是:世界上的事物成千成万,人是怎样抓出其中两个事物进行类比的?正如弗格拉希指出的:"我们对那些在时间和空间上距离我们无限遥远、并且似乎不可能在质上和量上进行比较的现象,进行在科学方面富有成果的类比推理,其根据是什么呢?形式逻辑不能回答这个问题。"①

美学家李泽厚指出:"类比作为人类所特有的心理功能,还未有充分的估计与研究,其实,所谓非逻辑演绎、非经验归纳的'自由'创造的能力,与此密切相关。它是机器和动物所没有的。这表现在日常生活(如语言)中、科学

---

① [匈]拉·贝弗格拉希:《逻辑学》,三联出版社,1979年,第306页。

认识中,突出表现在艺术创作中,是所谓'天才'的标记之一。类比不单是观念间的联系,它涉及情感、想象等多种心理功能。"①

图8-9　李泽厚

总的看,形式逻辑只分析了类比法的一半,即后一半:在已有的两个事物之间怎样比法。但问题是两个类比对象不是预先给定的,关键是前一半:类比是怎样产生的? 换句话说,怎样在世界上千差万别的事物中挑选出一个对象,与我们已知的待深入了解的对象进行类比? 这显然是一个"选择"的过程。前面,我们已分析过臻美过程中的选择:由大量想象组合和直觉判断构成的推理运动。这一过程,对类比法基本适用。区别在于:在类比推理中的想象组合,并不是把两个东西合在一起成为一个东西,而是把两个东西联系起来,同时保持各自的独立性。在最初的取舍判断中以直觉为主导,这是不言而喻的。图8-8的推理结构图,对类比法也适用。

戈登深入分析了应用类比法过程中的心理审美愉快。他指出:"优美"观念和类比法的观点有联系,即在达到目标之前先有令人愉快的心理激动。戈登说:"当发明的目标到达时,先于它的、标志它和伴随它的是愉快的心理激动。这种愉快的心理激动本身(走上正确道路的感觉)是一种有目的的心理状态,无意识地认识到它是确定方向的路标。猎取和认识这种愉快而实用的激动的能力传统上被列入机遇和直觉。然而,我们的结论是:这种指路的愉快是有目的,而且是以追求发明过程的高度成就的技能的培养为前提的心理状态。我们观察到,某些人一再选择导致问题漂亮答案的思考路线。这些人承认远在他们直觉被证明正确以前就有一种愉快的感觉——一种'上道'

---

① 李泽厚:《康德的美学思想》,《美学》(第1期),上海文艺出版社,1979年,第52页。

的感觉。他们说,他们把这种愉快当作一个信号,告诉他们已驶入正确的方向。"①这说明,创造者在应用类比法或臻美法时,不断地利用愉快的反应,是愉快感把创造者引上了正道,这种快乐本质上是审美的。这也是我们并称它们为审美逻辑的一个重要原因。

第八章

----

① [美]戈登:《综摄法——创造才能的开发》,唐永强等译,北京现代管理学院出版社,1986年,第26页。

第九章　概念思维与形式逻辑

一切法之法，
一切学之学。
　　　　——严复

有两个人对话，听起来很有意思。

甲：世界上没有绝对的东西，你说对吧？

乙：你的话绝对正确。

这里出现了一个逻辑上的悖论：乙到底是赞成甲的观点呢，还是反对甲的观点？从一方面说，乙认为甲的观点绝对正确，就是一点也没错，乙完全拥护甲的观点；从另一方面说，甲认为世界上没有绝对的东西，但乙却认为甲的话本身就是绝对东西，是对甲观点的讽刺或反对。换句话说，若肯定乙的话为"真"，则通过甲的话，必然推断出乙的话为"假"；若肯定乙的话为假，则通过甲的话，必然推断出乙的话为"真"。这种两难的选择被称为形式逻辑的悖论。

图 9-1　罗素

英国哲学家罗素（B.Russell）与摩尔（G.E.Moore）的对话也很有趣。据罗素说，摩尔是他今生结识的一位最诚实的人。他有一次问摩尔："你今生撒过谎吗？"摩尔答到："撒过的。"罗素追记这件事时写道："我想，这就是摩尔今生讲过的唯一的一句谎话。"这里也出现了一个悖论：摩尔在罗素提问前从未撒过谎，但回答问话时却说撒过。摩尔回答是真是假？若回答为真，但他从未撒过谎，他的话便为"假"；若回答为假，他这次说了谎，他的话便为"真"。这些有趣的故事，是形式逻辑研究中的一个难点，迄今仍在争论。下面我们将要讨论的，不是悖论，而是形式逻辑学的基本内容和推理方法。

《易传·系辞上》中有一句对思维而言寓意深刻的话：

引而伸之，触类而长之，天下之能事毕矣。

这句话原指象数思维方法，但由诸子中诸家对"类"的高度重视，可以"引而伸之"，看作是对中华传统思维的普遍规律和方法的总结。

中华传统的"触类而长"思维观与现代形式逻辑的"概念起点"思维观有显著不同，前者全面、丰富、灵活、笼统；而后者严谨、精确、清晰、却单调。前者着眼思维全体，但笼统模糊；后者着眼思维局部，但严密精确。中华传统思维要走向现代化，必须吸收和消化严密精确的形式逻辑学成果，这是毫无疑义的。不过，形式逻辑只是思维逻辑的一部分，要想做到"天下之能事毕矣"，还需进一步深化发展审美逻辑，即弘扬中华传统意象思维之长，二者缺一不可。形式逻辑和审美逻辑是人类思维中最基本的两种逻辑形式。

本章我们着重分析一下形式逻辑学要点。形式逻辑是一个相当成熟的领域，这里之所以专门辟一章论述，原因有三：一是虽然在教育特别是理科教育中，形式逻辑推理充斥书本和课堂，但笔者发现，很多学生并未学过系统的形式逻辑知识，有必要在本书中介绍一下；二是形式逻辑是人类两大基本思维方式之一（概念思维），是创造思维的"半边天"，具有逻辑的经典性，应当有专门章节论述；三是树立一个"镜面"，读者可以通过本章（形式逻辑）与上一章（审美逻辑）的比较，更好地结识和了解意象思维的审美逻辑，掌握创造思维另一"半边天"的规律。

一、形式逻辑要点综述

逻辑学是研究思维形式及其规律的一门科学。任何具体思维都有它的内容，也有它的形式。任何具体思维，都涉及一些特定的对象。例如：数学思维，涉及的是数学概念、符号、公式、图形；文学思维，涉及的是人物、情节、语言、场景等。各个不同领域的具体思维都需要应用的共同思维因素，就是具体思维的形式，或者说，就是思维形式。各个不同领域的具体思维所涉及的特殊对象,就是具体思维的内容,或者说,就是思维内容。逻辑学是从实际思维中抽出思维形式作为自己的研究对象。

逻辑学以思维的推理形式为主要研究对象,因而可以说逻辑学是有关推理方法的科学。逻辑学研究有两个主要切入点:一是从概念入手,研究思维语言的构成及其推理规律,称为形式逻辑;二是从意象入手,研究思维象式的构成及其推理规律,称为审美逻辑。换言之,形式逻辑从(语言)真假值的角度研究思维形式及其规律,审美逻辑从(意象)乖和度的角度研究思维形式及其规律。在现实思维中,这两种逻辑并非截然分开,而是有显有潜、有主有从,相互渗透和转化,处于一个思维共同体中。把它们分为两种逻辑,只是研究分工的需要,侧重点有所不同。

1.古希腊是形式逻辑学的主要诞生地。在历史上建立第一个形式逻辑系统的,是古希腊学者亚里士多德。他著有《工具论》,分别论述了范畴和定义、命题的种类和关系、推理和证明、论辩的方法等问题。此外,他在《形而上学》中还论述了形式逻辑的规律(主要是矛盾律和排中律)问题,从而奠定了西方逻辑学发展的基础。

在亚里士多德之后,古希腊斯多噶学派研究了假言命题、选言命题、联言命题以及由它们所组成的推理形式和推理规则,发展了演绎逻辑。17世纪英国学者培根(F.Bacon)在《新工具》中提出了以“三表法”为核心的归纳法,奠定了归纳逻辑的基础。18世纪到19世纪,德国哲学家康德等人也曾研究了逻辑问题,并首次使用了“形式逻辑”这个名称。此后,英国哲学家穆勒(J.S. Mill)系统地阐述了寻求因果联系的五种方法,丰富和发展了归纳逻辑。德国学者莱布尼兹(G.W.Leibniz)和英国学者布尔(G.Boole)将形式逻辑与数学结合,开辟了数理逻辑新方向。以上,是西方形式逻辑发展大略。

2.“概念”是形式逻辑的“细胞”。概念产生的前提是对事物“类”的辨别。一个个别事物,总是有许许多多的性质与关系,我们把一个事物的性质与关系,都叫作事物的属性。由于事物属性的相同或相异,客观世界中就形成了许多不同事物的类。具有相同属性的事物就形成一类,具有不同属性的事物就分别地形成不同的类。例如,猪和牛是两个不同的类。每个事物都有许多属性,在这些属性中,有些是某类的特有属性,有些却是某类偶有属性。某类事物的特有属性,就是某类事物都具有而别的事物都不具有的那些属性。某类事物的偶有属性,就是某类中的某些事物所具有但不是某类中所有事物都具有的那些属性。例如,说鸟是有羽毛的卵生动物,即揭示了鸟的特有属

第九章

性;说鸟会飞,即说的是鸟的偶有属性,因为自然界中有的鸟并不会飞翔。在事物的特有属性中,又有些是本质属性,有些是固有属性。经过如上推导,我们可以给出概念的定义:"概念是反映事物的特有属性（固有属性或本质属性)的思维形式。"①由上可见,形式逻辑推理的起点是"概念",而概念的起点是"类"。

　　概念有两个基本的逻辑特征,即内涵和外延。概念的内涵就是反映在对象中的特有属性或本质属性；概念的外延就是指具有概念所反映的特有属性或本质属性的对象。例如,"人"这个概念的内涵,就是能制造和使用工具、有语言、能思维、两足直立的动物这些特有属性,而"人"这个概念的外延,就是具有这些特有属性的事物,如孔子、老子、亚里士多德、牛顿以及其他的具体的人。概念可以分为单独概念和普遍概念、集合概念和非集合概念、正概念和负概念等。

　　判断是对对象有所断定的思维形式。人们在实践基础上形成了许多概念以后,又要应用已形成的概念,去断定客观的事物情况,就形成了判断。通常判断由包含若干概念的语句组成。由主词、宾词和系词即可构成一个判断,如玫瑰花是红的,在句中"玫瑰花"是主词、"是"是系词、"红的"是宾词。判断分类如图9-2所示。

　　判断与命题密切相关。表达判断的语句,称为命题。命题的基本特征是有真假。任何命题,或者真,或者假,但不能既真又假。命题的真、假二值,统称为命题的真值。真命题的真值为真,假命题的真值为假。

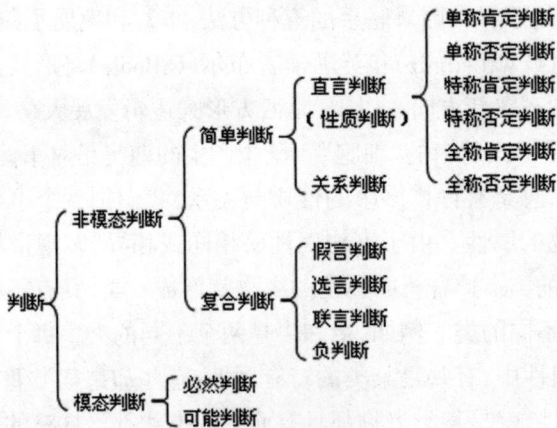

图9-2　判断的分类

---

① 金岳霖主编:《形式逻辑》,中国人民大学出版社,2010年,第18页。

推理是从一个或几个已知的判断推出一个新判断的思维形式。推理由前提和结论两个部分组成。作为根据的已知判断,称为前提;从前提推出来的判断,称为结论。前提与结论通常由"所以"来联结,它是推理的逻辑标志。用"命题"来定义,推理是由若干命题得出一个命题的思维过程。形式逻辑的推理根据其形式的性质而分为两大类:演绎推理和归纳推理。

3.形式逻辑的基本规律有三条:同一律、矛盾律、排中律。这三条对于一切概念思维形态都是普遍有效的。任何正确的思维,不论是概念、判断、推理,都必须具有确定性。①同一律的内容是,在同一思维过程中,每一思想与其自身是同一的。同一律要求的同一是指对象、时间、关系的同一。同一律的公式是:A是A。"A"表示任一概念、判断、推理,"A是A"即表示同一思维过程中每一概念、判断、推理与其自身同一。②矛盾律的内容是:在同一思维过程中,两个互相反对或互相矛盾的思想不能同时都真,其中必有一假。矛盾律有时也称为不矛盾律。矛盾律的公式是:A不是非A。"A"表示任一命题,"非A"表示与"A"相反或相矛盾的命题。矛盾律要求人们在同一思维过程中不能自相矛盾,否则就犯了自相矛盾的逻辑错误。③排中律的内容是:在同一思维过程中,两个互相矛盾的思想不能都假,必有一真。排中律的公式是:A或者非A。公式中的"A"和"非A"表示两个矛盾命题,"A或者非A"的含义是,对同一思想对象同时作出两个相互矛盾命题的,不是A真,就是非A真。排中律是思维明确性的规律。

同一律、矛盾律、排中律本质上是一致的,它们都反映思维的确定性,但反映的角度和形式不同。同一律以肯定形式反映确定性的同一性方面,矛盾律以否定形式反映确定性的一贯性方面,排中律以"非此即彼"的形式反映确定性的明确性方面;同一性、一贯性和明确性构成确定性的完整内涵。①

二、演绎推理与归纳推理

推理是逻辑学的核心议题。西方逻辑学奠基人亚里士多德早就指出:人是有理性的动物。这首先是强调:人有推理能力,就是有一种由已经获得的信念过渡到新的信念的能力。

第九章

---

① 中国人民大学哲学系逻辑教研室编:《逻辑学》,中国人民大学出版社,1996年,第309页。

　　推理是各式各样的,形式逻辑推理分类方法大致有以下几种:

　　1.根据推理所表现的思维进程方向性,即根据思维进程中个别与一般的关系,把推理分为演绎推理(从一般到个别),归纳推理(从个别到一般)。

　　2.根据推理的前提和结论之间是否有蕴含关系,把推理分为必然性推理和或然性推理。前提和结论之间有蕴含关系的推理称为必然性推理,如演绎推理。前提和结论之间没有蕴含关系的推理称为或然性推理,如归纳推理。

　　3.根据推理中前提的数目是一个还是两个或两个以上,把推理分为直接推理和间接推理。以一个判断作为前提的推理就是直接推理,以两个或两个以上判断作为前提的推理就是间接推理。

　　如上所述,演绎推理是从一般到个别的必然性推理。演绎推理又可以分成模态演绎推理和非模态演绎推理。非模态演绎推理,又可以分为简单判断的演绎推理和复合判断的演绎推理。依判断的分类,可将演绎推理种类列举如图9-3所示。①

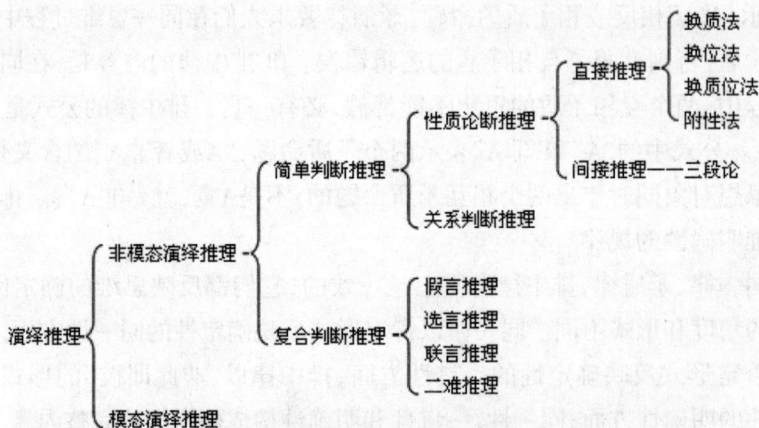

演绎推理
- 非模态演绎推理
  - 简单判断推理
    - 性质论断推理
      - 直接推理
        - 换质法
        - 换位法
        - 换质位法
        - 附性法
      - 间接推理——三段论
    - 关系判断推理
  - 复合判断推理
    - 假言推理
    - 选言推理
    - 联言推理
    - 二难推理
- 模态演绎推理

图 9-3　演绎推理分类简图

　　三段论是传统逻辑学中的主要推理。古希腊亚里士多德最早将其条理化、系统化。三段论是这样一种推理,它由也只由三个性质判断组成,其中两个性质判断是前提,另一性质判断是结论;就主项和谓项说,它包含而且只包含三个不同的概念,每个概念在两个判断中各出现一次。例如,亚里士多德在其《工具论》中举例说:

---

① 金岳霖主编:《形式逻辑》,第145页。

　　　　如果所有阔叶植物都是落叶的,①
　　　　并且所有葡萄树都是阔叶植物,②
　　　　则所有葡萄树都是落叶的。③

　　这就是一个三段论。这是由三个简单性质判断①②③组成。其中①是大前提,②是小前提,③是结论。"阔叶植物"代表"一般","葡萄树"代表"个别",三段论推理是由"一般"前提,到"个别"结论的推理。就主项和谓项说,它包含三个不同的概念,即"阔叶植物""落叶的""葡萄树"。每一个概念都在两个判断中各出现一次。如,"葡萄树"这个概念,就在②③中各出现一次。

　　三段论所包含的三个不同的概念,分别叫作大项、小项与中项。大项就是作为结论的谓项的那个概念。小项就是作为结论的主项的那个概念。中项就是在两个前提中都出现的那个概念。在上例中,"落叶的"是大项,"葡萄树"是小项,"阔叶植物"是中项。中项通常用"M"表示,大项用"P"表示,小项用"S"表示。

　　三段论的形式是通过格与式体现的。三段论的格是指由于中项在两个前提中位置的不同而形成的三段论的不同结构形式。三段论有四个格。第一格,亦称证明格,中项(M)在大前提中是主项,在小前提中是谓项。第二格,亦称区别格,中项(M)在两个前提中都是谓项。第三格,也称反驳格,中项(M)在两个前提中都是主项。第四格,中项(M)在大前提中是谓项,在小前提中是主项。

　　第一格:M—P　　　　　　第二格:P—M
　　　　　　S—M　　　　　　　　　　S—M
　　　　　　S—P　　　　　　　　　　S—P
　　第三格:M—P　　　　　　第四格:P—M
　　　　　　M—S　　　　　　　　　　M—S
　　　　　　S—P　　　　　　　　　　S—P

　　第一格最明显体现了三段论演绎推理的从一般到个别的逻辑特征。三段论第一格实际上就是三段论公理的形式化。所以,第一格被称为标准格、典型格。三段论的二、三、四格,都可以通过判断的变形、换质、换位、换质位和调换大小前提等方法,化归为第一格。

　　三段论的式是指由于构成三段论的三个直言判断的组合不同而形成的

第
九
章

不同的三段论形式。即,由于A(全称肯定判断)、E(全称否定判断)、I(特称肯定判断)、O(特称否定判断)四种直言判断在充当大、小前提和结论时出现的不同排列组合而构成的不同三段论形式。受三段论的一般规则和各格的特殊规则的限制,正确的式共24种。如AAA(大前提、小前提和结论都是全称肯定判断);EIO(大前提是全称否定判断、小前提是特称肯定判断、结论是特称否定判断)等。

归纳推理是从个别到一般的推理。具体地说,就是以某类事物中个别事物的知识为前提,推出该类事物的一般性知识为结论的推理。例如:

①当我们知道,太平洋产石油,大西洋产石油,印度洋产石油、北冰洋产石油,且四大洋是世界上的全部大洋之后,我们自然就会推出结论:世界上所有大洋都产石油。

②当我们知道,某个地方春季有雨,夏季有雨,秋季有雨,且一年由四季组成之后,我们可能会做出这样的推论:某地一年四季都有雨。

由上例可以看出,归纳推理是由前提和结论组成的。前提可分为两部分:一部分称为个别性前提,分别指出某类事物中的个别对象的一部分或全部是否具有某种属性;一部分称为说明性前提,指出列举的个别事物是同类事物,是这类事物的一部分还是全部等。归纳推理前提的数目是不确定的,可以是一个,也可以是两个或两个以上。前提的多少应根据归纳对象的实际情况来确定。归纳推理的结论是从前提中概括出来的。如果在前提中考察了一类事物的全部对象,则结论断定的范围没有超出前提断定的范围,这样的结论是必然的。在例①中,地球上共有四大洋,都考察遍了,再下结论,结论具备必然性。通常称这种推理为"完全归纳推理"。完全归纳推理就是根据一类事物的每一个对象具有(或不具有)某种属性,从而推出该类事物的全部对象具有(或不具有)某种属性的归纳推理。如果在前提中只考察了一类事物中的部分对象,结论断定的范围就超出了前提断定的范围,这样得出的结论不是必然的。在例②中,一年有四季,只考察了春、夏、秋三季,尚未考察冬季,就下结论,结论难以保障有必然性。通常称这种推理为"不完全归纳推理"。这就是说,不完全归纳推理是根据一类事物的部分对象具有(或不具有)某种属性,从而推出该类事物的全体对象都具有(或不具有)某种属性的归纳推理。

图9-4　穆勒

　　英国逻辑学家穆勒(J.Mill)通过总结自培根以来归纳逻辑研究成果,全面系统地论证了"求因果五法"(又称穆勒五法),即求同法、求异法、求同求异并用法、共变法和剩余法,并对它们的形式和规则作出了具体的规定和说明。

　　①求同法(契合法)。如果在所研究的现象a(需探求原因)出现两个以上场合中,除了先行条件A外没有一个别的是共同的情况,由此判明A是a的原因,公式如图9-5甲所示。

　　例如,从井里向上提水,当水桶还在水中时不觉得重,水桶一离开水面就重得多,在水里搬运木头,要比在岸上搬轻得多;游泳时容易托起一个在水里的人。以上现象虽然各自的情况不尽相同,但都有一个共同的情况,即水对于在它里面的物体能产生浮力,这正是使得人们感到物体在水中变轻现象发生的原因。

　　②求异法(差异法)。如果所研究的现象a在第一个场合出现,在第二个场合不出现,而这两个场合只有某一个先行条件A不同,由此判明这个条件A就是这种现象a的原因,公式如图9-5乙所示。

　　例如,为实验避蚊油的效果,将两个各方面条件相同的人置于多蚊的环境中,其中一个人擦了避蚊油,另一个人没有擦。过一段时间后,发现擦油者没有被蚊子咬,没有擦油者被蚊子咬了,由此可以判明避蚊油确实有避蚊效果。

　　③求同求异并用法(契合差异并用法)。即用上述求同法和求异法合并起来使用,以判明A是a的原因,公式如图9-5丙所示。

　　例如,人们在生产实践中发现,种植大豆、豌豆、蚕豆等豆类植物时,不仅不需要给土壤施氮肥,而且这些豆类植物还可以使土壤中的含氮量增加。但种植小麦、玉米、水稻等非豆类植物时却没有这种现象。经过研究后发现,这些豆类植物的根部长有根瘤,而其他植物则没有。于是,人们得出结论:豆类植物的根瘤能使土壤含氮量增加。

第九章

④共变法。如果在所考察的场合中,某种先行条件A发生变化,所研究的现象a也随之发生变化,由此判明这种条件A就是所研究的现象a的原因,公式如图9-5丁所示。

例如,在一定的范围内,施化肥越多,农作物产量越高,这说明,在这一范围条件内,化肥是农作物增产的原因。

⑤剩余法。如果得知某一复杂现象是由另一先行的复杂原因所引起,把其中已判明因果联系的部分减去,那么,可确认所余部分定有因果联系,公式如图9-5戊所示。

例如,一个离家多年的父亲去幼儿园接自己的小孩,小孩很多,他难以辨认。可以等其他家长把各自小孩接走,剩下的小孩,就是自己要接的孩子。

场合	各种条件	被研究现象
I	A、B、C	a
II	A、D、E	a
III	A、F、G	a

所以,A是a的原因
甲:求同法

场合	各种条件	被研究现象
I	A、B、C	a
II	B、C	

所以,A是a的原因
乙:求异法

场合	各种条件	被研究现象
I	A、B、C	a
II	A、D、E	a
III	F、G	

所以,A是a的原因
丙:求同求异并用法

场合	各种条件	被研究现象
I	A_1、B、C	a_1
II	A_2、B、C	a_2
III	A_x、B、C	a_x

所以,A是a的原因
丁:共变法

场合	各种条件	被研究现象
I	A、B、C	a、b、c
II	B	b
III	C	c

所以,A是a的原因
戊:剩余法

图9-5 求因果五法

三、形式逻辑推理特点

以上,我们简要分析了演绎推理和归纳推理的一些内容要点,从中可以看出形式逻辑推理的方法和特点。总起来说,形式逻辑推理的两大支柱(演绎推理和归纳推理)都是围绕"个别"和"一般"的关系展开的,演绎推理是从一般到个别的推理,归纳是从个别到一般的推理,二者推理的方向恰好相反,对称互补,从而形成完整的形式逻辑推理整体,如图9-6所示。

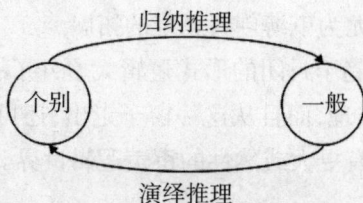

图 9-6　形式逻辑的推理

　　归纳和演绎，除推理方向上有相反相成的特点外，二者的一个重要不同，在于一个是或然性的，一个是必然性的。归纳推理（除完全归纳推理外）结论断定的范围超出前提断定范围，前提不蕴含结论，结论是或然性的。演绎推理结论断定的范围，没有超出前提断定的范围，前提蕴含结论，结论是必然性的。只有在完全归纳推理的特殊情况下，归纳推理才呈现出必然性，与演绎推理形成和谐对称。但是在现实应用中，特别是在科学发现中，能够进行完全归纳的事例是少见的，遇到的大多是"不完全归纳推理"。这样，由于或然性的存在，归纳和演绎就形成了一种非和谐的"破缺对称"。或然性为形式逻辑的严谨精致体系，留下了一个"不完全性"的"黑洞"。

　　或然性归纳推理，具有非严谨性缺点，同时具有创造性优点。它是从已知推知未知的方法，它以已知的事实和知识作为前提，概括新的事实，扩展认识成果，形成新的一般原理，其结论常常超出了前提的范围，显示出深远的创新性。在科学认识过程中，归纳法主要用于科学发现，即发现科学事实或从中概括出一般原理，所以人们常常称它为"发现的逻辑"。

　　对归纳法作过深入研究的培根和穆勒认为，最普遍的科学原理就是一步步归纳而来的。他们把科学知识结构看作一系列命题的金字塔，其底层是关于经验事实的命题，普遍性程度不同的命题则是塔的中间层次。科学研究就是通过归纳程序去发现最一般的原理。这样，从命题金字塔的底层逐步归纳上升到顶部，其顶部就是最一般的原理。用培根的话说就是："一步一步，由特殊的东西进至较低的原理，然后再进至中级原理，一个比一个高，最后上升到最普遍的原理"；"对于理解力切不可赋以翅膀，倒要系以重物，以免它跳跃飞翔"。①在科学理论的发展中，确实部分地包含着这样的过程，但事实上并不只是通过这样纯粹的归纳程序实现的。这种夸大归纳法的作用，把它看作科学发现的唯一方法的"全归纳派"观点，显然是片面的，对于否定想

────────

① ［英］培根：《新工具》，商务印书馆，1984年，第81页。

象力翅膀飞翔的见解,尤为束缚创新思维的拓展。

或然性为严谨的、趋于封闭的形式逻辑大厦开了一个天窗,不仅带来了有或然性特点的归纳推理,而且从这一窗子走出,还可以发现另一个逻辑世界,这就是比归纳推理有更大或然性的审美逻辑世界。

第九章

第十章　创造思维的互补结构

一身能擘两雕弧，
虏骑千重只似无。
　　　　　——王维

经过以上诸章的论述，从意象思维到概念思维，我们已抵达"合"的话题。这是东方优长思维与西方优长思维之合，是艺术优长思维与科学优长思维之合，其深层，则是审美逻辑与形式逻辑之合。事实上，人类思维本是一个整体，把其划分为不同的思维，只是人类对思维解析研究方便的需要，而"合"的意义，就在于在分化研究的基础上，恢复人类全面完整的思维观。

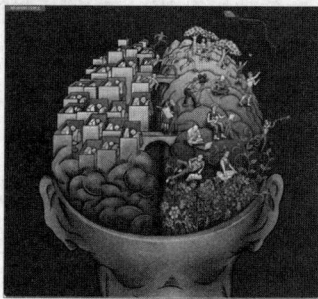

图 10-1　人的大脑思维

人类有两大基本思维方式：一是概念思维，二是意象（直觉）思维。概念思维以言传认识为基础，遵循形式逻辑规律；意象（直觉）思维以意会认识为基础，遵循审美逻辑规律。概念思维在古代西方得到较早重视，直觉思维在古代东方得到较早发展。刘长林指出："地球是一个整体。人类文明的发生和发展，也是一个整体。代表东方文明的中国文化和西方文化有着不同的道路，它们是那样的矛盾，但是好像阴和阳的对立一样，它们又并协互补，相反相成。中国民族传统思维往往着眼于整体而轻个体，偏重综合而不善于分析,时间和历史观念很强而空间观念则相对较弱,重视人际和其他一切事物的关系方面,而忽视其形质实体方面,强于直觉体验而弱于抽象形式的逻辑思辨,并且总是将抽象思维和形象思维紧密地结合起来,等等。十分有趣的是,西方的传统思维却与我们几乎一一相反,从而在历史上与中国思维形成均衡对称的绮丽格局。"①这种东西方思维方式上的奇妙对称,为我们"扬长补短"的思维方式变革指明了方向:一方面我们要借鉴、学习西方概念思维之长,补己之短;另一方面,要发展、弘扬中华直觉思维之长,为世界思维方式变革和进步,做出东方应有的贡献。

两种思维方式各有不同特点,直觉思维接受起来容易,研究起来难;概念思维则是接受起来难,研究起来易。所以从思维发展顺序看,总是先有直觉思维,后有概念思维;但从思维研究顺序看,应先研究概念思维,后研究直觉思维。西方走的就是这样一种发展和研究顺序,而中国不然,正如梁启超所说的,中国是一个早熟的民族,概念思维研究没有充分展开,直觉思维研究却相当深入,以致形成直觉思维为主,概念思维为辅的发展格局。从历史上看,由于中华民族对概念思维研究的短缺,曾导致文化发展吃了大亏,借鉴西方概念思维成果,是近代开放以来,中华思维方式变革的重要内容。但也出现了鄙薄直觉思维的倾向,许多人遗弃了中华思维这一强项。展望未来,随着许多人脑记忆和概念逻辑分析的工作由电脑替代或辅助完成,人类直觉思维能力的研究和开发,显得愈来愈重要。人脑的创造性思维能力,永远是电脑不可企及的,而人脑和电脑区别的核心,就是直觉思维。

谈到创造,就进入了我们要谈的问题关键。我们之所以特别重视直觉思维,就在于它与人类的创造活动密切相关,与创造思维有不解之缘。在创造过程中,有时需要与旧的思维模式完全不同的新观点,这时直觉思维尤为重要,直觉思维可以成为新的思维模式的起点。从一定意义上说,直觉思维是创造的先导思维。中国古代由于受小农经济、封建专制、经学文化的束缚,传统直觉思维未能起到其应有的创造先导作用,有时倒成了消极修身养性的思想工具。培养积极的创造精神,是恢复传统思维活力的重要前提。

今日世界,是一个竞争世界,今日时代,是一个创新的时代,专长守势的文化精神是无法站到世界和时代前列的。所以,创造及创造精神,既是传统思维变革的出发点,也是传统思维变革的归宿。

---

① 刘长林:《中国系统思维》,中国社会科学出版社,1990年,第5~6页。

　　过去,由于缺乏在创造中考察和研究思维的环境,我们看到的思维现象和思维方式,往往是片面、零散和不完整的。西方着重概念思维,东方着重直觉思维,科学偏爱抽象思维,艺术偏爱形象思维,由此形成了不同思维方式的对立和冲突。在创造中,我们看到了不同思维方式的统一,因为创造全面展现了人的各种思维潜能,融会了各种思维方式,是思维的集大成者。创造思维的两翼,一个是西方擅长的概念思维,一个是东方擅长的直觉思维,两翼齐飞,将把我们带入东西方文化会通的新世纪。在这两翼中,概念思维的逻辑和运行程序是清楚的, 现在, 我们又探讨了直觉思维的逻辑和运行程序,下面,就进行整合一体化探讨。

一、逻辑诸推理关系图

　　在本篇中,我们以两大基本思维为基础,分别讨论了审美逻辑和形式逻辑,以及与之相应的四种推理。其中审美逻辑包含类比推理、臻美推理,在第八章进行了探讨,是我们研究的重点。形式逻辑包含归纳推理、演绎推理,在第九章进行了讨论。按四种推理各自与"个别""一般"的关系,可表示为:

　　　　演绎推理(由一般到个别)

　　　　归纳推理(由个别到一般)

　　　　臻美推理(由一般到一般)

　　　　类比推理(由个别到个别)

　　这些关系可由图10-2表明,它们组成了一个完整的、对称和谐的推理关系图。

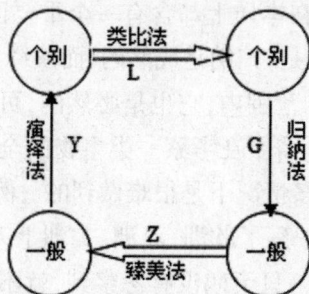

图 10-2　诸推理关系图(L G Z Y)

　　在图中,单箭头表示形式逻辑推理,由对称的归纳法和演绎法组成;双箭头表示非形式逻辑的推理,由对称的类比法和臻美法组成。

第十章

演绎法和归纳法是一组在形式上相当和谐对称的方法，它们组成了形式逻辑推理的基石。演绎法是形式逻辑代表性方法，以严密的必然性著称。可是，演绎法的出发句子首先是全称判断，而后者却隐藏着一个特殊的问题。当我们说"所有天鹅都是白色"的时候，便产生了一个问题：我们从哪里知道这个句子的真实性？无疑，我们相信它真实并不是因为研究过所有天鹅，这样的任务通常是无法完成的，永远不能解决的。在具体的科学里，这样的判断多半是通过从个别的实践所提供的东西到一般东西的推理而获得的。这一从个别到一般的推理，就是归纳法。因此，从个别到一般（归纳），再从一般到个别（演绎），代表了形式逻辑推理的一个循环过程。可用图10-3简示之。

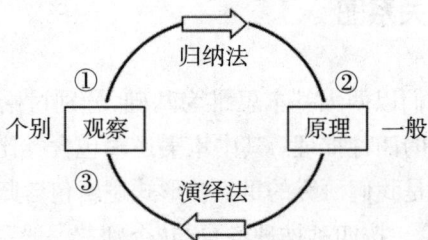

图10-3　归纳—演绎程序

图10-3是著名的亚里士多德归纳—演绎方法。[1]亚里士多德认为，科学研究从观察①上升到一般原理②，然后再返回到观察③。他主张，应该从要解释的现象中归纳出解释性原理，然后再从包含这些原理的前提中，演绎出关于现象的陈述。

从形式上看，归纳和演绎是很对称的，形成一个从个别到一般，又由一般到个别的推理圆圈，但在本质上却含有一个重要区别，从而使其对称性露出一个破绽。这一区别就是，归纳是或然的，而演绎是必然的。当然，如果把归纳局限在完全归纳法的范围内，它也是必然的，可以形成与演绎的完全对称。但完全归纳法的结论需要在考察一类事物的全部对象（一个也不能少）才能做出，这在现实中很多情况下是很难做到的。例如，当我们说"所有天鹅都是白色"的时候，可能考察了欧洲、亚洲、美洲上万只天鹅，但仍不能称为完全归纳法，因为只要有一只天鹅没有考察到，就不能下必然性的结论。事实上，果然在澳洲发现了黑色天鹅，原来的归纳结论即被推翻。

① J.Losee, *A Historical Introduction to the Philosophy of Science*, Oxford University Press, 1980, p.6.

实践迫使人类放弃了由完全归纳法与演绎法建构封闭的必然性逻辑大厦的企图,而把目光投向不完全归纳法,重新认识"或然性"在逻辑中的地位和意义。人们发现,"必然性"并不是认识的起点,而只是理想性的终点,认识是由"或然性"的猜想或直觉开始的,把"或然性"的冒险和悬念排除于认识和思维之外,就等于坐等天上掉"必然性"的"馅饼"。古希腊亚里士多德曾讨论了两类归纳法:即简单枚举归纳和直接的直觉归纳。这两类归纳都带有较强的"或然性"。其中直觉归纳法强调了一个洞察力问题,即从较少的个别现象中看到"本质"的能力。亚里士多德举例说,一个学者注意到月球亮的一面朝着太阳,由此推断出月球发光是由于太阳光的反射。这一讨论,是和当时的认识水平相适应的。

当我们把目光投向"或然性"的时候,与归纳法不同的另一个推理——类比推理,就从被形式逻辑家忽视的角落突现出来。我国古代非常重视类比方法,认为"不引譬援类,则不知精微","知大略而不知譬喻,则无以推明事"。(《淮南子·要略》)譬喻,又称譬或辟,其特点是"假象取耦""引喻察类"。如《墨子·小取》所言:"辟也者,举他(原作也,从王先谦改)物而以明之也。"说明譬是以两物(或两类事物)的特征或属性的类同关系为根据而做出的推论、推理。这种推理相当于今日所说类比法。

《墨子·大取》说:"夫辞以类行者也,立辞而不明于其类,则必困矣。"《墨子·小取》云:"以类取,以类予。"中华古代逻辑是建立在"类"的基础上的,正如古代数学家刘徽所言:"触类而增长之,则虽幽遐诡伏,靡所不入。"(《九章算术原序》)他进一步指出:"事类相推,各有攸归,故枝条虽分,而同本干者,知其发于一端而已。"(《九章算术原序》)说明按事分类进行相互推理,各有所归,所以虽然分成枝权,而它们有相同主干,就知道枝权是起于一个根源的。揭示了类推是建立在世界是一个整体的基础上的,归本溯源,都来自同一个起点。以"类"为基点,有两个方向可以发展,一是从辨类的角度出发,明晰概念,形成归纳推理和演绎推理,这是形式逻辑方向;二是从比类的角度出发,明晰意象,形成类比推理和臻美推理,这是审美逻辑方向。中华传统逻辑在两个方向都有进展,而尤以审美逻辑方向特色鲜明。

类比法是从"个别"到"个别"的推理方法,而臻美法是从"一般"到"一般"的推理方法,前者在中国古代称为取象比类法,后者称为象数和谐法。阴阳、五行、八卦思维就是其中典型的代表。这些思维从单因素看是类比,如把"天"比作"阳",把"地"比作"阴",把"肾"比作"水",把"心"比作"火",等等,

第十章

通过类比法，把自然界万事万物都比附到阴阳、五行、八卦思维中去。这是一个从个别着眼的从个别到个别推理，亦即类比推理。这些思维从整体上看又是臻美的，如通过五行相生、相克、乘侮、胜复、制化等关系，形成一个完整和谐的五行系统，以这个五行系统为参照系，类推研究对象各要素间的相生相克关系，建立研究对象的完整和谐关系结构，这是一个从整体着眼的从一般到一般推理，亦即臻美推理。类比法和臻美法可用图10-4简要表明。

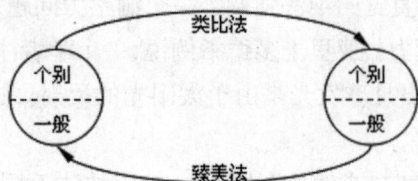

图 10-4　类比—臻美程序

由图10-4可见，类比法和臻美法在本质上是一致的，只是由于观察的视角不同，而形成不同的推理方法。类比法是在通过对两个对象从和谐和对称的角度进行考察的基础上，来填补（或说发现）其中一个对象的未知因素，它是臻美法的特例；而臻美法则是在通过对理想理论体系（它可能是一个朦胧的意念，一个没有确切概念规定的内在尺度）和当时现存理论体系从类比的角度进行考察，来寻找臻美的途径和线索，它是类比法的推广。

参照归纳法和演绎法组成形式逻辑体系的启示，我们有理由用一个新的称呼来表示以臻美法和类比法组成的逻辑体系。根据较为公认的逻辑学定义，逻辑学是关于思维的形式及其规律的学说。那么，我们需要赋予新的称呼的逻辑，是关于创造性思维的重要形式——想象和直觉——及其规律的学说。而想象、直觉是美学研究中的重要范围，这种逻辑在审美创造中体现得最鲜明，所以我们也可以称由臻美法和类比法组成的逻辑为"审美逻辑"。这里，不应孤立地、片面地就字面意思来理解"审美"二字，因为"美学""审美"二词都是由外文翻译过来的，在希腊文中，它本来就有感觉或感性认识的意义，中文的译名未能明显表达出希腊文的这一原本含义。首先将美学视为一门独立科学的德国人鲍姆嘉通，把美学定义为"是研究感性知识的学问"。所以，"审美逻辑"应理解为：和人的整体感悟能力有联系的，以想象和直觉为基本推理手段的逻辑。

第十章

在上述分析基础上,我们尝试总结一个"一般逻辑定理":

> 从人类思维的整体看,由演绎法和归纳法组成的形式逻辑系统在逻辑上是不完全的,因为存在着必然性和或然性的非对称、非协调性,即从个别到一般的推理中,存在一个不可穷尽的无穷量(完全归纳法除外),从而导致整个逻辑系统呈开放态势。形式逻辑的不完全性和逻辑的开放性,为不同于形式逻辑的其他逻辑系统存在提供了现实可能性。创造性思维的研究表明,这一新的逻辑代表着从个别到个别、从一般到一般的推理,是由类比法和臻美法组成的审美逻辑系统。这一逻辑系统以完全或然性的面貌出现,而常常导致更为深刻的必然性发现。

在现在流行的形式逻辑教科书中,类比推理的地位是相当模糊的,有的将它列为专门章节论述,有的放在归纳法中一带而过,也有的干脆回避不谈。审美逻辑明确了类比推理的独立地位,它是一种利用异质事物间相似性而进行的推理,与演绎法和归纳法有质的不同。由类比法引导出臻美法,这一引导本身也包含臻美推理思想,即形式逻辑由归纳法和演绎法对称组成,而作为审美逻辑的类比法也应有与其对称的相应方法,后来的创造思维过程研究表明,这一方法就是臻美法。

以上,我们对诸推理的分析,是从演绎法开始的,然后谈归纳法、臻美法,最后谈类比法,一般形式逻辑书谈类比法,也是放在最后。从思维过程看,这实际是一种"倒序",把起点和终点颠倒了。按创造思维的一般过程,应按类比法、归纳法、臻美法、演绎法排序,即类比常常是创造性思维的起点。这是一个从或然性开始,向必然性迈进的过程,当然,具体到每一思维,由于问题对象和背景不同,也并非完全按这个推理顺序进行,可能有简化、颠倒或交叉、渗透。这里只是从理想的角度说,顺序大致如此。

二、思维运动互补模型

通过上面分析,我们看到,创造性思维中包括两种逻辑形式——审美逻辑和形式逻辑,它们对应着人类的两种认识方式。前面,我们侧重于两种逻辑方法的分别论述,比较集中地分析了臻美推理和类比推理。在实际的创造性思维过程中,两种逻辑不是截然分开、彼此孤立的。下面我们从综合的、整

第十章

体的角度分析一下思维活动的特点。首先,我们提两点前人的贡献。美学家克罗齐认为,认识有两种方式,即直觉的认识和概念的认识,或称作想象的认识和理智(形式逻辑)的认识。而且两种认识是双度的关系,其中认识先经历第一度直觉,然后才有可能进入第二度概念。哲学家康德曾指出,审美判断是一种直觉判断,在审美时刻,人的想象力和理解力处在和谐之中,而且是想象力占主导地位,或者用他的话来说,"理解力为想象力服务"。上述论述是颇有启发性的。

为了形象地揭示人类思维特征,我们尝试提出一个思维运动的互补链模型,如图10-5所示。当然,这只是一个象征性的比喻,好比人的想象力是一条链,理解力是另一条链,组成了某种程度上类似生物学中的DNA双螺旋结构。

图中,美推,表示审美逻辑意义上的推理;形推,表示形式逻辑意义上的推理。互补的概念,较早出现在物理学家玻尔的著作中,他认为光的波粒二象性是一种互补现象,把光只看成粒子,或只看成波动,都是片面的。这里,我们借用"互补"一词,在于强调思维是人的想象力和理解力的辩证运动。

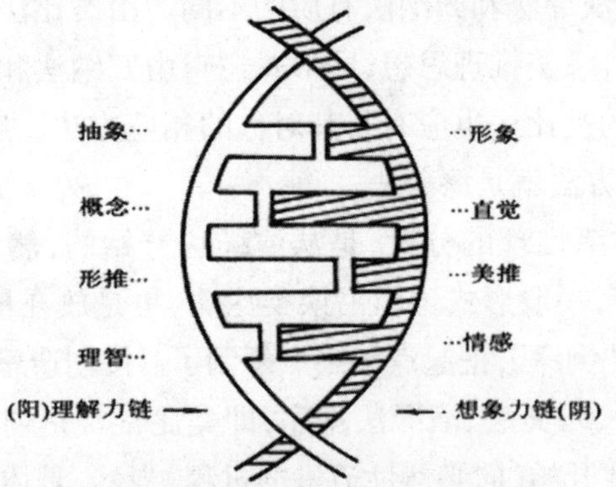

图10-5 思维的互补链模型

人的思维活动,不管是艺术还是科学,总的说,都可以看成这两条互补链的辩证运动。但在具体的思维活动中,它们是有主有次的,我们注意力所集中的链条,是主导链条。主导链条的性质,决定了当时思维的性质。例如,主导链条是理解力链,我们就认为是一种概念思维;反之,我们认为是一种直觉(或意象)思维。一个探索性、创造性的完整认识过程,总会发生多次主导中心的转移,注意力由一个链移向另一个链,而每转移一次,人的思维就开拓了一个新的境界。这样,否定又否定,形成认识的螺旋式上升。在思维的运动中,虽然主导链代表了矛盾的主要方面,但与其对应的辅助链仍以潜在的形式客观存在着、运动着,起着它应起的作用。克罗齐指出:"审美的与理性的(概念的)两种知识固然不同,却并不能完全分离脱节,像两种力异向牵引那样。"①从上述分析中也可以得出以下推论:纯粹的意象思维和纯粹的抽象思维一样,在实际认识过程中是罕见的,而它们相对存在的意义,仅指其对应的主导链所占的优势而言。

　　国内对意象思维问题有热烈争议。对此我们提一个简略的见解:所谓概念思维,就是理解力链占主导的思维活动,它的判断以概念为基础,主要推理方法是归纳法和演绎法,相对应的是形式逻辑;所谓意象思维,是想象力链占主导地位的思维,它的判断以直觉为基础,主要推理方法是臻美法和类比法,相对应的是审美逻辑。

图 10-6　斯佩里

　　上述思维互补链模型,有对人脑结构和功能的研究成果为证。近年来,科学家对脑的研究有了重大进展。美国的斯佩里(R.W.Sperry)博士因对此项研究有重要贡献荣获1981年诺贝尔生理学或医学奖。斯佩里以精细的实验研究证明:独立的大脑左半球同抽象思维、象征性关系和对细节的逻辑分析有关。它能说、写和进行数学计算。它的功能主要是分析,像电子计算机那样。右半球虽在语言功能方面不及左半球,但在具体思维的能力、对空间的认识能力以及对复杂关系的理解能力方面比左半球优越。在解释听觉的印象(声音)和理解音乐时,右半球也优胜于左半球。然而,右半球的功能也有不足之处,它几乎完全没有能力计算,只能做20以内的加法。它虽然能够识别并理解简单的单音节名词的意思,但不能领会形容词或动词的含义。它虽然不能写,但在认识空间和识别三维图象方面要比左半球优越得多。于是,

――――――
　　①　[意]克罗齐:《美学原理》,上海人民出版社,2007年,第21页。

斯佩里根据实验性分析研究，提出了大脑两半球既有各司其职的高度专门化，又有功能互补合作的特性，由此推翻了以往一直认为只有左半球占优势的传统观念。分析以上观点，不难看出，左半球的功能与我们所提的理解力链相对应，右半球的功能与想象力链相对应。大脑左右半球通过胼胝这种脑内最大神经纤维束相联系。人的完整思维活动，就是通过胼胝的信息传递，由左右半球相辅相成协调完成的。当然，在某项具体的思维活动中，起主导作用的可能是某一半球。苏联的约瑟夫·W.米克认为："人的大脑分成两个部分，左面的专施线性动作，右面的专施综合动作。科学和工艺学如果企图单单利用分析思维过程，是注定要失败的，因为这违背人脑的基本综合趋势。艺术事业如果只强调主观情绪而忽视事实和逻辑，同样也不可能成功。一切思维活动，特别是科学和艺术，都要求将线性的和综合的思维方式结合起来。"[1]关于左右脑的功能特化，傅世侠曾根据国内外学者的诸多意见和描述，主要按信息处理方式的差异综合列表如下：[2]

下面的表只是一种概略性的描述。分别列出的左、右脑方式各项，不一定都具有对应关系；每种方式中的各项，也不表示有先后顺序关系。

表10–1　左右脑功能特化

左脑方式	右脑方式
语言表达	空间知觉
注意细节	注意形状
抽象符号	形象识别
陈述记忆	表象记忆
元素分析	完形模拟
逐次理解	平行掌握
阅读书写	图形匹配
概念序列	体感直觉
智力推论	理解隐喻
数字计算	情绪体验
结构模式	开放重组
感受节奏	感受旋律

---

① 《现代外国哲学社会科学文摘》，1980年第3期，第61页。

② 傅世侠等：《科学创造方法论》，中国经济出版社，2000年，第356页。

三、刚柔相推变在其中

古人云："刚柔相对，变在其中矣。"(《易传·系辞下》)，从一定意义上说，人类思维的运动，正是蕴含在一刚一柔两种基本思维方式的互推互动之中。在中国文化中，刚柔之本源，即是一阴一阳之道，亦即"两仪"。自然，把思维视为一阴一阳(或一刚一柔)两种基本思维方式，只是一形象类比，其具体思维规律和方法，则更引人关注。

令人惊叹的是，各领域思维研究者，不约而同地聚焦在两种基本思维方式上，用各自的名称和语言，道出了"刚柔相推，变在其中"的思维奥妙。

美国创造学家奥奇(R.Oech)将思维分为"硬思维"和"软思维"两大类。他认为硬思维有唯一的答案，事情非黑即白，具有精确、清晰、易于形式化等特点，如一根金属棒一样容易把握；软思维可能有多个答案，具有隐喻、模糊、意会、整体把握、难以解析等特点，如一瓢水一样捉摸不定。

有些常用的字词，可按软、硬大致归类如表10-2所示。

表10-2　软思维与硬思维特点的比较

软性		硬性	
隐喻	想象	条理	明辨
梦想	矛盾	真实	统一
直觉	分散	概念	集中
幽默	预感	精确	严谨
整合	多元	分解	一元
游玩	小孩	工作	成人

奥奇指出，这两种思维在创造过程中扮演非常重要的角色。在寻找新创意的萌芽阶段时，软思维非常有效，可以作全盘性思考，并一一处理细节问题。相反，在实用化阶段，最适于采用硬思维，以便评价新创意，精简解决问题的实际方法，进行风险性分析，以及准备就新创意采取行动。关于创造过程中所需要的思维形态，最佳的比喻是制造陶器花瓶的过程。假如你曾经亲自动手用黏土塑造器具，你一定知道只要黏土具有软性（硬的黏土不易成型），便非常容易塑型。然而，当塑成花瓶后，必须置于窑炉烧焙，才能制成具有实用价值的花瓶。可见，软硬各有所长，只是应用的时机不同而已。①

① ［美］奥奇：《当头棒喝》，中国友谊出版公司，1985年，第33~34页。

图10-7　陶器制作流程①

英国创造学家德波诺(E.de Bono)提出横向思维(lateral thinking)和纵向思维(vertical thinking)两类思维的概念。

仅从字面上理解,横向、纵向是描述空间方位的术语。因此,纵向思维是垂直的、向纵深发展的、直线式的思维;而横向思维则是横向地向空间发展的,向四面八方扩散的思维。但德波诺将纵向思维与横向思维的差异,进一步引申为形式逻辑思维与非形式逻辑思维的不同。例如,他认为,纵向思维是指传统的逻辑思维;而横向思维是背离理性规则的、探索各种可能性的思维,是允许失败的宽容态度,有了这种态度,游戏、好奇、想象、机遇都会有它的用武之地,表面无关的信息可以闯入,闲暇式的胡思乱想可以发生。

实际上,若把"lateral thinking"译成"侧向思维","vertical thinking"译成"笔直思维",或许更符合德波诺的原意,因为所谓横向思维的主要特征是对侧向的注意。

对侧向的注意有两层含义:一是解决问题时,故意暂时忘却原来占据主导地位的想法,去寻找原本不会注意的侧道(即另一思路);二是作为一种解决问题的技巧,不从正面突破,而是迂回包抄,即间接注意法。

人们解决问题时常碰到这样的情景,或者不知不觉思路就被引上了早已确定的途径,根本想不到还有另外可供考虑的方案;或者本来想得出更新

---

①　http://www.zszx.info/imagematerial/view.asp? id=25249.

颖、独特的想法，可头脑中总是被那个挥之不掉的、最初的、流于一般的想法占据着。这就是所谓"主导观念"在起作用。它使人很难得出其他任何想法，围绕主题的注意力都被这个主要通道所吸引，其他可能性则都被忽略。横向思维概念所推崇的向主导观念挑战，就是让人先跳出那个主导观念，然后避开它，使思路不再受主导观念左右，从而发现更好的设想。放弃主导观念并非易事，因为它不符合人的本性。自然界中有最小作用力原理，思维亦有经济原则。人总是尽可能地记住最可能的解释，并以它为出发点，因为这样最保险。要克服这种自然的趋势，必须有意识地阻止习惯的思路。

美国精神病学家卢森堡（A.Rotheberg）在调查访问了许多有创造性成就的人后，借用古罗马神话中的隐喻，提出了"两面神"思维的概念。

"两面神"是罗马的门神，它有两个面孔：一个是哭的，一个是笑的，能同时转向两个相反的方向。卢森堡借用这个隐喻来说明思维的一种特殊的创造性是相当贴切的。他说："'两面神'思维所指的，是同时积极地构想出两个或更多个并存的概念、思想或印象。在表面违反逻辑或者反自然法的情况下，具有创造力的人物制定了两个或更多并存和同时起作用的相反物或对立面，而这样的表述产生了完整的概念、印象和创造。"[1]卢森堡认为在科学研究中，越是高级的创造，越显示出科学创造的"两面神"性质。他在爱因斯坦身上找到了"两面神"思维的原型。在创建狭义相对论时，爱因斯坦把静止和运动、同时和不同时有机地结合在一起，把时间和空间概念统一了；在把动量守恒与能量守恒定律联结起来后，又揭示了能量和质量的统一。在广义相对论中，爱因斯坦的"两面神"思维达到了炉火纯青的地步，惯性和引力、惯性系和非惯性系，这些对立的概念和矛盾都能和平相处。

著名物理学家盖尔曼（M.Gell-Mann）借鉴德国哲学家尼采的观点，把思维分为两类：一是"日神"（Apollonians），这种思维风格擅长逻辑、分析，考虑问题比较冷静；另一是酒神（Dionysians），这种风格更习惯于直觉、综合和激情。他有时很粗浅地用这两种特性区分左脑和右脑的用途。盖尔曼认为，在他们当中某些人似乎属于另外一种，即"奥德赛"（Odysseans）型风格。具有这种风格的人在需要将各种思想接连起来时，可以将日神和酒神风格联合使用。[2]

心理学家常把创造性思维分为发散思维（divergent thinking）和收敛思维

---

[1]　转引自格林伯格：《爱因斯坦：创造力的鉴赏家》，《美国科学新闻》（中文版），1979年第21期，第19页。

[2]　[美]盖尔曼：《夸克与美洲豹》，湖南科技出版社，1997年，前言第6页。

（covergent thinking）两大类。美国心理学家吉尔福德（J.P.Guiford）对此进行了深入研究，引起学术界高度重视。详见本书第七章。

我们把上述各种有关思维的分类联系起来看，建立思维互补链模型，分成想象力主导的思维形式和理解力主导的思维形式两大类型，形成表10-3。应当指出，两种思维形式在思维运动中是一个整体，只有主导和非主导之别，亦即显或隐之分，并非用纯粹一种思维方式。举例来说，直觉思维运行中有概念，概念思维运动中有直觉。

表10-3 思维、逻辑与认识论

名称　　内容　　主导	想象力主导（阴柔）	理解力主导（阳刚）
思维	意象思维 直觉思维 发散思维 软式思维 横向思维 两面神（反） 酒神风格	抽象思维 概念思维 收敛思维 硬式思维 纵向思维 两面神（正） 日神风格
逻辑	审美逻辑	形式逻辑
认识论	意会认识	言传认识

Ⅲ用法篇

创造技法

本篇导言

在上一篇，我们论述了创造思维两种基本的形式：意象思维和概念思维，可以将这两种基本思维比作"一阴一阳"。对于创造者，特别是对初步接触创造的人而言，只了解基本思维形式是不够的，还需要掌握具体、可操作的创造技法，化理论为方法，化思维为技术，这是中西会通创造学的重要组成部分。

什么是创造技法？创造者根据创造思维发展规律和大量成功创造的实例，总结出来的一些步骤、技巧和方法。创造技法既可直接产生创造成果，同时也可启发人的创造觉悟，启迪创造思维，提高人们的创造能力，是打开创造世界大门的金钥匙。

西方创造学以创造力的开发和应用为中心，以创造技法的研究和普及为重点，将其推广到社会生活各个领域，产生了巨大而深远的影响。发展到今天，创造技法已有成百上千个，且不同技法之间交叉重叠，你中有我，我中有你，令人眼花缭乱。据说，现在国际流行的创造技法已经达三百多种。对已有创造技法进行分类，通过各类典型技法掌握精要，然后举一反三，融会贯通，是学习和掌握技法的关键步骤。

日本电气通信协会在其编写的《实用创造性开发技法》一书中，曾将常用的创造技法分成六类：①自由联想法，②强制联系法，③设问法，④分析法，⑤类比法，⑥其他方法。该书列出一个"创造技法树"图，以技法为树干，六个门类为主枝，各技法为分枝，组成创造技法之树见图Ⅲ–1。

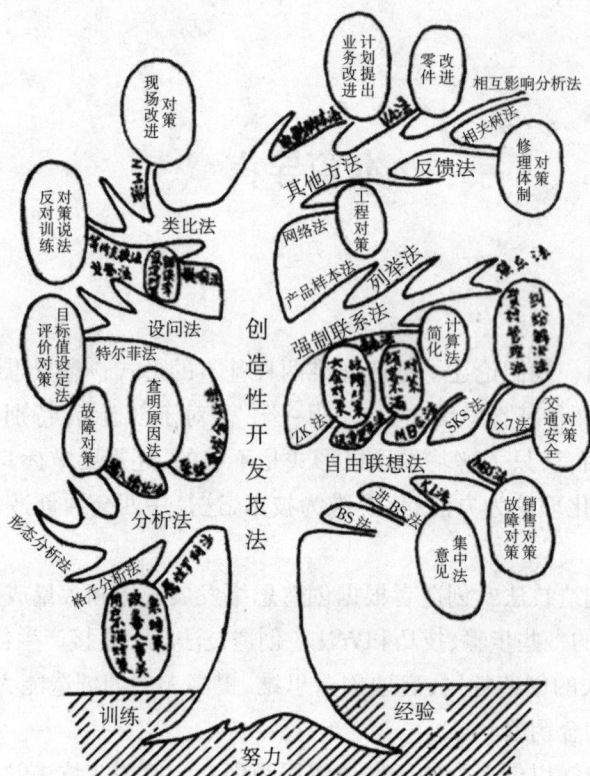

图Ⅲ-1　创造技法树

　　创造技法的根子在创造思维。创造思维主要由意象思维和概念思维两大基本思维方式构成。前者称为软思维,在创造初起阶段异常活跃;后者称为硬思维,在创造成熟阶段大显身手。创造技法实质是在创造初起阶段解放思想、启迪思路的方法,其主导思维是意象思维。因此,创造技法的分类依据主要是意象思维。创造中的意象思维以联想为起点,经组合和类比发展,臻于完美之境。与此相应,本书将创造技法分为联想、组合、类比、臻美四大系列技法。

　　本篇第十一章论述联想系列技法;第十二章论述组合系列技法;第十三章论述类比系列技法;第十四章论述臻美系列技法。为了突出重点,举一反三,各章都较详细介绍一两个典型技法,然后简要引申介绍若干相关技法。这样读者只要掌握五种典型技法(其中联想系列有两种典型技法,其他系列各一种),就掌握了四大系列技法的核心。若要掌握更多的技法,本书引申的内容便提供了方便。详略有序的分类编排,有利于读者在千头万绪的技法中抓住根本,把握技法全局。

因为本书论述中西会通的创造学,且三十多年来在国外创造技法的启发下,我国学者也提出了一些很有特色的技法,所以在论述四大技法的每章最后一节,均介绍了在该系列由中国学者提出的知名技法。只有第十四章臻美系列技法除外,因为这一系列技法分类本身,就是由中国学者提出的。

四大技法系列,它们之间的联系可用图Ⅲ-2简要表示:其中联想是基础,类比、组合是进一步发展,臻美是高层次。从汉语拼音的角度说,联想、类比第一个字母均为L,组合、臻美的第一个字母均为Z,所以我们可以称本书上述技法分类为LZ分类法。

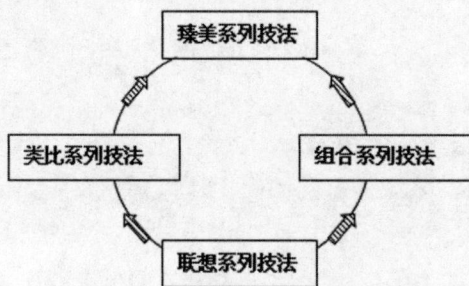

图Ⅲ-2　四大类创造技法关系图

在数百种创造技法中,近年TRIZ(萃智)方法比较流行,这是一种以专利技术为背景的一种综合性创造技法。TRIZ(萃智)是"发明问题解决理论"的简称,是苏联海军部专利科学家根里奇·阿奇舒勒(GenriehAlt-shuller)通过对250万份发明专利的分析研究,总结归纳的一套发明创造方法。TRIZ(萃智)是从全世界高水平的发明专利中总结提炼的一整套解决发明难题的分析方法、分析工具、发明原理、解题模型、标准解法等系统工具与方法,改变了过去研发工作中靠千百次的反复试验,或靠专家的灵感突发而解决问题的方式。TRIZ(萃智)传到美国后,经与计算机结合,通过软件操作,大大提高了发明创造的效率。TRIZ(萃智)体现了多种创造技法综合应用,因篇幅关系,本书不做详细论述。

对于创造的初学者而言,总是希望学的技法越多越好,仿佛掌握的技法越多,创造水平就越高;而对于一个成熟的创造者而言,则总是力图把各种技法融会贯通,记忆的技法越少越好,因为他们深知,创造的技法犹如行走的拐杖,拐杖越少,说明独立行走能力越强。这一多一少的追求,反映了创造观念的深化。

最高的方法是什么方法？我国清代著名画家石涛说："无法而法，乃为至法"，用创造学的观点来看，意思是具有很高创造力和掌握娴熟创造方法的人不受已有方法的约束，这并不是不要方法，而是不固守旧方法，善于综合、灵活地运用，形成自己独特的方法，才是最高最的方法。这种最高的方法是一种"只可意会，难以言传"的境界，而这正是我们在下一篇（第四篇）要论述的。

第十一章　联想系列技法

> 研究问题产生设想的全部过程，
> 主要是要求我们有对各种想法进行联想和组合的能力。
> ——[美]奥斯本

先从世界上最有名的三个苹果故事谈起：

第一只苹果，诱惑了夏娃。夏娃的苹果，让人有了道德，让人类进步。夏娃的苹果，带我们看到这个新世界。

第二只苹果，从树上掉下来，砸到牛顿的脑袋，砸醒了牛顿，启发了地球引力的发现。牛顿的苹果，让科学进步，让人有了科学，带我们了解这个新世界。

第三只苹果，乔布斯吃了一口，发明了创新手机，带我们体验这个新世界。乔布斯的苹果，让世界进步。

图 11-1　苹果的故事

通过一个苹果，可以引起无尽的联想，把神话—科学—技术，联系在一起。其中，第二只苹果与科学创造密切相连：牛顿—苹果—万有引力—三大定律。牛顿从自然界最常见的一个自然现象——苹果落地开始，联想到万有引力，又从万有引力联想到质量、速度、空间距离等因素，进而推导出力学三大定律。当然，这只是流传已久的一个故事，难以证实，但由一系列联想引起的发现过程在科技创造中屡见不鲜。

下面是"放屁与挖藕"的故事：有一伙人在池塘挖藕，突然有个人无意中放了个响屁,连忙向旁边的人说声"请原谅",表示歉意。那人半开玩笑地说:"这种响屁朝池塘底放上两三个,那泥里的藕都恐怕要吓得蹦出来了。"不料言者无意,听者有心。一个有心人便突然闪现了一个想法,用导管把压缩空气输送到池底再喷放出去,或许就能把藕挖出来……于是迅速试验,却只有气泡而挖不出藕。他想或许需要更强大的冲力,就再用水管对水加高压,最后大获成功。不但挖出了藕,而且藕还被高压水冲洗得干干净净;不但减轻了劳动强度,而且提高了挖藕效率。一项挖藕新技术产生了。

图11-2　液压操纵水力挖藕机

　　联想是由一事物想到另一事物的心理过程。由当前的事物回忆起有关的另一事物,或由想起的一件事物又想到另一件事物,都是联想。每个人都经常自觉不自觉地进行着联想活动。

　　联想属于哪种心理活动? 美学家王朝闻指出:"联想和想象当然与印象或记忆有关,没有印象和记忆,联想或想象都是无源之水,无根之木。但很明显:联想或想象,都不是印象或记忆的如实复现。"[①]在"联想"一词中代表了两种力的合成:如果说"想"代表记忆力,则"联"代表想象力。通过"想"从记忆"仓库"中把两个记忆中的元素(如事物)提取出来,再通过想象活动把它们"联"系在一起,即形成"联想"。当然在现实的联想中,"联"和"想"并不是分解分步骤进行,而是转瞬之间同时完成的,或者说是"一气呵成"。比如,我们从嫦娥联想到登月飞船,嫦娥与登月飞船都是我们记忆中的事物,但在记忆"仓库"中它们并不是寄存在一起的,而是由于想象力的"联"作用把它们联系在一起了,所以联想并不是单纯的回忆,而是有想象力的微妙作用。弄清这个问题对理解本章内容很重要,因为对创造而言,重要的是把表面不相干的事物联系起来,而不是单纯的回忆、回想。奥斯本称创造活动中的联想

---

　　①　王朝闻:《审美谈》,人民出版社,1984年,第111页。

是："依靠记忆力进行想象,以便使一个设想导致另外一个设想。"这一见解是很正确的,所以在创造学中,一般把"联想"看成想象的一种形式,确切地说,是想象的最初步、最基本的活动形式。

联想这一概念的应用最早始于古希腊的柏拉图和亚里士多德。古希腊人提出了联想三大定律:相似律、对比律和接近律。这里,我们用今天的语言把三大定律涉及的联想类型解释一下:

1.接近联想。由于事物空间和时间特性的接近而引起的联想。

像星星和月亮,李白和杜甫。美学家朱光潜曾举例说:看到菊花想起中山公园,又想起陶渊明的诗,因为我在中山公园里看过菊花,在陶渊明的诗里也常看到有关描写菊的句子。这两种对象虽不同,而在经验上却曾相接近。

例如:儿童——玩具、童装、奶粉、皮球、幼儿园、秋千、画画、游戏

2.相似联想。由于事物间的相似点而形成的联想。

大家熟悉的诗句:"云想衣裳花想容",即由云联想到人的衣裳,由花联想到人的容貌,这里联系在一起的纽带是云——衣、花——容的相似性。

例如:小狮子——小花猫;橘子——柚子;火柴——打火机;家狗——野狼

3.对比联想。由于事物间的对立点、相反点而引起的联想。

由冬想到夏,由热带想到寒冷的北极,由巨人想到矮人。元好问《颖亭留别》:"寒波淡淡起,白鸟悠悠下,怀归人自急,物态本自暇。"诗人看到寒波淡淡,白鸟悠悠,由这种悠闲的物态联想到正在归途之中的人的急迫心情,闲暇与焦急形成鲜明对比。

例如:平直——弯曲　　黑白——彩色　　轻——重
　　　战争——和平　　高大——矮小

"联想"是哲学和心理学重要的研究对象。17—19世纪联想主义成了近代心理学的一个重要派别。这个学派形成始于17世纪中叶的英国学者霍布斯和洛克。霍布斯把人的一切心理活动都归结为两种基本的作用,即感觉和联想。而"观念的联想"这一概念是洛克首先使用的。英国哲学家休谟认为联想是各观念间的吸引力,因有此吸引力,它们才能互相结合或联系。他规定了联想的三个法则:即相似律、时空接近律、因果律。英国学者哈特莱对联想主义作了全面系统的阐述,他认为:人初生时没有联想,随着儿童的成长,积累了各种感觉经验和联系,建立了越来越复杂的成串的联想。这样下去,到了成人期,较高级的思想体系便发展起来了。因此较高级的心理生活就能分析或分解为元素,而元素通过联想的心理复合,也能形成较高级的心理活

第
十
一
章

动。哈特莱认为联想定律主要是接近律,而相似律、对比律、因果律都可归结为接近律。他企图用接近律来解释记忆、推理、情绪、动作等,是第一个用联想学说解释心理活动类型的人。

美国现代心理学家桑代克(Edward Lee Thorndike 1874—1949)创立了一种联想主义的实验方法,并把联想主义提高到一个新的阶段。他把联想主义称为联结主义。他所提出的学说与规律的基本思想是"联结",强调反应与情景的联结,实质上就是动作的联想。

一、典型技法——头脑风暴法

头脑风暴法,又译智力激励法、脑力激荡法等,简称BS法,为美国创造学家奥斯本提出的。

所谓头脑风暴最早是精神病理学上的用语,系指精神病患者头脑的错乱状态。1939年奥斯本把这一词引入创造学,命名他所发明的一种创造技法。头脑风暴法于20世纪50年代在美国得到推广应用,麻省理工学院等许多大学相继开设头脑风暴法课程。尔后,这一技法传到西欧、日本、中国等国家,成为创造技法中最重要的技法之一。

头脑风暴法的核心是高度自由的联想。这种技法一般是通过一种特殊的小型会议,使与会者毫无顾忌地提各种想法,彼此激励,相互诱发,引起联想,导致创造性设想的连锁反应,产生众多的创造性设想。

头脑风暴法的具体实施要点如下:

(1)召集一种特殊会议,与会人数以5~12人为宜,人数多了不能充分发表意见。

(2)会议有一名主持者,1~2名记录员。

主持人在会议开始时简要说明会议目的,要解决的问题或目标,宣布会议遵守的原则和注意事项,鼓励人人发言并鼓励一切新构想,注意保持会议主题方向、发言简明、气氛活跃。记录员要记下提出的所有方案、设想(包括平庸、荒唐、古怪的设想),不要遗漏。会后协助主持人分类整理各种设想。

(3)会议一般不超过一小时,最佳时间为半小时左右。时间长了脑子容易疲劳。

(4)会议地点应选择安静而不受外界干扰的场所。切断电话,谢绝会客。

(5)会议要提前几天发通知,告诉与会者会议的主题,使他们事先有所准备。

一切头脑风暴法会议必须遵守以下四个原则：

（1）禁止批评。在会议中，绝对禁止批评或评判别人的想法，即使是对幼稚的、错误的、荒诞的想法，也不得批评。如果有人不遵守这一条，会议主持人将提出严厉的警告：闭上你的尊口，动动你的脑筋吧！这一原则又称保留判断原则。

（2）自由畅想。思考越狂放，构想越新奇越好，有时看起来很荒唐的设想却是打开创造大门的钥匙。敞开思想自由联想，看起来容易，实行起来难。

（3）多多益善。新设想越多越好，数目越多，可行办法出现的概率越大。

（4）借题发挥。巧妙地利用他人的想法，在其基础上提出更新更奇的设想。与会者必须善于利用别人的想法来开拓自己的思路。

在这四条原则中，最重要的是保留判断的原则（禁止批评）。奥斯本认为，只有当会议成员严格遵循保留判断的原则，会议才能称得上名副其实的"头脑风暴"会议。梅多等人曾进行过一次调查，他让一组受过头脑风暴法培训的人和另一些人数相同的人分别解决同一个问题，前者运用保留判断原则，后者相反，没有保留判断，在同一期限内，前者在产生有用设想方面比后者高出70%左右。

怎样开好"头脑风暴"会议？经30年实践，前人总结了大量简便有效的经验，这里我们择重点向读者介绍一下，使大家掌握此技法的开会诀窍。

（1）讨论题的确定问题很重要，出题不当则头脑风暴法难以成功。这里要特别注意以下几点：①讨论题要具体、明确，不要过大，如有大问题可分解成小问题逐一讨论。如讨论改善机械装置设计问题时，可划分为：如何增加效率？如何操作方便？如何节省耗料？如何延长使用寿命等。②但讨论题也不宜过小或限制性太强。例如可以"目的是……，怎么办才好？"为讨论题，而不要说："达成目的的有A与B，请讨论哪个好？"因为也许还有更好的C与D没想到。③不要同时将两个或两个以上问题混淆讨论。④主持人要注意使那些首次参加头脑风暴会议的成员尽快熟悉这一会议的特点，因此，在会议开始的时候，主持人可以先提出一些极为简单的问题作演习，如怎样改进上衣和裤子？⑤会议的基本目的在于收集大量不同的设想，以便使问题的解决找到许多可行的"答案"。头脑风暴会议不适于解决那些需要判断的问题，如"教育改革好不好？"

第十一章

（2）"行—停"是头脑风暴法一个常用的技巧,即三分钟提出设想,然后五分钟进行考虑,接着用三分钟的时间提出设想,……这样三五分钟反复交替,形成有行有停的节奏。

（3）"一个接一个"是头脑风暴法常用的另一技巧,即与会者按照坐位顺序轮流发表构想。如果轮到的人当时自己没有新构想,可以跳到下一个人。在如此巡回下,新想法便一一出现直到会议完全结束为止。根据研究表明,运用"一个接一个"的技巧,可以较一般的头脑风暴会议多出87%左右的构想。

（4）在会上,不允许私下交谈,以免干扰别人的思维活动。同时,每个人发表的意见必须让参加会议的人都知道。

（5）参加会议的成员应定期轮换,应有不同部门、不同领域的人参加。因为长期在一起工作的人可能会形成一种固定的思维方式,以致使每个成员几乎可以估计到另一些成员对问题的反应和看法。

（6）一些经验表明,会议参加者有男有女会促进讨论。妇女企图胜过男人,而男人则想超过妇女。这种因素在组内引起的一种额外争强好胜心,会刺激人们提出大量设想。

（7）实践经验表明,领导或权威在场,常常会造成一般成员不敢"自由"地提出设想。当然,在充分民主的气氛下,并不一定要排除领导或权威的参加,因为上述问题已不复存在。

（8）为使气氛自由愉快、轻松自如,可先热身活动一番。譬如让大家说说笑话、吃点东西、猜个谜语、听段音乐等。

（9）主持人应按每条设想提出的顺序编出顺序号。这样可以随时掌握提出设想的数量,并且可以启发与会人员说:"再提10条设想"或者"我们争取提出100条设想","在会议结束之前,我们大家力争每个人再提出一个设想",这种鼓励常常能使人们发现一些新设想。

（10）会后要把各种设想归纳分类,用打字或复印方式制成多份,再组织一个小组进行评价和筛选（这个小组成员一般由未参加头脑风暴会的人组成）,从中选出一到几个优佳设想。

以上我们介绍了开好"头脑风暴"会的10条经验,实际上每个熟悉此会的主持人都有自己一套经验和实施特点,这里我们就不一一介绍了。我们应当根据我国实际、本领域实际、参加讨论人的实际、要解决问题的实际,灵活创造性地运用"头脑风暴法",以形成自己的特点和优势。应当指出,"头脑风暴法"不是包解一切创造问题的灵丹妙药,不能寄予过大希望,要客观分析它的作用并恰当运用之。奥斯本指出，头脑风暴不是取代某种解决问题的方法，而是对这种方法的补充，特别是补充以下三个方面：①对个人提出设想的补充。②对传统的讨论会补充。③作为创造性教育的补充。

笔者在2015年为解放军总装备部青年科研骨干进行的创造学培训中，头脑风暴练习时，一个小组讨论题是：如何减少行人乱闯红灯？结果提出24个方案：

①提高罚款数额；　　⑨增加交通协管；　　⑰一出门就上车；
②人车分离；　　　　⑩罚当交通协管员；　　⑱给行人装飞行器，
③拍照曝光；　　　　⑪减少人口数量；　　　⑲人行横道装传送门；
④加强交通法规教育；⑫建立交通违法黑名单；⑳改出行方式，不上街；
⑤闯红灯拘留；　　　⑬建立行人交通积分；　㉑预约过马路；
⑥警示教育；　　　　⑭装交通违法感应器；　㉒人和车辆放入不同空间。
⑦取消红灯；　　　　⑮装隔离栏杆；　　　　㉓红灯行，绿灯停
⑧闯红灯后果自负；　⑯不许开车；　　　　　㉔闯红灯扣手机

下面，我们举几个"头脑风暴法"的应用案例：

图11-3　直升机清理电线

有一年，美国北方格外严寒，大雪纷飞，电线上积满冰雪，大跨度的电线常被积雪压断，严重影响通信。过去，许多人试图解决这一问题，但都未能如愿以偿。后来，电信公司经理应用奥斯本发明的头脑风暴法，尝试解决这一难题。按照这种会议规则，大家七嘴八舌地议论开来。有人提出设计一种专用的电线清雪机；有人想到用电热来化解冰雪；也有人建议用振荡技术来清除积雪；还有人提出能否带上几把大扫帚，乘坐直升机去扫电线上的积雪。对于这种"坐飞机扫雪"的设想，大家心里尽管觉得滑稽可笑，但在会上也无人提出批评。相反，有一工程师在百思不得其解时，听到用飞机扫雪的想法后，大脑突然受到冲击，一种简单可行且高效率的清雪方法冒了出来。他想，

每当大雪过后,出动直升机沿积雪严重的电线飞行,依靠高速旋转的螺旋桨即可将电线上的积雪迅速扇落。他马上提出"用直升机扇雪"的新设想,顿时又引起其他与会者的联想,有关用飞机除雪的主意一下子又多了七八条。不到一小时,与会的10名技术人员共提出90多条新设想。

会后,公司组织专家对设想进行分类论证。专家们认为设计专用清雪机,采用电热或电磁振荡等方法清除电线上的积雪,在技术上虽然可行,但研制费用大,周期长,一时难以见效。那种因"坐飞机扫雪"激发出来的几种设想,倒是一种大胆的新方案,如果可行,将是一种既简单又高效的好办法。经过现场试验,发现用直升机扇雪真能奏效,一个久悬未决的难题,终于在头脑风暴会中得到了巧妙的解决。

中国机械冶金工会举办的一次合理化建议和技术革新工作研讨班,运用头脑风暴法思考"未来的电风扇",36人在半小时内提出173条新设想。其中典型的设想有:带负离子发生器的电扇、全遥控电扇、智能式电扇、理疗电扇、驱蚊虫电扇、激光幻影式电扇、催眠电扇、变形金刚式电扇、熊猫型儿童电扇、老寿星电扇、解忧愁录音电扇、恋爱气氛电扇、去潮湿电扇、衣服烘干电扇、美容电扇、木叶片仿自然风电扇、解酒电扇、吸尘电扇、笔记本式袖珍电扇、太阳能电扇、床头电扇、台灯电扇等等。

二、引申:自由联想系列技法

随着创造学理论和实践的深入发展,一些国家的创造学家在奥斯本头脑风暴法的基础上,又发展了许多类似方法。下面简要介绍一下这些方法:

(一)逆头脑风暴法(逆BS法)

逆BS法是美国热点公司开发的方法。一般头脑风暴法禁止批评他人发言,而逆BS法反其道行之,不但不禁止批评,而且重视批评。对已有的设想大作文章,通过批缺点,促使设想完善。

除了禁止批评之外,头脑风暴法原则在逆头脑风暴法中均都运用。在此法中主持人的人选是一个主要因素。要注意防止因为光抓反面东西和缺点,导致会议过于拘谨和谨小慎微。

(二)默写式头脑风暴法(635法)

头脑风暴法传入德国后,鲁尔巴赫根据德意志民族习惯于沉思的性格,通过改进,创造了默写式头脑风暴法。按该办法规定,每次会议由6人参加,要求每人在5分钟内提3个设想,所以又叫"635"法。

举行"635"法会议时,先由会议主持人宣布议题(发明创造目标),接着发给每个人几张设想卡片,每张卡片上标有1、2、3号码,在两个设想之间要留有一定的间隙,可让其他人填写新的设想。在第一个5分钟里,每人针对议题填写3个设想,然后把卡片传给右邻。在下一个5分钟里,每个人可以从别人所填写的3个设想中得到启发,再填上3个设想。如此多次传递,半个小时可传6次,一共可产生108个设想。

(三)NHK头脑风暴法(NBS法)

NBS法是日本广播公司(NHK)开发的方法,NBS表示"NHK头脑风暴法"的缩写。NBS法的具体做法是:主持人在会前公布议题,每次会议由5~8人参加,并将特制卡片(有40个方格的像名片一样大小的卡片)预先发给与会者,要求他们每人提五条以上设想(每个卡片填一条)。会议开始后,各人出示自己的卡片,并依次作出说明。在听别人宣读设想时,如果自己产生了新的联想,应立即填写在备用卡片上。待到大家发言完毕,将所有的卡片集中起来,按内容进行分类,在每类卡片上加一个标题,按顺序排在桌面上,然后进行评价和讨论,从中挑选可供实施的设想。会议时间约为2~3小时。

这是一种事务性较强、朴实无华的方法。在本法中,想法和方案要经过全体成员的评判。

(四)三菱式头脑风暴法(MBS法)

MBS法是日本三菱树脂公司开发的方法,其宗旨是找到更具体、更切合实际的方案。MBS法的具体做法是:第一步是出议题;第二步是由参加会议的人各自在纸上填写设想,时间为15分钟;第三步是每人轮流谈自己的设想(限5个左右),由会议主持者记下每人的设想,别人也可根据宣读者提的设想,填写自己的新设想,待大家发表完意见后再提出。这段时间约一小时。第四步将设想写成正式提案,并进行详细说明,并互相质询、批评、讨论。这段时间约一个半到2个小时。第五步由会议主持者将各人提案用图解方式写在黑板上,大家边看图解,边继续深入讨论,以获得最佳方案。

MBS法与前面介绍的NBS法有很多相同之处,不同点主要是MBS法在会上写设想,不是提前写,另外MBS有图解分析过程。

(五)川喜田法(KJ法)

KJ法的创立人是东京工人教授川喜田二郎(KJ即为川喜田二郎的英文姓名缩写)。此方法在1964年发表以后,作为一种有效的创造性开发方法在日本流行很广。KJ法的步骤要点有:

(1)把通过头脑风暴法产生的大量设想(步骤与前面介绍的方法类似,不再重复)以及尽可能收集到的有关情报、资料逐一填写卡片,卡片内容要言简意赅。

(2)把卡片编成群体。①将填好的各卡片摊开放在桌子上,按性质关系远近,一堆一堆靠拢排成花朵形状;②把性质近似的卡片集为小群体,成为一叠,每一叠上放一个空白卡片作封面,用绿色笔写出每一小群体的标题(内容提示语);③按各小群体封面的内容,将近似者的卡片集合成中群体,其封面的提示语以蓝色笔书写;④比较各中群体封面的内容,将相关的卡片集合成为大群体,其封面的提示用红色笔书写。

(3)完成群体编组后,有两项重要工作:将群体组的材料配置于空间,图解其关系位置称作A型图解化;直接把编组卡片的资料,变成叙述性文章称作B型文章化。

①A型图解化。将已按大群体分类的卡片摆在大张白纸上,内容有联系或有关系的放在相近的地方,用线条符号表示各群体之间的关系(从大群体做起,依次为中群体、小群体)。②B型文章化。照图解化顺序,取出群体编组的卡片,观察比较记录资料,予以文字编排。图解化的功用在于,使人在很短时间内把各种关系看得一清二楚,卡片与卡片、群体与群体间的联系性质都能表现得一览无遗。但文章化可检查出图解的错误而加以修正。两者互补,效果方佳。

（六）7×7法

7×7法是由美国人卡尔·古莱格开发的。其基本做法是,把用头脑风暴法所提出的方案汇总在7项之内,通过全体成员的评判和讨论,确定其重要程度,然后按轻重名次分别制定具体的解决措施。

主要步骤如下:①通过头脑风暴法引出方案,记到卡片上,把内容类似的卡片分成7组。②将每组卡片按重要程度的顺序排列,从每组中选出7张卡片(不足7张的,有几张选几张)。标出每组的"名牌"(有概括性的小标题)。③就每个名牌下的内容进行讨论、分析,并记录下来。

此法的特点是将头脑风暴法产生的设想进行了7×7的筛选,把一些空泛不实的方案排除在外,这是一种美国人喜爱的实用主义技法。

（七）片方法（ZK法）

本技法由东京工大片方善治所创, 以其姓名英文字头ZK命名。ZK法的特点是使解题信息按"起、承、转、合"的线索发展,由此寻找解题最佳方案。运用本技法一人行,多人也行。下面假定按多人开会方式进行。

（1）起。议题提出之后,与会者各自搜集问题的所有资料和信息。

（2）承。根据所搜集的信息与资料,按自己思路,把解决方案写到纸上。每个与会者就自己的方案发言。在此期间,巧妙利用他人的解决方案,思考新的解决方案。

（3）转。大家把所写的东西贴到墙上,必要的话,关掉灯光,进行默想,对各自的方案进行反省和推敲,加以增删或修正。

（4）合。各自宣读修正后的观点,然后再通过默想,进行反省和推敲,将最后确定下来的方案写到黑板上,全体成员对各种解决方案进行分析比较,找出最佳方案。

（八）菲利浦斯66法

在"头脑风暴法"会议的参加者较多的场合,总会出现不能参加会议的人。为了解决这个问题,菲利浦斯(D.Phillips,美国希尔斯达尔大学校长)提出了"菲利浦斯66"方案。他把大团体分成6个人一组的小组,让6个成员讨论6分钟。在小组中,人们参加会议的积极性会更高,这一方案获得了成功。

菲利浦斯在底特律某制造公司为80位听众作"独创性思维方法"的演说时,他突然灵机一动向听众提出了一个问题:"怎样把黑板擦改进得更好?"接着就把听众分成若干个小组,实施6分钟的头脑风暴法。结果,参加者对黑板擦提出了许多改进方案,把这些设想具体运用于实际,不久市场上就出现了一种新颖的黑板擦。

该技法一个显著特点是:如果在大会场里让各小组同时开始进行头脑风暴法,就会激起各小组之间的竞争意识,从而积极地开展讨论,分别激发出人们头脑的创造性火花。

以上,我们简要介绍了由头脑风暴法引申、变化而来的8种自由联想系列技法。其变化关系,可由下图11-4简要表示。在表中,以头脑风暴法为标准,通过对其变形、补充或发展,即产生了本系列种种不同的技法。从图中我们不仅可以发现技法增殖的线索,而且为我们继承创新提供了线索。

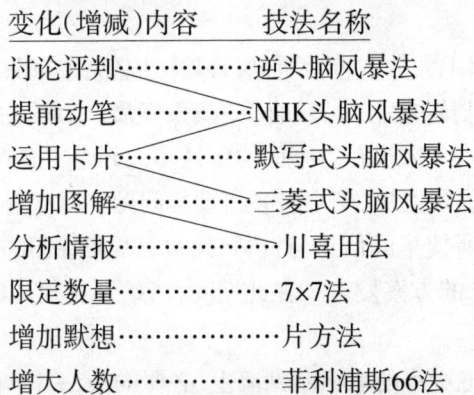

变化(增减)内容	技法名称
讨论评判	逆头脑风暴法
提前动笔	NHK头脑风暴法
运用卡片	默写式头脑风暴法
增加图解	三菱式头脑风暴法
分析情报	川喜田法
限定数量	7×7法
增加默想	片方法
增大人数	菲利浦斯66法

图11-4　头脑风暴法的演化

三、典型技法——检核表法

有的学者称检核表法(Check List Method)为"创造技法之母",由此可见这一技法的重要。这是与自由联想系列技法稍有不同的技法。

在考虑某一问题时,先制成一览表,对每个项目逐一进行检查,以避免遗漏要点,这就是"检核表法"。例如,在准备去长途旅行时,大家都有使用检核表的经验,即预先制成需要携带的物品清单,并在出发之前进行检查等。

用于产生设想或解决问题的检核表并不限于这种"保守性"（防止考虑不周）的一览表，也使用所谓"创新性"（用以得到新设想）的一览表。

（一）奥斯本检核表法

作为创造学技法的"检核表法"，最著名的要属奥斯本的"检核表"。美国著名创造工程学家奥斯本在其著作《发挥创造力》一书中，介绍了许多新颖别致的创意技巧，有些就成了后来的各种创造技法的基础。比如，美国麻省理工学院创造工程研究室就是从这本书中选择出75个激励思维的思考角度，分成9个方面，编制出《新创意检核用表》，以此作为提示人们进行创造性设想的工具。这种建立在奥斯本创意检核表基础上的创造技法，就是奥斯本检核目录法。其九个方面的提问如下：

（1）能否他用？在此方面还可深入提问：现有的事物有无其他用途？保持原样不变能否扩大用途？或稍加改进有无其他用途？

（2）能否借用？在此方面还可深入提问：现有的事物能否借用别的经验？能否模仿别的东西？过去有无类似发明创造？现有的发明成果能否引入其他创造性设想中？

（3）能否改变？在此方面还可深入提问：现有的事物能否作某些改变？比如意义、颜色、声音、味道、形状、式样、花色、品种等能否改变？改变后的效果又如何？

（4）能否扩大？在此方面还可深入提问：现有的事物能否扩大应用范围？能否增加使用功能？能否添加零部件？高度、强度、寿命、价值等能否扩大或增加？

（5）能否缩小？在此方面还可深入提问：现有的事物能否减少、缩小或省略某些部分和东西？能否浓缩化？能否微型化？短一点行否？轻一点行否？压缩、分割、简略行否？

（6）能否代用？在此方面还可深入提问：现有的事物能否用其他材料、其他元件、其他原理、其他方法、其他结构、其他工艺、其他动力、其他设备来代替？

（7）能否调整？在此方面还可深入提问：现有的事物能否调整已知布局？能否调整既定程序？能否调整日程计划？能否调整规格？能否调整因果关系？

（8）能否颠倒？在此方面还可深入提问：现有的事物能否从相反方向来作考虑？能否位置颠倒？能否作用颠倒？能否上下颠倒？能否正反颠倒？

（9）能否组合？在此方面还可深入提问：现有的事物能否组合？能否原理

组合？能否方案组合？能否材料组合？能否部件组合？能否形状组合？能否功能组合？在发明创造过程中，人们以检核目录的方式进行逐项思考，就会引导创造性思维的有序迸发，从而提出新的创意或设想。

（二）奥斯本检核表法的实施步骤

1.运用奥斯本检核表法进行创新活动的实施步骤是：

①根据创新对象明确需要解决的问题。

②根据需要解决的问题，参照表中列出的问题，运用丰富想象力，强制性地一个个核对讨论，写出新设想。

③对新设想进行筛选，将最有价值和创新性的设想筛选出来。

2.检核表法的实施过程注意：

①要联系实际一条一条地进行检核，不要有遗漏。

②要多检核几遍，效果会更好，或许会更准确地选择出所需创新的方面。

③在检核每项内容时，要尽可能的发挥自己的想象力和联想力，产生更多的创新设想。进行检索思考时，可以将每大类问题作为一种单独的创新方法来运用。

④检核方式可根据需要，一人检核也可以，三至八人共同检核也可以。集体检核可以互相激励，产生头脑风暴，更有希望创新。

⑤上述九项检核内容，没有固定的顺序，也可先将研究对象进行改变或扩大或缩小或调整或颠倒之后，再组合，即先经分部改革后再进行组合。

总之，在进行检核时，可根据需要，或一人检核，或多人检核，或交替进行。使用检核表法解决创新问题，通常可以从几个问题中同时受到启发，经过综合形成最佳方案。这样，更有希望获得创新的成功。

现以新型保温瓶的开发为目标，运用奥斯本检核目录法进行创造性设想的构思，其结果如表11-1所示：[①]

①　鲁克成、罗庆生：《创造学教程》，中国建材出版社，1997年，第182页。

表11-1　用检核表法开发新型保温瓶

序号	检核项目	新设想	
		名称	设想概述
1	能否他用	保健型理疗瓶	利用保温瓶的热气对人体进行理疗
2	能否借用	电热式保温瓶	借用电热壶原理制造电加热保温瓶
3	能否扩大	大瓶盖保温瓶	扩大瓶盖容积,分为二层,上层装茶叶
4	能否改变	个性化保温瓶	按照消费者心理需要和个性特点制作
5	能否缩小	小型化保温杯	开发多种形状的保温杯,便于出门使用。
6	能否代用	不锈钢保温瓶	用不锈钢材料代替玻璃,使瓶胆一体化
7	能否调整	新潮流保温瓶	调整形状结构和比例尺寸,造型多样化
8	能否颠倒	倒置式保温	瓶用旋转支架使瓶倒转,让瓶口朝下倒水
9	能否组合	多功能保温瓶	与空气净化器组合在一起,具有多功能

四、引申:强制联想系列技法

强制联想技法与自由联想技法的区别,就在于自由联想海阔天空,没有任何约束;而强制联想给予一定的方向方式引导,使联想按一定提示和程序进行。这对初学者很方便,对喜欢按部就班思维的人,不失为一类好方法。强制联想系列技法的典型技法是"检核表法",上一节已介绍。下面我们介绍引申发展而来的一些技法。

(一)特性列举法

和"检核表法"相类似的方法很多,其中20世纪30年代由美国内布拉斯加大学克劳福德(R.P.Crawford)教授提出的特性列举法(Attributive Listing),又译属性列举法,知名度甚高。这一技法既适用于个人,也适用于集体,比较简明易行。它通过对发明对象的特性分析,一一列出其特性,由此引起各种联想,提出改进方案。

运用特性列举法可分两步进行:

第一步,选择一个目标比较明确的发明或革新课题,接着列出发明或革新对象的特征。一般事物的特征包括以下三个部分:

①名词特征——全体、部分、材料、制造方法;

②形容词特征——性质、状态;

③动词特征——功能。

第二步就是从各个特性出发,通过提问或自问,启发广泛联想,形成头脑风暴,产生众多的新设想,然后通过评价分析,找出价值效益高、美观实用的设想来。

案例:改进烧水的水壶,已经成为介绍列举分析法时的一个经典案例,虽然水壶似乎已经不易想到可以改进之处,但运用特性列举法分析它,仍然可以打开思路找到创新思路。

第一步

①名词特性:整体:水壶;部分:壶嘴、壶把手、壶盖、壶底、蒸汽孔;

材料:铝、不锈钢、铁皮、搪瓷、铜材等;制作方法:冲压、焊接、浇铸、雕刻。

根据所列特性,可作如下提问并进行分析,然后考虑改进:壶嘴长度是否合适? 壶把手可否改成绝缘材料以免烫手? 壶体可否一次成型? 冒出的蒸汽是否烫手? 可否改个位置? 制作材料有无更适用的,等等。

②形容词特性:性质:轻、重;状态:美观、清洁、高低、大小等;颜色:黄色、白色;形状:圆形、椭圆形等。

对形容词特性的列举并进行分析,也可找到许多可供改进的地方。如怎样改进更便于清洁,颜色图案还可作哪些变化,底部用什么形状才更利于吸热传热等等。

③动词特性:功能:烧水、装水、倒水、保温等。

第二步

看看除了壶柄之外的其他特性给人们带来了哪些启示。

①壶盖:在倒水的时候,壶盖有时会翻落,弄不好会烫伤人。在最初进行改进时, 人们以为这是因为壶盖插入到壶身的内圈部分太短而造成的。于是,就设法使其加长。加长后效果虽然好一些,但有时壶盖还会翻落。如果再加长,开盖又不方便。于是人们又进行了防倾水壶盖的设计。

②蒸汽孔:蒸汽孔一般开在壶盖的边缘。水烧开后,由于蒸汽向上冒,壶柄被烤得很烫。现在,市场上有一种鸣笛水壶。蒸汽孔设在壶口,水烧开后会自己鸣笛。由于蒸汽直接从壶口跑掉了,壶柄自然就不会烫手。

③壶口:开始时,有的水壶壶口设计不合理,在倒水时出水不畅,不仅费力还影响了倒水的速度。后来改进成现在的壶口形状。

④壶底:壶底最初是平的。为了使集热效果更好,人们就把水壶底改成了波浪形。有人考虑到水烧开后溢出的水会浇灭煤气,于是就把壶底改为四

周向下凸而壶底向上凹。这样,溢出的水就不会浇灭火焰了。

⑤从材料和制作方法、性质和状态方面考虑,水壶由用铜制作改为用铝板冲压。这样既轻巧又美观,造价也低多了。

从烧水和倒水两方面考虑,人们发明了电热热水瓶。

(二)5W1H法

5W1H法是美国陆军首创的创造技法,是一种通过为什么(Why)、做什么(What)、何人(Who)、何时(When)、何地(Where)和如何(How)六个方面的提问,从而形成创造方案的方法。这一方法大致分三步进行:①对创造对象从上述6个角度提问,检查其合理性;②将发现的难点疑问列出;③讨论分析,寻找改进措施。

如果现行的方法或产品经过六个问题的审核已无懈可击,便可认为这一方法或产品可取,如果六个问题中有哪一个答复不能令人满意,则表示这方面还有改进的余地。如果哪方面的答复有着独到的优点,则可用以扩大产品的效用。

5W1H后来又发展成5W2H,增加了一个怎么样(How)即把How分成怎样(How to)和多少(How much)两个提问。7项提问视问题的性质不同,发问的内容也不同,例如:

①为什么(Why):为什么发热? 为什么变成红色? 为什么要做成这个形状? 为什么不用机械代替人力? 为什么产品的制造要经过这么多环节? 为什么非做不可? 不做为什么不行?

②做什么(What):条件是什么? 哪一部分工作要做? 目的是什么? 重点是什么? 与什么有关系? 功能是什么? 规范是什么?

③谁(Who):谁来办最方便? 谁会生产? 谁不可以办? 谁是顾客? 谁会赞成? 谁被忽略了? 谁是决策人?

④何时(When):何时要完成? 何时安装? 何时销售? 何时产量最高? 何时最切时宜? 需要几天才算合理?

⑤何地(Where):何地最适宜某物生长? 何处最经济? 从何处买? 还有什么地方可卖? 安装在什么地方最适宜? 何地有资源?

⑥怎样(How to):怎样做最省力? 怎样做最快? 怎样做效率最高? 怎么改进? 怎样得到? 怎样避免失败? 怎样求发展? 怎样增加销路? 怎样达到效率?

怎样使产品更加美观大方？怎样使产品使用起来更方便？

⑦多少（How much）：功能如何？效果如何？利弊如何？安全性如何？销售额如何？成本多少？

案例：某航空公司经理在机场候机室二楼设小卖部，生意相当冷清，他用5W1H法检查为何如此，结果发现错在Who、Where及When这三个问题上。

①谁是顾客？机场小卖部应当把出入境的旅客当主顾才对，而这些主顾并不需要上二楼，在二楼流连徘徊者大部分是送客或接客的人，这些人有的是时间到市里大商场挑肥拣瘦，不必到机场买东西。所以机场小卖部没有顾客。

②小卖部设置在何处？原来出入境的人，经海关检查后，都从一楼左侧或右侧走了，根本不需走二楼。小卖部没设在旅客必经之路，哪里还会有顾客呢？

③何时购物？出境旅客只有当行李到海关检查并交付航空公司后，才有闲情去购买小纪念品，原来机场安排为临上机前才能将行李交付航空公司，这样自然就挤掉了旅客买东西的时间。

由上述可知，机场大楼做不到生意的原因是：①不把旅客当主顾；②小卖部设在旅客非必经之路上；③旅客无购物时间。

针对这三点，研究改进的措施：

①把旅客当主顾。

②将出入境旅客的海关检查路线改为必经二楼小卖部。小卖部就有较多的人光顾了。

③服务办法改为随时可以把行李交给航空公司，旅客"无箱一身轻"，使顾客有了买东西的时间，正好东张西望买些小小纪念品。这样一来小卖部的生意就兴隆起来了。①

（三）范围思考法

范围思考法（Area Thinking）是由美国麻省理工学院J.阿诺德教授提出的一种创造技法，在新产品开发中有显著特色。

阿诺德把产品开发应该考虑的范围分为四种，以便研究可以得到全面满足的产品。

---

① 赵惠田，谢燮正主编：《发明创造学教程》，东北工学院出版社，1987年，第188~189页。

（1）增加功能——产品的功能不是单一的，应该从多方面加以考虑。例如，把咖啡辗磨机装到咖啡煮壶上的这种设想。现有的产品必须尽可能是多功能的，这种观点是产品开发的基础。在速溶咖啡中，加入砂糖和牛奶，并装成一袋，把它倒入杯子中，冲入开水就可以喝，这种商品就是根据上述的观点开发出来的。

（2）提高性能——应该考虑把产品设计得更加结实、小型、精确、安全，不但要使用方便，而且要便于维修和保管。可以说，通过产品开发而提高性能是理所当然的事。

（3）降低成本——应该考虑改变材料，使部件标准化，减少制造工序，实现自动化，从而使制造费用进一步降低。

（4）增加商品的魅力——设法在产品的造型、包装和色彩等方面更好地满足消费者的需求。在各公司的产品都大同小异的今天，在这一范围里最容易产生差距。

由此可见，范围思考法是在这四个范围中考虑怎样萌发设想的，可运用于教育训练以及实践等方面。

（四）SAMM法

"SAMM法"是英语Sequence-Attribute/Modification Matrix（属性改善排列矩阵法）的略语。该技法的特点是利用矩阵法，将奥斯本的检核表法与属性列举法两者的优点组合在一起，使人们易于掌握和应用。

矩阵法是通过把各要素排列成纵行和横行，简明地表示这些要素相互之间的关系的一种方法。因此，"在SAMM法"中，是把检核表的项目排成横行，而在纵行中则列举属性。然后，按照项目的顺序检查各个属性，并强制它们发生联系，从中得到启发，萌发设想。创造技法的原则是，越是缩小问题的焦点，就越容易产生设想，在"SAMM法"中具有这样一个特点，即它使这一原则简化，并且有机地加以综合。

这里以有关螺丝刀的案例进行说明。

首先，在矩阵的横行中排列奥斯本的检核表的9个项目（在表11–1中，已使之简化）。然后，使用属性列举法，列出螺丝刀的属性。这些属性可归纳为下列五点：①圆棒状的钢铁制成的轴；②木制的手柄；③楔子型的前端；④可以用手进行操作；⑤供旋转和拧转之用。

　　如果把这些属性排成纵行,就可以形成下列的矩阵,如图11-5所示。

　　利用该矩阵,就可以按照检查项目对各个属性逐一进行检查。

　　如果根据该图中所列的情况进行检查:如果去掉了圆形的钢铁轴? 那可不行。那么,代用品呢? 是啊,即使不是圆形的轴……组合起来的话? 如果加上个什么呢? ……需要把形体改小吗? 按照这样的思路,根据检核表的研究项目进行思考,可以发现下列的改进办法(图中的×表示改进要点)。

　　①如果把轴改成六角形,用钳子夹住也可以拧螺丝。②用塑料制作手柄以提高强度。③使前端可以替换,以便有多种用途。④利用电动进行操作。⑤采用使压力变换成拧转力的机构。

属性(现状)	除外	代替	再排列	组合	扩大	缩小	修正	分割
圆形钢铁轴		×					×	
木制手柄		×				×		
锲形前端					×			
由人力操作		×						
通过旋转拧螺丝							×	

图11-5　SAMM法应用实例[①]

五、中国与联想系列技法发展

　　在创造技法的研究和普及过程中,中国创造学者结合中国实际,提出并发展了有特色的联想类技法,下面我们举三个实例。

(一)和田十二法

　　和田十二法,又称聪明十二法,是我国创造学者许立言、张福奎对奥斯本的检核表法进行了深入研究,结合我国创造发明、特别是上海和田路小学创造发明的实际,与和田路小学一起提出来的。上海创造学会1991年正式命名"和田十二法"。他们在回顾这一技法提出的过程时指出:"为推动我国广

---

① 　[日]高桥诚编:《创造技法手册》,上海科学普及出版社,1989年,第26~27页。

大群众的发明创造活动,我们考虑到一方面要在成人中普及创造技法,另一方面还要在少年儿童中作创造技法的启蒙教育,于是我们想能否提供一种老少皆宜、两全其美的普及型的创造技法呢? 我们选择了'检核表法',结合我们国家的情况和少年儿童的特色,将检核表法改造提炼为十二个'聪明的办法',供人们在思考问题、进行发明创造设想时,按顺序核对思考,从中得到启示。"[①]这十二法的具体内容是:

(1)加一加——可在这件东西上添加些什么吗? 需要加上更多时间或次数吗? 把它加高一些,加厚一些,行不行? 把这样东西跟其他东西组合在一起,会有什么结果?

(2)减一减——可在这件东西上减去些什么吗? 可以减少些时间或次数吗? 把它降低一些,减轻一些,行不行? 可省略、取消什么吗?

(3)扩一扩——使这件东西放大、扩展,会怎么样?

(4)缩一缩——使这件东西压缩、缩小,会怎么样?

(5)变一变——改变一下形状、颜色、音响、味道、气味,会怎么样? 改变一下次序会怎么样?

(6)改一改——这件东西还存在什么缺点? 还有什么不足之处需要加以改进? 它在使用时是否给人带来不便和麻烦? 有解决这些问题的办法吗?

(7)联一联——某个事物(某件东西或事情)的结果,跟它的起因有什么联系? 能从中找到解决问题的办法吗? 把某些东西或事情联系起来,能帮助我们达到什么目的吗?

(8)学一学——有什么事物可以让自己模仿、学习一下吗? 模仿它的形状、结构,会有什么结果? 学习它的原理、技术,又会有什么结果?

(9)代一代——有什么东西能代替另一样东西? 如果用别的材料、零件、方法等,代替另一种材料、零件、方法等,行不行?

(10)搬一搬——把这件东西搬到别的地方,还能有别的用处吗? 这个想法、道理、技术,搬到别的地方,也能用得上吗?

(11)反一反——如果把一件东西、一个事物的正反、上下、左右、前后、横竖、里外,颠倒一下,会有什么结果?

(12)定一定——为了解决某个问题或改进某件东西,为了提高学习、工作效率和防止可能发生的事故或疏漏,需要规定些什么吗?

---

① 许立言、张福奎:《青年创造发明基础训练》,上海人民出版社,1987年,第83页。

以上"聪明的办法",是利用"信息的多义性"和"消息的可塑性",启发人们进行"广泛迁移"——概括性联想。这些联想,是在"表层信息"的外表看来不同,而实际上在其"深层信息"中具有共成分同性质,因而在它们之间建立了某种联系。这些联系的建立,导致"简略的"演绎,从而提高了推理过程和解决问题的速度和质量。它"略去"了推理的"论证因素"(论证"为什么"人们要按某一方式去做),而保存了"动作因素"(告诉人们"做什么"和"怎么做")。它有助于激发人们在检索、提取、加工信息(包括实物信息)过程中,产生大量的创造性设想。

下面我们举几个具体发明案例:

南京市华东工程学院附中丛小郁利用"加一加"的办法发明了带水杯的调色盘。人们都知道,在上图画课时,既要带调色盘,又要带装水用的瓶子或杯子,用起来很不方便。可是,人们习以为常,谁也不想改进一下。丛小郁同学开动脑筋:要是把调色盘和水杯"加一加",变成一个东西,不是更好吗。她从可伸缩的旅行水杯得到启发(类比),提出把水杯和调色盘 组合在一起的设想:把水杯固定在调色盘中间,用时拉开水杯,不用时把水倒掉,使杯子收缩。她又联想到用螺接的办法(联想),把调色板中心的圆边和杯底部制成螺纹形的,既可随意安装,又可随时拆卸。这样,她就发明了使用方便的带水杯的调色盘。

图11-6　多用升降篮球架

上海市某小学五年级女学生方黎发明的"多用升降篮球架",先后在上海《少年报》"居里夫人奖"竞赛、"上海市中小学科学小发明作品竞赛"及"第一届全国青少年科学创造发明比赛"中获奖,并由上海、无锡等厂家投产,在上海、无锡、南京、苏州、徐州、长沙、广州等地畅销。方黎小同学是怎样发明"多用升降篮球架"的呢? 她是在具体课题情境中产生发明需要的。首先,冬季上体育课,操场不大,只有一个篮球架,全班几十名学生排队轮番投篮,一节课每人只能投12次,大部分时间临风而立,既锻炼不了身体,也提高不了技术。其次,篮球架高大,不适于不同年龄的同学用。她想,要把篮筐"加一加"倒很容易,但要把篮球架随意升降就难得多了。一天,方黎小同学从可调高度的落地电风扇得到启示,顿时想到把篮球架"缩一缩",用落地电风扇升降的道理制作成功升降式篮球架,解决了问题。

(二)集思广益法

我国有一个成语"集思广益",源自诸葛亮:"夫参署者,集众思,广忠益也。"(《与群下教》)意思是集中大家的智慧,广泛吸收有益的意见。我国创造学家袁张度在1984年出版的《创造与技法》一书中,首先提出了"集思广益"技法。

辽宁省科协在阜新、朝阳、锦州等城市举办创造力开发培训班活动中,试验了多种头脑风暴法的组织实施效果后,由我国创造学者赵惠田总结出一种比较适合于我国现时基层企业内以小组会议形式进行集思广益,促进创新构思的方法。其原型是联邦德国创造学者鲁尔巴赫提出的"635"法,是将我国开调查会的习惯做法,与头脑风暴法、卡片整理法等技法加以综合后形成的。

集思广益法分为"预写、畅谈、评价"三个阶段,以会议形式进行。会议由六名左右有经验者参加,其中一人主持。主持者须头脑清晰、思维敏捷、善于诱导,并有所准备。开会前先通知各人所议议题,并发给每人两张表格(表11-2),要求与会者先行思考,并在每张表格上填写三种设想(方案),持表参加会议。由主持人宣布会议开始并做有关说明后,与会者将填有三种方案的表格中的一张传给右方座位者。接到表后,在六分钟内,在受到他人填写设想的启发下,每人在传来表上填写三个补充的、或新的设想。这样,在半小时之内可传五次,当填表传回本人时,停止传阅,利用十分钟进行综合联想。以上阶段称为预写阶段;接着进行畅读。与会者以精练的语言,概要地宣读原设想、在传阅过程受启发而产生的新设想或者对原设想的修订方案等。并一一记录在黑板上,在宣读方案过程中可以补充发挥,但不允评价判断。评价判断推迟到下一阶段进行,以免过早地下断言,打击他人积极性,束缚想象力。在宣读方案的过程中,如果受到启发,产生的新的构思,或者对原方案有新的补充,可以在保留在每人手中的那张没有传递的表中填写。这一阶段大概需要十分钟左右。最后进行方案评价。与会者对抄录在黑板上的各种设想方案进行分析归纳,并且以独创性、可行性和实用性为标准进行评价。从优选择,获取创造性方案。

表11-2　设想方案填写表

原方案　　　　　新方案	1	2	3	综合方案
1				
2				
3				
4				
5				
综合方案				

方案选择后,为便于决策,还可以进行专家预测。请30~50名专家,将方案(每个方案一张表)寄给他们,请专家们对方案的"很同意""同意""犹豫""不同意"和"很不同意"的其中任一种态度,表示自己意见。专家意见反馈后,绘成山形图,提供决策比较直观。同时在表格中留出补充和修改意见栏,以及提出新设想和新方案栏,以吸取专家意见。

(三)系统提问法

系统提问法,我国创造学家庄寿强经过多年研究和教学实践以后创建的一个以系统发问为先导的创造技法。作者遵循人们在认识世界中的"从已知到未知""从旧有到新颖""从已知的具体到抽象的一般、再到未知的具体"等一般认识规律,并在其基础上总结上升遂建立了该创造技法。

系统提问法的具体操作步骤如下:

第一步,仔细观察待创新的物品(产品),并按具体的主要属性做好记录。比如,对于一只现有的(已知的)公文包可做如下观察:棕色,呈长方形,40cm长,由人造革制成,包口上有拉链,包的表面印有熊猫图案,等等。同时,要将这些已知的、具体的属性在一张纸的左侧按序记录为一竖列。

第二步,把已知的、具体的属性分别上升到一般的属性,并在同一张纸稍右处再相应地排为一竖列。比如,棕色,可上升为"颜色";长方形可上升为

"形状";40cm长可上升为"大小";人造革可上升为"材料",等等(见表11-3)。

第三步,按照一般属性概念的外延范围列出一系列具体属性(即脱离原来具体事物的未知的具体属性),如根据"颜色"的外延,可列出红色、蓝色、绿色、黄色、黑色、白色、灰色等等;根据"形状"的外延可列出正方形、圆形、半圆形、梯形、三角形、月牙形、扇形、动物形状等等;根据"大小"的外延可列出30 cm、25 cm、20 cm、45 cm、50 cm、70 cm、80 cm等等;根据"材料"的外延,可列出牛皮、猪皮、纸、化纤布、麻布、塑料、玻璃、金属、陶瓷等等。……同时,也要把这些结果写在上面纸的相对应的右侧。

第四步,对第一、三列中所写出的每一个具体的已知和未知属性进行发问。发问的模式是:"为什么是"和"为什么不"。(发问的理论根据是:"肯定"和"否定"之间是矛盾关系,其外延之和穷尽了任何一个属概念的外延。如,"棕色"与"非棕色"之和即等于所有的颜色。因而,用"为什么是"和"为什么不"发问,从理论上说可保持某事物的完整性。)

比如,该文件包为什么是棕色? 为什么不能不是棕色? 为什么不能是红色? 为什么不能是白色? 为什么不能是蓝色? 等等。每发问一句,都要尽量找出理由来回答,这样就可由此引发其中的思维活动,找出一系列的肯定的和否定的属性及其理由,从而不难挑选出最理想或最有意义的属性作为创造的目标。

表11-3 系统提问技法前四步操作顺序

(已知) 具体属性 (第一步)	上升的抽象属性 (第二步)	(未知) 抽象属性概念的外延列举 (第三步)	发 问 (第四步)
棕色	颜色	红色、蓝色、绿色、黑色、白色、灰色、橙色……	①对第一列已知的具体属性问为什么? 如,为什么是棕色? ②对第三列未知的具体属性问为什么不? 如,为什么不是黑色?
长方形	形状	正方形、圆形、半圆形、梯形、三角形、月牙形、扇形、动物形……	
40 cm长	大小	30 cm、25 cm、20 cm、45 cm、50 cm、70 cm、80 cm……	
人造革	材料	牛皮、猪皮、纸、化纤布、麻布、塑料、玻璃、金属、陶瓷……	
表面印有熊猫	表面	图案动物图案:虎、鸟、鱼…;植物图案:花、草、树…;人物图案,几何图形,山水风景……	
……	……	……	

第十一章

　　第五步,将最有意义的创造目标在另一纸上做详细记录。比如,上例中就有"月牙形米黄色20厘米长的小型女用印花包""梯形黑色45厘米长的塑料包"等可做参考的创造目标。系统提问创造技法的实施过程体现了人们由已知到未知、由特殊到一般再到特殊的认识世界的规律,具有明显的理论性、排他性、可思维性和可操作性,实践效果很好。很多大学生都可在极短时间内按系统提问法提出数十甚至上百个方案,由于每个方案都是经过判断的,所以,提出的方案中好的方案占比重很大。

第十二章 组合系列技法

组合作用似乎是创造思维的本质特征。

——[美]爱因斯坦

先从古今的两个例子谈起。

中国远古时代,曾有一个神话大放光彩的时期。这是一个想象力自由翱翔的时代,各种现实与超现实的英雄豪杰、奇神怪兽大量涌现,像女娲、盘古、伏羲、炎帝、黄帝、羿、夸父、烛阴、蚩尤、共工……这些神人腾云驾雾,天上人间,创造了许多惊天动地、可歌可泣的业绩。

"龙"作为中国古人对多种动物和天象融合创造的一种神物,实质是祖先对自然力的神化和升华。人们普遍认为龙是中华民族的图腾,是具有强大创造力的精神象征,是优秀历史文化的传承和标志。

图 12-1 不同动物组成龙的形象

闻一多曾指出,古代"龙"是由大蛇演变而来的,是蛇加上各种动物而形成的。它以蛇为主体,"接受了兽类的四脚,马的头、鬣的尾,鹿的角,狗的爪,鱼的鳞和须……便成为我们现在所知道的龙了。这样看来,龙与蛇实在可分而又不可分"。从认识论的角度看,蛇和龙的主要区别在于,蛇是现实的表象,而龙是超现实的想象。

　　从龙的形象里,我们可以看到想象力的本质特征:把不同的事物大胆组合在一起,形成崭新的东西。从龙的形象中我们可以清楚地看到人类想象力的组合作用。

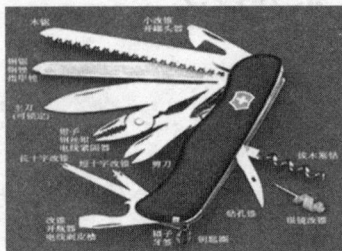

图 12-2　瑞士军刀的超级组合

　　现代的瑞士军刀体现了精彩的组合。被世界各国视为珍品的瑞士军刀,被认为是迄今为止最精彩的组合。其中被称为"瑞士冠军"的款式最为难得,它由大刀、小刀、木塞拔、开罐器、螺丝刀、开瓶器、电线剥皮器、钻孔锥、剪刀、钩子、木锯、鱼鳞刮、凿子、钳子、放大镜、圆珠笔等31种工具组合而成。携刀一把等于带了一个工具箱,但整件长只有9厘米,重185克,完美得令人难以置信。正因为如此,素以苛求著称的美国现代艺术博物馆也收藏一把作为军刀中的极品。美国前总统约翰逊、里根、布什都特地订购瑞士军刀,作为赠送国宾的礼品。瑞士军刀的生产商在国际消费电子展上推出了一款数码版的瑞士军刀,这把军刀集成了一个32GB的U盘,可支持硬件256-bit数据加密,并整合了指纹识别认证功能。除此之外,它还集成了蓝牙模块,在连接计算机后,用户可利用刀身上的两个按钮来控制幻灯片播放,并附带了一个演讲中常用的激光灯。当然,作为一把瑞士军刀,依旧配备了主刀、指甲锉、螺丝刀、剪刀和钥匙圈等工具。

一、想象的本质:组合

　　心理学研究表明,创造性想象可以借助不同的手段去建立新的表象,主要有浓缩(典型化)、黏合、转移与强调这四种。首先说浓缩。这种手段并不是把几个表象相加,而是一种"化合":经过想象,创造出一种性质截然不同的新表象。根据托尔斯泰的说法,娜塔莎·罗斯托娃的形象,是他基于深刻分析他所熟悉的人的性格和特点而塑造的,这两个人是他的妻子索菲亚·安得烈也芙娜和他的妹妹达吉亚娜。鲜明的、在生活上真实女主人公的形象是这样建立的，它的每个成分是与另一个形象联系在一起的，从而形成统一的独特的整体。又如鲁迅笔下的阿Q、祥林嫂，真实生活中都没有，都是创造性想象的产物。然而一旦新的形象产生，它们就成了独特的有生命的形象。其次说黏合。它也不是单纯相加，而是有取有舍，然后连结成新的表象。例如人面狮身的斯芬克斯，半截少女、半截鱼身的美人鱼等。再次是转移。这种方法的特点是以一个表象为主，将其他表象的特点转移到这一表象上面来。在艺术创造中，经常以一个人为蓝本，又把其他人的特点转移过来。经过这种"手术"，再也不是原来的表象了。例如鲁迅笔下的狂人形象就是运用了这一方法。最后一种方法是强调。它包括夸张等方法在内。这种方法是把一个表象的某一性质或它与其他东西的关系突出显示出来，从而形成特殊的表象。例如华君武笔下的武大郎、韩美林笔下的小动物、童话中的拇指姑娘等。①

　　浓缩、黏合、转移、强调这四种想象手法是互相联系的，它们共同的特点是把现实中分立的因素（如事物、品质、性格、形状、大小等）有机地"组合"在一起，形成新的形象。我国古代文艺理论家刘勰曾说过："视布于麻，虽云未贵，杼轴献功，焕然乃珍。"（《文心雕龙·神思》）布是由麻杼轴而成的，从原料的角度看布并不贵于麻，但经过纺织加工以后，就变成"焕然乃珍"的珍品了。这里"杼轴"具有经营组织的意思，象征了想象活动。想象通过"组合"作用，将平凡的东西组构成前所未有的新奇"珍品"。

　　创造学家奥斯本曾用一个生动的例子说明"组合"是想象力的本质特征。他在《创造性想象》一书中写道："一天早晨，我从家里出来，经过厨房时，我看见我的妻子和女儿正在计划一天的食谱。在订菜单的时候，她们首先想到所需的原料。然后，她们把这些东西切开，搅拌在一起，一边烹调，一边添加佐料。罂粟代替了面粉。鸡肉、白菜和面团做成了炒面。她们的技术就在于把这些材料搅拌在一起。人们常常将这种本领称之为创造想象力的实质。"

　　法国哲学家伏尔泰认为："想象有两种：一种简单地保存对事物的印象；另一种将这些意象千变万化地排列组合。前者称为消极想象，后者称为积极想象。消极想象比记忆超出不了多少，它是人和动物都具有的。""积极想象把思考、组合与记忆结合起来。它把彼此不相干的事物联系在一起，把混合在一起的事物分离开，将它们加以组合，加以修改；它看起来好像是在创造，

_____

① 孙非：《艺术创造的心理条件》，载《中国当代美学论文选》第3集，重庆出版社，1985年。

其实它只是在整理,因为人不能自己制造观念,他只能修改观念。""虽然说记忆得到滋养、经过运用,就能成为一切想象之源泉,但记忆一旦装载过多,反倒会叫想象窒息。因此,那些脑子里装满了名词术语、年代日期的人,就没有组合种种意象所需要的资料,那些整天计算或者俗务缠身的人,其想象一般总是很贫乏的。"①

科学家爱因斯坦认为:"这些组合作用似乎是创造性思维的本质特性。"②日本创造学家高桥浩指出:"创造的原理,最终是信息的截断和再结合。把集中起来的信息分散开,以新的观点再将其组合起来,就会产生新的事物或方法。这恰似孩子们玩的积木,把没有什么意义的七零八落的圆的、四角的、三角的积木垒积起来,便建成了房子;把房子推倒改换一下堆积办法,这次船又出来了。"

以上我们介绍了古今心理学家、文艺理论家、哲学家、科学家、创造学家关于创造想象本质的论述,众观点角度各异,但结论不约而同——想象的本质是组合。正是这种神奇的组合作用,谱写了人类创造的壮丽诗篇。在第十一章我们曾归纳了创造技法的四大系列:联想、类比、组合、臻美。从想象本质的角度说,这四个系列技法皆与组合有关:联想和类比可以看成松散的"组合",臻美可以看成经过筛选的高层次"组合"。我们抓住了想象的组合特征,就是抓住了创造技法的实质。

当然,现实中的想象是千变万化的,并不都像中国人面蛇身像、华沙美人鱼那样的简单组合。我们不仅要把握想象的本质,还要把握扩展想象思路的方法。

二、典型技法——形态分析法

组合系列技法中的经典技法是形态分析法,本节我们重点对这个技法做一介绍。

---

① 转引自《外国理论家论形象思维》,中国社会科学出版社,1979年,第30页。
② 转引自《国外科技动态》,1980年第1期,第36页。

(一)定义和原理

形态分析法(Morphological Analysis)是由机械工程领域产生的一种创造技法,为美籍瑞士科学家茨维基(F.Zwicky)于1942年在美国加利福尼亚大学提出。

形态,就字面意义讲,指事物的形状或表现,如某物的大小、形状、颜色、质料等,就其引申意义说,不仅包括事物的外部形态,也包括其内部构造,亦即其内形态。简言之,形态指构成事物的内外有形要素。

形态分析法,就是通过对研究对象相关形态要素的分解排列和重新组合,全面寻找解决问题各种方案的方法。该技法是把需要解决的问题,分解为由几个独立形态要素构成的"独立变项"(independent variables),每个"独立变项"由一个坐标轴(或直线)表示。如有n个独立变项,就可以构成n维坐标轴(直线)。将每个独立变项所包含的内容(形态值)尽可能全地均匀列在坐标轴(直线)上,每个形态值占一个点。从每个轴上任取一点,进行组合,其空间交汇点,就是一个方案。每变换一个形态值,就会产生一个新方案。这些方案可以全面有序地显示在由各独立变项组合而成的立体交叉图上,这是形态分析法的独到特色。

这一方法的原理,也可用系统原理做出解释。在那些由很多不同现象交织在一起,形成错综复杂的大系统或大集合的地方,人类的思维都可以发挥巨大的能动作用,都可以根据系统论的观点和层次性的方法把大系统分解成子系统、把大层次分解成小层次,因而都可以用形态分析法来进行求解。人们可以把那些子系统和小层次按若干特性或若干标记予以分类,然后再进行技术处理。一般情况下,总系统可以分解成子系统A、B、C、D……,称为目标标记;而对应于每个目标标记还存在很多可能状态,称之为外延标记。将所有的目标标记和外延标记列成矩阵或画成网络,然后从该矩阵或该网络中,依次从每个目标标记中选出一个外延标记,就可组成各种状态的不同总系统,即不同的设想方案。①

上述说法较为抽象,下面我们就以茨维基首次应用形态分析法提出的利用化学能做功的喷气式发动机研究项目为实例,做一扼要分析。对这一研

---

① 鲁克成、罗庆生:《创造学教程》,中国建材工业出版社,1997年,第197页。

究项目,茨维基列出6个独立变项:

　　(1)变项P_1,是用以使喷气发动机工作的媒介物。

　　　　四个要素P_{11}、P_{12}、P_{13}、P_{14}分别选为真空、大气、水、地球内部。

　　(2)变项P_2,是与喷气发动机相结合的推进燃料的工作方式。

　　　　P_{21}、P_{22}、P_{23}、P_{24}分别表示静止、移动、推动和旋转。

　　(3)变项P_3,是推进燃料的物理状态。

　　　　P_{31}、P_{32}、P_{33}分别表示气体、液体、固体。

　　(4)变项P_4,是推进的加力装置的类型。

　　　　P_{41}、P_{42}、P_{43}分别表示没有、内藏、外装。

　　(5)变项P_5,是点火类型。

　　　　P_{51}、P_{52}分别表示自己点火、外部点火。

　　(6)变项P_6,是做功的连续性。

　　　　P_{61}、P_{62}分别表示持续的、断续的。

　　上述6个变项所包括的选值分别为4、4、3、3、2、2,

　　其交叉组合的总数为:$4×4×3×3×2×2=576$

　　这说明,上述变项可组合出576种方案,当时在现实中只有5种方案在实施,形态分析法提示出另571种可能的方案,其中已经包括了后来德国制造的V1、V2火箭技术。

(二)实施要点

　　形态分析法的实施大致可分五步:

　　(1)明确需要解决的问题,寻找与解决问题相关的各种因素;

　　(2)筛选出有助于解决问题的所有独立变项,给出每个独立变项尽可能多的选择值;

　　(3)对各独立变项值进行交叉组合,绘制形态图,形成解决方案的图解;

　　(4)对这些组合进行可行性分析,从中选出认为有希望的组合;

　　(5)最后,选择最佳解决方案。

　　这里,我们以设计牛奶包装容器为例,对这一方法进行简介。牛奶包装容器至少由三个基本因素组成:即容器的材料、形状、大小,我们选这三个基本因素为独立变项。每个独立变项有不同的参量(形态值),如容器的材料可能有玻璃、纸、金属、塑料、玻璃纸等等。

三个独立变项组成一个立体空间,可由图12-3表示。由图中可知,三个变项每一个共同交点(或图中每一个立体小方格)都代表一种组合方案。若每个独立变项有五个选择值,则整个牛奶容器组成方案共有5×5×5=125个。

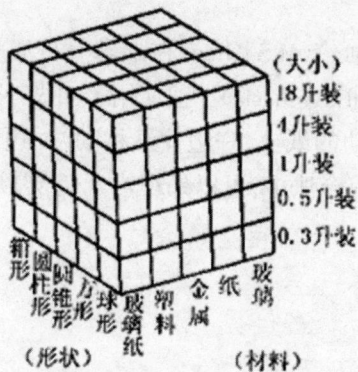

图12-3 牛奶容器的形态分析

(三)进一步思考

1.在解决发明创造问题时,形态分析法可使创造者视角系统化、构思多样化,帮助他从熟悉的解答要素中发现新的组合,帮助创造者避免任何先入为主的看法,克服单凭凌乱思考、挂一漏万的不足。

2.形态分析法的特点在于,可以用所有的独立变项的组合,探讨一切可能性,但往往由于这种组合太多,以致超越可以处理的限度。在这种情况下,如果可以形成从可行性较高的组合开始进行研究的机制,就可更容易地加以处理。这方面,可以利用电脑,设计形态分析法软件,必能收到事半功倍的效果。

3.各种组合方案的出现,不是形态分析法的目的,而只是一个中间环节。如何在成百上千个方案中选取最有创新价值的方案是影响形态分析法成败的更重要一步。这一步需要调动创造者全部想象直觉、逻辑分析、实践经验等能力,进行敏锐的筛选和捕捉。

三、引申:组合系列技法

由形态分析法变形和引申出来的技法很多,它们无一不带有鲜明的"组合"特色,下面我们就介绍一些。

(一)形态综合法

美国物理学教授阿伦(M.S.Allen)在形态分析法基础上,独自提出了形态综合法(Morphological Synthesis)。他使用了叫做"形态生成器"的工具,把设想写在可以上下滑动的纸上,一边使纸移动,一边改变设想的组合,并加以比较。在他的形态综合法中,可以处理八个变项,并且可以构成各种不同的组合。

(二)格子分析法

这也是由茨维基创立的方法。格子分析法首先在横坐标轴和竖坐标轴上列出问题的主要变数,然后对所有可能的组合进行头脑风暴法思考,并对所提出的各种提案——进行评价,最后从中找出解决方案。

下面以设计一个建筑物为例,分析格子分析法的步骤:

1. 把各种材料和各种形式的建筑物列举在格子的横坐标轴和竖坐标轴上。如图12-4所示。

2.研究所有组合。例如图12-4组合成"塑料装配式房屋",采用头脑风暴法提出与此有关的所有方案。

3.然后,每格也都同样采用头脑风暴法提出所有方案。

4.最后,对当时所提出的各种方案——加以评价,找出解决方案。

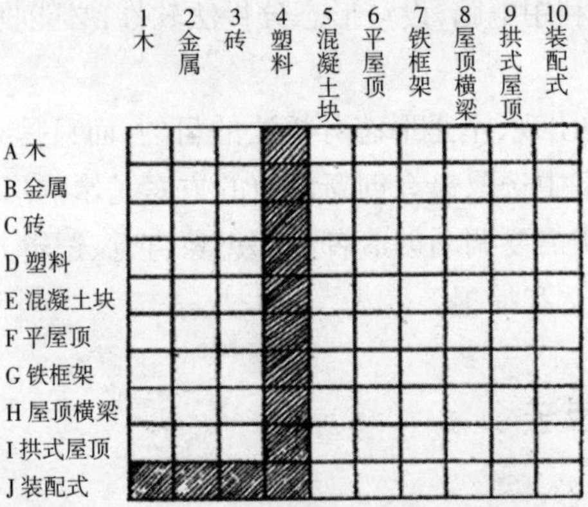

图12-4　格子分析法实例

（三）列表法

事先将考虑到的所有事物或想法依次列举出来，然后任意选择两个组合起来，从中获得独创性的事物或想法。

下面以一个办公用具生产厂采用列表法，开发新产品为例作一说明：

（1）依次列举出办公室所使用的各种办公用具，并记上号码。例如，①桌子；②椅子；③台灯；④书架；⑤书柜。

（2）首先把①号桌子和②号椅子拿出来，从新产品开发的角度自由想象。比如，考虑设计组合系统或带椅子的桌子等。画出草图。

（3）试将①号桌子和③号台灯组合起来。考虑设计与桌子相称的台灯样式，或者考虑设计嵌入式台灯和可用控制按钮调节的台灯等。同样，也画出草图。

（4）根据以上所提出的所有想法和草图，全体人员进行评价，找出哪种设计具有考虑余地。

（四）焦点法

焦点法（Focused object Technique）是美国惠廷（C.S.Whiting）创立的一种方法。这一方法与列表法任选两个项目进行组合不同，它是指定一个项目，任选另一个项目。也就是说，本方法是就特定的项目而寻求各种构思的方案。这一方法使产生的设想更加具体化。

下面以椅子设计为例，作一说明。

（1）指定项目是椅子，椅子即为思考焦点，它是思考中的不变项。

（2）另一个项目选什么都行。如选常见的灯泡。

（3）将上述两个项目联系起来，考虑设计以下各种椅子：

①玻璃制的椅子；②薄的椅子；③球形椅子；④螺旋式插入组合椅；⑤电动椅；⑥遥控椅等。

（4）上述想法可进一步发展，如上面第3个设想"球形椅子"，分别以"球"和"形"进一步设想。球→球根→花（花式样椅子）→花之香（香水椅子）→花之茎和叶（点缀花的茎和叶的椅子腿）→花之色（各种花颜色的椅子）→……

（5）从上述设计方案中选出有市场竞争性的椅子进行试制。

又如,以贺卡为焦点,另选铝饭盒做变项,则有金属贺卡、饭香贺卡、银色贺卡、盒型贺卡、盒装套卡、响声卡……

(五)目录法

目录法(Catalog Method)比较正规的名称是"强制关联法"(Forced Relationship Technique)。最早使用此方法的是美国法布罗大学在20世纪50年代后半期开设"创造性问题解决法"的课程,该课程是在奥斯本的指导下专门为学生举办的。因为在"强制关联法"中,目录资料经常作为该技法所使用的基本素材,使用频率非常高,因此被约定俗成称为"目录法"。该技法的特点是在考虑某个问题的设想时,一边翻阅属于资料的目录(并不限于目录本身,也可以是具有目录性质的资料),一边强制地把偶然在眼前出现的信息与正在考虑的主题联系(组合)起来,从而得出新设想。该技法的目的是通过逐一地审视连本人也没有想到的素材,开发新奇的组合,实现方案的创新。

下面我们试举一例:准备一本大型超市各种商品的目录,信手翻至两个地方,譬如一处翻至为了还不会站立的孩子而设计的步行椅;另一处是家庭主妇购物的篮筐。此时,即使是两种毫无关联的东西的荒唐组合,也要把它作为天作之合,也要强制自己思考能不能设法使两者惟妙惟肖地组合成新商品。结果是:把小孩代步椅的坐位去掉,而在椅上装上带有购物的篮筐,形成新型的购物用搬运工具车。

在实施该技法时,最重要的是根据需要解决的问题性质,准备适当的目录(而且要从平日就做好准备,以应不时之需)。一般而言,"目录类"资料应具备下列条件:①有丰富的照片和插图,以便于人们产生印象和想象;②主题不偏颇,范围要广;③在翻阅到的页面上有使主题实现飞跃的信息。

(六)海报面包法

"海报面包法"是日本创造学家高桥浩提出的技法。他在运用目录法时,感到收集大量商品目录,有些烦琐,除开发商品外,也想更灵活运用这种风马牛不相及的组合法,所以设计了"海报面包法"。

从字面上看,"海报"和"面包"是两个几乎没有什么关系的词汇,在日常生活中,很少有人把海报和面包联系在一起。高桥浩指出:"揭下海报,把海报与面包揉在一起，就是'海报面包法'叫法的来源。"①其实，在中文中有一个成语，与"海报面包"的意思相当，这就是"风马牛(不相及)"。因此，"海报面包法"可称为"风马牛法"。

譬如用这种方法设计新的广播节目时，将现有的和迄今已有的节目或节目的关键要素，用笔大字书写在纸上，并将其贴满周围墙壁，然后把每一节目或关键要素编上号码。混合编排节目时，首先由一个人闭上眼睛随便指出号码，如3号、25号，隔壁另一个人把这两个号码视为天作之合，并抱着感激的心情把号码接过来，然后想方设法使它们结合，从而创造出新节目。不由自己选择任意的两个号码的做法，是它的独到之处。

四、中国与组合系列技法发展

组合系列技法较早就受到中国创造学界的重视，1986年出版的《创造力与创造力开发》(王加微、袁灿编著,浙江大学出版社)一书，将"组合法"列为该书15个技法的第6个，并介绍说这一技法的名称引自日本川口寅之助《发明学》一书。1987年出版的《发明创造学教程》(赵惠田、谢燮正主编,东北工学院出版社)，开辟专门一章论述"组合创新法"。该书为组合法定义为："组合法是按照一定的技术原理，将两个或多个技术因素通过巧妙的综合获得具有新功能的新产品、新材料、新工艺等新技术的方法。"该书将组合法分为技术手段的组合、材料或零部件组合、技术手段与现象的组合、现象与现象的组合、技术原理组合等5种基本组合类型。1988年出版的《发明创造的艺术》(刘二中著,科学普及出版社)，将组合法分为元件组合、功能组合、材料组合、方法组合、概念组合、分解组合等类型。组合分类趋向科学、合理。此后，被视为一个技法的"组合法"发展较慢，多数大同小异，一些例子呈现雷同。直到2000年出版的《异类组合创造法》(关原成著,浙江科学出版社)，在系统性和细腻性上有所突破，提出了联想、因果、直接、渗透、互求、成套、过渡、载体等8种组合法，并首次分析了组合的环节，提出了结构连接、功能连接、双重连接、自身连接等4种环节。

不过迄今"组合法"仍是个众说纷纭的概念，有的把它视为一个技法，有的视为一组技法，有的视为一套技法。若作为一个技法，这一技法的创始人

---

① ［日］高桥浩：《怎样进行创造性思维》，科学普及出版社，1987年，第77页。

是谁？在哪一年提出的？有哪些操作程序或步骤？它是否符合独立技法标准？这些都难以回答。笔者认为，正像联想不是一个技法一样，组合也不是一个技法，而是以"组合"为核心的一系列技法的总称，即组合系列技法。

图 12-5 "思维魔王"许国泰

在组合系列技法探索中，最有影响的中国特色技法是许国泰提出的信息交合法（又称魔球）。许国泰，1947年生，河北人，在天津读书，中专毕业。18岁参军入伍，后任记者、编辑。20世纪80年代创立北京思维技能研究所，任所长。因为提出"魔球"理论——信息交合论，被称为"思维魔王"。下面具体介绍信息交合法的内容：

(一)信息交合原理

信息交合法基本内容可以表述如下：一切创造活动都是信息的运算、交合、复制和繁殖的活动。借用坐标方法，设一个信息为一个要素，同一类或同一系统信息按要素展开，用一根线串起来，这条线称为信息标。要使信息交合，就要提供一个使信息能够在一起反应的"场"，这个场称为"信息反应场"，最少由两维信息标相联而成，当然也可以是多维的。各信息标上的要素沿垂直于信息标的方向延伸出来，产生许许多多交合点，即所谓信息交合所产生的信息，其中便可能有新的有价值的信息。

信息交合论由两个公理和三个定理构成。

公理1：不同信息的交合可以产生新信息。

公理2：不同联系的交合可以产生新联系。

信息是事物间本质属性及联系的印记。人类认识事物，必须而且只能通过信息才能达到，因为事物在相互作用中会不断产生新信息。

信息的增殖现象、系统可分为两大类：

（1）自体增殖：指信息的复制现象，如录音、录像、复写、复印、基因复制等。

（2）异体增殖：不同质的信息交合导致新信息产生的现象。新产生的信息称为子信息，产生子信息的信息称为父本信息和母本信息。如"钢笔"做母本信息，"望远镜"做父本信息，两者交合，即产生子信息："钢笔式单筒望远镜"。"沙发"为父本信息，"床"为母本信息，相交合后，产生子信息："沙发床"等等。

定理1：心理世界的构象即人脑中勾勒的映象，由信息和联系组成。

定理2：新信息、新联系在相互作用中产生。

定理3：具体的信息和联系均有区域性，也就是有特定的范围和相对的区域与界限。

定理1包括以下含义：①不同信息、相同联系产生的构象。如，自行车与铃是两个不同的信息，但交合在一起，则一个可行走，一个可发出"警告"。②相同信息不同联系产生的构象。如，同样是"灯"，可吊、可挂、可安在矿工的安全帽上，也可做成无影灯。③不同信息不同联系产生的构象。如，独轮自行车本来与盆碗、勺没有必然联系，但杂技演员能把它们联系在一起，表演出惊险生动的节目。

以上表明，心理活动是大脑中信息与联系的输入反映、运演过程和结果表达。

定理2说明，没有相互作用就不能产生新信息和新联系。在一定条件下，任何信息之间、任何联系之间，都能发生不同程度的相互作用。如，"钢笔"与"手枪"交合，则可有"钢笔式手枪"问世。

定理3表明，任何具体事物都在一定的时空范围内活动。人的局限性；地区的局限性；地球的局限性；人们认识与思维的局限性；等等，都是客观存在的。就是信息交合论，也只能局限在研究心理信息运演的范围之内。

（二）信息交合步骤

运用信息交合论可分四步进行：

第一步，定中心：即确定所研究的信息及联系的上下维序的时间点和空间点，也就是零坐标。如研究"笔"的创新，就应以笔为中心；如研究"手杖"，就应确定"手杖"为中心。　第二步，划标线：即用矢量标串起信息序列。根据"中心"的需要划几条坐标线。如研究"笔"，则在"笔"的中心点划出时间（过去、现在、未来)、空间(结构、种类、功能等)坐标线若干条(见图12-6)。

第三步,注标点:在信息标上注明有关信息点。如在"种类"标线上注明:钢、毛、圆球、铅……意即钢笔、毛笔……

第四步,相交合:以一标线上的信息为母本,以另一标线上的信息为父本,相交合后可产生新信息。

仍以笔为例说明:以"钢笔"为母本,以"音乐"为父本,交合后可产生"钢笔式定音器";"钢笔"与"电子表"交合可产生"钢笔式电子表";与"历史"交合可产生带有历史图表或十二生肖的钢笔;与"数学"交合可产生"九九歌"钢笔;与温度计交合则产生"钢笔式温度计";与指南针交合可产生"旅游笔"。如果将笔帽与笔尾延伸,即可制造一种带温度计、药盒、针灸用针的"保健笔"。

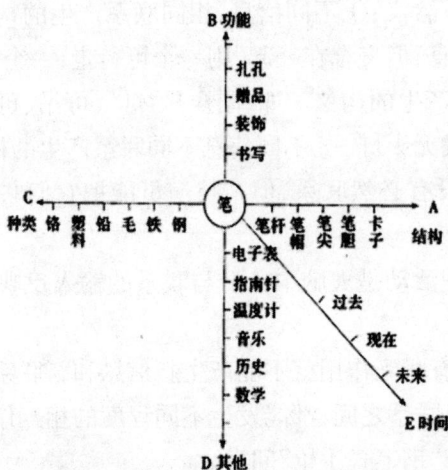

图12-6　信息交合示意图(笔)

看上去还是原来的笔,但体内的"机关"、功能增加了,它的用途也就更加广泛。由此可得出结论:一个操纵、使用这个信息反应场、熟练掌握信息交合论的人,必须具有相当广博的知识、多方面的能力的美感思维等方面的训练,才能进行发明创新。这种发明创新是具有创造性、新颖性、实用性的,实际上就是为商品的更新换代、新产品的开发提供了千百例的可能性。

(三)应用举例

新产品开发

北京京钟肉类食品厂新产品、系列产品的开发最能说明信息交合论所产生的功效。厂长李平甲在该厂亏损数万元的情况下走马上任,依靠信息交合论开发出系列拳头产品,一年中扭亏为盈,获利润近百万元。该厂以"京钟肠"系列产品打入市场,产品造型美观,质量上乘,易于携带,食用方便。由于配料科学,具有健胃、补肾、养脑之功能,而供不应求。在"魔球"上显现的新品种有千百种(见图12-7)。经筛选后,最畅销的有海米火腿肠、虾仁火腿肠、益智肠、月桂肠、香蕉肠、红枸肠、菠萝肠、山楂肠等二十余种。

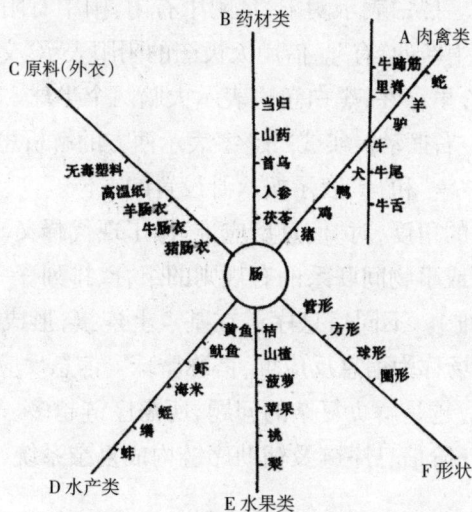

图12-7　"肠"类新产品开发图示

继产品开发后,李平甲又运用信息交合法搞设备开发,研制了多管径灌肠机,使设备功能交合,一机多用。然后又进行管理开发,对奖金制度进行分解,分为具体性、即时性、广泛性、经常性、公开性、合理性、激励性等,然后与别的信息序标进行交合,制定出具体细则。李平甲还总结运用信息交合论的经验,写出《企业发展快速构思法》。

李平甲,现名李凭甲,笔名李典澄。1952年出生在山东省宁津县,企业家、艺术家,获管理学博士学位。现任教育部中国智慧工程研究会副会长,北京名人美食保健协会会长,世纪国联美食文化交流中心主任,北京艺海百川等多家书画院荣誉院长等。

(四)进一步发展

许国泰是一个创造思维异常活跃的人, 他将信息交合法与中国传统文化相结合,又发展出第二代魔球理论。

《老子》一书中归纳万物生化的基态是"道生一,一生二,二生三,三生万物,万物负阴而抱阳,冲气以为和"(《老子·四十二章》)。许国泰认为:道,是指无形无状看不见摸不着但客观存在的"无"。一太极。二阴阳两仪。三阴阳交合,负阴抱阳,冲气以为和,生的新"有"。

在图12-8,图的中心点为中国传统文化的"太极图"。《老子》一书中所说的"道"含于太极中。黑白表示阴阳,且阴中有阳,阳中有阴,阴阳交合,负阴抱阳,冲气以为和,生新的"有"。借用太极图的阴阳表示"交合",白鱼表示客观存在,黑鱼表示心里存在,黑白鱼也表示大脑两个半球。S表示交合链,如明月之弦,可上下左右摆动。实线"十"字表示西方的解析思维方式。虚圆表示序链的感应场。"☰"和"☷"表示按八卦设置的方位。

许国泰从"序"的角度,对"信息反应堆"做了现代释义。他指出:"序"是指事物内部诸要素或事物间联系的有规则的组合、排列。一个序元称为环,环的串接称为链(维)。不同信息序链在基点上连接,形成一个信息互感应场。他把这个结构场称为信息反应堆,俗称魔球。信息反应堆至少有两维信息序链相联而组成,越是解决复杂的问题,所需序链越多。一般反应堆由要素信息序链、二阶、n阶信息序链及辅助序链构成复杂系统,以形成系统交合网络和魔球群。[1]

从上述意义上说,所谓"魔球"实际就是"序球"。序球是标定一特定事物相关属性序及其关系的几何载体,具有强辐射多环链星座式网络结构体。表示各序元序链及其变化趋势的多向态、多能态、多级态、多时态和多质态,代表了全息联系与合成过程的动态结构。

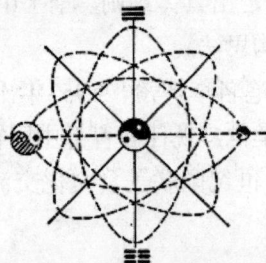

图12-8　信息反应堆(魔球)

---

① 许国泰:《信息交合论》,《天津师大学报》(社会科学版),1988年第1期,第86页。

第十三章　类比系列技法

现代创造理论的主流似乎正在出现类比论的全盛时期。

——[日]市川龟久弥

　　先从古今两个故事谈起。第一个是鲁班发明锯子的故事。春秋战国时期,我国有一位创造发明家叫鲁班。两千多年来,他的名字和有关他的故事,一直在人民当中流传着,后代木工匠都尊称他为祖师。

图13-1　鲁班发明锯子的故事

　　鲁班是怎样发明锯子的呢? 相传有一次他进深山砍树木时,一不小心,脚下一滑,手被一种野草的叶子划破了,渗出血来,他摘下叶片轻轻一摸,原来叶子两边长着锋利的齿,他用这些密密的小齿在手背上轻轻一划,居然割开了一道口子。他的手就是被这些小齿划破的,他还看到在一棵野草上有条大蝗虫,两个大板牙上也排列着许多小齿,所以能很快地磨碎叶片。鲁班就从这两件事上得到了启发。他想,要是这样齿状的工具,不是也能很快地锯断树木了吗! 于是,他经过多次试验,终于发明了锋利的锯子,大大提高了工效。鲁班给这种新发明的工具起了一个名字,叫做"锯"。这就是锯子的由来,也是鲁班发明锯子的故事!

　　很显然,鲁班发明锯子,是同带齿的草叶把人手划破和长有齿的蝗虫板牙能咬断青草类比实现的。类比是一种富于创新性的方法,它能够在某些情况下,对联想有深化作用。

第二个是日本创造学家高桥浩讲的一个故事。某女职员从事广告招贴画的发行工作,每天把招贴画圆圆地卷起,再用封带捆起来写上收件人的姓名地址。有一天,几个人在一起讨论如何制作橡皮圈的问题。在一通"把细橡皮丝切断后再贴接""在铁板上刻画圆凹线,像绕鱼那样注进橡胶原料"等奇谈怪论之后,才懂得可行的办法是"把橡皮管切成圈儿"。听到这里,女职员头脑里闪现一个想法:不必像现在那样一卷儿一卷地往广告招贴画上贴封带,而得到了"把大张牛皮纸卷成圆筒,然后再把它切成圈圈儿"的启示。经过实践,果然收到事半功倍的效果。她所做的固然是一件小革新,但是这种想法本身说明了她是从橡皮圈的制作法受到启示,从而得到了创造性的突破。高桥浩写道:"从构造相似的或形象上相似的东西中求得思想上的启发,我们称这种做法为类比思考,人类从远古起就有意无意地用这种方法完成了许多发明。"

类比,指选择两个不同的事物对其某些相似性进行考察比较。类比推理(类比法),就是根据两个对象之间在某些方面的相似或相同,从而推出它们在其他方面也可能相似或相同的一种方法。在第八章,我们分析了意象思维中的类比推理方法,本章重点论述类比在创造技法中的应用。

创造应用类比法的例子非常多。例如在科学领域,1678年荷兰物理学家惠更斯将光和声进行类比,由声是物质振动而产生的一种波的学说,类推光也是一种波,从而提出了光的波动说。德国物理学家欧姆把关于电的研究和法国科学家傅立叶关于热的研究加以类比,建立了欧姆定律。基本粒子学的弦模型、袋模型等也是类比推理的结果。科学家彭加勒感慨地说:"物理学的类比给我们预示了多少真理的存在啊! "

同样,在技术领域,类比法运用的硕果累累。20世纪40年代美国数学家维纳等人,通过类比,把人的行为、目的等引入机器,又把通讯工程的信息和自动控制工程的反馈概念引进活的有机体,创立了控制论。仿生学的发展,更说明了类比法的应用价值。狗鼻子一向以灵敏著称,它能感觉200万种物质和不同浓度的气味,嗅觉比人灵敏100万倍。现在,人们以不同物质气味对紫外线的选择性吸收为信息,研制成了"电子鼻",用它进行检测,其灵敏度甚至可以达到狗鼻子的1000倍。

在艺术领域,中国古代文化中的"比""兴"和类比法有密切联系。例如著名文学理论家刘勰说过:"比者,附也;兴者,起也。附理者,切类以指事;起情者,依微以拟议。"杜黎均在解释这段话时说:"'比'是比喻事理;'兴'是引起联想。比喻事理的,要根据相似点来说明事物;引起联想的,要从细微处寄托深义。"刘勰还指出,比的手法,在设喻上是不固定的,有的比声音,有的比形貌,有的比心思,有的比事物。文艺创作中的"比喻""移情",是类比的重要体现,关于这一点我们下边还要细分析。

严格地说,中华民族和中国传统文化以意象思维见长,类比方法是其最基本思维方法之一,从象形文字到阴阳五行思想,从中医理论到易经八卦,无不闪耀着类比方法的光辉。古人云:"其称名也小,其取类也大"(《易传·系辞下》),正是通过"取象比类"的方法,将很少几个基本"象"(如阴阳、五行、八卦)与世界万事万物进行类比,由此"引而申之,触类而长之,天下之能事毕矣"(《易传·系辞上》)。

一、创造中的四大类比

美国创造学家戈登(W.J.Gordon)对创造过程中应用的类比进行了大量研究,提出了类比的四大类型,对创造学发展产生很大影响。这四种类比是:

1.拟人类比

拟人类比是指把所给予的问题的因素人格化、拟人化,用自己类比对象,使思考者自己"变为"思考对象的一部分,例如研究某种装置时,就把自己设想为那种装置,在此意境下考虑该装置的各种作用,就像孩子张开双臂把自己幻想成飞机做游戏的情景一样。

图13-2　机器人——拟人类比

设计机械装置时,将机械看作是人体的某一部分,进行拟人类比,常有意料不到的效果。如设计一个挖泥机,完全是模仿人的手臂动作。挖泥机的形

第十三章

状也像两只手一样,挖掘之时双手插入泥土内,合拢起来,然后举起,移至卸土地点,松开双手让泥土落下。各种机器人的设计也包含着高度拟人类比思想。

2.直接类比

从自然界或者从已有的发明成果中,寻找与创造对象相类似的东西,将两者彼此模仿或比较,达到触类旁通。

英国工程师布鲁内尔通过观察蛀木虫进入木材的情形而解决了水下施工问题。蛀木虫为自己建造一个管子作为它前进的通道,布鲁内尔由此通过直接类比提出了"构盾施工法"——用空心钢柱打入河底,以此为"构盾",边掘进边延伸,在构盾的保护下施工——"构盾"类似蛀木虫的"硬壳"。

在设计汽艇的控制系统时,可与汽车的控制系统相类比,汽车能前进、后退、有三种速度、有车头灯、方向灯、刹车、喇叭。那么汽艇也应具备这些设备。

3.象征类比

所谓象征就是用具体的事物表现某种特定的意义,如火炬象征光明。象征类比是指将创造中的待解决的问题,用具体形象的东西作类比描述,使问题立体化、形象化,为问题解决开辟道路。戈登在解释象征类比时说:"在象征类比中利用客体和非人格化的形象来描述问题。根据富有想象的问题来有效地利用这种类比。他构想一种形象,这种形象虽然在技术上是不精确的,但在美学上却是令人满意的。这种形象作为他观察问题时对问题的要素和作用的一种扼要的描述。""象征类比是直觉感知的,在无意中的联想一旦做出这种类比,它就是一个完整的形象。"

值得注意的是我国大陆和台湾一些创造学著作在谈到象征类比时,举的皆是建筑设计例子,如忠烈祠的雄伟、庄严,咖啡厅的幽雅、浪漫,并认为"象征类比应用较多的是建筑设计"。这种理解与戈登提出的象征类比的原意颇有偏差。建筑风格象征问题与创造思维中的象征类比有很大不同,后者象征类比的对象是待解决的"问题",而不是泛泛的风格。创造中的象征类比远远超出了建筑风格中的象征类比的含义。

4.幻想类比

幻想就是我们的梦想、我们的愿望,一般说来,是不尽合理的。但是,这里所强调的就是首先要提出这种不合理的设想(幻想)。幻想类比是指在创造思维中,想象力超过现实,用理想、完美的事物类比待解决问题的类比方法。戈登在谈到这一方法时指出:"当问题在头脑中出现时,有效的做法是,想象最好的可能事物,即一个有帮助的世界,让最能满意的可能见解来引导最漂亮的可能解法。"戈登认为艺术家利用幻想类比机制比较容易,而科技工作者利用起来难,因为后者常常受到"已知"世界秩序和形式逻辑的束缚,屈服传统思想习惯,闲置幻想翅膀。戈登指出,科学家和技术发明家"应当而且必须给予自己和艺术家同样的自由。他必须恰当地想象关于问题的最好(幻想)解法,而暂时忽视由他的解法的结论所确定的定律。只有以这种方式他才能构造出理想的图像"。

例如:爱因斯坦年轻时思索相对论问题时曾想,如果以光速追随一条光线运动,会发生什么情况呢? 这条光线就会像一个在空间中振荡着而停滞不前的电磁场。正是这一类幻想类比,打开了相对论的大门。爱因斯坦在回忆他的相对论代表作《论动体的电动力学》创作时的情形说:"我在自己身上观察到各种神经失常现象,好像处在狂态里一样。"

戈登在分析幻想类比时指出:"这种机制是架设在阐明问题和解决问题之间的一座优秀的桥梁。"幻想类比能引导出其他类比机制。

值得注意的是,许多创造学者有意无意地"忽略"了戈登提出的幻想类比,笔者所见的我国大陆和台湾有关创造方面的书, 都没有提到幻想类比(只提到前三个类比)。这是一个不应该忽略的"忽略"。幻想类比是四大类比中十分重要的一项,它鲜明体现了想象力对现实的超越性,没有幻想类比的类比体系,就如同没有翅膀的鸟。

以上我们介绍了拟人、直接、象征、幻想四大类比。在这四者中直接类比是基础,它是我们日常生活中常见的类比,在这一基础上,向拟人化方向发展,就是拟人类比;向象征性方向发展,就是象征类比;向理想、幻想方向飞跃,就是幻想类比。这四种类比各有特点和侧重,它们在创造活动中相互补充、渗透、转化,都是创造过程中不可缺少的部分。其大体关系如图13-3所示。

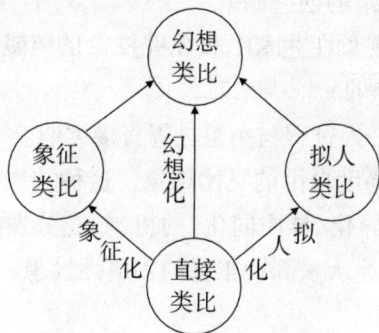

图13-3 四大类比关系图

二、典型技法——提喻法

类比系列技法的经典技法是提喻法(Synectics),这一技法在美国和欧洲应用相当广泛,在日本也相当普及,也是我国创造学者十分关注的技法之一。

(一)定义和要点

Synectics一词最早出于希腊语,意思是将不同的并且看上去无关的因素联系起来。自1944年以来,以美国创造学家戈登(W.J.Gordon)为代表的一批学者,在美国麻省波士顿郊外剑桥一地,成立了一个创造理论和技法开发小组,他们称之为Synectics小组。戈登认为:"美国的各种创造技法大部分出自企业做广告或推销产品的需要,这些方法是片面的,不适于真正有系统和有组织地培养有创造能力的人才。"他还认为:"从心理上洞察和分析以前伟大发明家的创造过程, 可以看出唯有类比和类比推理才是对创造开发最重要的观念。"经过一年多实地社会实践检验,戈登主编出版《提喻法》专著,提喻法从理论走向实践,成为创造学最著名的技法之一。

Synectics方法的核心是类比,所以中文应译为"提喻法",有的台湾学者译为"综摄法"或"举隅法",有的大陆学者译为"集思法"或"群辨法",这五种译法的英文原词均是Synectics。全面考虑这一方法实质,笔者觉得译为"提喻法"更为贴切。

提喻法以下列假设为基础:

①人类的创造过程是能够具体描述的, 而且正确的描述应能应用于教学,从而增加个人和小组的创造成果。

②发明作为文化现象在艺术中和在科技中是相似的, 而且都可以用同样的基本心理过程来表征。

③创造事业中的个人过程与小组过程直接类似。

提喻法的核心是高度自由的类比想象。这种技法一般是通过一种跨学科的小组,利用"同质异化、异质同化"的机制,充分发挥不同学科背景小组成员的类比想象力,产生大量新颖丰富的创造性设想。

这一方法的要点是:

①由不同知识背景不同气质的人组成小组,相互启发,集体攻关。小组

一般由5~7人组成。例如,1952年在小阿瑟公司建立的一个小组成员有:一个对心理学有兴趣的物理学家、一个电机工程师、一个对电子学有兴趣的人类学家、一个兼有工业工程基础的书画艺术家、一个有一些化学基础的雕塑家。参加其他提喻法小组的成员包括画家、雕塑家、数学家、广告家、物理学家、化学家、演员、力学工程师、建筑学家、电气工程师、市场管理员、化工工程师、社会学家、生物学家、生理学家、音乐家、人类学家、心理学家等。它的成员体现了跨学科、超领域,广泛交叉渗透的特点,这是类比创造技法得以大显身手的重要源泉。

②实施提喻法有两个重要的思考出发点:

变陌生为熟悉(异质同化)。戈登认为,人的机体本质上是保守的,任何陌生的东西或概念对它都是威胁。当碰到陌生的东西的时候,人的心理总是设法把它纳入一个可接受的模式中,或改变心理上对陌生东西的先入之见,以便给陌生东西留有空间。所谓变陌生为熟悉就是在头脑中把给定的陌生东西与早先已知的东西进行比较,根据比较的结果,把陌生的东西转换成熟悉的东西。例如,计算机领域"病毒""千年虫""黑客"等都是一些"异质同化"的例子,利用人们较熟悉的语言,描述计算机很专业的事物或现象。

变熟悉为陌生(同质异化)。对已有的各种事物,运用新知识或从新的角度来观察、分析和处理,使看得惯的东西成为看不惯,把熟知的东西变为陌生的东西。例如,拉杆天线本来是用在收音机中,把它应用于可伸缩教鞭、照相机三角架、旅行手杖等,就是同质异化的例子。又如,把保温瓶缩小,改变口型,成为保温杯,亦是同质异化例子。

③在提喻法中,变陌生为熟悉、变熟悉为陌生的操作机制或者说根本手段是类比,即我们前面分析过的拟人类比、直接类比、象征类比、幻想类比四大类比。戈登认为,没有这些类比机制,企图阐明问题和解决问题是不会取得成功的。可以把这些机制看作是能再生产的精神过程,以及激发、保持和继续创造过程进行的方法。这是提喻法的核心内容。在类比中要运用隐喻、想象、联想、潜意识等心理手段。

④通过审美快乐反应,对想象力产生的各种类比进行选择判断。在创造中产生的类比或新设想是多种多样的,怎样进行初步的取舍选择呢?戈登指出:"提喻法在选择这个观点而不是另一个观点时,往往利用'寻找有控制的愉快'的技巧、搜索人类快乐反应的经验的技巧。"快乐反应就是远在对一个新设想进行逻辑分析或检验之前,凭借对该设想的一种强烈审美愉快感,作

第十二章

出"太妙了!事情肯定是对头的"选择判断。戈登认为这种快乐选择判断基本上是审美的,如果有形式逻辑也是罕见的。

以上四点是提喻法的四个主要环节,它们互相联系,组成一个有秩序的统一整体,在提喻法应用中缺一不可,其中第三点即类比机制是提喻法的灵魂。

(二)过程分析

戈登把实施提喻法的全过程分为九个阶段:

第一段:问题的给定;

第二段:变陌生为熟悉;

第三段:问题的理解(分析问题,抓住要点);

第四段:操作机制(发挥各种类比的作用);

第五段:变熟悉为陌生;

第六段:心理状态(关于问题的理解达到卷入、超脱、迟延、思索等心理状态);

第七段:把心理状态与问题结合起来(把最贴切的类比与已理解的问题作比较);

第八段:观点(得到新见解、新观点);

第九段:答案或研究任务(观点付诸实践或变为进一步研究的题目)。

案例:提喻法小组正在设法解决发明一种比传统的屋顶更灵活耐用的新型屋顶问题。对问题的分析表明,一种在夏天呈白色、在冬天呈黑色的屋顶可能有经济效益。白色屋顶在夏天可以反射太阳光线,这样就可以降低空调的成本。黑色屋顶在冬天能够吸热,这样就可以把取暖的成本减至最低限度。下面是关于这个问题的提喻法会议的一部分对话:

A:在自然界中什么东西是变色的?

B:黄鼠狼——在冬天是白色,在夏天是棕色:伪装。

C:对是对,但黄鼠狼在夏天必须脱掉白毛才能长出棕色的毛来……不能一年换掉两个屋顶。

E:非但如此,黄鼠狼的脱毛也并非是自发的,而且黄鼠狼一年只变两次颜色……我认为我们的屋顶应当利用太阳的热来改变颜色……在春天和秋天里也能改变颜色。

B:好变色的蜥蜴怎样?

D:这是一个很好的例子,因为它在没有脱皮或脱毛的情况下能使其颜色变来变去。

E:变色蜥蜴怎样变颜色?

A:……比目鱼也一定以这种方式改变颜色。

E:什么?

A:嘿!如果比目鱼躺在白色沙子上,它就变成白色,如果它在黑色的沙地……泥地上岸,它就变成黑色。

D:上帝保佑,你是正确的,我碰巧见过这种情况!但不知它是如何变色的?

B:色素细胞。我不能肯定它是自发的还是非自发的……等一等,它既带一点自发的特性,又带有一点非自发的特性。

D:它是怎样起作用的? 我还没有弄明白。

B:你想得到详细的说明吗?

E:是的,教授,请继续讲下去。

B:好,我来给你详细分析一下。我认为,比目鱼的颜色从暗到亮又从亮到暗的变化不应说成是"颜色"的变化,因为,虽然比目鱼有一点褐色和黄色,但在它的注册中……无论如何也没有蓝色或红色,这种变化部分是自发的,部分是非自发的,是一种自动与环境条件相适应的反射作用。这种转换的工作原理是:在它的真皮的最深层是黑色色素。当黑色色素靠近表皮的表面时,比目鱼就为黑点所覆盖,这样看起来就好像是黑色……这就像一幅印象主义的画一样, 在画的整个轮廓上轻轻涂上一点颜料,就显现出总的画面。只有当你靠近时才能看见那一点点轻涂的颜料。当黑色色素退回到色素细胞的底部时,此时,比目鱼就呈现出白色……你还想了解一下细胞生发层和鸟嘌呤吗?与此相比,没有什么东西会使我产生更大的兴趣了……

C:你知道,我有一种很笨的想法。我们整个逆转比目鱼的类比,把它用于屋顶问题上……我们制成一种黑色的屋顶材料,只是在这黑色材料中埋有微小的白色小球。当太阳出来屋顶变热时,小白球按博伊尔(Boyle)定律膨胀,露出黑色盖屋顶材料的载色剂。现在屋顶是白色的,按照赛厄拉特的说法也就是印象主义上的白色。这恰好是按照英国的方式反转了比目鱼的变色机制。比目鱼是色素细胞着黑色部分达到皮肤表面吗？对。对于我们的屋顶来说，当屋顶变热时将是着白色的塑料达到表面。考虑这个问题有许多方式。

由B所传授的动物学知识并不是天真或幼稚的。与分解括约肌类比相对照，比目鱼类比是以技术洞察力为后盾的，没有这种技术洞察力就不可能有新观点。

我们结合上述例子，试给出各段解释。

问题的给定：为了简明起见，我们假定问题是给定的。在问题必须逐步展开的情况下，过程很多是相同的，除非问题很长或者比较复杂。问题的给定就是向负责解决这个问题的人说明问题。说明的结果可能是对事情的精确描述，也可能掩盖和混淆了基本问题。这常常意味着可能正确也可能不正确的许多假设相互连接起来的迷宫。在屋顶那个例子中，给定的问题是要发明一种新的屋顶。

变陌生为熟悉：任何问题，不管是否老得像一个陈腐的故事，在下述意义上仍是陌生的，即倾全力去分析会揭露出以前没有暴露的要素。在这个阶段，用不着多花力气去解决对立的要素非要把它们弄得真相大白不可。在屋顶那个例子中，变陌生为熟悉采取了分析的形式，揭露出传统屋顶的功能以及缺点。

问题的理解：深刻的和确定的分析使过程进入这个阶段，关于问题信息像各种原子那样还是孤立地被考察的。这个阶段包括消化给定的问题。在屋顶那个例子中，对问题的理解就是要发明一种随着周围的热度和阳光会从白色变成黑色又会从黑色变成白色的屋顶。

操作机制：发挥类比（隐喻）的作用，这是与问题的理解相联系的，并由问题的理解唤起的。这个阶段把已理解的问题从僵硬的形式和规则中拉出来，并把它推到能够提供一些概念上的指孔的形式中去，[①]这些指孔能够发展对问题的理解。

在屋顶那个例子中，实际应用的机制是直接类比——比目鱼。然而，典型的提喻法会议机制是相互联系的，一个引起另一个。

变熟悉为陌生：在这个阶段，机制已完成任务，而问题的理解看上去是

---

① 指孔，原文为finger-holds，似应为finger-holse，是管乐器的指孔，用手指按这些孔，就能奏出各种乐曲来。

陌生的。它呈现一种有趣的模型就如从未见过的。在屋顶那个例子中，与比目鱼类比，推动小组以一种陌生的新方式去考虑屋顶——就像它是比目鱼的背部。

心理状态：关于问题的理解最后达到卷入、超脱、迟延、思索和平淡等心理状态，提喻法理论相信这些状态无疑是描述了最有助于创造活动的状态。在屋顶那个例子中，借助机制而进入的特殊状态是卷入（比目鱼）和迟延——不直接做出结论，不落入已知的屋顶的旧套套，不急于做出答案。

把心理状态和问题结合起来：一旦通过机制达到这种心理状态，就要在概念上把最贴切的类比与已理解的问题作比较。在这个阶段，问题的理解已从旧的僵硬的形式中解放出来。

观点：把屋顶看作比目鱼的背部，并使其有可能研究出关于屋顶的技术见解，这将解决已理解的问题——这就是观点阶段的具体内容。每次从机制的运用中所得到的类比，与已理解的问题作比较，就有一个新观点，这个观点是潜在的可能性而不一定是真实的。在屋顶那个例子中，把屋顶看作比目鱼的背部而得出的观点确实导致一个技术见解，即怎样把屋顶做成在特定时刻由白色变成黑色。

答案或研究任务：在这个阶段，观点按照基本原理的试验情况而付诸实践，或者观点可能变为进一步研究的题目。这个阶段的活动取决于观点只是以新的方式与已知的材料再结合，还是必须去开发新的材料。

案例：戈登曾以小组讨论自动售货机为例，说明提喻法的实际应用。当时要求售货机的出货口必须设计成发货时张开，用完后闭合，那么，自然界中有哪些活动像售货机那种运行方式？小组成员的讨论过程现场记录如下：

图13-4　冰淇淋自动售货机

A:蚌从它的外壳中伸出脖子……又缩回去紧紧关上外壳。

B:是这样,但蚌壳是一种皮骨骼,蚌的实际部分,即蚌的实际组织是在内部。

C:那有什么不同呢?

A:噢,蚌的脖子不能自己清扫自己……它刚好把自己缩进保护壳中。

D:关于我们的问题还有什么别的类比吗?

E:人的嘴如何?

B:人的嘴分送什么?

E:吐痰……嘴任何时候都可以吐出它……哦!实际上它也不是自我清扫……你知道它是把吐出的东西滴在下巴上。

A:能不能把嘴训练成不把东西滴到下巴上呢?

E:可以,但如果人的嘴不能通过自身系统中的各种反馈使其保持干净……那么,他的嘴就是作为垃圾箱而被创造出来的……

D:我小时候是在农庄里长大的。我过去常常驾驭由两匹马拉着的车。当马便粪时,首先它的外面……我猜测你称为排便的肛门就会张开。然后,肛门括约肌就会扩张,便出马粪球。之后,肛门又重新闭合。整个过程干净利落。

E:如果马腹泻将会怎样?

D:当它们吃的谷物太多时,就会发生这样情况……但马会在很短时间收缩肛门口……在瞬间挤出液体……然后外口又把所有的东西包裹住。

B:你描述的是一种塑性运动。

D:我推测可以用塑性材料来模拟马的臀部。

后来,从事自动售货机研究的小组制造了一种几乎和上述类比所描述的完全一样的产品。

三、引申——类比系列技法

由提喻法引申和演变而来的技法很多,这里我们试举一些有影响的技法,这些技法的核心,都是类比的应用。

（一）中山正和法

　　1968年日本创造学家中山正和以提喻法为启示，进一步添加了自己的理论，提出新的类比技法。中山正和的助手们取他的名字英文缩写命名该法为NM法（即中山正和法）。

　　中山正和根据巴甫洛夫的条件反射学说，认为人的记忆分为第一信号系统与第二信号系统。

　　第一信号系统只能反射类似记忆的事物，中山氏称之为"点的记忆"；第二信号系统可用语言表达有条理的记忆，中山氏称之为"线的记忆"。如果通过联想、类比等方法来搜集平时积累起来的"点的记忆"，再经过重新组合，类比引导，把它们连接成"线的记忆"，就会涌现出大量新的创造性设想，作出新的发明。

　　中山正和法充分利用卡片，把讨论内容写在上面。这一方法实施程序如下：

　　①NM法是在主持人的主持下进行讨论。

　　②宣布要解决的问题。主持人（或记录员）把应该解决什么写到纸条上，放在桌子的一角。

　　③主持人把与会者的想法、启示、感想、自言自语等全部搜集上来，写到各卡片上，从桌子一端按A、B、C……横着排列起来。起初，大体按合乎逻辑的方法进行，如图13-5所示：表示（形式）逻辑关系。

　　④不断地展开之后，主持人从A、B、C……这些卡片中各拿出一个，应用提喻法所使用的类比法，征求与会者海阔天空的想法和启示。这一点非常重要，所以稍微具体地介绍一下：

　　（a）应用直接类比的话，就通过"自然界有没有类似东西"，"是否有做那样动作的玩具"等之类的问题，把变形和联想写到纸条上；

　　（b）应用拟人类比的话，则通过"此时，若是人的话，会怎么样"，"有没有一种职业类似这种情况"之类的问题，把目标转到人身上，以人为中心考虑问题；

　　（c）应用象征类比的话，则通过"该句子有没有形象的比喻"，"该动作有哪些事物可发生"等，把抽象问题形象化；

　　（d）应用幻想类比的话，则通过"童话中有没有这种东西"，"科学幻想小说中有没有"之类问题，来到处搜寻。把由这些类比中得到的全部信息和提案写到卡片上,分别竖着摆在相关的卡片下面,如图中的a、b、c、d……纵向表示类比关系。

⑤有时在几个纵向关系之间出现"相同的"或"相似的"问题。此时,就把这样的卡片摆得靠近一些,如图13-5。

⑥有时某个卡片上的内容受其他某个卡片的内容刺激,或者它们组合起来产生新的内容,如图中部的小箭头连接的卡片。

⑦在上述过程中,如果发现可能实现的启示,就把它用文字、简字或记号记下来,摆在最下面,如图13-5中直线下的X、Y、Z。

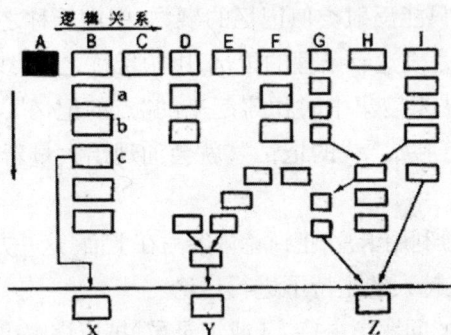

图13-5 中山正和法图示

⑧进而试将纵列中的卡片彼此组合起来,看看是否可以得到新的类比或启示。

⑨于是,最后具体而可实现的命题或草图就会呈现出来,升华为发明和新技术。

(二)中山—高桥法

在实际应用中NM法有一定缺点,比如NM法展开途径比较机械、模糊,不够灵活。为了改进NM法,1969年日本创造学家高桥浩提出NM—T法(NM代表中山正和,T是高桥浩姓的第一个英文字母,所以也称中山—高桥法)。

NM—T法的要点是抓住要解决问题的关键词,由关键词引发一系列类比联想,经过分析加工,完成创造设想。因此也有人称NM—T法为"关键词法"。

NM—T法实施步骤为:

①决定问题;

②找出关键词(Key words);

③从关键词引出类比(QA)；

④寻求类比的有效性(QA')；

⑤分解类比的构造或机能而加以排列(QB)；

⑥依照排列的构造与机能,想出解决问题的方法(QC)。

在图13-6[①]中以如何增进销售为题,以"粘"为关键词,展开NM—T法的思考步骤,由蜘蛛网"已成细丝构造,进入范围很难逃脱",联想到建立高效销售网的方案。

高桥浩曾把他的NM—T法步骤简化为

关键词→A资料(类比资料)→B资料(背景资料)→C资料(概念资料)

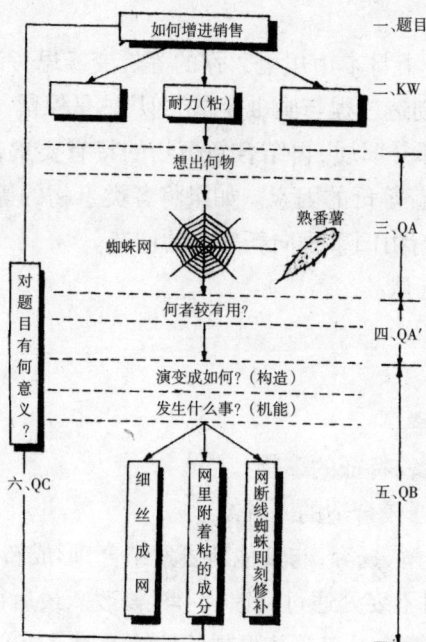

图13-6　中山—高桥法的应用

(三)等价变换法

等价变换法是日本创造学家市川龟久弥1955年得出的创造技法。[②]所谓

①　引自纪经绍:《价值革新与创造力启发》,现代企业经营管理公司出版部,1985年。

②　[日]市川龟久弥:《创造性科学——图解·等价转换理论入门》,新时代出版社,1989年。

等价变换法就是通过对不同事物的一方或双方经过适当的思考，找出原来没有关系的两个事物的共同点，把两者的等价关系体系化。这种技法要点与提喻法中的类比本质是一致的。

市川指出："创造性开发的生物学模式存在于凤蝶的成长过程之中。"他认为，在由幼虫变成蛹进而变成漂亮的蝴蝶的变态过程中，存在着创造性开发的最完美的基本模式，并且把这种基本模式作为等价变换理论提出来。即在事物发展过程中，初期的外形虽然被舍弃了，但是内容却进入了高级阶段，走进了新的秩序之中，终于选择了新的形态。我们的创造性开发也完全同于这一过程，此时"新阶段的外形"等价变换为"新的形态"。这就是市川的观点。

下面我们介绍一下日本市川龟久弥的等价变换思考流程图（简称ET线图）。这一理论认为创造过程与昆虫变态类似，总是保留一部分旧质，扬弃与旧事物相关的另一部分旧质，再结合新事物的特有要素，构成新事物，因而新旧事物之间，存在着等价的因素。如果将各类事物的等价因素加以归纳，就可以按图索骥，进行由旧事物向新事物的创造。

ET线图程序要点是：

(1)问题的提出。

(2)确定观点。

(3)抽出等价因素。

(4)广泛寻找具备ε特征的事物。

(5)由上一步选择较合适的一种AO。

(6)对AO进行分解、扬弃，与其他新要素结合，形成新事物。

(7)经检验后，对不妥处通过反馈、调整、修改。最后得到满意结果。

在这一程序中，等价因素及其限制条件的运用是核心，并以Cε辞典作为主要辅助工具。Cε辞典实际上是一种检索工具，它不同于一般辞典之处，在于它不是以名词，而是以动词作为编排基础的，各种形容词与动词构成各种内涵大小不同的词组，在此基础上，将符合各词组内涵的事实、现象，罗列于该条词组之下，就构成了一种便于发明创造时利用的知识体系。这种Cε辞典因专业、行业而不同，并可用电子检索。等价变换的重要工具是各种等价表。日本至今已完成18种等价表，将自然界和技术上的各种类似现象与规律，跨越专业学科，排列在一起，例如"流"的等价表，将质流、热流、声流、电流等进行类比，指明了它们之间的共同性。

下面我们举一个应用等价变换法的例子：

日本田熊式锅炉当初开发的思考过程便是应用了等价变换法。田熊常吉原是木材商，文化水平不高。他革新锅炉的创造性设想，最初得自他在小学自然课中学到的"血液循环"知识。他先画出一个锅炉的结构模型，再画出一个人体血液循环模型，将两者重叠在一起，假设为新的锅炉。他发现如下等价性：

心脏→气包

瓣膜→集水器

毛细血管→水包

动脉→降水管

静脉→水管群

结果他提出了一个新的设计：在45度倾斜式水管群的上部设置汽包，下部安置水包，这样当水管群加热产生大量蒸汽时，蒸汽上升进入气包，使气包压力上升。随后，又设计了一个烟筒状的集水器，利用气压差将水吸入，通过降水管再进入水包。这一革新，使锅炉的热效率提高10%。在整个发明过程中，田熊只是将"血液循环"里的动脉与静脉的分工以及心脏内防止血液逆流的瓣膜的功能，采用等价变换，联想到"水流与蒸汽循环"，从而发明了田熊式高性能的锅炉。

值得指出的是，日本田熊(TAKUMA)公司现在是世界最著名的专业热能制造企业之一，生产锅炉历史七十多年。在真空热水锅炉领域，TAKUMA品牌一直保持世界领先水平，至今仍有多项核心专利技术被TAKUMA掌握。日本TAKUMA公司技术标准为世界级行业标准。公司创始人田熊常吉是日本十大发明家之一。

(四)仿生学法

1.仿生学

很久以前，人们看见鸟，就希望能像鸟一样在空中自由地飞翔。经过无数次失败之后，人们终于发明了飞机。随后，人们又发现，蝙蝠即使在黑暗中飞翔也不会碰壁，这是什么原因呢？带着这个问题，人们又开始了新的研究，终于发明了雷达。这样，人类在漫长的历史中，无意识或有意识地不断从自然界得到启示，并将其原理应用于人造的机器设备之中。对我们来说，自然

第十二章

界真是独一无二的导师。

图 13-7　蝙蝠与雷达

　　然而,我们对自然界的原理,对生物系统及其行为还未完全解释清楚,甚至对人类自身也没有完全了解清楚。向生物学习,肯定是对我们有帮助的。今后自然界仍将成为我们的导师。"仿生学"(Bionics)是从"生物学"(Biology)派生出来的一门新学科。正如它的命名所示,人们从生物界得到灵感,通过类比分析,再将其应用于人造的产品中。仿生学法就是从这一想法为出发点的。但是,这并不是单纯地把它看作应用性的问题。

　　给仿生学下定义和命名的是美国空军宇航局少校斯蒂尔(J.E.Steele)。他于1960年在俄亥俄州迪通邀请了700位生物学家、数学家、物理学家及心理学家,举行了仿生学正式会议,这就是仿生学的开端。提出者斯蒂尔当初对仿生学所下的定义是:仿生学是一门系统科学,该系统的特点如下:①以生物系统为基础;②具有生物系统的特点;③与生物系统相类似。随着生物系统研究的进展,该定义的目的更加明确了,今天仿生学的定义是:"为解决技术上的难题而应用生物系统知识的学问。"1963年中国将Bionics译为"仿生学"。

　　仿生学的研究内容十分广泛,小至微观世界的分子仿生,大至宏观世界的宇宙仿生。例如,电子仿生、控制仿生、机械仿生、化学仿生、医学仿生、建筑仿生、农业仿生等等。从创造学的角度说,仿生方法可以看作是以"类比"为核心的一类创造技法。

　　2.仿生技法

　　仿生技法的核心是研究对象(问题)与生物系统相关问题的类比。这一技法实施大体分为三步:①根据生产实际提出技术问题,选择性地研究生物体的某些结构和功能,简化所得的生物资料,择其有益内容,得到一个生物模型;②对生物资料进行数学分析,抽象出其中的内在联系,建立数学模型;③采用电子、化学、机械等手段,根据数学模型,制造出实物模型,再通过模拟反馈比较,最终实现对生物系统的工程模拟。这过程可用图13-8简示。

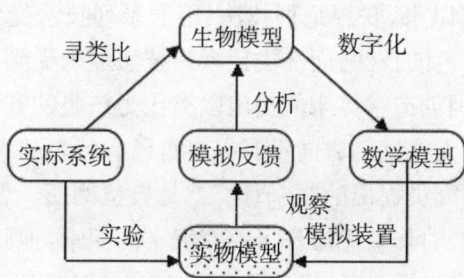
图13-8　仿生技法构成图

3.应用实例

仿生学法是一种很有前途的创造技法,应该引起我们的高度重视。近些年来,仿生学与控制论结合,着重研究生物系统的控制和通信,取得了很大的进展,一些研究成果应用于计算机、人工智能、机器人等领域,做出了很大的贡献。

人类通过对生物系统的信息传递方式的研究受到启发而进行创造的实例很多,例如,人们发现大金枪鱼和电鳗能发出功率强达几千瓦的电力,能使体内的发电器官工作,并在自身周围产生电场。如果电场中出现绝缘体或导体,都会引起电场紊乱,鱼就感觉到这些现象。于是人们开始研究这种电鱼雷达的原理,进而研制一种探测潜水艇位置的仪器。这样的例子举不胜举。

下面一张仿生趣图,读者轻松一下。

图13-9　汽车?犀牛?

四、中国与类比系列技法发展

半个世纪以来,由于教育重知识传授、轻创造能力培养,呆板枯燥的形式逻辑推演流行,类比思维失去了往日活力,几乎被人们忘记。20世纪80年代创造学引入中国以来,联想系列技法、组合系列技法受到普遍重视,并探索出一些有中国特色的技法,而在类比系列技法上未受到应有关注,传播和发展止步不前,我国创造学界未能提出以类比为核心的有特色技法。当然,这并不意味着中国人在这一方向没有提出自己有特色的理论和方法。思维科学界的张光鉴研究员提出的"相似论"就是典型例证。著名科学家钱学森认为:"张光鉴同志,对形象思维作了些有意义的探索,他归纳了大量的人的创造过程,提出'相似'的观点。""'相似'的观点,或'相似论',对说明形象思维在科学技术、工程技术中的重要性,很有价值。"①

张光鉴,1934年生,四川成都人,山西省社会科学院思维科学研究所所长、研究员。1982年张光鉴完成论文《论相似性在科学、技术、思维发展过程中的作用和规律》,后又经十年探索,出版专著《相似论》(江苏科技出版社,1992年),形成相似论理论与方法体系。

(一)相似的概念及其定律

什么是"相似"? 张光鉴指出,在客观事物发展过程中,都存在着同和变异,因为只有同才能有所继承,只有变异,事物才能往前发展。所以相似不等于相同,相似就是客观事物存在的同与变异矛盾的统一。②可以把相似现象分成纵向和横向两种形式。同一行业、同一学科、同一系统内形成的相互联系、相互作用的相似关系称为纵向相似系列;跨行业、跨学科、跨系统形成的相似关系称为横向相似系列。③

相似论的目的在于研究自然、社会和思维领域广泛存在的相似运动、相似联系与相似创造规律,因此,它有认识论和方法论的意义。

相似论有三个相似关系和三个相似定律。

相似的三个关系:①相似现象与本质的关系;②静态相似和动态相似的关系;③宏观相似与微观结构相似的关系。

相似的三条定律:①相似运动律。不论是自然界还是人类的思维,其由简单到复杂,由低级到高级的运动都是在相似的同与变异中进行的。②相似联系律。一切事物都是通过相似性中介而联系的。③相似创造律。一切创造,

---

① 钱学森主编:《关于思维科学》,上海人民出版社,1986年,第21页。
②③ 张光鉴:《相似论》,江苏科技出版社,1992年,前言第4页。

第十三章

无论是自然界的创造还是人类的创造,都是基于某种相似性而进行的。

图13-10　张光鉴

张光鉴认为,研究相似论的目的是为了让人们更好地、创造性地改造客观世界,所以,相似创造律是其中最重要的规律。人类现在所进行的创造,一方面是以认识自然界相似运动、相似联系中某些原理而去进行的创造;另一方面是在前人所取得的成果基础上,进行某些相似的改进、相似的综合而进行的创造。相似与创造有不解之缘,相似创造方法是创造实践中的重要方法。

(二)相似方法

利用相似关系和相似规律进行发明创造,有三个重要环节(步骤):

1.按照基本的相似原理和关系,把所要研究的问题区分成一定的相似系统与类别

这是一个重要的步骤,这个方向错了,下面很多事情就会跟着错。但究竟怎样才能把所研究的问题归入比较恰当的相似类别呢? 这是比较复杂的(这里所说的相似类别,只是初级的分类,以后经过分析解剖,还要细致地分成相似单元、层次等),这里是想要在整体或总体上去看待问题,去统筹,去协调,去指导初步的分析,去统率单元对层次结构的关系,并对单元层次和相互作用提出必要的要求。

人们对客观事物之所以能进行分类的基础, 是他们头脑中先已贮存的经验即相似块。人们根据这些相似块去对照、分析、比较、鉴别那些纷繁的客观事物属性,再把反映到大脑里来的信息进行过滤,再用联想、想象、类比的形象思维方法和归纳、演绎的逻辑思维方法来进行分类, 或进行最初的分析。但不管用哪种分析方法都离不开相似原理。逻辑学上的三段论就是按照

相似规律推出相似系列,而形象思维又大都是以宏观微观的相似现象以及这些现象间的联系为基础的。人们的行动是大脑支配的,而大脑是受原有贮存的信息所制约的。所以,拟定最初方案分类的人,最好要具有较广博的才能。

人们在观察客观世界中往往容易被表面现象、假象和干扰信息所蒙蔽,思想上产生简单化、形式化,从而走入歧路,不是事前的诸葛亮而是"过后方知"。要克服以上毛病,我们必须认真地运用前面相似关系中所指出的现象与本质、静态与动态、宏观与微观的分析方法来进行分类研究,这样才能透过现象掌握实质。应用系统工程的方法,用相似原理过滤出那些假象和干扰信息,初步规划出整体与部分的模型或类别属性,不致偏离大的方向,使初步分类能比较接近实际。

2.分类之后,进一步对事物进行详细的解剖分析

我们前面曾经谈到,事物都有其微观结构上的相似,因此,我们可以将其解剖、分解成具体的相似单元、层次,并找出它们之间的本质联系。这种分析是为下一步的综合优化打好基础,其中有些需要变异和移植的单元与层次,还要能按横向相似分成新的类,使之具有和其他事物的那些功能相似、结构相似、几何相似、动力相似性,这样才能跨行业、跨学科建立起新的横向联系,才能在原有的基础上变异。我们透彻地明白这些相似关系与规律,就可以指导我们的科研革新工作,并使我们有所创造、有所发明。如机床的改革,我们先分析其基本的相似单元部件是齿轮、丝杠、拉杆、凸轮等,而齿轮作为变速单元与电动机通过改变磁场产生的变速的功能很相似,于是就出现了现代机床中用电器控制的"无级变速装置"。如果没有第一步对原机床内部功能相似单元的详细分析,就不可能用相似原理发展创造出新型机床。现在数控机床又综合了微型计算机功能,所以作用就更大了。

再如,人们发现了高能射线能够影响核酸中的信息组合过程,相似于缩短了自然变异中的过程和时间,人们就把人工放射技术和遗传生物学综合起来,出现了放射性育种学。人们发现激光能加快某些化合作用的过程,相似催化剂的作用过程,国外就出现了激光化学。

3.分类分析之后,便要综合优化

要灵活地利用相似的单元、层次,不断地排列组合,使之逼近预想模型。这种综合不是甲、乙、丙、丁的凑合,而是要根据客观中的相似关系、规律,去能动地组合。就像要织一幅新图案一样,图中的点和线可用的是纬线上的,也可能用的是经线上的,要根据当时的情况而定。根据事物的客观规律

组成我们需要的新方案,这种综合,不是照葫芦画瓢,而是一个既同又有变异的新综合。

如东风-140型载重汽车就是在解放车生产的基础上变异而来,所以就比解放车省油,跑得快,载重又多。人们从提拉单晶生长过程联想到云母晶体的人工生长,获得了很大成就。但是,这些优化的变异是要受很多条件制约的,古人说"他山之石,可以攻玉",就是说,科学技术在综合过程中可以借鉴移植。知道纵向相似,就可以了解过去,推之未来;知道横向相似,就可以"触类旁通",灵活变异。所以,纵横交错乃是今日科学发展的一大特点。但横向之所以能得当,是从纵向原理联系得来的。而纵向相似的系列却是发源于最初共同的相似点上的。这是我们在工作学习中必须牢牢记住的一条原则。

第十二章

第十四章　臻美系列技法

人也按照美的规律来建造。

——［德］马克思

　　先从两个美的案例谈起。庄子说："天地有大美而不言"（《庄子·知北游》），自然造化之美，高山大河，姹紫嫣红，很多人都领略过。图14-1中的蛋白石，是盛产于澳洲的一种宝石，它是由二氧化硅纳米球沉积而成，其中五彩缤纷炫丽的色彩和它本身的色素无关，而是因为其中的结构上的周期性使它具有光子能带结构，因为光能系的不同而产生不同的颜色，也就是说蛋白石就是自然界光子晶体的实例。从蛋白石的例子可以看出，自然造化之美无处不在，令人有美不胜收的感觉。有人自此联想到蛋白石像一个缩微的地球，有人认为它是宇宙中的生态，或许这就是自然美的魅力所在吧。

图 14-1　蛋白石之美

　　马克思说："人也按照美的规律来建造"[①]，人类的创造活动，不仅有物质经济价值，更有精神审美价值。创造本来是一个经济和审美兼有的人类活动，但由于当前社会过于急功近利，只关注物质利益，忽视精神收获，创造过

---

　　① 参见《马克思恩格斯全集》（第42卷），人民出版社，1986年。

程中内在的审美价值和意义被忽略了，许多创造学著作脱离审美和美学谈创造技法，似乎创造与审美无关。这是一个误解。当现代科学美学、技术美学、设计美学、环境美学、生态美学等兴起的时候，创造学再忽略审美创造技法，就不应该了。本章，我们谈一下"人也按照美的规律来建造"的创造方法——臻美系列技法。

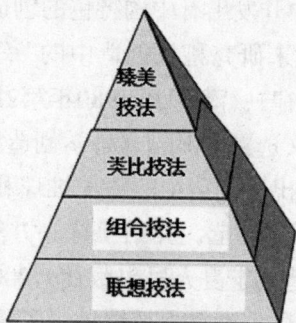

图 14-2　创造技法的层级

亲爱的读者，我们已依次经历了联想系列、组合系列、类比系列三大系列技法，现在来到第四大类——臻美系列技法的入口处。

如果把游历四大技法系列比作登山，则联想系列技法是山脚，它是技法之山的基础，知者多、游者众，每本创造学著作无不述及；组合系列技法是登山的第二站，它是联想系列技法的提升，注重联想的交叉和组合效应，观点明确，特色鲜明，有兴趣这一类技法的人也很多，亦属知者多、游者众的层次；类比系列技法是登山的第三站，它着眼大异其趣的不同事物间的隐喻、类比，很形象生动，但有一定难度，应用这一类技法的人大为减少，有的创造学著作甚至没有收录这一类技法；臻美系列技法是山顶，它是技法之山的最高境界，是完美的赏心悦目之境，但把握它、达到它较难，需要一定的审美素质基础，因此大部分创造学著作没有涉及臻美系列技法。

中国创造学起步较晚，又受急功近利的目的束缚，因而更为突出显示出联想系列技法、组合系列技法"人多势众"，类比系列技法、臻美系列技法"人少势单"的格局，换言之，在登技法之山的过程中，创造学止步半山腰的现象非常明显。中国古代著名学者王安石有一段游山名言："夫夷以近，则游者众；险以远，则至者少。而世之奇伟、瑰怪、非常之观，常在于险远，而人所罕至焉，故非有志者不能至也。"（《游褒禅山记》）中国创造学不能长期停留在"游者众"的近层，而要向"至者少"的远层发展，以真正体会创造的"奇伟、瑰怪、非常之观"的境界。

事实上,从创造思维的角度说,"联想"和"组合"尚未达到思维逻辑的层面,只有"类比"和"臻美"才是审美逻辑的核心,这一点我们在本书第八章已经详述。总之,创造技法研究的重心,应从联想、组合层面向类比、臻美层面转移,是创造学发展的大势所趋。期待着中国创造学者更上一层楼,在类比系列技法、臻美系列技法中开发出有中国特色的创造技法。

笔者从20世纪70年代末研究科技创造中的"臻美"问题,1980年起先后发表《自然科学中美的旋律》(《潜科学》1980年第2期)、《自然科学中的美学方法》(《天津哲学学会论文选》1980年)、《科学创造思维中的逻辑》(《中国社会科学》1983年第2期),提出了创造中的臻美推理和补美方法。1983年在南宁首届全国创造学学术研讨会上,介绍了这一方法,受到与会者的关注。1989年出版专著《美与创造》(宁夏人民出版社),2001年出版《中国创造学概论》(天津人民出版社),在国内外首先系统探讨了臻美系列技法。2002年出版《科学臻美方法》(科学出版社),对科学创造中的审美与臻美方法进行了深入探讨。据查,国内外创造学界尚没有他人在笔者之前提出过"臻美系列技法"问题,虽然许多科学家、美学家、心理学家、创造学家关注过创造与审美的联系,美国的戈登在《提喻法》一书中也多次谈到审美问题,但并没有人直接论及审美(臻美)创造技法。可以说,臻美系列技法从总体上说是有中国特色的创造技法系列。

图 14-3 科学臻美方法

在深入探讨臻美系列技法之前,我们首先讨论一些必要的美学知识,这些知识已不是单纯的一般美学常识,而是结合创造学内容,既有继承又有发展的新知识。

一、美的基本形态

美的表现形式是多样的，美感体验变化无穷。美究竟有哪些基本形态呢？这使我们联想到五光十色的颜色。颜色是多种多样的，但其基色只有三种：红、绿、蓝。这三色互相搭配、结合，组成五彩缤纷的色彩世界。与此类似，美的基本形态也有三种，那就是优美、壮美、奇美，这三者互相渗透、结合，形成复杂、微妙、变化无穷的美感。

图 14-4 优美的荷塘月色

（一）优美

我们先从优美谈起。我们通常所说的美，大多指优美。在中国古代美学中，美有阳刚和阴柔之别，其中阴柔之美就相当于我们现在所说的优美。清朝姚鼐对此有过非常形象的描述："其得于阴与柔之美者，则其文如升初日，如清风，如云，如霞，如烟，如幽林曲涧，如沦，如漾，如珠玉之辉，如鸿鹄之鸣而入寥廓。"优美以和谐、对称、简洁、清新、秀丽、精致、幽静、淡雅、柔媚、轻盈等为特点。

优美无论在艺术作品、科学论著、技术发明、社会生活和自然景物中均有多种多样的表现。如晏殊的《寓意》诗："梨花院落溶溶月，柳絮池塘淡淡风。"描绘出一个春风轻拂，朗月高悬的静谧夜晚，诗情画意多么优美！又如几何学中的对称，有轴对称、点对称、圆对称、平移对称、螺旋对称等，它们画出图、写出公式都给人以优美感。现代的电冰箱、电视机等不仅外观精巧、淡雅，内部线路也是紧凑、整齐有序，内外均给人以优雅感。有的家庭房间布置，门窗、家具、墙壁、摆设色彩协调、错落有致，这也是优美的表现。

美的信息流是通过直觉的窗口被筛选、捕获的,此刻审美人的想象力和理解力达到高度协调,激起人心灵的极大喜悦。优美,是人的想象力和理解力在配比上的协调。换句话说,审美对象的配比(配合比例)十分恰当,既满足驰骋追索的想象力,也满足处处按心理内在尺度标准衡量的理解力,二者达到统一,给人以轻松、愉快和心旷神怡的审美感受。不论是杏花春雨的景色,还是俊秀潇洒的人物;不论是简洁明快的科学公式,还是典雅古朴的房间陈设,它们都给人以在配比上"恰到好处"之感,仿佛每人内心有一个无形的标尺,而审美对象在"尺寸"上处处相宜,正好像是"欲把西湖比西子,淡妆浓抹总相宜"。这就是我们所说的,审美对象与"内在尺度"吻合,想象力与理解力吻合,美哉也。

(二)壮美

壮美也称崇高,是美的另一重要形态,它相当于我国古代美学中所说的阳刚之美。姚鼐在谈到阳刚之美时写道:"其得于阳与刚之美者,则其文如霆,如电,如长风之出谷,如崇山峻崖,如决大川,如奔骐骥;其光也,如杲日,如火,如金铁;其于人也,如凭高视远,如君而朝万众,如鼓万勇士而战之。"

图 14-5　壮美的张家界

德国哲学家康德把崇高分为两种,即数学的崇高和力学的崇高。所谓数学的崇高,是从事物的数量上着眼,指对象在体积上或数量上的无限大,超出常人感官所能掌握的限度。他说:"假如我们把某物不仅称为大,而全部地,绝对地,在任何角度(超越一切比较)称为大,这就是崇高。"所谓力学的崇高,是指对象具有巨大的力量和威势,如"高耸而下垂威胁人的断岩,天边层层堆叠的乌云里面挟着闪电与雷鸣,火山在狂暴肆虐之中,飓风带着它摧毁了的荒墟,无边无界的海洋,怒涛狂啸着,一个洪流的高瀑,诸如此类的景象,在和它们相较量里,我们对它们的抵拒的能力显得太渺小了。但是假使发现我们自己却是在安全地带,那么,这景象越可怕,就越对我们有吸引力"。

更崇高的美是对数学崇高和力学崇高的征服,人类攀登险峻无比的高峰,征服咆哮汹涌的大河,移山填海的建设,历尽艰难的科技攻关,精密准确地登月,激烈惊险的赛车,孤胆独舟越洋……凡是我们生活、认识、探索的领域,都有壮美(崇高美)的足迹。

如果说优美是想象力和理解力在配比上的协调,那么,壮美则体现了想象力和理解力在力量上的协调。换句话说,想象力在审美空间上得到自由发展,它具有压倒一切的强大气势,是一种不可阻遏的强劲力量,而这时理解力也气概不凡地雄壮相随,使审美对象与"内在尺度"达到新高度下的吻合,美显得格外壮观。壮美往往表现为粗犷、激荡、壮阔、恢宏、浓烈、刚健等特点,给人以惊心动魄的审美感受。

值得指出的是,壮美是想象力与理解力的协调,而不是脱节。有一些年轻人,血气方刚,天不怕地不怕,为表现自己勇敢,常做些无谓的冒险,这算不算壮美? 不算。因为这是想象力与理解力脱节的盲动。比如,有的青年为表现自己勇敢,在没有搞清水深浅的情况下,就从岸上往水里跳,结果一头扎在泥里,受了重伤,壮美的表演的愿望变成了悲剧的结果。因此,要创造壮美,光有胆量不行,还得有知识、经验、技巧、智能,即有胆有识,胆识结合方能奏效。当然,只有深刻的理解力,而无想象力的解放,更和壮美无缘。由于从小学、中学到大学,传统的教育方法占统治地位,只注意理解力教育,忽视想象力开发,学生的创造力受到压抑。许多学生毕业只求找个安稳、收入高的工作,而缺乏探索探险、奋斗拼搏、创造壮丽事业的雄心和气魄。

引导和启发人们对壮美的追求,是审美创造学的重要使命。

第十四章

(三)奇美

奇美,又称新奇美、奇妙美,是美的最重要形态之一。它的突出特点是使人在惊讶、超出意料的神态中体验到美的魅力。例如,清代毛宗岗在评《三国演义》时指出,《三国演义》妙就妙在猜不着,他指出:"如玄德(刘备)本欲投襄阳,忽变而江陵,既欲投江陵,又忽变而汉津,此猜测之不及也。刘表为孙权之仇,刘表未死,孙权方欲攻之,刘表既死,权忽使人吊之,又猜测之所不及也。唯猜测不及,所以为妙。"又如数学上从欧氏几何第五公设,引出一种意义崭新的非欧几何,真非意料之事。再如一些武打、侦破、推理的电影、小说，也常常是多设悬念，以奇制胜。

图14-6　神奇的德罗斯特特效图片

图14-6是一幅神奇的德罗斯特效应图像。德罗斯特效应是递归的一种视觉形式，图中人物手持的物体中有一幅其本人手持同一物体的小图片，进而小图片中还有更小的一幅其手持同一物体的图片，依此类推。数码时代的进步给这种古老的德罗斯特特效注入了新的活力。

不少中外美学家都重视奇美。意大利马佐尼指出："诗人和诗的目的都在于把话说得能使人充满惊奇感，惊奇感的产生是在听众相信他们原来不相信会发生事情的时候。"我国晋代葛洪指出："义以罕觏为异，辞以不常为美。"唐朝文学家皇甫湜指出："夫意新则异于常，异于常则怪矣；词高则出于众，出于众则奇矣。"

但值得注意的是，国内现在出版的各类美学著作或教科书大都谈到优美和壮美，却不谈奇美。这看起来是个理论上的漏洞，实际上是几千年来形成的传统力量在作怪。这可从下面的分析中看出。

如果说优美反映了想象力和理解力在配比上的协调，壮美反映了二者在力量上的协调，那么，奇美反映了想象力与理解力在变化上的协调。换句话说，想象力逆着传统、面向未来，追求独树一帜、独具特色的自由发展，而理解力紧紧跟随，它也随想象力得到升华，使审美对象和人的内在尺度在新的意境下吻合，美显得分外奇妙。奇美往往表现在：异峰突起、曲折惊险、出乎意外、妙不可言、与众不同、前所未见、声东击西等特点，给人耳目一新的审美感受。

由此可见，奇美的关键是一个"变"字，不是小修小补的常规变，而是出人意料的戏剧性变化。奇美体现了美的时代性，对优美和壮美也有重要影响。比如对称是优美的体现，但如果服装设计长久停留在对称上，给人以没有变化的感觉，对称就失去了吸引力。所以近年流行起不对称的服装，一个上衣的左边和右边无论颜色、装饰都不对称,给人以新奇的美感。说到国外哲学和艺术中的"现代派",许多人常常是谈虎变色,无分析地便将它们统统否定。诚然,"现代派"形形色色,我们不应不加批评地全盘接受,更没有必要一哄而起地模仿。但我们应当看到,它们反映了人类追求奇美的曲折足迹,在突破传统壁垒这一点上,是值得致敬的先驱。

推动人类创造的根本因素之一是人类的好奇心,没有对奇美的追求就没有时代的美学和时代的创造学。奇美,将是经典美学和现代美学的分水岭。把奇美作为美的基本形态来论述,是本章内容的特色和重点。

图 14-7　美的阶梯

古希腊美学家柏拉图依据美的深浅把美分为不同的阶梯,大致分为以下几步:

(1)凡是想依正路达到这深密境界的人应从幼年起,就倾心向往美的形体。如果他依向导引入正路,他第一步应从只爱某一个美的形体开始,凭这一个美的形体孕育美妙的道理。

(2)第二步他就应学会了解此一形体或彼一形体的美与一切其他形体的美是贯通的。想通了这个道理,他就应该把他的爱推广到一切美的形体,而不再把过烈的热情专注于某一个美的形体,就要把它看得渺乎其小。

(3)再一步,他应该学会把心灵美看得比形体美更可珍贵。如果遇见一个美的心灵,纵然他形体上不甚美观,也应该对他起爱慕,凭他来孕育最适宜于使青年人得益的道理。

(4)从此再进一步,他应该学会见到行为和制度的美,看出这种美也是到处贯通的,因此就把形体的美看得比较微末。

(5)从此再进一步,他应该受向导的指引,进到各种学问知识中,看出它们的美。

在柏拉图写到这里的时候,我们觉得应再补充一步:

(6)从此再进一步,由各种实践和知识的美,追溯分析创造过程的美,看到美与创造的本质联系(如图14-7所示)。

在美的最高层次上,柏拉图写道:"这时他(指审美人)凭临美的汪洋大海,凝神观照,心中起无限欣喜,于是孕育无量数的优美崇高的道理,得到丰富的哲学收获。如此精力弥满之后,他终于一旦豁然贯通唯一的涵盖一切的学问,以美为对象的学问。"

柏拉图的基本思想就是:"先从人世间个别的美的事物开始,逐渐提升到最高境界的美,好像升梯,逐步上进。"如果我们广义理解柏拉图所说的各种学问知识的美,那么柏拉图所说的美的阶梯可修改补充为以下层次:

自然美→社会美→伦理美→艺术美→科学美→创造美

创造美的研究是美的最高境界研究,是美学总论的基本内容之一。一般来说,创造与美相结合产生了两门边缘性学科:一是创造美学,它偏重从创造的角度研究美学问题(与鉴赏美学相对应),属大美学范畴;二是审美创造学,它偏重从审美角度研究创造学问题,属大创造学范畴。本书内容即为后者。

二、美的本质与创造

要问哪件家具美,哪幅画迷人,哪个数学公式漂亮,许多人都能谈论一番。但要问美究竟是什么,给"美"下个明确的定义,却出乎意外的难。迄今为止,这个问题已讨论了两千多年,仍然争论不休。

(一)美究竟是什么

《美学大观》一书介绍了西方美学家对美的本质的14种看法,即①美是和谐;②美即有用;③美在于将零散的因素结合成统一体;④美是对"神明理式"的分享;⑤美与真、善相统一;⑥美在于完善;⑦美存在于观赏者的心里;⑧美是物体的一种性质;⑨美是关系;⑩美在于自由的鉴赏;⑪美是理念的感性显现;⑫美是意志的充分客观化;⑬美是生活;⑭美是直觉,即成功的表现。《美学大观》同时列举了中国美学家对美的本质12种看法：①美在人文；②美在自然；③美在天人合一；④美在知乐；⑤美在滋味；⑥美在象外；⑦美本乎天，集在人；⑧美在心中；⑨美是典型；⑩美是主客观的统一；⑪美是客观性与社会性的统一；⑫美是人的本质力量对象化。这12种观点中，后4种观点是目前国内有代表性的观点。

　　通过上述种种论点，许多读者可能会有一种共同的感觉：美是什么，不解释还好，这一解释，反倒使人糊涂了。

　　有多少美学家，几乎就有多少关于美的定义。既然成千上万的定义都说不清楚美是什么，那么干脆就说美是一种说不清、下不了确切定义的东西，行不行？此话细思之有理。人类知识有两种：一种是可以通过理论、公式、图表表达出来的知识，即可以言传的知识；另一种是不能用语言充分表达，只能通过身临其境体验、领会的知识，即意会的知识。很显然美是一种意会的知识，它是通过亲临其境→意会（直觉）→美感这样的途径被感知的。从这个角度讲，美本质上是可以由人类直觉判明的、带有某种特性的整体信息流。我们读一本精彩的小说、欣赏一幅名画，都可以深切体验这股信息流（美）对心灵的撞击。这种信息流是整体的、不可割裂的，因而也是难以用概念、语言论证的。正像万顷湖光的美景不能割裂欣赏一样，"美"也不能用概念语言割裂后加以描述。宋朝诗人杨万里写道："万顷湖光一片春，何须割破损天真。"说的正是这个道理。

　　通过以上对美的新理解，有两点重要启示：

　　（1）怎样更多地产生这种特有的信息流。对一个人而言，这种信息流的来源有两方面：①外界来源，如欣赏他人作品，游历名山大川；②内部来源，展开想象的翅膀，发挥创造潜力，构思崭新作品蓝图，自我产生美的信息流。把内部信息流变成外部信息流的关键是实践，而产生更多内部信息流的根本在于想象的自由。一位雕塑家雕造成功一个雕像，展现在公园，便使千千万万游人得到雕像的信息流，获得美的享受。

　　（2）美是通过意会的途径、直觉的窗口被筛选、捕获的，此刻审美人的想象力与理解力达到高度协调，激起心灵的极大喜悦。因此，意会（直觉）能力的提高，在审美实践中有重要意义。这一能力是人的经验、知识水平、心理素质的综合反映。

第十四章

(二)美与创造

在上一节我们谈到,美是可以由人类直觉判明的、带有某种特性的整体信息流。如果这种信息流是从外界传递给主体(人),主体通过意会的方式来品味,这就是鉴赏。例如,参观画展,播放音乐录音带,观看高水平球赛,琢磨科学理论内在妙趣等。

鉴赏是重要的,鉴赏力高低是反映审美水平的重要标准。但更为重要的是创造,即主体(人)通过主观努力,创造这种信息流。这里谈的创造有两个含义:其一是在思维中的创造,如作家、艺术家、科学家、发明家头脑中形形色色的构思;其二是在实践中的创造,即把内在构思外化、物化,通过文字、图画、产品、建筑、动作表现出来,使内在的信息通过物质的载体得到显现、记录、保存,从而把内在的、依附主体而存在的构思,变成在客观世界存在的、能普遍交流的东西。这两种创造,不是各自独立的,而是相互联系、相继而生、不断反馈的。

所以对人类而言,不仅要善于捕捉这种信息,而且要大胆生产这种信息。换句话说,美的生命在于创造。杨辛、甘霖在《美学原理》一书中指出:"我们认为美的事物之所以能引起人们的喜悦,就是由于里面包含了人类的一种最珍贵的特性——实践中的自由创造。"自由创造,这种特性之所以是最珍贵的,首先是由于实践中创造了物质财富和精神财富,满足了人类社会生活需要的衣食住行等。马克思曾经说过,人类社会是一天也离不开物质财富的创造的。其次,由于实践中的创造推动了历史的发展,没有创造就没有人类历史的发展。社会生活中一切进步都与创造相联系。再次,在创造中体现了人类的智慧、勇敢、灵巧、力量、聪颖等品质。创造不仅是智慧的花朵,同时还表现了人的坚毅、勇敢的品质。创造是艰苦的劳动,在艰苦劳动中孕育着成功的因素。所以在实践中的自由创造是人类最珍贵的特性。这一最珍贵的特性的形象表现就是美。张涵在《美学大观》一书中说:"我们认为:美就是人类借助自然自由创造的现实生活;而美的本质就是人类借助自然对现实生活的自由创造。我们深知,对于无限丰富的大自然来说,人类的创造何其之少!而对于生生不息的社会生活来说,人类的创造又何其之多!试看,哪里有人类的创造,哪里有自由,哪里有自由创造的生活,哪里就有美!"

由此可见,美和创造如同人类社会的一对双胞胎,它们情同手足,密不可分,哪里有美哪里就有创造,哪里有创造哪里就有美。但在现实中,对美和创造的研究往往是分家的,许多美学家只谈美的范畴和原理,很少触及创造实践(或只限于谈论艺术创造);而许多创造学家、创造工程学家又只顾谈创造的方法与技巧,很少从美学的角度去深入探索。其结果是美学著作显得玄而又玄;创造学著作却又显得松散而无灵魂。当然,美学和创造学的分别研究是必要的,但二者的有机结合研究,今天更为需要。

美的创造有三要素:①大胆突破(解放想象力);②敏锐捕捉(发挥直觉能力);③认真权衡(调动分析能力)。这也是创造思维三步曲。这三者缺一就构不成完整的创造思维能力。当前,在青年中存在着思维分裂症。比如,有的青年直觉反应很迅速,但理性分析能力很差:从服装、家具、生活用品,全都力求新、求西方化,可是不能真正鉴别美丑,盲目地赶潮流;与此相反,有更多的青年把理性概念放在首位,用陈旧的教条去套活泼现实,使自身的想象力和直觉力受到沉重的禁锢。这种情况,导致了创造活动的畸形发展:率先做出创新的,往往是那些知识较少、资历较浅、不受约束、颇有些玩闹气息的年轻人;而那些知识较多、学历较高、遵纪听话的年轻人,在创造面前却畏首畏尾,左顾右盼,缺乏朝气和胆量。前一种人,由于没有理性伴随和指导,往往追求表面的轰轰烈烈美,这种美很浅薄;后一种人,由于理性过于深沉,空有理性,无法追求创造美。审美创造学的目标,就是要通过美与创造结合,想象力与理解力结合,原理与技法相结合,全面调动和开发人的审美创造力,造就敢于创造、善于创造的一代新人。

(三)美的"内在尺度"

马克思一段话曾引起许多美学家极大兴趣,注家蜂起,解释观点五花八门。这段话是:

> 动物只是按照它所属的那个种的尺度和需要来建造,而人却懂得按照任何一个种的尺度来进行生产,并且懂得怎样处处都把内在的尺度运用到对象上去;因此,人也按照美的规律来建造。①

---

① 《马克思恩格斯全集》(第42卷),人民出版社,1979年,第97页。

在这段话中,美学家们对"内在尺度"和"美的规律"二词的理解分歧较大。主要有下列两种对立看法:

第一种认为,"内在尺度"是指物的尺度,即客观自然物的内在特征。"美的规律"便是事物的所以美的规律,就是客观事物自身的一种规律。

第二种认为,"内在尺度"是指人自身所要求的尺度,即人的目的性。"美的规律"便是物种的自然尺度和人所提出的内在尺度的统一,亦即客观的必然性和人的自由性的统一,客观自然规律和人的目的性的统一。

在以上两种观点中,第一种观点显得解释勉强,不符合马克思的原意。第二种看法总的看有道理,但把"内在尺度"解释成人的目的和需要,也不确切。笔者认为,所谓"内在尺度"是人所特有的、判断和衡量美的一种"内在标准"。它的最大特点是存在内心,不能用明确的概念语言表达出来,而"只能意会,难以言传"。正如德国美学家席勒谈到审美对象时说:"这些对象使他满意,不是因为它们满足一种需要,而是因为它们满足已经在他胸中说话(尽管声音还很轻微)的一种法律。"实际上,我们每个人都有一把"内在尺",一幅画美不美,一幢大楼漂亮不漂亮,一部电影是不是好,都要用这把"内在尺度"来判断、衡量。通过创造活动把"内在尺度"物化为创造作品,这便是"按照美的规律"来建造的过程。比如,我们在公园里建造熊猫馆,首先要考虑熊猫的生活需要,即按照熊猫类动物的尺度来建造,同时也要按照人的"内在尺度"来建造,即考虑熊猫馆的观赏、审美要求,按照"美的规律"来建造。

应当指出美的标准(尺度)虽然是内在的,但它的形成和发展,是人的社会实践的结果,是人类理性的积淀。从总体上看,它是客观的、有规律的。

如果我们把人的"内在尺度"看成是人类进化和社会实践的结果,看成一种虽然难以言传但在总体上仍属于客观的规律,那么美和创造可以简单地表述为:

美,就是"内在尺度"的感性显现;

创造,就是物化"内在尺度"的过程。

三、典型技法——补美法

补美法是笔者在1980年全国首届科学方法学术讨论会提出的,引起与会者高度兴趣,《人民日报》记者程祖甲在《人民日报》(1980年12月11日)和《会议简报》(24期)中写道:"刘仲林在会上提出一篇关于补美法的论文,从美学角度探讨了自然科学创造方法,这个问题,目前国内没有人研究,国外资料也很少。""他的论文在会上介绍后,引起了与会者的兴趣,肯定了这一研究价值。"1983年,笔者在南宁召开的全国首届创造学学术研讨会暨全国首届创造学培训班上做大会报告,介绍了补美法的基本内容。该技法与"信息交和论""和田十二法"一起,成为有中国特色的代表性创造技法。补美法后来被国内外一些论文、著作、评论所引用和评介,英国《ISR》(*Interdisciplinary Science Reviews*)1991年第4期发表评介认为:"补美法是作者提出的有创造性的新方法之一,这方法对美学、逻辑学和创造方法论有较重要的贡献。"

(一)定义和要点

补美法中的"补"是何意呢?乔治说:"当观察者看到他视野内的物体构成的图案有一个空缺时,他产生一种紧张的感觉。等到填补了空缺,图案的各部分各适其位时,观察者感到轻松满意。"[①]这是一种视觉图案的"补美"。法国哲学家伏尔泰指出:"优雅的和可靠的鉴赏力,其本质在于,在缺陷之中对一种美的敏感,或在美当中对一种缺陷的敏感。"伏尔泰是从鉴赏者的角度而言的,若从创造者角度说,不仅要有上述敏感,而且要以这种敏感为手段,变"缺陷"为完美,这就是补美法。

简言之,补美法就是在创造思考过程中,按照美的规律,对尚不完美的对象进行加工、修改,以至重建、重构的创造技法。这是一种以审美标准为核心、以对象臻于完美为目标的整体性创造技法。

补美法既可采用小组讨论形式,也可采用个人思考形式;既可单独应用,也可与其他技法结合应用;既可在创造过程初期运用,也可在创造过程后期应用。当然,作为一种从整体出发的技法,其主导作用是联想、组合、类比系列技法应用后的审美综合提升功能。

这一技法的思路要点是:爱美是人类的天性。选择一种产品时对产品的美观与否,常是一种很重要的决定性因素。妇女选择衣料、皮包等等亦皆以美为最重要选择因素。即使我们购买电器、住宅、交通工具何尝不为美的因素所吸引。譬如家中已有台灯了,看到了商店里设计十分精美的台灯,仍无法释手。

---

① [英]贝弗里奇:《科学研究的艺术》,科学出版社,1979年,第60页。

第十四章

人类在进入到文明社会以后,在产生对物质需要的同时,也存在着强烈的精神方面的需求,其中包括对美的追求,而且,随着社会的进步和发展,审美的需要不仅日益强烈和明显,还逐渐地由日常生活中的消费领域,扩大、延伸到生产领域,以至社会生活的一切领域。可以毫不夸大地说,在现代的高度文明的社会里,任何产品或商品,如果丝毫不考虑人们的审美要求,不把实用功能与审美的功能结合起来,就不可能满足人的全面需要,也不可能真正受到欢迎。虽说,各种产品或商品按照它们本身的性质和社会作用,实用和审美因素所占的比重不尽相同,但总的来说都有一个两者结合的问题。表14-1是国外学者列出的15种产品包含的实用因素和审美因素的比重。

表 14-1　产品包含的实用因素与审美因素的比重

	实用因素		美的因素	
	含值范围	平均值	含值范围	平均值
灯　泡	0.90—0.95	0.92	0.05—0.10	0.08
油　桶	0.85—0.95	0.90	0.05—0.15	0.10
吸尘器	0.70—0.90	0.80	0.10—0.20	0.15
冰　箱	0.60—0.80	0.70	0.20—0.40	0.30
录音机	0.50—0.75	0.67	0.25—0.40	0.33
电视机	0.50—0.70	0.65	0.30—0.50	0.35
沙　发	0.45—0.65	0.55	0.53—0.55	0.45
大　衣	0.40—0.60	0.50	0.40—0.60	0.50
吊灯架	0.30—0.55	0.42	0.45—0.70	0.58
女　鞋	0.30—0.55	0.42	0.45—0.70	0.58
茶　具	0.20—0.50	0.35	0.50—0.80	0.65
领扣、袖扣	0.10—0.25	0.17	0.75—0.90	0.83
头　巾	0.05—0.25	0.15	0.75—0.95	0.85
领　带	0.05—0.15	0.10	0.85—0.95	0.90
花　瓶	0—0.10	0.05	0.90—1.00	0.95

当然,上述实用因素和审美因素的数据,只能是近似的、相对的并不断变化的,而不是绝对的、不变的。我们要满足人民的全面需要,充分考虑人们对产品的美的追求,并且适应社会美的观念的变化和发展,创造出符合各自特有的性能的完美丰富的产品,就必须进行补美创造技法研究。

当然,我们上述所说的只是审美的表层含义,仅是一种外在的形态美,审美还有更为重要的深层内在美含义,包括结构美、层次美、理论美、数学美、模型美、实验美、科学美、技术美等等。补美法中的"美",既包含"外在美",也包含"内在美"。

马克思说过"人也按照美的规律来建造",人们一般认为,马克思所说的"建造",既包括物质生产,也包括科学和艺术的精神生产。就一项发明创造而言,只要问题的解决没有达到美的标准(境界),就必然要继续进行追求探索,即"按照美的规律来建造",这个过程中体现出来的方法即是补美法。

(二)实施步骤

补美法的实施大体可分以下步骤:

(1)对研究对象进行审美观照,感受其整体的美感印象。

(2)从外在美(形态或形式美)和内在美(结构或理论美)的双重视角,体会并发现研究对象的审美缺陷,明确运用补美法的突破口。

(3)以奇美的追求为主导,综合运用各种审美形态,调动想象、直觉、灵感等各种审美能力,对研究对象进行理想化审美重组和重构,形成多种设想方案。

(4)以优美的追求为主导,对形成的各种方案进行审美筛选,对美感最愉快的方案进行细致审视和加工,按美的规律进行建造,使选定方案更富魅力。

(5)从形式逻辑的角度,对选定方案进行严谨的逻辑推敲、修订,使方案不仅符合审美标准,也符合形式逻辑标准。

(6)从环境的条件和实践的需要出发,对方案进行进一步修改,以使方案符合现实要求,如效益性、实用性、民族性、方便性、流行性等等。

(7)对符合形式逻辑和实践要求的方案再进行审美加工,使方案进一步完善化,达到审美标准、逻辑标准、实践标准的"三统一"。

(8)对方案实施的各个环节和细节进行审美推敲,如产品的造型、文章的文笔、技术的规范、实验的步骤等等,以使成果更臻完美。

以上步骤不是一次完成的,往往需要在实践中多次反复。在对美的追求和探索中,我们既要充分调动人自身"内在尺度"的整体意会作用,不给美定僵化的标准,又要充分利用人类审美经验的总结,注意参阅相关的审美原则。例如在许多工业品的造型设计中常遵循下列原则:

(1)平衡原理:静态的平衡,动态的平衡,质感、量感、视觉的平衡等;

(2)对称原理:左右对称、放射性对称、对角线对称等;

(3)重复原理:用同一主调重复出现,以强调主题的格调;

第十四章

（4）交互原理：两种以上的要素交互使用；

（5）节拍原理：形态变化合于群的规律或时间的规律；

（6）段阶原理：有规则的变化。如形态的高低成等比、级数的递增或递减，色调变化之强弱按色谱的段阶顺序变化；

（7）比例原理：部分之大小与整体成适当比例；

（8）对比原理：将各要素间的差异作强烈的对立。譬如黑与白对立，明与暗对立；

（9）调和原理：如同一色调的衬托、黄与淡黄的配合，贵重物品及其配件必须高贵化方能产生调和；

（10）支配原理：主格明显突出或零件之形态与主格形态成类似状态。

这些原则（原理）的利用，可使补美法的运用形式化、具体化、明晰化，可操作性大大增强。但拘泥于这些原则，又会使补美法失去活力和个性，变得千篇一律，失去美的新奇感，亦即失去创造的独特性。在补美法的实践中，我们要注意把握"审美标准"变与不变的辩证法，注意学习前人的审美经验和习惯，又要注意突破和超越之，以达到真正独创的审美意境。

（三）案例分析

根据补美的范围、深浅不同，补美可分为以下三种类型：

（1）添补法。顾名思义，这种方法是为旧对象增添某种成分，从而使对象达到美的协调。

案例：多年前，美国瓦斯机具公司的家用燃油暖炉销路不畅，公司聘请设计家蒂格为这种暖炉重新搞一次设计。当时大部分工厂都仿照收音机柜橱的式样来制作这种暖炉，但它们的锡合金薄板和仿木装饰并不美观。蒂格的新设计仍保持了老式箱子的形状，只是把两侧的装饰往前面围过来几英寸，再加上镀铬的条带，就把金属板的接缝掩盖起来，看起来整个暖炉好像是用一整块金属板构成的；代替伪装的门像是一个哥特式教堂启示者的通话口，他把它们填进一个镀铬的方柜里，使这个暖炉有一种厚重而又坚实的外观。另外，一种深棕色的亮漆代替了一般的仿木装饰。这个从秋季开始投产的暖炉，促使全年销售额增长了3倍。

（2）全补法。对旧对象做彻底改革，全面更新，是一种重构、重建式的整体补美。正如物理学家弗因曼谈到牛顿力学体系和爱因斯坦相对论体系时所说:"你不能把一个完美的理论修改成不完美,于是只好去建另一完美理论。"

例如,1905年著名物理学家爱因斯坦发表的第一篇相对论论文,开头第一句话就是:"大家知道麦克斯韦电动力学应用到运动的物体上时,就要引起一些不对称,而这种不对称似乎不是现象所固有的。"把不对称问题作为他向世界宣布其新学说的第一句话,这不是偶然的。这个包含美学命题在内的问题,正是爱因斯坦分析和推理的重要出发点。他以高度的艺术技巧,创建了可以和牛顿力学体系相比美的全新理论体系。

再如,电子琴的发明。电子琴构造精巧,体积小,可模仿多种乐器,功能多,音域广。它的出现,是乐器一大突破,具有鲜明的全新、全补性。它带来了音乐发展的新潮流。

(3)特补法。即特别巧妙的补美方法,它以巧制胜,妙趣横生。

例如,一位雕刻家把一块有瑕之玉,雕刻成一个投铅球的运动员,让瑕点刚好成为一个铅球。这种巧妙的构思,使有瑕之玉变成了一件精美的艺术品。又如图14-8,艺术家利用一块玉石的红色部分(图中深色处)雕刻山岭建筑等,利用白色部分(图中浅色处)雕刻白云河流等,这种利用天然形态,巧夺天工的艺术,即属特补法。雕刻艺术,把奇形怪状、五色斑斓的材质,雕刻造型成栩栩如生的山水、动物、人物,个个充满了"特补"的妙趣。

图 14-8　巧夺天工的获奖雕刻

再举一个科学中对宇称不守恒的解释故事。读者一定熟悉对称,镜子映物就是典型的对称。在粒子物理学中有一对称,叫做宇称守恒原理。20世纪50年代发现,在弱相互作用下宇称守恒不成立! 很美的宇称守恒定律变成了"有瑕之璧",怎么办? 物理艺术大师们提出了一个巧妙的修补方法:拿出一个中微子,令其负破坏宇称守恒之责。物理学家韦斯科夫指出:"用了这一假说,就把出现的困难与物理学的其余部分隔开了,它'使破坏减至最小限度',把奇怪的性质完全归于中微子——它反正早已是一个奇怪的粒子。"这和艺术家把瑕当成铅球雕刻,而使运动员完美无瑕,简直有异曲同工之妙。

特补法的关键是一个"巧"字,巧中见美,这在技术发明中例子很多,这里就不一一列举了。

四、引申:臻美系列技法

臻美中的"臻",就是"达到"的意思;"臻美",就是追求达到美的境地。"臻美系列技法",就是以达到美的境地为中心的一系列创造技法的集合。前人所提出的一些技法,虽然没有标明是臻美系列技法,但其实质内容符合臻美系列技法要求,如国外的缺点列举法、希望点列举法等,这里我们一并归入臻美系列技法予以介绍。

(一)求奇法

"求奇法"是笔者在《美与创造》(宁夏人民出版社,1989年)一书中提出的创造技法,这一方法与补美法有较密切关系,二者不同点是求奇法特别突出了"奇美"的核心作用。

求奇法即以追求奇美为核心进行创造性构思的方法。求奇法的要点如下:

(1)大胆解放人类心底的好奇心,努力进行超越常轨的奇特联想,构思令人"惊讶"的设想。可以利用"头脑风暴法""风马牛法(海报面包法)"等增加奇特想法的数量。

(2)对大量奇特想法进行审美筛选,通过直觉判断力对某个设想的去或留进行初选,然后按"美的规律"进行半直觉半分析的进一步选择。在选择中也可对设想进行进一步联想和补美。

(3)对初步符合奇美尺度的设想进行形式逻辑的选择和细加工,使其逻辑严密化,并符合现实客观要求,如经济性、实用性、潮流性等。

(4)对符合形式逻辑和实践要求的设想再进行审美加工,使设想进一步完善化,达到审美标准、逻辑标准、实践标准"三统一"。

在实际创造过程中,上面四步是相互作用、不断反馈的,有时要反复很多次,才能寻到最佳的奇美效果。

这里我们以金属板锁为例作一说明。日本发明家丰泽丰雄对锁头发明很感兴趣,在到欧美旅行时他买回很多样式不同的锁头。其中他认为设计最科学的是一个带钥匙孔的金属板。当他拿到手里的时候,真想打开看看怎样才能安装在门上。这块金属板有钥匙孔却没带钥匙,他越想越感到奇怪。他仔细观看,上面还用英文写着"注意有电"的字样。

当时丰泽丰雄曾想:"那么是一把电锁?"当他要掏钱买的时候,才发现那个钥匙孔是假的,原来这个金属板锁是一把以假乱真的假锁。把这种金属板钉到门上,盗贼肯定会认为是锁,一定会将铁丝或其他作案工具插到里边,以其拿手的技术想打开它。然而这是假孔,门是不会打开的。职业盗贼在插入铁丝时也可能会看出破绽,于是又设了另一个关卡,那就是"注意有电"。这其实是一种威胁:"乱插铁丝就会电死!"

这块金属板锁自始至终都是骗人的。一个假钥匙孔、一句"注意有电"的字,收到了奇美的效果。可以推想,这一发明的完善经过了反复思考,把"注意有电"字样写在金属板上,才使之更加新奇、完美。

(二)缺点列举法

缺点列举法就是通过揭发事物的缺陷,把它的具体缺点一一列举出来,然后找出改进方案,使事物更臻完美的创造方法。例如对于传统的雨伞,我国台湾学者纪经绍曾对其缺点作以下分析:

遇大风会"开花"(变形)

遮挡前面视线

忘记带回家

伞头会刺伤人

太长

体积太大

占据右手,不能提东西

坐公共汽车雨水易弄湿别人

回家还要撑开晾干

伞骨会生锈

颜色单调

约会谈爱时不够宽

伞布透水

第十四章

　　伞骨易折断
　　途中天晴不便收藏
　　不能充作阳伞
　　撑开锁扣常出故障
　　与同事间常常拿错不易识别

针对上述缺点，市面上开发了五花八门的各式各样的伞，如：

　　折合收藏两节式的
　　伞布防水处理的
　　戴在头上帽子型的(小雨使用)
　　伞布透明尼龙的
　　伞布不同颜色、图案美观易识别的
　　伞头圆型的
　　伞头附集水器的
　　晴雨两用的
　　伞骨不用铁制的
　　伞布可换的
　　伞布椭圆型，适合双人用的(情侣伞)
　　手柄可转动，内附电筒的
　　手柄内装半导体收音机的
　　重量只有过去雨伞一半的
　　外加伞套可以藏放入裤袋的

图14-9　新奇的免手持雨伞

缺点列举法可个人应用，也可集体应用。集体应用就是召开缺点列举会，会议由5~10人参加，会前先由主管部门针对某项事物，选择一个需要改革的议题，在会上发动与会者围绕这一议题尽量列举各种缺点，愈多愈好，另请一人将提出的缺点逐一编号，记在一张张小卡片上，然后从中挑选出主要缺点，并围绕这些缺点制定切实可行的革新方案。

（三）技术美学法

技术美学，又称工业美学或艺术设计，是一门技术科学和美学相结合而形成的边缘学科。技术美学的根本任务，概括起来说，是在现代大工业生产和科学技术迅速发展的条件下，把艺术原则和审美观点应用到实物世界的改造中，从而实现审美文化在物质生产领域的普及。这包含两个方面：通过产品审美质量的提高来完善人们的审美能力，培养社会的高尚情趣；为人们提供在实物界创造美的条件，使人的智慧、创造性和技能在劳动过程中能够得到充分发挥，因而获得精神情感的满足。

现代技术美学研究的内容主要有两个方面：一是关于劳动生产过程及其产品的美学问题；二是与此相联系的"迪扎因"即现代艺术设计问题。

"迪扎因"是英语design的音译，原有设计、计划、图样等含义。它在艺术作品中指构思、底稿、结构、情节等意义。它在技术美学中，主要指艺术设计活动，因而是技术美学的一个重要基本范畴。由苏联著名美学家奥符相尼柯夫主编的《简明美学辞典》认为："迪扎因是一种创造性活动（包括这种活动的产品），它的目的是要形成和调整对象—空间环境，在这个过程中使其职能的方面和审美的方面达到统一。"为了要创造实用和美观相结合的产品，就必须将设计、工艺、制造、消费等等过程统一于整体之中，使设计师、发明家、工程师、艺术家合成为一个总体。"迪扎因"就是组合大规模机器生产各个环节的创造性的审美活动，它要求生产的产品不仅是经济、耐用、实惠的实用品，而且是美观、漂亮、新颖的、能满足审美要求的艺术品，有和谐、完整、优美的结构和形式，能与产品的功能内容互相统一，使人们在观赏、使用、接触它们时，产生舒畅怡悦的感受。

由此可见，技术美学的任务和宗旨与创造学中的臻美系列技法是一致的，技术美学的产品设计法是臻美系列技法中十分重要的方法。

在技术美学，特别是在"迪扎因"中，产品造型是一个重要方面。这里所

第十四章

说的产品造型不能只理解为外部形式上的美化和装饰，而是指内在质量和外观质量的相统一、各个部分有机结合的总体的和谐完美。造型设计的审美原则主要有：

（1）反复和齐一原则。反复就是同一形式有规律地重复出现，这同一的形式屡见迭出，从整体结构上来看就是整齐一致或齐一。如项链中排列一串的圆珠，衣服、床单、窗帘的图案等。过多使用这一原则，容易产生单调、呆滞感。

（2）对称与均衡原则。对称是指图形或物体对某个点、线、面而言，在大小、形状和排列上具有一一对应关系。如人体、船、飞机的左右两边，在外观上都是对称的。均衡与对称有所不同，它虽然要求左右或上下在量上大体一致，但形体却不必相同。如天平没有载任何东西或左右载同形同量的东西时，就是一种对称；但当它载的是不同形式的等量的物体时，这就是一种均衡。

（3）调和与对比原则。调和是两个相接近的东西并列在一起，而对比则是两个极不相同的东西互相比较而并列在一处。例如，红橙黄绿蓝靛紫这些相邻近的色彩，便是互相调和的色彩，而暖色与冷色、强纯度与弱纯度的颜色就会形成对比。

（4）尺度与比例原则。尺度就是以一定的量来表示和说明质的某种标准。产品造型要符合"美的规律"，就一定要按照它们的功能、类型、级别、空间体积的不同，规定出适宜的尺度标准。比例是指同一事物整体与局部，或局部与局部间的尺度大小的关系。任何美的产品，都必须具备适当的、正确的比例尺度。

（5）节奏与韵律原则。节奏是指有秩序、有规律的连续变化和运动。如音乐中交替出现的有规律的强弱、长短音调；自然界中的日出日落、月圆月缺、寒暑相推等。韵律原则是指在节奏的基础上更深层次的内容和形式抑扬节度的有规律的变化统一。

（6）多样与统一原则。多样或繁多体现着不同事物个性间的千差万别，统一或一致则是多种事物共性的结合和整体的一律。单有多样或繁多容易造成杂乱无章、涣散无序之感，而仅仅只是统一或一致又会觉得单调、贫乏、死板。多样与统一相结合，才会给人以美感，这也就是和谐。

IV 达至篇

创造境界

本篇导论

  "成己""成物"是中华传统文化中的一对重要概念,比较系统地出现在《中庸》中。书中说:"诚者,非自成己而已也,所以成物也。"认为"诚"不仅有成己的含义,也有成物的含义,把二者结合起来,方能"合内外之道"。

  梁漱溟传承并发展了古代"成己""成物"的概念,把这一对概念创造性运用到对"创造"认识上,认为任何一项创造,都有两方面内涵:一方面属于成就自己,一方面属于成就事物。"成己"就是在个体生命上的成就,主要指创造者自己知识丰富、身心境界提高;"成物"就是做出创造性成果(作品),对于社会有创造性贡献。

  简单地说,"成己"着重创造人的境界提升;"成物"着重创造的物质成果,前者重内,后者重外,一内一外构成了创造的"内外之道"。从社会实践上说,创造之道本无内外之别,创造就是一个既"成己"又"成物"的过程。然而,由于人的认识和社会发展的复杂性,受诸多因素影响,在现实中常常出现二者割裂的偏向。拿现实来说,受物质至上的思潮的影响,许多创造急功近利化,出现了片面的重"成物"、轻"成己"的倾向。在西方市场经济的大背景下,无论西方创造学,还是创新经济学等,均呈现过度重视"成物",而忽视"成己"的倾向。本篇重点是谈创造的"成己"之道,以弥补现代西方创造学"内学"的不足。

  《庄子·则阳》云:"道,物之极,言默不足以载;非言非默,议有所极。"本书从人的创造心性篇谈起,经创造思维篇,创造技法篇,现在抵达创造境界篇。"创造境界"是创造主体在创造过程中,通过对创造对象的整体领悟而在实践上达到的境界,言说或沉默都不足以表达,非言非默,又超出了议论的范围。这样,"孰知不言之辩,不道之道?若能知,此之谓天府。注焉而不满,酌焉而不竭,而不知所由来,此之谓葆光"(《庄子·齐物论》)。意思是说,谁能知道不用语言的辩解,不用称说的大道呢?若有能知道,就够得上称为天然的府库,这里注入多少都不会满溢,无论倾出多少也不会枯竭,不知道源来自何处,这就叫潜藏的光明。换言之,这里"潜藏的光明"是一种有别客观知识的主体"智慧"。

因此本篇的主题也可以说是"转识成智",把众多的创造知识和技法,转化为创造者的内在境界和智慧。这即是中西会通创造学追求的最高目标:将两大思维方式汇成一体,数百种创造技法熔为一炉,达到"无法而法"的境界,获得孔子所言"从心所欲,不逾矩"的自由境界,也就是"创造之道"的境界。

正如冯契所说:"只有在智慧学说即关于性和天道的认识及如何转识成智的问题上,达到新的理论高度、新的哲理境界,才能会通中西,解决上述有关逻辑与方法论、自由学说与价值论这两个方面的基本理论问题。"①

由于修道的切入点不同,因而形成中华文化发展中的诸子百家学派,其中影响较大的有儒家、道家、易家、禅家四大派,另外,中西会通创造学重点是探索"创造之道"。从而形成"道"修养的第五派。本篇共由四章构成,其中第十五章,重点阐述了"转识成智"中境界之道问题,包括中华文化再认识、转识成智展新知、道的内涵与修养、实践亲证事例等四节内容。第十六章,明明德与法自然,通过修道层次和实践亲证事例,阐述了儒家之道和道家之道的修养方法。第十七章 日日新与见心性,通过修道层次和实践亲证事例,阐述了易家之道和禅家之道的修养方法。第十八章创造大道致中和,通过修道层次和实践亲证事例,阐述了创家之道的修养方法。进而从中西会通整体的高度,将儒、道、易、禅、创融为一体,论述了创造大道致中和的思想。

道,关键不是在理论上"说",而是在实践中"悟";千言万语,不如当下一觉。本篇各章都有单独列出的"实践亲证事例",事例后均附有点评,以使读者身临其境,品味道的生命力所在。我们期待着读者有自己的顿悟,迎来"高峰体验"激动人心的时刻。第十八章的中华道中和图,应看作是对本篇全部内容的精简概括。

---

① 《冯契文集》(第1卷),华东师大出版社,1996年,第34页。

第十五章　转识成智的境界

> 志於道，据於德。
> ——《论语》

每当有人请求著名中国哲学家汤一介先生题词，有两句话，他最为钟爱，其中一句是汤氏家训"事不避难，义不逃责"，还有一句是："转识成智，大美不言，止于至善。"（见图15-1）在给《北京大学研究生学志》、贵州大讲堂等题词中，汤先生都用了后一句。

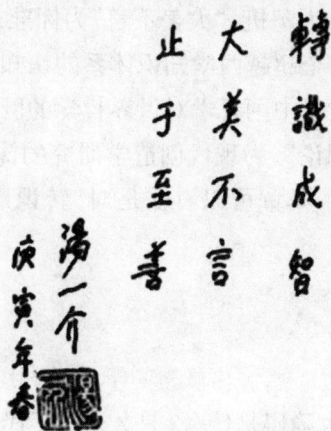

图 15-1　汤一介题词

明代杨继盛有名联："铁肩担道义，辣手著文章。"李大钊在原对联上改了一个字撰写出另一名联："铁肩担道义，妙手著文章。"汤一介两个题词，前者体现了"铁肩担道义"的家风，而后一句是"妙手著文章"的写照。

有的学者解读"转识成智，大美不言，止于至善"，认为这句题词包含了儒、道、佛三家名言，是"三教平等，不偏不向"的意思，这一解读显然肤浅，没有触及题词的深义。

　　这里结合本章主题,笔者尝试解读为三个层次:①"转识成智"源自佛家唯识论,"大美不言"源自道家庄子,止于至善源自儒家《大学》,三家语录圆融一体,体现了汤先生高妙学术境界。可以说,这是大师级学问家的一个标志性特点。②汤一介曾将中国哲学追求的真、善、美用"天人合一、知行合一、情景合一"来表达,这和题词中的"转识成智,止于至善、大美不言"暗合,而真、善、美三者不是孤立的,它们又整合为一,可以称为"太一",也就是"道"。③这三句语录组成的题词,顺序很有讲究,首句是"转识成智",即把知识转化为智慧(详见本章对"转识成智"的解读),说明中国哲学与文化,其追求的最高目的,不是可以言表的客观知识,而是内化为主体的智慧。这个大智慧不能用语言表述出来,那么如何呈现出来? 这就需要在实践中独自感悟第二句"大美不言"的境界,庄子说"天地有大美而不言",圣人可以"原天地之美,而达万物之理"《庄子·知北游》)。这里庄子说的"理",不是客观知识之理,而是一种大彻大悟的境界。换言之,是中学的"道"之理,而不是西学的"知"之理。这样,自然引出第三句"止于至善",即达到最高善的境界。这里的"至善",已经超越了通常说的"善恶"之善,而是"真善美"一体的至高境界。

　　这样,以"转识成智"为契机,"大美不言"为标准,"止于至善"为目的,柳暗花明又一村,转化出一个超越西学知识体系的认知新天地。形成完整而独具特色的广义认识论,这是中国哲学对世界哲学的巨大贡献。

　　中国哲学"广义认识论",为现代创造学研究的深化,开拓出一个博大精深的"内学成己"新道路,本章可以看作是对"转识成智,大美不言,止于至善"的创学解读。

一、中华文化再认识

　　了解中华文化的最大障碍是什么? 是久远的年代,还是难懂的古文? 答案出乎意料,最大的障碍不是别的,而正是我们自己。日本流传这样一个故事:一位满腹经纶的大学教授,对一位有名的禅师很不服气,以问禅为名,欲与禅师辩论。到了禅寺,禅师以茶相待,亲自持壶,将茶水注入教授的杯子,直到杯满,仍注水不止。教授眼睁睁地看着茶水四溢,忙说:"已经漫出来了,不要再倒了。""你就像这个杯子一样",禅师说,"里面装满了你自己的先入之见,你不把心中的杯子空出来,叫我如何说禅? "

　　这则典故的深层意思读者不难领会。与我们通常学习的各科知识不同,中华文化的核心是境界修养。古人称前者为"小学",后者为"大学"。当我们带着以往学习各门知识的经验和心态学习中华文化,不能在自我心灵觉悟上下功夫时,肯定要碰壁而归。此时,必须有一个观念上的脑筋急转弯,突破"小学"的知识局限,进入"大学"的广阔视野,方能透悟中华文化奥妙。正如宋代学者所说:"古人留下一言半句,未透时撞着铁壁相似,忽然一日觑得透后,方知自己便是铁壁。"

(一)下学上达

"下学上达"一语出自《论语·宪问》:"子曰:不怨天,不尤人,下学而上达。"意思是说:不抱怨天,不责备人,通过自身学习而达到道境界。联系本书,读者读这本书内容是"下学",而通过亲身修证,超越字面,达到微妙难言的崇高境界,就是"上达"。"下学"是中华文化第二义,"上达"是中华文化第一义。眼下社会上流行的普及中华文化、国学经典的书,把重点都集中在注经解字、疏文述义上,结果止于"下学",而中断了"上达",致使中华文化精义被大量名词术语分割得支离破碎,古代文化大师们的真精神已荡然无存。千百年流行下来的"经学"治学方法,它至今束缚和阻碍着我们的心灵与古代大师心灵的直接沟通。

下學上達

图 15-2　下学上达

本书欲与读者一起突破经学怪圈,深知探索新路是困难的。新路的成功与否,一半在作者,一半在读者,因为"下学"可写成文字,而"上达"无法言说清楚,后者要靠读者的亲身实践,要靠读者的真情实感,有待于读者发挥身心内在潜力,与中华文化真精神会通融合。

(二)重新认识,关键在亲证

亲爱的朋友,作为炎黄子孙,你了解中华文化吗? 你了解中华文化的"第一义",即其精义吗?笔者在大学给各系学生上课,曾调查过他们对中华文化的了解，结果使笔者感到震惊和失望，除个别系外，绝大部分学生都没有上过中华文化方面的课，甚至包括大部分研究生，都没有中华文化方面的基本知识，大家谈起中华文化，都是些道听途说、一知半解的东西，我们祖先文化遗产的精华要义则无人知晓。

其实，反思起来，笔者自己在学生时代不也是如此吗？从小学、中学、大学到研究生，除在中学语文和历史课中涉及一些中华文化的只言片语外，再也没有受到中华文化的系统训练。记得在南开中学上初二时，买过一本《刘润琴小楷真迹》，开篇就是"道可道非常道名可名非常名……"练小楷时我不知练了多少遍，但是对文字的内容始终莫名其妙，直到高中、大学，依然不知这些文字的出处和含义。后来，知道了这些文字出自《老子》一书，而悟出"道，可道，非常道"，是理解中华文化精义和总纲，则是很晚以后。

现实中一些误区，也妨碍了我们对中华文化精义的了解。例如，有的人觉得能谈几句孔孟格言、老庄语录，就可以表现出一些人文雅而有修养，就算了解中华文化了；有的人觉得文化经典都是文言古文，时代久远，学这种知识难度太大，畏难而远之；有的人觉得中华文化是封建时代产物，抱残守缺，尊古复旧，和现时代精神格格不入，不值一学；有的人觉得文化经典有利可图，竞相炒作，粗制滥造，把中华文化当成了摇钱树；有的人觉得中华文化重"义"，市场经济重"利"，提倡中华文化可以起到制止道德滑坡的作用，凡此等等。这些把中华文化视为一件装饰品、一种知识、一个古董、一件商品、一种手段的观点，都是对中华文化浮泛、浅薄的理解。把中华文化看成与人的心灵无关的身外之物，离开了心的自觉和人生的亲证来谈中华文化，就如同在岸上谈游泳一样，永远得不到其中的实感和真谛。

图 15-3 泰戈尔

诺贝尔文学奖获得者、印度著名学者泰戈尔有一本书名为《人生的亲证》，梵文是Sahara，意思是"将人生引向正确的道路"，译为"人生的亲证"，非常贴切，因为包括中华文化和印度文化在内的东方文化，其核心焦点在于达到人的自觉和亲证。泰戈尔说："源于伟大心灵的体验的有生命的语言，其意义永远不会被某一逻辑阐释体系详尽无遗地阐述清楚，只有通过个别生活的经历不断予以说明并在各自新的发现中增加它们的神秘。"①这意味着，东方文化的精华，不能单凭学习经典的语言文字达到，而是要通过修身明性，超越文字表层意思，达到心领神契、大彻大悟的境界。

二、转识成智展新知

（一）"转识成智"语源

"转识成智"一词来源于佛学唯识学说。所谓"转识成智"，是指将知识转化为智慧。根据唯识论，人的精神世界（意识与无意识）共分八个层次：即眼识、耳识、鼻识、舌识、身识、意识、末那识、阿赖耶识。其中前五识是大家熟悉的，指人通过各种感官对外界的各种感觉判断。

第六识"意识"，梵文Manovijna的意译，以"了别"为其主要功能，"了别"的对象是法，称"法尘"，指想象、思察、判断、推理等心理功能和思维活动。第七识"末那识"，梵文Mana的音译，意译"意"。在唯识论中，说它常执第八阿赖耶识为自内我，恒审思量，没有间断，所以独得"意"名。因为恒有审察思考的功能，前六识遇到外境依根生起时，它对于所缘的行相，就生出深刻的"了别"的作用。所以佛经说"依意生识"，可见"意"的特义，是能生六识，为六识所依，也是外界一切认识活动的枢纽。

第八识"阿赖耶识"，梵文Alayavijnana的音译，意译"藏识"，又称"种子识""异熟识"。此识的自相，具有能藏、所藏、执藏三义。能藏，谓具有储藏作用；所藏，谓其所藏为前七识的种子；执藏，谓此识常被末那执为内自我之体。总之，此识的主要功能是储藏，有如一个心识仓库，故名藏识，近世欧美译为"仓库意识"。此识又有"因相"之称，谓能执持诸法种子令不失，此种子

① ［印］泰戈尔：《人生的亲证》，商务印书社，1992年，第1页。

为生起身心世界的根本，故名一切种识。这一识是人的意识与无意识的集合，是从无意识转向意识的"种子"区域。

以上八识可用图15-4来说明。其各自特征和彼此关系，可用唯识论一个著名的"偈语"来形象描述：

八个兄弟共一胎，一个伶俐一个呆；
五个门前做买卖，一个在家把账开。

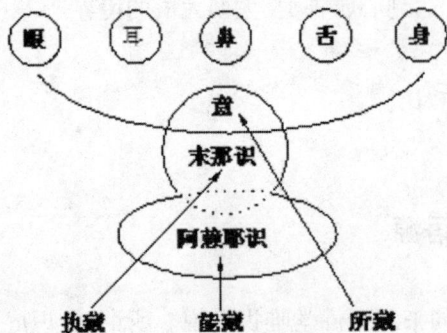

图15-4　佛学"八识图"

"八个兄弟共一胎"，指八识心王，是能攀缘、感知外境的精神主体。"一个伶俐一个呆"。一个伶俐，指第七末那识。伶俐是说我见很重。认为我永远是对的，由此产生了人我执、法我执，产生了我见、人见、众生见、寿相见。一个呆，指第八阿赖耶识。只管接受，不管你什么种子统统接受，但是没有审查分别的能力。"五个门前做买卖"。指前五识，即眼识、耳识、鼻识、舌识、身识。它们与第六识(又称"五俱意识")结合在一起，好像做买卖一样。好的就买进来，不好的就踢出去。对于顺境起贪爱，对于逆境起排斥。生起贪爱好像买进来，排斥就好像卖出去。"一个在家把账开"：就是指第六意识。它的作用非常强，分别的能力非常强，好像会计做账一样，非常精细、准确。①

佛学认为，受环境作用和影响，"了别"之识是杂染知见，要转八识成四清净智，即转前五识为成所作智，第六意识为妙观察智，第七末那识为平等性智，第八阿赖耶识为大圆镜智。由此可见，佛教认识论的核心问题是"转识成智"，而关键是净除迷染，恢复自性清净心。佛家的戒、定、慧三学都是围绕上述问题展开的(关于"三学"内容请见第十七章)。

---

① http://blog.sina.com.cn/s/blog_bdc265bc0102vhux.html.

这说明,佛教认识的真正对象,不是客观事物,而是认识主体自身,即心灵。故佛学又称"内学"。这种认识主要通过主体自身不断反省,将亲身感受和理性推导结合起来,一层一层对意识现象进行反思,寻求其背后的根源,由此形成意识现象以下的末那识(意识现象之根)阿赖耶识(藏根之处)。这种反思亲证是相当深刻的,已进入潜意识和无意识层次,古人能达到这样微妙不可言的境界,足令人惊叹不已。在这样深微精妙的层次上,很自然是"只可意会,难以言传"的,这正是佛学"不可说""不可思议"之处。

(二)"转识成智"现代新解

哲学自其诞生之时起,便与智慧结下了不解之缘。以佛学"转识成智"为切入点,中国传统哲学对智慧学说进行了长期的探讨。儒家王船山《相宗络索》对"转识成智"论析,是近代研究的代表。自20世纪40年代开始,哲学家冯契(1915—1995)既沐浴了西方的智慧之光,又沉潜于中国的智慧长河,深入探求知识和智慧及其相互关系,是现代的一位代表。冯契先生从早年的《智慧》到晚年的"智慧说三篇",以始于智慧又终于智慧的长期沉思,为中国当代"转识成智"学说发展做出了重大贡献。

"转识成智"学说的重要性正如冯契所说:"只有在智慧学说即关于性和天道的认识及如何转识成智的问题上,达到新的理论高度、新的哲理境界,才能会通中西,解决上述有关逻辑与方法论、自由学说与价值论这两个方面的基本理论问题。"①冯契认为:"智慧学说,即关于性和天道的认识,是最富于民族传统特色的、是民族哲学传统中最根深蒂固的东西。如果是单纯讲的知识即客观的事实记载、科学定理等,都无所谓民族特色。如果讲的是贯串于科学、道德、艺术、宗教诸文化领域中的智慧,涉及价值观念、思维方式、人生观、世界观等,归结到关于性和天道的认识,这便是最富有民族传统的特点的。"②

在冯契青年时期写作的《智慧》一文将认识分为三个层次:意见是"以我观之",知识是"以物观之",智慧则是"以道观之"。第一个层次与通常中国大陆哲学教科书说的"感性认识"密切相关,其基础是感觉、知觉、表象。根据自

① 《冯契文集》(第1卷),华东师大出版社,1996年,第34页。

② 冯契:《智慧的探索》,《学术月刊》,1995年第6期,第10页。

己的感性认识发表自己的意见,没有强制的理性约束,所以是"以我观之"。知识则不然,正确的知识需要符合事物的发展规律,因此要"以物观之",其基础是以"概念、判断、推理"为核心的理性分析方法,被称为"理性认识"。冯契先生的重要贡献,是在传统感性认识、理性认识之外,进一步提出理性与感性合一,亦感亦理的"智慧"性认识,其基础是以修养、体验、觉悟为核心的修道方法。

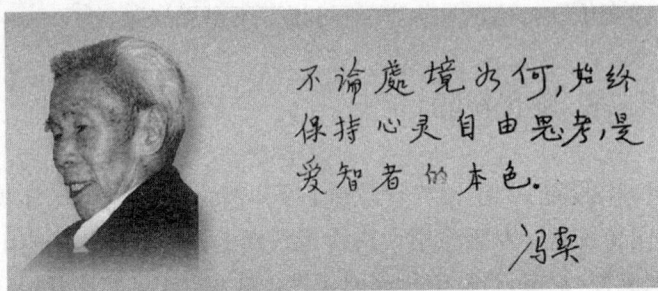

不论處境为何,始终保持心灵自由思考,是爱智者的本色。

冯契

图 15-5　冯契及语录

按照冯先生观点,转识成智的认识论基础是"广义认识论"。广义认识论包括两个飞跃:从无知到有知的飞跃,从知识到智慧的飞跃。关于第二次飞跃,亦即从知识向智慧的飞跃来看,按照冯契的理解,认识虽然发端于感性,但又不停留于感性;不仅不停留于感性,也不停留和局限于知识经验的领域,而是同时指向超名言之域的性与天道的智慧学说。这一过程可用图15-6简示。

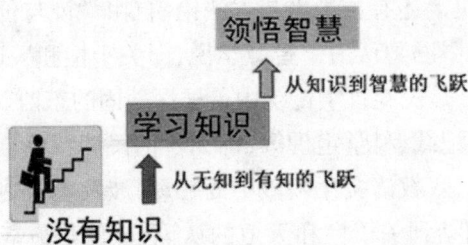

领悟智慧

从知识到智慧的飞跃

学习知识

从无知到有知的飞跃

没有知识

图 15-6　广义认识过程的两次飞跃

知识和智慧都是以理论思维的形式来把握世界的,因此确有相通之处。但是,冯契认为,知识注重的是彼此有分别的领域(如某个历史过程、某个运动形态等),作为其表达形式的命题之真总是有条件、有限和相对的,而人类的思维不仅要分真假、是非,还要求"穷通",即穷究第一因和会通天人,把握无条件、无限和绝对的东西,即无不通也、无不由也的道(首先是世界的统一原理与发展原理)和贯通天人的自由德性。因此,哲学的智慧又可具体理解为"关于宇宙人生的总见解,即关于性与天道的认识"①,它以认识天道和培养德性为目标。

由此可见,知识和智慧虽同为人类的认识,但二者确实存在分别,不过,虽存在分别,但人类思维求"穷通"的本性又要求从重分析和抽象的知识进到综合和把握整体的智慧,以求达到物我两忘、天人合一的境界。于是,由知识向智慧的转化就包含着一种飞跃,而这一"转识成智"的飞跃就是理性的直觉。②

(三)"转识成智"的意会认识方法

冯契用"理性直觉"来表达"转识成智"的认识方法。理性的直觉并不神秘。艺术家运用想象力把形象结合成有机整体,以创造意境,往往出于"妙悟";科学研究中不乏灵感不期而至、豁然贯通而有所发现的事例,都是理性的直觉的表现。道德实践、宗教经验中也存在着这类体验。"理性直觉"与意会认识、负的方法等密切相关。

对于"智慧"的认识,有"只可意会,不可言传"的特点,有的读者可能觉得难以理解。其实,我们对许多事物的切身感受,常常是难以用语言表达出来的。例如,我们游览黄山,可以真切感受黄山的雄浑、壮美,但是亲临黄山的美妙境界,很难用语言确切表达出来。没有到过黄山的人,也很难通过别人的转述,体会到黄山之美。又如,我们记忆中有很多熟人,只要见面,就能认出来,但这些人的面孔很难用语言一一表达出来。这说明,人类普遍存在一种不可言传的意会认识能力,它和言传认识能力一起,构成了人的两种基本认识能力。换句话说,人类的认识,是由言传和意会两种认识构成的。我们平常的学习,比较重视以书本为基础的言传认识,较为忽视以实践为基础的意会认识。大家对后者不大熟悉,是我们教育中两种认识能力发展失衡造成的。古人称言传知识为"小知",意会知识为"大知"。图15-7表示"小知"(言传知识)和"大知"(意会知识)的关系,也可以说是"显性知识"和"隐性知识"的关系。

第十五章

---

① 冯契:《智慧的探索》,华东师大出版社,1994年,第642页。

② 丁祯彦等:《略论冯契对"转识成智"问题的探讨》,《华东师范大学学报》(哲社版),1996年第2期,第23页。

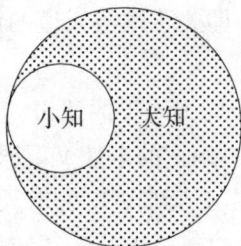

图 15-7 "小知"和"大知"的关系图

老子说："为学日益,为道日损"。"为学"就是学习言传的书本知识,艺不压身,可以说越学越多。这方面同学们会深有体会,从小学到中学,大家越学知识越丰富,这是一个知识不断增加的过程。与此相反,"为道",即修道,是一个言传知识不断减损的过程。换句话说,修道是在应用的实践中把知识融贯为一,原来分散零散的知识,一旦融为一个整体,就会成为我们身心的一部分,不用再一一背记,言传的知识不断减少,最后达到物我两忘,自由发挥,"从心所欲,不逾矩"的境界。

"为学"与"为道"构成了一个完整的学习过程。譬如学游泳,我们学习游泳教材,听别人讲游泳要诀,都是"为学"的过程,游泳知识越学越多,这是"为学日益";但这些知识并不是游泳之道,要真正学会游泳,必须亲自下水实践,通过多次练习,将知识融会贯通,变成实践本领,游泳自如,获得"人水合一"的感受,就是"为道"的过程,这个过程中需要记忆的游泳知识逐渐减少,这是"为道日损"。

为了更形象说明这一点,先讲一个"烘云托月"的方法。烘,渲染;托,衬托。"烘云托月"原指中国画的一种画法。画家欲画月,不直接去画,却以淡墨浅濡去染云,并在云彩中留出一个浑圆或弦弓的空白来,由此,在云彩的映衬下,以空白处为基底的或圆或缺的月亮便呈现出来。没有刻意画月,月亮却赫然展现,这就是"烘云托月"的神韵。冯友兰先生把"烘云托月"运用到中国哲学中来,用"烘云"表示"可以言说的东西","托月"衬托出"只可意会的东西"。巧妙化解了"言"和"意"的矛盾。冯友兰称直接用语言表达的方法为"正的方法",用"烘云托月"表达的方法为"负的方法"。

在人的认识过程中,言传认识(正的方法)与意会认识(负的方法)像阴阳互补一样,构成了人类认识的完整过程。它们在认识中有同等重要的地位,缺一不可。我们不能厚此薄彼,只喜欢其中一种。一方面,对专业学习来说,言传知识是学习的基础,只有把知识学扎实,才能在实践中将知识融会贯通，达到道的境界。从这一点上说，我们不能忽视书本知识，另一方面，我们也不能局限在书本原理的记诵或作业的完成，要有更高的将知识"一以贯之"的境界追求，以达到"转识成智'的飞跃。

三、道的内涵与修养

有一则禅宗故事耐人品味：唐代赵州有位从谂禅师，向他求教佛道禅机的人很多。有一天，从谂禅师问新到的僧人："以前到过这里吗？"僧人答："到过。"禅师对他说："吃茶去！"又问另一个僧人，回答是"不曾到过"。禅师依然对他说："吃茶去！"事后院主不解地问："为什么到过也吃茶去，不曾到过也吃茶去？"禅师便大声叫道："院主！"院主应声而答，禅师说："吃茶去！"

从谂禅师三次大唱"吃茶去！"读者若问这是什么意思？笔者代答，仍是"吃茶去！"因为在品茶的实践中，我们才能领悟到妙不可言的复杂感受，领悟茶道的真谛。从"茶"使笔者联想到"创造"，读者在创造中品味到从苦涩到甘甜的一波三折了吗？若回答什么是创造之道，我们也可答："创造去！"前面，我们已经谈到冯契"智慧"的"以道观之"，这里我们再次引入了中华传统文化一个关键范畴——道。

道，是整个中国文化的最高追求。著名中国哲学家金岳霖指出："中国思想中最崇高的概念似乎是道。所谓行道、修道、得道，都是以道为最终的目标。思想与感情两方面的最基本的原动力似乎也是道。"①

（一）道不可言说

《老子》一书开篇就说："道，可道，非常道。"意思是说，道在本质上不能用语言表达，可以说得出来的，不是真正的道。道不可说，这是道的最大特点，也是学习道的最大难点。我们前面说的中华文化第一义，正是这个"道"。因此，第一义也是不可说的。文益禅师《语录》云："问：'如何是第一义？'师云：'我向尔道，是第二义。'"也就是说，第一义按其本性是不可说的，只要一张口，就已经是第二义了。所以老子说："知者不言，言者不知"（《老子·五十六章》），懂道的人不说，说道的人不懂。

---

① 金岳霖:《论道》,商务印书馆,1987年,第16页。

图 15-8　春在枝头已十分（李可染画）

历史上有一个很有趣的故事。五代时期有一位名叫冯道的人，官至宰相，名望很高。一次，其门客讲《老子》，冯道也到场听讲。《老子》一书开篇第一句话就有三个道字，而冯道的名字中就有"道"字，作为门客，不能直呼主人的名字，那《老子》如何讲下去呢？门客急中生智，用"不敢说"代替"道"字。于是把《老子》一书开篇读成了"不敢说，可不敢说，非常不敢说。"引得满场听众哄堂大笑。笑后品味，门客的替代词十分贴切，说出了"道"的本质特点。

这乍看起来真不可思议：如果懂道的人都闭口不言，说道的人又都不懂道，那么，道如何学习，又如何代代流传？所以，当触及"上达"层次，孔子表示不准备说什么了，子贡着急地说，老师您若不说话，我们怎么学、怎么传述呢？孔子一指天说："天何言哉？四时行焉，百物生焉，天何言哉？"（《论语·阳货》）孔子以天喻道说明在天地实践中，道已存在其中，没有必要再用言语述说了。孔子指明了要在天地人生中求道悟道。

（二）道不远人

宋代一位尼姑写了一首《悟道诗》，颇有深意。诗云：

尽日寻春不见春，芒鞋踏遍陇头云；
归来笑拈梅花嗅，春在枝头已十分。

在诗中，她以春喻道，为寻春的踪迹，踏破芒鞋，入岭穿云，却不知道春在哪里？但是在归来后笑拈梅花，轻嗅香气的瞬间，忽然感悟到春在枝头，早已十分烂漫了。作者心头，顿时春意盎然。为此，《历朝名媛词》在评此诗时说："诗有悠然自得之趣，此尼直已悟道，不特诗句之佳也。"

　　这首诗表达了一个重要的思想即道不远人，道就在我们身边，道就在我们心头。道虽然不能言说，但是可以在实践中、在现实生活中感悟、体验，其真知妙义，只有亲身经历才能明了。譬如练习骑自行车，其中也有"道"。无论会骑车的人怎样讲解骑车之"道"，初练的人上车总是要摔跤。原来，把握车子平衡的方法，是无法言传的，只有经过多次实践，学车的人才能掌握要领，骑行自如。小小的骑车之"道"，不也是"只可意会，不可言传"吗？孙中山先生曾有"知难行易"的著名观点，借用在这里，我们可以说，"道"也是"知难行易"，即用逻辑思维、概念分析，把"道"解释清楚是非常困难的，甚至释言一出，就已经远离道的真义了。但是在道的实践中容易体会，只要在现实生活中有心寻道，道就会出现在我们的身边，就会涌上我们的心头。

　　本篇各章末节收录了各位作者求道的体会，这些寻道例子来自所见所闻，来自亲身经历，来自真情实感，有浓郁的现实生活气息。以此为中介，很自然拉近了我们和古代文化大师的心理距离，古文不再是我们理解的障碍。这么多人从各个角度寻道，可谓五花八门、各有千秋，别有风趣。当然，水平有限，寻道的路不见得都正确，肯定存在缺点和失误之处，我们不是追求完美无缺，而是意在抛砖引玉，希望每位读者也加入寻道、修道、体道的队伍，寄来你的悟道例子和体会，共悟中国文化大道。

（三）什么是道

　　说到这里，我们还有一个根本的要义需要明了：究竟什么是"道"？如何在实践中亲近和体验"道"？要真正理解中华文化，必须首先明确"道"的含义和修道的方法。

　　什么是"道"？"道"在汉语中有非常丰富的含义。其原初含义是"路"。如，宽阔的路叫"大道"，狭窄的路叫"小道"；一直往前的叫"直道"，拐弯抹角的是"弯道"；古代有暗渡陈仓的"栈道"，现代有跨越两山之间的"索道"；船舶航行的叫"航道"，火车行驶的叫"铁道"。

　　"道"还应用于形容人的品德。秉公执法是"公道"，扶危济困是"仁道"，遵章守纪是"正道"，人品高尚是"厚道"，见义勇为是"人道"，尊敬老人是"孝道",诲人解惑是"师道"。

"道"进一步用来表示事物的规律与方法。物理学讲物质运动之道,化学讲分子变化之道,生物学讲生命生长之道,教育学讲教书育人之道,经济学讲经济发展之道,军事学讲统兵打仗之道。

以上"道"的三个层次,可以分别称为"道路""道德""道理",其层次由具体到抽象,由有形到无形,逐层升高。我们要探讨的中华文化之道,虽与上述三个层次都有联系,但并非这三个层次所能包括,而是追求更高层次的道。这一最高层次的"道",可以称为道"境",即求道人所达到的一种极高境界。

这样,我们就得到了由低到高"道"的四个主要层次。在最底层次上,是道路的意思,是有形可见的东西,不是中华文化追求的目标,属有形的范围。除最底层外,其他三个层次都属无形(形而上)范围。《易传·系辞上》云:"形而上者谓之道",本书探讨的是属于"形而上"的三个层次。其中"德"离社会实践较近,现实感很强,其核心表现是善;"理"较抽象,较难直观把握,其核心表现是真;"境"是最高层次,是指在"德"和"理"的基础上达到的一种更高的精神状态,是真善美的统一,其核心表现是美。这是一种物我两忘、天人一体的境界。参见图15-9。

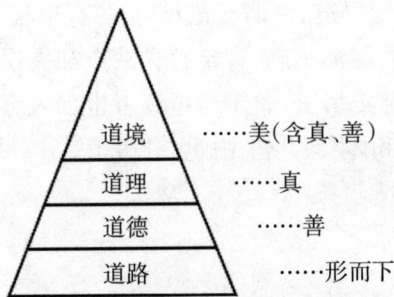

图15-9　道含义的主要层次

什么是"道"? 经过多年研究和实践体验,我们对境界之道作如下界定:

道,是通过对事物的整体领悟,而在实践上达到的境界。①

道是一个无法分析、无法言传的整体,古人称之为"一"。当然,道的整体境界虽然难以用语言表达,但是可以在实践中、在现实生活中感悟、体验,其

---

① 刘仲林:《中国文化综合与创新》,天津社会科学院出版社,2000年,第75页。

真知妙义,只有亲身经历才能明了。

中华文化追求的"道",不是骑车、打球,学习、工作等的小道,而是对天地人生大彻大悟的"大道"。对这一大道,我们的界定是:

> 大道,是通过对天人(宇宙人生)的整体领悟,而在实践上达到的境界。

四书之一,《大学》开宗明义第一句话就说:"大学之道,在明明德,在亲民,在止于至善。"说明"大学之道"是以修人生大道为宗旨,以"彰显人的光明德性、造就心灵高尚的新人、达到最高善的境界"为要义。

小道、大道,二者虽有大小不同,但在认识本质上是相通的。"小道"遍及生活、学习、工作的各个领域,触之容易,体之亲切,而"大道"涉及天人合一的大境界,包罗万象,对初学者难度颇大,所以古人常用"小道"喻"大道",引领学者进入体道之门。最精彩的喻道经典是《庄子》,上面寓言、神话、典故、逸事、小说、故事比比皆是。庄子的全部文学手法都指向一个目标——由体会"小道"入门。进而领悟天人"大道"。

著名语言学家王力先生称自己做学问是"龙虫并雕",认为一个人应当"雕龙"大事与"雕虫"小事并做,不能轻视"雕虫小技"。据此,他称自己的书房为《龙虫并雕斋》,为自己的文集起名《龙虫并雕斋文集》。这启示我们,一个人修道,也应小道、大道兼修,小道是悟大道的基础,是走向大道的起步点,大道是修行的最高目标,不应忽视对日常生活中小道的觉悟。借用王力先生的观点,我们也可以说,悟道也要"龙虫并雕",由小及大。笔者在中国科学技术大学、天津师范大学、澳门科技大学、沈阳育才外国语学校等授课过程中坚持请学生结合日常生活、学习谈悟道,近20年来,已经有逾万名同学写出亲证体会,结集出版《亲证中国哲学大智慧》一书。[①]表15-1为430名硕士研究生结合生活、学习写的悟道体会主题分类,其中括号内的数字是选写此类主题的人数。

第
十
五
章

---

① 刘仲林主编:《亲证中国哲学大智慧》,中国科学技术大学出版社,2009年。

表 15-1　中国科大 430 名硕士研究生悟道体会主题分类

1生活(36)	14做饭(10)	27音乐(5)	40摄影(3)	53口琴(2)	66洗碗(1)
2编程(20)	15琴类(10)	28书法(5)	41文化(3)	54文学(2)	67吹小号(1)
3喝茶(20)	16爱情(10)	29工作(4)	42网球(3)	55游戏(2)	68筷子(1)
4学习(16)	17亲情(10)	30驾驶车辆(4)	43旅游(3)	56射击(2)	69牧羊(1)
5游泳(16)	18打牌(9)	31数学(4)	44长跑(2)	57军棋(2)	70板书(1)
6羽毛球(14)	19实验(8)	32环保(4)	45物理(2)	58反思型(2)	71养鸽子(1)
7排球(13)	20高考(8)	33围棋(4)	46论文(2)	59修身(2)	72种田(1)
8乒乓球(13)	21织毛线(8)	34考研(4)	47政治(2)	60钓鱼(2)	73制电路(1)
9篮球(13)	22教学(7)	35公德(4)	48认路(2)	61武术(2)	74溜冰(1)
10画画(12)	23健康(6)	36骑自行车(4)	49投篮(2)	62社会(2)	75照顾小孩(1)
11瑜珈(12)	24绣花(5)	37太极(4)	50处事(2)	63动漫(1)	76飞行器设计(1)
12足球(12)	25医学(5)	38机械设计(3)	51交谊舞(2)	64制革(1)	77综合感悟(6)
13教育(10)	26科研(5)	39棋类(3)	52学打字(2)	65赶车(1)	总计:430

(四)修道要领

中国文化中的道,含义多种多样,定义五花八门,写一部上百万字的专著,难以把道解释清楚。可是,道的本质并不复杂,实际是由人对事物的整体领悟,而达到的一种物我两忘、美不胜言的境界。在这个境界中,人感到自己透悟到天地之根、万物之源,人生之本,而欣欣鼓舞、踌躇满志,但是一用语言表达,则必然漏洞叠出、词不达意。因为这一境界是一个无法分析、无法言传的"一",所以老子说:"圣人抱一为天下式"(《老子·二十二章》),孔子说:"吾道一以贯之"(《论语·里仁》)。

宋代诗人杨万里说:"万顷湖光一片春,何须割破损天真。"对于整一而不可言传的道,我们不应强求将它剖析解构,说三道四,而不妨将道看作一个整体,通过心灵沟通的意会认知方式,直接传递给读者,形成境界与境界的互感,心与心的交流。境界交流也需要语言工具帮助,但是其志向,不是解析道,而是领悟道。

读者要悟到中华文化之道的真谛,有三点值得注意:

(1)庄子说:"天地有大美而不言,四时有明法而不议,万物有成理而不说。圣人者,原天地之美而达万物之理,是故圣人无为,大圣不作,观于天地之谓也。"(《庄子·知北游》)古之圣人,通过仰观天文,俯察地理,将个人融入天地之中,感悟到天地之大美,并通过原天地之大美,而达万物之理。正是因为"与天地准,故能弥纶天地之道"(《周易·系辞传上》)即以天地为准则,所以能够将天地间的一切道理,圆满地包容在内。这启示我们,修道之人,首先要有观天察地的大视野,摒弃个人恩怨荣辱,抛掉个人小知窄见,将身心融化在蓝天白云、山川河流之中,体验天地之大美,品味宇宙的无言之言。

(2)大珠慧海禅师:"青青翠竹,尽是法身;郁郁黄花,无非般若。"这里,提出了翠竹黄花皆是道的思想。道并不神秘,就在我们身边,就在凡人小事之中。无论是在山清水秀的乡村,还是在车水马龙的城市;无论是在万籁俱寂的黑夜,还是喧哗热闹的白昼;无论是在工作学习之中,还是在餐饮娱乐之刻;无论是在挫折困苦之际,还是在胜利欢庆之间,天天时时处处,都是悟道的最佳时机。常常有心求道,道久久不来;无心求道,道却悠然而至。道像一个顽皮的儿童,喜欢和求道的人捉迷藏,匿影藏形在大自然以及社会生活的各个角落,看我们能不能感悟发现。

(3)孟子说:"君子深造之以道,欲其自得之也。自得之,则居之安,居之安,则资之深,资之深,则取之左右逢其原。故君子欲其自得之也。"(《孟子·离娄下》)意思是君子要达到精深的境界靠正确的方法,这就是要做到自己有所体会。"自得于己,则所以处之者安固而不摇。处之安固,则所籍者深远而无尽。"(朱熹:《四书章句》)修道,关键要靠自己的觉悟,没有自觉自悟,纵使读书千万卷,也无法感受到真正的道。古人云"迷疑千卷犹嫌少,悟了一言尚太多"(善昭:《迷悟同源》),说的就是这个道理。

把以上意思总起来说就是:观天地,察身物,悟己心,体大一,可谓古今修道之通法。

三、实践亲证事例

中国文化的最高追求是"道",而道是一种境界,只有通过身临其境的实践体验,才能感悟到。所以僧肇说:"玄道在于妙悟,妙悟在于即真。"(《肇论》)领会道的关键在于"妙悟",而妙悟来源于实践中的真实感受。

笔者在多年创造学和中国文化的教学中,鼓励并要求学员认真地写下各自的当下感受,形成一篇篇很有个性和特色的短文。它们或情真意切,或意味深长,或行云流水,或酣畅淋漓,生动记录下悟道过程中的真实体验,内容亲切感人,富有启发性。在本篇的各章中,我们将在每章留出一节,选编一

第十五章

些学员写的感悟短文,并在每篇短文后附三言两语的点评,供读者参考。

感悟短文的作者来自各行各业,其中以大学生和研究生为主。这些作者不是作家,文字水平或许不高,但内容朴实真挚,为心意自然流露,因而显得珍贵。愿更多的读者参与其中,写下自己的感悟,更欢迎寄来交流。

例一:筷子之道

图 15-10　筷子

那日去哥家吃饭,小侄女三岁,已经能用勺子吃饭,也许大家用筷子夹东西如此自如吸引了她,她也拿起一双筷子,吵着闹着要用,于是一家人就围着小侄女学用筷子忙了起来。各人有各人的说法,折腾了半天,小侄女才能生硬地夹出一片萝卜,姿势与奇丑无比也差不了多少。她手心朝下,食指和小指翘起,两根筷子并在一起,夹起来后,她似乎把全部注意力都集中在那片萝卜上,身子弯着,头前伸,双眼直勾勾地盯着那片萝卜,夹到碗里后,她似乎松了一口气,我们也都欣慰地笑了。

小侄女这样的学法也算是不小的进步,至少她用手指发力去用筷子,相信我们当中会有人跟她一样,初学时用手攥住筷子,用手掌发力去使用。虽然我们初学的方式千差万别,但现在用起来基本上都是得心应手,这当中所经历的我们大都已经忘记,我在这里只想提一些我对用筷子的观察。从力学角度来讲,筷子就是一个省力而费距离的杠杆。支点大都在中部以上不太高的位置,太高了,夹菜的力道就要大一些;太低了,夹体积稍大的菜就不那么容易。所以我们用筷子差不多都有一个最佳高度,这一点在我们拿起筷子时就不自觉地找准了。还有一点就是我们使用筷子的力度,夹青菜就不像夹鸡腿那么用力,夹豆腐也不能像夹青菜那么用力,夹毛豆更有意思,夹太轻了容易滑落,夹重了容易失稳。当然用筷子还有许多其他的奥妙,比如吃米饭和吃面条就会有不同的用法。使用筷子时基本上是五指齐上场,大脑也要判断是否要用力,是否要改变用法,看来这是一个全身整体的协调运动。但以上所有东西在我们使用筷子时都自然地注意到,这些都是我们吃多年干饭磨炼出来的,现在的筷子已经成为我们身体的延伸部分。

从初学时的无法驾驭筷子到现在的驾轻就熟,是我们在每次吃饭中慢慢悟得的。但是至于手持筷子的具体位置,使用筷子的力道轻重,又是无法准确界定的,我们只能说恰到好处就行,但这些"好处"都只存在于每个人的心中,可又好像根本无需这样的概念。这种似有似无的东西也许就是用筷子之道,它确实存在,但又难以言表,我就在此借用"只可意会,不可言传"这句名言吧。无怪乎教我侄女用筷子大家各执一辞,大家说的其实都是正确的,但肯定又都是不全面的,其实教人用筷子根本就是不需要的,也教不好,让她自己练也自然会用。

生活中有太多"只可意会不可言传"的东西。初学骑自行车时车骑我们,熟练了车轮就是我们的腿,教学车的人说得再清楚,我们也还是要自己骑上去找平衡的感觉;乒乓球是国球,教练指导运动员也只限于说说"力量,速度,旋转,落点",但它们之间如何结合才能产生威力只能由国手们自己领悟;再比如我们说"孝",孝敬父母从来就没有定式,至于怎样才算孝各人心中自有尺度,但我们说不出个所以然;我想到中国文化,孔子提倡"仁义礼智信",翻遍《论语》我们也找不到他们的准确定义;老子在阐述"道"时,开门见山谓之:"道可道,非常道";佛家强调悟性,这"悟"当然是要意会;这些圣人先哲所追求的最高境界用一个"道"字概括最恰当不过,然而"道"究竟是什么谁也界定不了,只能用烘云托月的方法让你感觉"道"的存在。

由筷子之"道"我们引出如此"微言大义"的道理,筷子文化敝人认为也不失为中国文化的一个缩影,中国文化的博大精深在此也可见一斑。外国人眼中的繁文缛节其实包含着如此深邃的文化道理,难怪小布什就是很难学会用筷子。

(作者:王东中,中国科学技术大学力学和机械工程系硕士研究生)

〔点评〕作者对用筷之道,感悟颇深。从初学者的追求用筷子的力度和高度等等有形的东西,到熟练以后不再强调单个方面的力度,而是对用筷子有了整体上的把握,领悟到了用筷之道。由此作者想到骑车,同样也是一个道理。从刚开始注重细节,到最后的忽略细节,能够从整体上对所认识的事物有更深的感受,这就是生活中的道。无论是用筷、游泳,还是骑车,都有它本身的规则,这就是道。(石仿)

第十五章

　　例二:人间处处皆含道

　　在中国的传统文化中,道是一个模糊而又很神秘的概念,也是各个流派广为推崇并为之不断追求的最高境界。我一直都认为那是一个可望而不可及的境界。在学了中国传统文化这门课后,老师对于道的阐释和同学发言中所举的生动事例,使我领悟到了原来道就存在于身边的一事一物之中。只要细心体察,凡人也是可以悟道的,下面就谈一下我的体会。

　　以前我对于书法的理解是很片面的,以为一个顶尖的书法家便是能把字写得很工整,再有那么一点神采就够了。后来我在听一些书法讲座时,发现王羲之的《兰亭序》竟然如此潦草,而那解说员还津津有味地评价它是如何传神,如何把作者当时的心情表达得淋漓尽致。我这才体会到书法不同于照相、印刷,它是一门艺术,再后来看到一些书法家挥毫泼墨时整个身体都在跟着笔运动,随着笔锋的抑扬顿挫而进退自如,便开始明白他们已经达到了一种"入道"的状态,决不是刻意而为,他们的身心已经与那支笔合二为一了,书法已经成为他们的思维方式和情感表达方式,已经内化为一种身体语言,他们的喜怒哀乐,都可以从笔尖上流露出来,这种境界,对于书法家来说也许可以称之为道吧。

图 15-11　泼墨龙(刘石刚画)

　　其实不光是书法,举凡绘画、下棋、弹琴,又有哪一样不含有道呢? 比如绘画,一个人若被拍出照片来还是那个人,但到了漫画家笔下,那么他的神态、性格甚至内在气质,就会跃然纸上,呼之欲出。这决不是一张平面的相片所能做到的,漫画家之所以能做到,就在于他作画时已深入到那人的内心世界,因此才能站在道的高度,将他对人物的洞察用漫画表达出来。再比如弹钢琴,那些大演奏家向来都是眯着眼睛、甩着头,除了偶尔瞥一眼指挥棒外,他们似乎从不看键盘,而手指依然能准确无误地、灵巧地奏出串串美妙的音符。这是一种什么功夫? 简单地说这是熟能生巧,但巧的具体所指又是什么呢？就是他们已入道，已达到物我合一的境界，已经抛开了找准琴键的束缚，可以凭感觉来演奏，可以用心灵去体会，人与琴的合谐，达到一种极致，这对于演奏家来说，也是一种道。

　　当然，看别人体会道，终究不如自身的体会来得深刻，我现在就谈谈自己的体验吧。以前读中学时，我向来都是步行，到天津后深知学会骑车已是一种生存技能，于是就决定春假时学会车。第一天我叫了宿舍里的两个女生帮忙，她们一前一后地把住车，我坐在上面踩着踏板，居然能前进几步，但她们一松手我就发慌，而且我还不能自己骑上去。尽管她们拼命告诉我各种要诀，诸如车把扶正啦，身体坐直啦，两脚使劲蹬啦，但我一操作起来还是不行。于是她们说："算了算了，你自个骑吧，别人说也没用，只有自己试。"我也只好独立作战，没想到只用了一下午，我就把它给驯服了，能够顺利地上车，也能够自如地驱车前进了。虽然龙头（车把）时不时扭来扭去，虽然拐弯时还不那么随心所欲，但我已经找到那种平衡的感觉了，已经体会到那种"车人合一"的快乐了。以后随着骑车上街的次数增多，我已逐渐把骑车视同步行一样，作为我基本的运动方式之一，我已经感悟到一点骑车之道了。人类认识世界、改造世界的方式是多种多样的，但我以为，这"悟"实在是一种最聪明最富有智慧的方式。

（作者：柯玉蓉，天津师范大学历史系大学生）

第十五章

　　〔点评〕管子曾说："道满天下，普在民所，民不能知也。"（《管子·内业》）意思是说，道无处不在，人人皆有道，处处皆有道，但人们却很少知之。柯玉蓉同学"人间处处皆含道"一文写得很精彩，既有对别人的仔细观察，又有自己切身体会，有力说明了道无处不在的事实，打破了管子"民不能知也"的断言。一位当时二年级的大学生，能写下如此丰富的对道的体会，是很难得的。这说明，悟道不在年高，也不在学长，而在心动。

第十六章　明明德与法自然

大学之道，在明明德，
在亲民，在止于至善。
——《大学》

在《孟子》一书中，有这样一段对话：

　　一位齐国人问孟子："男人和女人不亲手递接东西，这是礼规吗？"孟子说："是礼规。"齐人问："嫂嫂掉到水里了，那是否可以用手拉她？"孟子说："嫂嫂落水不拉，这是豺狼。男女不亲手接东西，是礼规；嫂嫂落水用手去拉，是应变。"齐人又问："现在全天下都掉到水里，您不去拉一把，是为什么呢？"孟子说："天下掉到水里，要用'道'去拉；嫂嫂掉在水里，才用手去拉。你要我用手去挽救天下吗？"（原文见《孟子·离娄上》）

图 16-1　故事成语"嫂溺叔援"

这个故事中有两点富有启发性：一是儒家高度重视的"礼"，其具体内容，由于场合的不同、时代的不同，是可以改变的，不能教条僵化地理解。这启示我们："礼"只是道德的外在规范，有什么样的道德观，就有什么样的礼。在创造为主旋律的时代，应有创造的道德观，因而也应有符合创造需要的"礼"。我们不仅不应再坚持"男女授受不亲"的旧礼，而且应建设赞育创造实践的新礼。二是"天下溺,援之以道"的思想也很深刻:用手只能援助一人,而用道可以援助天下之人。以现实中的例子说,面对一个穷困或失业的人,我们至少有三种方法援助他:①或是援之以钱物,救其一时困难;②或是援之以创造技法或致富经验,较大地改变其困难处境;③或是援之以"道",即提高其创造自觉和创造实践境界,彻底改变其人生。

本章主题与儒家思想(明明德)与道家思想(法自然)有较密切的关系。先说儒家。《说文》云:"儒,柔也,术士之称。"一般而言,术士就是精通"六艺"的人,六艺即礼、乐、射、御、书、数六个领域。其中"柔"的含义需仔细辨别一下。儒的意义训柔,并非柔弱迁缓,而是"安"、是"和"。儒家的主要思想在修己安人,致中和,以达到道的境界。

儒家的追求,特别是对"仁义"和"中和"的追求,对创造的理论和实践有什么价值和意义呢? 这就是本章关注的中心议题。若拘泥于旧的儒家观念,就"仁义"谈仁义,就"中和"谈中和,我们就会发现,它们与创造的关系联系很少,甚至对创造是阻碍或压抑的。但是,当我们从"道"的高度,重新审视"仁义"和"中和"问题时,就会发现一个前所未有的新的思想空间,这时的"仁义"和"中和",都和"大学之道"密切联系在一起,形成"天命之谓性,率性之谓道"的宏大宇宙人生观。这一做法,并非笔者发明,而是儒家经典中的《大学》《中庸》就是这样做的。《大学》《中庸》从道的高度建构儒家思想体系,显然是符合孔孟基本思想的,因而被列为四书的头二书。不过,他们的建构也有缺点,就是没有抓住人的最高本质或本性,因而未能突破儒家思想的局限。下面,我们在介绍儒家基本思想后,将从人的最高本质和本性出发,做一新的探索。

一、儒家之道境界修养

(一)图解儒家修道层次

孔子称其学问为"下学而上达"之学,何谓"下学",何谓"上达"?

孔子说:"志于道,据于德,依于仁,游于艺。"(《论语·述而》)意思是:志向在道,根据在德,依靠在仁,游学在六艺(礼、乐、射、御、书、数)之中。这里指出了修道的四层意思,即道、德、仁、艺,其中"道"的层次最高,是志向想往

第十六章

的终级目标，"德"仅次于道，朱熹注云："据者，执守之意。德，则行道而有所得于心者也。"（《四书章句》）"道"和"德"都属于"上达"的层次。第三层是"仁"，孔子强调要时刻依从着"仁"。"仁"是下学上达的中介处，其一半属"上达"，一半属"下学"。就"仁"的具体表现来说，它有孝、悌、忠、恕、恭、宽、信、敏、惠等意，这是可见可闻的，属"下学"的部分；"仁"的本质及其深层含义，则难说难言，这是靠近德、道层次，可称为仁之德、仁之道，这是"仁"的"上达"部分。《论语·子罕》说："子罕言利与命与仁"，意思是孔子很少谈利、命、仁的问题。这里说很少谈"仁"，主要是指孔子很少谈"仁"的"上达"部分，因为这部分和天命一样，难以用语言表达。第四层是"艺"，即古时的礼、乐、射、御、书、数六大学习门类，用今天的话来说，就是自然科学、社会科学、技术科学、文学艺术各类学科，这都属于"下学"的层次。孔子认为，"下学"是需要的，但"下学"不是目的。目的是"上达"，只有修仁、体德、达道才是君子最高所求。他说："君子上达，小人下达。"（《论语·宪问》）没有求道上达志向的人，只能与小人为伍。

图16-2　孔子的下学上达修道层次

我们可用一个金字塔来表示下学上达的诸层次，如图16-2所示。"道"是孔子理想中的最高精神境界，是其毕生志向追求，但孔子这个人很务实，他觉得直接从"道"和"德"的层次传授他的学说是很困难的，因为"上达"的部分主要靠实践体会、心灵觉悟，是无法用语言直说的，于是他巧妙地选择了"仁"作为他学说的切入点，"仁"下连"艺"，上通"德""道"，位于下学上达的交汇处，是著述立说的理想起点。前已讲到，《论语》一书中"仁"字出现109次，是使用最频繁的范畴术语，孔子学说被后人称为"仁学"。孔子在仁学理论的建树，确实是划时代的。

图16-3　马一浮(1883—1967)

　　孔子"仁学"是一个严密的理论体系。著名中国哲学家马一浮指出:"从来说性德者,举一全该,则曰仁。开而为二,则为仁、知,为仁、义。开而为三,则为知、仁、勇。开而为四,则仁、义、礼、知。开而为五,则加信,而为五常。开而为六,则并知、仁、圣、义、中、和,而为六德。就其真实无妄言之,则曰至诚。就其理之至极言之,则曰至善。故一德可备万行,万行不离一德。知是仁中之有分别者,勇是仁中之有果决者,义是仁中之有断制者,礼是仁中之有节文者,信则实在之谓,圣则通达之称,中则不偏之体,和则顺应之用,皆是吾人自心本具的。"①马一浮先生以"仁"为核心,纲举目张,揭示了性德的体系结构。

　　笔者认为,孔子"仁学"内在逻辑结构大致是这样的(见图16-4):

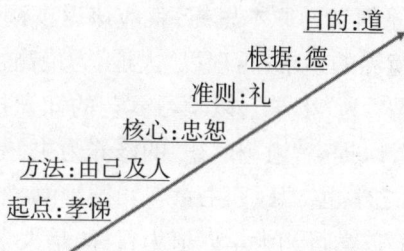

目的:道

根据:德

准则:礼

核心:忠恕

方法:由己及人

起点:孝悌

图16-4　孔子仁学内在逻辑结构

　　(1)逻辑起点:孝悌。"君子务本,本立而道生。孝弟也者,其为仁之本与。"(《论语·学而》)"仁之实,事亲是也。"(《孟子·离娄下》)

　　(2)逻辑方法:由己及人。"己所不欲,勿施于人。"(《论语·卫灵公》)"夫仁者,己欲立而立人,己欲达而达人。"(论语·雍也))

---

①　马一浮:《泰和会语·论六艺统摄于一心》。

（3）逻辑核心：忠恕。"夫子之道，忠恕而已矣。"（《论语·里仁》）朱熹注云："尽己之谓忠，推己之谓恕。""中心为忠，如心为恕。"（《四书章句》）

（4）逻辑准则：礼。"克己复礼为仁。一日克己复礼，天下归仁焉。""非礼勿视，非礼勿听，非礼勿言，非礼勿动。"（《论语·颜渊》）

（5）逻辑根据：德。"据于德。"（《论语·述而》）"主忠信，徙义，崇德也。"（《论语·颜渊》）。

（6）逻辑目的：道。"志于道。"（《论语·述而》）"百工居肆以成其事，君子学以至其道。"（《论语·子张》）

从"仁"的层次立说固有其贴近生活、贴近现实的一面，但也有其容易被局限、被误解的一面，即容易使人把"仁"作为孔子学说的终点，忽略或抹煞"仁"之上的"德""道"更高层面。孔子在世时，似乎就觉察到了这一点。子曰："莫我知也夫！"子贡曰："何为其莫知子也？"子曰："不怨天，不尤人，下学而上达。知我者其天乎！"（《论语·宪问》）这表明，当时许多人，包括大多数孔子的学生，都停留在对孔子教导的表层意思理解上，没有上达到"德""道"的高层次，孔子很失望，说只有天能理解他的"上达"真意了。

两千多年后，今人对孔子的理解仍使孔子失望：他的学说被冠以"仁学"之后，"道"和"德"的高层次追求已被忽略，在流行的语言中，"道德"已合为一个伦理学概念，和"仁"的含义已无大的区别，"德""道"的"上达"层次已荡然无存。

要真正认识儒学原创者的原本思想，就应该返本溯源，明确孔子对道、德、仁、艺不同层次和境界的追求，再现以"大道"为最高追求的孔子真精神。一般而言，古人称"下学"为"小学"，以学习六艺的知识技能为主，是入门之学；称"上达"为"大学"，以提高"道"和"德"的修养为主，是高层次之学。所以朱熹说："大学者，大人之学也。"（《四书章句》）扬雄说："大人之学也为道，小人之学也为利。"（《法言·学行》）大学以道为目标，是大学的根本特点。中西会通创造学也是一种以"上达"为最高目标的"大学"，因而也十分关注大学之道。

（二）大学之道

《大学》开篇第一句话就是："大学之道，在明明德，在亲民，在止于至善。"其中"明明德""亲民""止于至善"通常被称为儒家的"三纲"，可见这段话内容的分量。南怀瑾先生指出,不应是"三纲",而应是"四纲",开头的"大学之道"的"道"也应是"一纲",且统领后面的"三纲"。"明明德"中的两个明字,头一个明是动词,意为彰明;后一个明是形容词,形容德是一种光明正大之德。"亲民"中的"亲",按朱熹等人的解释,应是"新",即新民。"止"就是达到的意思。"至善"就是最高的善。这句话连起来的大意是:大学追求的道,在于彰明光明正大的德性,在于用这种德性去教化人民,造就一代新人,在于达到善的最高境界。

图 16-5　大学之道(引自网络)

　　理解这句话有一个关键点,即"明德"含义究竟何所指,又如何明"明德"?《大学》不仅给出了三纲领,而且给出了实践三纲领的八条目。这就是格物、致知、诚意、正心、修身、齐家、治国、平天下。八个环节,一环紧扣一环,环环相扣,而中心环节在于修身。"自天子以至于庶人,壹是皆以修身为本。"(《大学》)从天子直到平民百姓,一律都要以提高自身的道和德的修养为根本。这句话指出了中华文化的最重要特点:不论贵贱,不论职业,都要以道和德的修养为根本。这也意味着,有中华文化特色的创造学,也要以修身为本,以德和道的境界提高为要旨。创造技法的把握仅为"小学",创造境界的修养方为"大学"。《大学》特别强调了修行八条目的顺序,认为"知所先后,则近道矣"(《大学》)。这个顺序的起点是"格物",终点是"平天下"。具体说就是:"物格而后知至,知至而后意诚,意诚而后心正,心正而后身修,身修而后家齐,家齐而后国治,国治而后天下平。"(《大学》)

　　看来"格物"既是修行的起点又是关键,格物搞不好,后边就会出现一系列偏差,甚至会本末倒置、步入歧途。但恰恰在"格物"上,《大学》没有做出解释,或做出解释但原文佚失,以至注家蜂起,众说纷纭。"格物"究竟是什么意思呢? 其实,只要把准了中华文化的脉,这两个字就不难理解。所谓物,就是大自然中的万物。所谓"格",有两层相互关联的含义:一是推究。《字汇·木部》"格,穷究"。朱熹认为:"格者,极至之谓。言穷之而至其极也。"(《大学纂疏》)格物,就是追究万物道理的最极至点,这一点也是人类本性的初始点,因而有穷理尽性之义。二是感通。《字汇·木部》:"格,感通也。"说明古人理解的格物,不是科学实证之学,而是感而通之之学,是通过整体领悟,而达到的知天知人境界。

用《易传》的话来说,"格物"就是"与天地准",通过参悟万物,得天道之精髓,用以指导人道,亦即"穷理尽性"。所以《大学》说:"此谓知本,此谓知之至也。"格万物,体天道,当然是"知本",是知的极至。由此,才能把握"诚意、正心、修身"的正确方向,才能达到"齐家、治国、平天下"的社会理想。这一推理过程,来源于古人这样一种观念:"天之根本性德,即含于人之心性之中;天道与人道,实一以贯之。宇宙本根,仍人伦道德之根源;人伦道德,乃宇宙本根之流行发现。本根有道德的意义,而道德亦有宇宙的意义。人之所以异于禽兽,即在于人之心性与天相通。人是享受天之性德以为其根本性德的。"[1]

值得注意的是,儒家,特别是孟子,主张"人之初,性本善",强调的是感悟以"仁爱"的着力点的"伦理之道";如果变革为"人之初,性本创",强调感悟以"创造"为着力点的"创造之道",则读者眼前会展现一个全新的"大学之道",这一内容我们将在第十八章谈论分析。

(三)贵和持中

"和"既是中华传统文化的重要范畴,也是中西会通创造学的核心概念。本章将着重从道(境界)的高度,分两个话题,进一步深入分析。

1.和与同

在中华传统文化中,"和"有三种原始意义:一为声音相和,二为稼禾成熟,三为五味调和。《说文》云:"和,相应也,从口禾声。"《国语·周语》也有:"声音相保曰和。"故可知,声音相和是本义,后推演出二、三义,统一为和谐、成熟、圆融之义。而后,"和"引起古代学者广泛关注,进一步引申,成为一个有普遍意义的哲学范畴,如"民和""上下和""天下和""生之和"等等。

西周、春秋时代,"和"逐步演变为与"同"相对立的哲学概念,通过学者

---

[1] 《张岱年学术论著自选集》,首都师范大学出版社,1993年,第150页。

们的"和"与"同"之辩,引申出"和"的创新价值观。其中最著名的当推史伯与晏婴二人的观点。《国语·郑语》载周太史史伯之言曰:

> 夫和实生物,同则不继。以他平他谓之和,故能丰长而物归之;若以同裨同,尽乃弃矣。故先王以土与金木水火杂,以成百物。

图 16-6　周太史 史伯

这一段话相当精彩,给出了"和"的新定义,指出了"和"与"同"的本质不同。"以他平他谓之和",即不同事物或元素的聚合而得其平衡。不同事物聚合而得其平衡,故能产生出新事物,故云"和实生物";如果只是相同事物重复相和,那就还是原来事物,不可能产生新事物,故云:"同则不继"。史伯关于和的思想是非常深刻的,至今还闪耀着智慧的光辉。①应当说是中西会通创造学的一个基本思想。

孔子更是把和同之别上升到一个重大的原则高度:"君子和而不同,小人同而不和。"(《论语·子路》)把"和同"作为"君子"和"小人"分界标准。他还说:"礼之用,和为贵。"(《论语·学而》)认为"和"是礼中最有价值的内容。

"和"是宇宙万物存在的基础,或是万物存在的形式。"和实生物,同则不继",不同因素和成分相互作用,彼此组合,以一定关系相联结,才能形成万物。整个宇宙万物都是包含着不同因素、不同成分,包含着矛盾对立统一的"和"的系统。"和"具有产生新事物,并促进事物多样化、健康发展的功用,是事物丰富多彩的缘由。如五味相调而成佳肴,五音相和而成美乐,五色相配而成美景,五行相合而生万物。

"和"是衡量创造的两大标准之一。创造有两个标准:一个是"新",一个

---

① 《张岱年全集》卷4,河北人民出版社,1996年,第584页。

是"和","创造"的定义之一,就是新而和的存在。"新"是创造的启动,"和"是创造的成熟,二者缺一不可。一个成功的创造成果,必然是新而和的统一。

我们通过对中华文化"和"的了解,可以更广博更深入理解创造学中"和"的价值和意义,认识到一个新奇的设想固然很重要,但要把设想变成现实,就必须在"和"的实践上下功夫,这既包括创造成果内在要素和结构之和,也包括成果与环境、功能作用之和,否则创造就不能成功。从这个意义上说,应当是"创之用,和为贵"。

应当指出,由于小农经济、专制制度、经学文化的束缚,中国传统文化中的"和"在理论上和实践上都是不全面、不彻底的,突出表现在脱离了"创新",消极求"和",把"和"当成了维持旧秩序、旧习惯、旧传统的"修己安人"的手段,因而往往是表面上尊和,实际上是求同。结果是千篇一律、大一统的东西强制流行,"和"失去了"生新"这一灵魂,就显得苍白无力,与同合流。值得注意的是,近代以来从康有为到孙中山,从太平天国到人民公社,都有浓厚的求同的社会理想,名曰大同,其理想不能说不美好,但却无法实现,一个重要原因,就是这类理想都是重"同"轻"和",缺乏创新的内在动力,有悖于时代精神,不能不归于失败。正如康有为在《大同书》中对大同盛世的忧虑所分析的:"太平之世,农、工、商一切出于公政府,绝无竞争,性根皆平。天物以竞争而进上,不争则将苟且而退化,如中国一统之世。夫退化则为世界莫大之害,人将复愚,人既愚矣,则制作皆败而大祸随之,大同不久而复归于乱,此不可不预防也。"

《礼记》提出的"使老有所终,壮有所用,幼有所长,孤寡废疾者皆有所养",确实是个很好的理想社会境地,但这个境地的实现,不能靠大一统的同化方法,而要靠物质和精神的创新实践,要靠创新的民族,创新的社会,创新的国家。一句话,大道之行也,天下为创。我们需要的不是只有仁爱没有竞争的"大同社会",而是既有竞争又有仁爱的"大和社会"。

中西会通创造学建设,为我们重新认识和全面理解中华传统文化"和"的思想,开拓了一个新的领域和方向。

2.中和

中国古代的"贵和"思想,往往是和"尚中"之意联系在一起的,组成"中和"一词,意在使"和"上升到一个更高的思想境界。

什么是"中"?《说文》云:"中,内也。"《说文解字注》称:"中,别于外之辞,别于偏之辞,亦合宜之辞也。"简言之,"中"有中正、中心、中央等义。当然,这是从字面说的。《中庸》把"中"作为一个重要的哲学和文化范畴,将之与"道"的思想紧密联系起来,使"中"的内涵发生了质的飞跃。

　　喜怒哀乐之未发,谓之中;发而皆中节,谓之和。中也者,天下之大本也;和也者,天下之达道也。致中和,天地位焉,万物育焉。(《中庸》)

图 16-7　陈淳(1159—1223)

　　《中庸》作者首先以人的感情为例,做了一个类比。指出,人的喜怒哀乐各种情感还没有表露的时候,是不偏不倚的,叫做"中";向外表露时,没有太过和不及,自然而合宜,叫做"和"。中就是"道"的本体,而"和"是"道"的应用。达到了中和,就是把握了道的本体和应用,也就是把握了天地之大法,万物由此生生不已。宋陈淳说:"致中,即天命之性;致和,即率性之道。及天地位,万物者,则修道之教,亦在其中矣。"(《北溪大全集·中庸口义》)说的就是这个道理。

　　从创造学的角度说,创造学的最高修行,应是"致中和"。我们经过创造技法的学习、创造思维的训练,还不能说学到了创造学根本,只有"致中和",即把握了道的本体和应用,才能说达到了"从心所欲,不逾矩"的创造最高境界。

　　与"中和"密切相关的另一个概念是"中庸"。"庸"有两个基本含义:一是"用",《说文》:"庸,用也";二是"平常",《尔雅·释诂上》:"庸,常也。"如果我们把"中"定义为"道",则"庸"就是"道"的应用或通常的表现形态。因此,"中庸"和"中和"含义本质上是一致的,都是道体和道用的一个合成词。

　　"中庸"虽然表现很平常,但由于是从道的高度来表现,没有悟道,就很难把握"中庸"的尺度,所以做到这一点很难。因此孔子说:"中庸之为德也,其至矣乎,民鲜久矣!"(《论语·雍也》)中庸作为一种至德,长时间以来,了解它的人太少了!迄今,仍有许多人把中庸之道当作折中主义来理解,与中庸的本义相差太远了。当我们抽去"中庸"含义中的"道"的主心骨时,中庸就被庸俗化了,常常被看成不偏不倚的折中骑墙态度,完全失去了其进取的精神。《中庸》云:"极高明而道中庸",只有达到了极高明的道的境界,才能准确把握中庸的实质,用平常的方式把道的境界在实践中展现出来。

孔子说:"执其两端,用其中。"(《中庸》)两端,即事物的两个极端,如纯阴、纯阳,就是阴阳的两个端点,任何事物都是阴阳的混合体,孤阴或孤阳是很少见的。事物的阴阳是个发展变化的东西,怎样去把握它们呢,关键要"用其中","中"即是道,即是一,抓住两端,用"一"处理,这就是中庸的方法。这说明,不是在两个端点找一个折中点,就是中庸了。中庸不是折中。所以孔子说:"君子而时中。"(《中庸》)"时中",就是符合时宜之道用,道体虽然是一个,但由于时间环境不同,道之用表现的形式和方法也不同,绝没有千古不变的折中点。

就中西会通创造学而言,如果阴阳是意象思维和概念思维两种基本思维方式,那么,仅了解了两种思维还不够,要在创造中自由熟练地把握它们,还要努力觉悟创造之道,提升创造境界,通过不断创造实践,明德悟道。从"道"的融会贯通的高度进行创造实践,即行中庸、致中和的方向。

二、实践亲证事例

例一:对"诚"的感悟

图16-8　对"诚"的感悟

今年春节,不知春运之艰难的我一个人离家返校,在成都站转车时,当得知要一周之后才能买到北上的车票时,我急得差点儿哭了。世界上好人毕竟是多数。一个年龄和我相仿的男生,主动地帮我弄到了一张转天的车票,并且热心地帮我安排食宿,第二天还送我上了火车。我不知道当时我为什么相信他,我也不知道他为什么那么热心地帮助我,不图回报。人们常说,世风日下,尔虞我诈。今天,每当我听到人们这么说的时候,我都会情不自禁地想起我的那次奇迹般的经历。现代的人们,当经历或耳闻目睹过一些欺诈的故事之后,便给自己的心灵设置了厚厚的保护层,不再相信陌生人,也不再轻易付出自己的真诚。当面对他人的真诚时,在头脑中设置了太多的问号,怀疑人家是否有所企图。至今想起我曾经怀疑那个男孩是否对我有所企图(因为我听过许多拐骗女大学生的故事),而感到羞愧。真诚,其实仍然存在于许许多多的人的心中,因为"诚者,天之道也"(《中庸》)。

当火车缓缓开动,那个陌生的男孩站在站台上向我挥手再见,祝我一路平安的时候,我再也忍不住自己满眶眼泪,任之流淌。当邻座的人们听完我的故事时,也都唏嘘不已,为那个陌生的男孩的一片真诚而感慨不已。是的,正如孟子所说,"思诚者,人之道也,至诚而不动者,未之有也"。

(作者:李玉兰,天津师范大学中文系大学生)

〔点评〕这是一次平凡而又不平凡的生活经历。其不平凡之处,一是李玉兰同学将平凡的经历,升华为对儒家"诚"的感悟,富有哲理和境界;二是不知名的助人男生,以"诚"创造出新的人际关系,这里既包含着真,也包含着善,更包含着美。从这一意义上说,"诚"即是创造。孟子说"道在尔而求诸远,事在易而求诸难"(《孟子·离娄上》)。意思是说,"道"就在我身边,我们却把其想得很遥远,事情本来很容易,我们却把其想得很困难。李玉兰同学由小事见"诚",从凡事悟"道",对我们深有启发。

例二:悟道的生活很快乐

图16-9　中华文化大学首批学员范洪华

我叫范洪华,是一名退休工人,爱上了中华文化的学习和研修,此信念根植于心中。课堂上刘仲林老师说:"道是通过对事物的整体领悟,而在实践上达到的境界。"对于悟道,我是这样理解的,生活中有压力也有动力,发挥主观能动性,智慧地解决好生活中的矛盾与不舒心的事,超越自我,达以至亲至善的境界,这也许是悟道的途径之一吧!

学习中华文化,不仅给我带来思想上的财富,而且也达到了行为上的自觉。在日常生活中,做到维护社会公德,自觉觉他。举例说吧,我现在住在合肥市政务区翠庭园。我们对门邻居是一对年青的夫妻,每天清晨天一亮,就把一些塑料袋垃圾丢在门口。我一开门看到,很是难受,但想一想邻居之间的包容与亲和友善是我们的道德责任,也是我们的行动义务,于是,便每天默默地把这些垃圾袋拿走丢入楼下的垃圾桶。坚持了一个月以后,突然有一天发现门口特别清洁,不再有垃圾袋了,我感到很欣慰!这是中华文化的智慧帮助我解决了这个难题。

在追逐中华文化精髓的过程中,我潜移默化地形成了一种对社会的责任感与感恩之情,热爱并关注公共利益和弘扬传统美德。我想只有回到中华文化的主流、人文向度,才能不断地完善自我人格。我们要明确健康的生活方向,树立高起点的目标,做到生命不息,扬帆不落,做一个对社会有价值的公民。我希望更多热爱中华文化的朋友用心灵与中华文化大海碰撞,使她产生涟漪,慢慢扩散。通过这种碰撞使更多的人理解到,对中华文化的传承与弘扬,最好的途径是发展与创新。

(作者:范洪华,中科大中华文化大学首批学员)

〔点评〕老工人范洪华2008年起持之以恒地坚持参加中华文化大学学习,一次因车祸腿部受伤,在医院住院三个月,刚出院就拄着拐杖来中华文化大学教室听课,感动了许多学员。新华社记者对中华文化大学报道中曾以范师傅为例,说明社会大众参与中华文化学修的重要意义。范师傅讲的例子很平常、很简单,但其中蕴含的"道"很丰富、很动人,生动诠释了"百姓日用即道"的真谛。

第十六章

三、道家之道境界修养

《庄子·大宗师》有这样一段孔子与颜回的对话：

> 颜回说："我进步了。"孔子说："怎样进步呢？"颜回说："我忘掉礼乐了。"孔子说："很好，但是还不够。"过了几天，颜又见孔，说："我进步了。"孔说："怎么进步呢？"颜说："我忘掉仁义了。"孔说："很好，但是还不够。"过了几天，颜又见孔，说："我进步了。"孔说："怎么进步呢？"颜说："我坐忘了。"孔子惊奇地说："什么叫坐忘？"颜说："遗忘了自己的身体，抛开了自己的聪明，离去了形体忘掉了知识，和大道融通为一，这就是坐忘。"孔子说："和大道融通就没有偏见了，随大道变化就没有偏执了。你果真是贤人啊！我愿追随在你后边。"

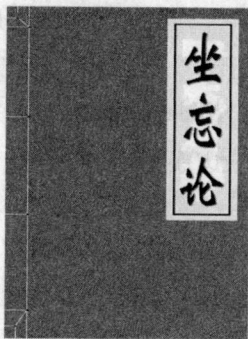

图16-10　庄子论坐忘

庄子讲的是坐忘得道的故事，故事主人公虽是儒家代表人物师生二人，但内容体现的却是"为学日益，为道日损"的道家思想。故事三忘，就是"为道日损"的典型体现。笔者一讲这个典故，许多学生常常联想起金庸武侠小说中张无忌向张三丰学剑的故事。书中张三丰问道："孩儿，怎样啦？"张无忌道："还有三招没忘记。"张三丰点点头，放剑归座。张无忌在殿上缓缓踱了一个圈了，沉思半晌，又缓缓踱了半个圈子，抬起头来，满脸喜色，叫道："这我可全忘了，忘得干干净净的了。"张无忌边练边悟，各种剑法渐渐融会贯通，剑法数目越练越少，似乎一个个都忘记了，实际上他已掌握了自己独特的剑法，达到了"无法而法"的剑法最高境界。

岂止读书习剑，创造更需要这种"为道日损"的修行和"无法而法"的境界。所以,本章重点之一就是分析道家修道层次、方法和对中西会通创造学的启发意义。

道家的代表人物是老子和庄子,我们首先从老子的思想谈起。

(一)图解道家修道层次

与儒家以"仁"为中介修道的方法不同,道家对"道"的追求直截了当,老子直接从德和道入手,建立了道家学说,他的代表作被称为《道德经》,分上下两篇,一篇为道经,一篇为德经。道在本质上是不可言传的,正如《道德经》开篇所说:"道,可道,非常道。"既然道不可说,而且是"知者不言,言者不知",那人们怎样求道和悟道呢? 老子也探索出自己的独特方法。老子说:"人法地,地法天,天法道,道法自然。"(《老子·二十五章》)意思是说,人遵循地的法则,地遵循天的法则,天遵循道的法则,道遵循"自然"的法则。这里指出了四个层次的存在,即人、地、天、道,老子称之为四大:"道大、天大、地大、人亦大。域中有四大,而人居其一焉。"(《老子·二十五章》)其中道的层次最高,天地居中,人居四大底层。老子的求道途径可用图16-12表达。在图中,由低到高,分成人、地、天、道四个层次,用"道法自然"贯通四个层次。由此可知,"自然"是理解、觉悟道的关键。

图 16-11　老子出关(范曾画)

"自然"一词的含义是什么呢? 在老子之前,并没有形成"自然"这一术语,"自"和"然"是分立的,把它们合在一处,其原本意思,乃是自和然两个字的叠加。含义有三层:即自成自如、自然而然、顺其自然。具体来说,"自"指"自己","然"按(《广雅·释诂》:"然,成也。"所以,"自然"意思就是"自成"。

"道法自然",就是道法自成。《玉篇·火部》:"然,如是也。"自然的意思就是自如。自成自如,这大约是"自然"一词的原本意思。引申而言,天地是法道的,道法自然,所以天地在本质上也是法自然。天地法自然,就是天地以自然而然的状态存在。人是有目的、有意识的生物,能够改造自然,但也要尊重自然,顺应自然而为。这就是说,人也要法天地、法道、法自然。对人而言,就是顺其自然。

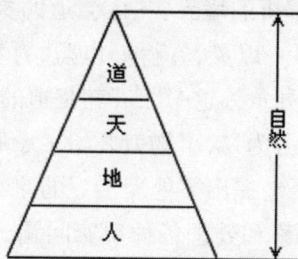

图 16-12　道家修道层次

(二)道法自然的修行方法

老子说:"道生之,德畜之,物形之,势成之。是以万物莫不尊道而贵德。道之尊,德之贵,夫莫之命而常自然。"(《老子·五十一章》)这里,老子指出了"道""德"与"自然"的微妙关系:道生万物,德养育万物,因此万物没有不尊崇"道"而珍贵"德"的。"道"所以被尊崇,"德"所以被珍贵,那是没有谁来命令而本出于"自然"。由此可见,"自然"是"道"和"德"的核心特征。人只有把握了这一核心,才能通德达道。

那么,怎样修行"自然"之心性呢?老子提出了"致虚守静"的主张。他说:"致虚极,守静笃,万物并作,吾以观其复。夫物芸芸,各复归其根。归根曰静,静曰复命。复命曰常,知常曰明。不知常,妄作,凶;知常,容,容乃公,公乃全,全乃天,天乃道,道乃久,没身不殆。"《老子·十六章》)意思是说,达到心灵虚的极点,保持最高的静。万物竞相生长,我就此观察它们的循环往复。接着由观复出发,经归根(静),复命,达到知常(明)。知常,就是消除轻举妄作,顺其自然。由知常→容→公→全→天→道,即由于知常,而使心灵包容一切,大公无私圆通周遍,晓知天然,通达大道。

这里老子提出了道家求道的独特方法:观复。《周易·杂卦传》曰:"复,反也。"《周易·乾象传》曰:"终日乾乾,反复道也。""复"的意思就是"返"。老子说"各复归其根""复归于婴儿""复归于无极",此"复"即返而归之意。也就是说,返回到万物的初始或初始前的状态,体验道的静而未发的本然境界。老子提出:"反者道之动,弱者道之用。天下万物生于有,有生于无。"(《老子·四十章》)这里他指出,反复是道的运动的体现,道正是通过"道生一,一生二,二生三,三生万物"(《老子·四十二章》)呈现了道的运动过程。人类要认识体悟"道",也要复归万物之初,体一,察二,明三。求道的最高方法是"体一",即在天人合一、不可言说和解析的境界中,体会道的真谛。所以老子说:"天得一以清,地得一以宁,神得一以灵,谷得一以盈,万物得一以生,侯王得一以为天下贞。"(《老子·三十九章》)这个"一"就是道的初态,即是自然。不坚持一,就会出现一的分裂,一分为二,事物就开始了矛盾斗争的过程。"一"是道之体,"二"是道之用。老子也提出了处理"二"的原则和方法,这就是"弱者道之用",即从柔弱的角度观察和处理各种现实问题。老子敏锐地发现了事物对立面转化、相反相成的辩证法,归纳出由反及正,以弱胜强的认识论和方法论。

老子认为:"贵以贱为本,高以下为基。"(《老子·三十九章》)或者说,阳以阴为本,强以弱为基。因为万事万物的初始态,均表现为阴、弱、柔,它们离道最近,是一生二的萌芽,是生命的源泉,是"自然"的流露。把握住了阴、弱、柔,就把握住了道的应用关键。所以老子说:"知其雄,守其雌,为天下谿;为天下谿,常德不离,复归于婴儿。知其白,守其黑,为天下式;为天下式,常德不忒,复归于无极。知其荣,守其辱,为天下谷;为天下谷,常德乃足,复归于朴。"(《老子·二十八章》)这里,老子提出了守雌、守黑、守辱,甘作天下溪、天下式、天下谷,以复归到事物初始的状态,像无知无欲的婴儿,像两极未分的一,像原始状态的朴,由此才能保护以"自然"为核心的常德。

为了仿效德,遵循道,达到"自然"境界,老子提出了一个与学知识截然相反的求道门径。他说:"为学日益,为道日损,损之又损,以至于无为。无为而无不为。"(《老子·四十八章》)学习知识,一天比一天增加;修行道,知识成分却一天比一天减少,减少再减少,最后以至于无为而任其自然,任自然就能无所不为。学习知识是一种解构分析方法,首先要主客二分,然后对客体进行解剖分析,从中获得有关客体的知识;而求道是一种整体归一的方法,首先要天人合一,物我两忘,包括忘掉分解的知识,游于心物之初,体会自然本色,觉悟"无为而无不为"的大道。

我们把上述思想总结一下,可以看出,道家的思想体系大致如下:

(1)道的本质:道,可道,非常道。(《老子·一章》)

（2）道的核心：道法自然。（《老子·二十五章》）

（3）道的方法：反者道之动，弱者道之用。（《老子·四十章》）

（4）道的演化：道生一，一生二，二生三，三生万物。（《老子·四十二章》）

（5）道的修行：致虚极，守静笃，万物并作，吾以观其复。（《老子·十六章》）

（6）道的认知：为学日益，为道日损。（《老子·四十八章》）

（三）反者道动

"道法自然"是道家的核心思想，从最高层面说，"法自然"就是遵循自己的本然或本原状态，自法自成，原来如此之义。何谓宇宙本然？何谓人生本然？从不同的视角，会有不同的回答。

《易传》从阳动的角度着眼，提出"生生日新"之说（见第一篇第五章），《老子》从阴静的角度着眼，提出"归根曰静"之说。从一般的意义上讲，《易传》离"创造"的思想最为接近，因为"生生日新"的实质就是广义创造，所以《易传》是中西会通创造学主要思想源泉。但从更深的意义上讲，《老子》看问题不从人们公认的与问题直接相关的强点着眼，而是从人们容易忽略的与问题间接相关的弱点着眼，用老子的话说就是"反者道之动，弱者道之用"，这一方法更具智慧光辉，对创造学深化有更大的启发性。应当指出，道家所追求的，不是纯粹安弱守柔、消极无为的小道，而是"柔胜刚，弱胜强"（《老子·三十六章》）、"无为而无不为"的大道。从这一点上可以说，《老子》与《易传》是殊途而同归。如果能超越道家经典文字表层，从"反者道动""以弱胜强"重新认识，我们就会从相反相成的深层，透视出道家创造思想的涌动。

郭有遹《创造心理学》（增订版，台湾正中书局，1983年）开篇就说："古人观天象、察地理、究天人之变，穷宇宙之物，得一万物共同之理。此理老子称之为道。道生一，一生二，二生三，三生万物。故道含有创造蜕变之生机。"他在第十二章"道德经的创造之道"中，更是用整章的篇幅讨论道家创始人老子的创造思想。

郭有遹从道体、道志、道识、道用四个方面分析了老子的创造之道。这里我们结合郭的思想，做一简述分析。

老子《道德经》一书，有创造之道，而不言创造；有无为之道，而无所不为。老子在该书第四十二章说："道生一，一生二，二生三，三生万物。"此外，《管子·内业篇》也说："一物能化谓之神，一事能变谓之智。"这些便说明了道

第十六章

所具有的蜕变创造的特质。老子又说："天下万物生于有,有生于无。"(《老子·四十章》)这句话显示出创造过程中有无相生的道理。这种道理,在《列子·天瑞篇》中说得相当明白:"有生不生,有化不化。不生者能生生,不化者能化化。生者不能不生,化者不能不化,故常生常化。常生常化者,无时不生,无时不化。"这个"有生不生,有化不化",便是创造过程中灵感的孕育阶段。这种灵感在孕育过程中总是"视之不见……听之不闻……"(《老子·十四章》),惟恍惟惚,不可捉摸。但是在"惚兮恍兮,其中有象;恍兮惚兮,其中有物;窈兮冥兮,其中有精"(《老子·二十一章》)的时候,孕育阶段已经过去,豁朗阶段已经到来。根据沃勒斯创造过程四阶段说,孕育阶段继准备阶段之后,是创造者暂时放下工作,让观念在前意识中加以育化的过程。待化育到"窈兮冥兮"的时候,忽然会从无意识中得到灵感,创造由此进入豁朗时期;最后灵感必须加以验证,方可成为定理。老子似乎不会提出验证这种科学方法,但他所说的"其中有精,其精甚真,其中有信"(《老子·二十一章》)不得不使人推论道德经中许多地方与创造心理有关。道体的基本特质在于生与无。此二者难以并论。若是将求道视为一种创造过程,则道德经中一些微妙玄通的概念,便特别有意义。

《道德经》一书,有助人成道之意。欲成道必须培养无为的"意志",以便与道合一。与道合一的意志,可称之为道志。老子说:"我有三宝,持而保之。一曰慈,二曰俭,三曰不敢为天下先。"(《老子·六十七章》)老子的三宝中,慈是对人的无为,俭是对物的无为,不敢为天下先是对名利的无为。对人无为,方可让人自化,故曰:"我无为而民自化。"(《老子·五十七章》)对物无为,可使自我静化,故曰"无欲以静"(《老子·三十七章》)。对名利无为,故曰"能成器长"(《老子·六十七章》)。所以"道常无为,而无不为"(《老子·三十七章》)。这些思想都和创造问题密切相关。例如,由于慈心无为,创造者便可不被偏心与理智所蒙蔽;可以比较易于直觉地体验出道的普遍性,从而达到物我合一、物我两忘的境界。又如,慈能生勇。老子谓:"慈,故能勇……夫慈,以战则胜,以守则固;天将救之,以慈卫之。"(《老子·六十七章》)创造学家们研究了六十余种与创造有关的人格特质之后,认为"勇气"与"独立思考"最为重要。这两种均可由慈而生。再如,慈既能生勇,则"不敢为天下先"就应解为"不要争名位上的第一",方能上下呼应;否则,在做事上等他人先做之后自己才做,就不足称勇。老子谓:"圣人终不为大,故能成其大。"(《老子·三十四章》)这种不想争第一,只想成其大,是一种为工作而工作的全神贯注的态度,也是创造者的态度。

老子所重的知识，亦即所谓道识，应是求道所需的自知，以及在创造过程中所需培养的以物为中心的本体认识。老子说："为学日益，为道日损。损之又损，以至于无为，无为而无不为。"（《老子·四十八章》）美国心理学家马斯洛（A.H.Maslow）认为，一般为学的认知，均须经过分析、归纳、分类、综合、命名等资料处理的功夫。这些格物的方法都是有目的的。所见到的都是物体的属性，而非物体的本性。即使是属性，也只是属性的一面，见形言形，见相言相，不够周全。由这种支离破碎的认识而立的语言，经过他人阅读之后，与本体又隔了一层字幕。这种以言传道，代代相传，难免使人落在文字中打转。由此之故，马氏认为老子无为与绝圣弃智之主张至为有理，遂称无为之认知为本体的认识，亦即我们所谓之道识。具有道识者，将物体视为在其自己，为其自己的独立体，不必受理智所分割，受意志所左右。本体的认识是心物的直接交流。认识者不将物体与其他对象比较，就物识物，就心察心，就道悟道。在这种情形下，不但形基一体，轻重无别，贵贱不分，物我合一；而且由于心无憧憬的结果，对于客体的认识面也就增广。这正是创造过程中必不可少的认识方式和方法。

道为无为，不向外求。则道之为用，自应顺乎自然，存乎一心。但是，顺乎自然有顺乎自然的道理，存乎一心也有存乎一心的秘诀。老子一书，理用兼备，术德兼修。善为道者，或虚，或反，或养，或变。此四者莫不与创造有关。有志于道者，岂可忽之。老子说："道生之，德畜之，物形之，而势（器）①成之。"（《老子·五十一章》）道是创造的动力，草木顺其自然生，动物随其本性而独化，人类因不禁其性而心神奔驰，思想因不塞其原而独成其妙。是故"万物得一以生"（《老子·三十九章》）。换言之，道可以使万物向创造的方向生生创化。但这只是创造进程的开始，尚未达到成道或创造的地步，要达此地步，尚必须由"德畜之"。德是培养创造的心理状态。这种状态，必须"上德若谷""建德若偷""质真若渝"。若谷、若偷、若渝，即为畜养创化的一种前意识状态。前意识发生于创造的孕育期。观念在前意识中孕育成熟之后，就在适当时期突然涌现。这时，灵感有如天降，创造便进入豁朗期。老子所谓"物形之"，正合此意。"势（器）成之"，则为"物形之"的完成阶段。用创造心理学来解释，便是将所形成的观念体现化。到了这个阶段，创造便从无中生有，从前意识进入

---

　　①　通行本作"势"，马王堆甲、乙本作"器"。

意识,从无为而有为了。在道用方面,老子提出以虚无为用,以玄同为用,以畜养为用,以待人为用……等等道用的道理。特别是提出"弱者,道之用"(《老子·四十章》),这包括不但道出一种变易的法则,而且隐含以弱主动的道理。老子的哲学,常被误解为消极虚弱。其实他深懂物极必反以及促进创生创造之道。其秘诀就在奇正相生、以退为进,以柔胜刚,以弱制强,使之无而后创有,置之死地而后生。所以道家似弱而实强,似柔而实刚,善辩而不辩,以不变应万变。道之为用,反之而已。

以上,从体、志、识、用四个方面,分析了老子的道与创造的关连,从中可见,老子的道,表层是虚静无为之道,深层蕴含创造有为之道,这正是无为而无不为之奥妙。

老子的思想深层涉及的"创造之道"有三个最突出的特点:一是创造的含义是广义的,包括天创人创,二者在天(自然)之创的基础上合而为一;二是创法自然,无声无语,功成不名有,无为而无不为;三是创造之道不可说,说出来的东西不是真正的创造之道。总的说,就是人的创造要以天的创造为师,将有形的人创隐于无形的天创大系统中,"大音希声,大象无形,大创无迹"。《老子》一书结束语是:"天之道,利而不害;圣人之道,为而不争"(《老子·八十一章》),讲出了全书"循天之道"的宗旨。

四、实践亲证事例

例一:致虚极,守静笃

图 16-13　练习英语听力

在没有真正接触到老子的思想之前,若听到有人在煞有介事地讲"致虚极,守静笃",我总是讥笑之,认为此人肯定是一个典型的"老夫子"。都21世纪了,谁还鼓弄这些破玩意? 并且这些玄而又玄、虚无缥缈的东西就像水中月、镜中花一样,让人无从抓起。面对波涛汹涌的市场经济大潮,这些东西能给我们带来什么好处? 总之,我认为搞这些东西纯粹是浪费时间,没有什么真正的价值可言。

我的英语基础不好,而听力更是差得厉害,可又偏偏遇到一位教学极为严格的老师。每次上课他都用其平常的惯例,先让我们把美国之音的新闻录下来,然后让我们在课下把新闻一句话一句话地写下来,最后到下一次上课时讲解。对那些基础好的同学来说,这简直是小菜一碟。可对我来说,简直是惨透了。每次听的时候,我都紧张得要死,把耳朵竖起老长,一个单词一个单词地听,恐怕会漏下一个。每次都听得满头大汗,两腮通红,像大病了一场一样。但事与愿违,愈是这样,愈是听得一塌糊涂,结果弄得头脑发昏,两耳发疼,效果愈发不佳,对自己完全丧失了信心,甚至怀疑自己真的不是这块料。于是不再管它,听之任之,就像听流行歌曲一样去听它。说也奇怪,这时候再听这些令人讨厌的新闻,好像也突然真的变成流行歌曲一样,本来听不出来,听不清楚的地方一下子就都清晰可"见"了。我欣喜若狂,以至于以后再听新闻时不再那么紧张,而是轻松对待之,而其效果却是愈佳。到这时,我才深深体会到老师的良苦用心,也更加体验到"致虚极,守静笃"这种心态给我的益处有多大。

"致虚极,守静笃"这种心态不但让我在学习上受益匪浅,在其他方面给我的帮助也非同小可。高考前剑拔弩张般的紧张生活给我留下神经衰弱的病症。为此,我可吃了不少的苦头。每晚我都在床上辗转反侧,直到夜深人静同宿舍的同学都酣然入梦后,我的大脑还一直处在极度清醒状态,心里越发着急,但越是着急越睡不着;越睡不着就越着急。结果每次都弄得第二天疲惫不堪,干什么也打不起精神来,心里特别痛苦。后来看到有关这方面的一本书,里面说假如遇到这种情况,你就不要刻意地去为睡觉而睡觉,而要听其自然。听从这种方法,我试着去做了,结果当天晚上就应验了。以后的日子对我来说不再是阴雨的日子,而一直是阳光灿烂的日子。一直到现在,都很少出现晚上睡不着的情况。

仔细想想,这本书所指出的方法不就是与老子的"致虚极,守静笃"的心态相通吗? 看来,老子的思想不像人们所想象的那样不可捉摸,而是实实在在地就在我们身边。细心体会一下,你会发现它的真谛的。

(作者:孙月玲,天津师范大学法学硕士研究生)

第十六章

〔点评〕老子说："道法自然"（《老子·二十五章》），而要达到"自然"的境界，就需要"致虚极，守静笃"（《老子·十六章》）的功夫。这些内容，讲起来似乎很玄妙。孙月玲同学把这些看起来玄妙的东西，通过生活和学习中的实例，变成自然而然的东西，使我们感受到平易近人的道。

例二：用志不分，乃凝于神

图 16-14　驼背老人粘知了

庄子讲过一个驼背老人的故事：孔子看到一驼背老人拿竹竿粘知了，好像信手拈来一样容易。孔子请教奥妙。老人说其中有"道"，在粘知了的时候，他安处身心，犹如木桩，坚定不移，拿竹竿的胳膊，像是枯干的树枝，纹丝不动。尽管天地无限广阔，万物光怪陆离，而他目光专致得只是知了的翅膀，他心无二念，不肯以万物来换取蝉翼，为什么会捉不到知了呢？孔子十分感慨，向自己的学生说："用志不分，乃凝于神，其佝偻丈人之谓乎！"（《庄子·达生》）意思是说，专心致志，本领就可以练到出神入化的地步了，这就是驼背老人得到的方法啊。

我认识一位老人，姓徐名文甫，号光弟，酷好收藏，现在的藏品有五六百件，其中的名人真迹和拓片，都相当珍贵。就说大家比较熟知的"千叟宴"吧，在《宰相刘罗锅》第36集中讲述过这个故事。那个纸本、绢本两幅"千叟宴"都在徐老那里收藏。

他在家里以收藏为乐。每买来一件拓片，徐老就把它细心叠好，装入袋子。他不知一天要摸多少回。甚至每一件他都清楚地记得折叠的方向。徐老打趣地说："就像离不开油盐酱醋，天天就这一码事。"查资料、和同道交流，请教鉴赏家，然后找个清闲的日子，摊开散发着墨香的古籍和拓片，认真写上题鉴、引首、边题或者跋尾。它们有的记述作者的生平事迹，有的品评作品意趣高下，有的辑录此本与他本的不同。徐老说："这里越搞越深，越搞越细，其妙无穷啊。"

　　一次,他为考证自己的明拓汉《曹全碑》到底与艺苑真赏社本有什么不同,竟然一个字一个字地去对,一连搞了好几天。老伴做好饭,要喊好几次他才会动动劲。有时他干脆不吃饭但是他心里觉着美:"我今天又找出了好几个字比它的版本完整,更证明了这个拓本是明朝的。"现在每个大册页的书眉上尽是一行行的工整的铅笔小字,什么"乾字未穿""周字犹存""长字艺苑真赏社本已损"。像这样的考据工作心里也不记得搞了多少次了,但是每次完成后都由衷地感到一丝欣慰。心里说:"这就是我的乐趣,这是我的道。"

　　　　　　　　　　　　　　　(作者:石彧,天津师范大学中文系研究生)

　　〔点评〕"用志不分,乃凝于神",不仅是悟道家之道的要求,也是悟创造之道的条件,这里我们看到了老庄思想与创造观点的融会贯通。石彧同学讲的收藏老人故事与粘知了老人的故事同样精彩,古今的创新与发现,遵循着同样的"道"。

第十六章

第十七章　日日新与见心性

苟日新，

日日新，

又日新。

——汤之《盘铭》

　　据说，已故的周恩来总理会见一位外国朋友时，对他的提问对答如流，外国朋友对周总理如此了解国内外各行各业的具体情况深为钦佩，沉默片刻之后突然问道："贵国共有多少个厕所？"心想你周总理即使再精明也不可能用精确数字回答这一问题。周总理不假思索的对答更是出乎这位外国朋友的预料："共有两个，一个男厕所，一个女厕所。"这个幽默的小故事，恰好是对"一分为二"的中国阴阳论最好的注解。地球上的人类，种类繁多，按肤色划分有黄、黑、白等，按语言划分有英、汉、法、德等，按民族划分就更多了，然而若按照性别划分，世界上只有两种人，即男人和女人，这就是中国的阴阳论。凡是积极的事物都属阳，因此阳象征天、日、昼、刚、健、男、君、夫、大、多、上、进、动、正等；凡是消极的事物都属阴，因此阴象征地、月、夜、柔、顺、女、臣、妻、小、少、下、退、静、负等。古人把天地未分、混沌初起之状称为太极，太极生两仪，就分出了阴阳。①

　　阴阳是对自然界中相互关联的某些事物或现象对立双方的意象思维概括，既可以表示相互对立的事物或现象，又可以表示同一事物内部对立着的两个方面。《易传》云："一阴一阳之谓道"，其中的"一"字，应该作"又"理解，而不是数量上的含义。阴阳也不是一成不变的阴阳，而是动态的阴阳。又阴又阳，有阴就有阳，有阳必有阴，阴可以变为阳，阳可以化为阴，阴阳相互依

---

① 庞钰龙：《谈古论今说周易》，《中国书店》2003年第6期，第21页。

存,相辅相成,共同构成了天地间万物生成发展的根源,而构成阴阳本体的就是"道"。这个故事,把我们引入了以《易传》生生哲学为代表的易家世界。

一、易家之道的修养

(一)图解易家的修道层次

《易传》有一段经典名言,对我们理解易家精华和继承发展其精华非常重要:

> 一阴一阳之谓道,继之者善也,成之者性也。仁者见之谓之仁,知者见之谓之知,百姓日用而不知,故君子之道鲜矣! 显诸仁,藏诸用,鼓万物而不与圣人同忧,盛德大业至矣哉! 富有之谓大业,日新之谓盛德,生生之谓易。

这段话谈的是对宇宙人生之"道"的认识和体会。意思是说,"道"是由一阴一阳的相互作用和转化构成的,这是宇宙人生之大法,能继承并遵循这一大法的就是"善",能在实践中付诸实现的就是"性"。可惜对于"道",仁者见了称作"仁",智者见了称为"智",百姓在日常生活中用道却浑然不察,真正懂"道"的人太少了! 从流行的观点说,似乎道是"仁"的体现,但其更深刻的内涵蕴含在实践之中,鼓舞万物而没有圣人忧国忧民的烦恼,其盛德大业无以复加了! "富有"称为"大业","日新"称为"盛德","生生"称为"易"。

全文的核心思想,可用其中四句话来概括:阴阳之谓道,生生之谓易,日新之谓大德,富有之谓大业。这四句话的意思是什么呢? 焦循说:"一阴一阳者,阴即进为阳,阳即退为阴也。道,行也。往来不穷,故阴阳互更。"(焦循:《易章句》)宇宙间的一切现象变化,无不是相互对应的阴与阳相互作用。在阴阳交错往来中,阴退阳进,阳隐阴显,多少虽不一致,但必然交互作用,相反相成,循环不已。李道平说:"阳极生阴,阴极生阳,一消一息,转易相生,故谓之易。"(李道平:《周易集解纂疏》)生生,生而又生。阴阳通过交互作用,对立转化,相易相生,因而能够推动万物生生不穷,称之为易。阴阳之道造化万物,生生不息,日新又新,一刻也不休止,这是最盛大的德行。在创生不已的过程中,新生事物层出不穷,万象森罗,丰富繁多,这是最宏大的事业。本章内容和前面创造心性篇相呼应,揭示出中华传统文化心性论从"伦理"向"创造"观转化的历程。

把上述思想线索简化一下,就是阴阳—生生—日新—富有,它们分别和道—易—德—业相对应。这是一个层次分明的观点体系:道是由一阴一阳构成的,阴阳相互交合易转,形成生生不已的大化过程,日新月异,气象万千,大德大业兴焉。在这个观点体系中,道是大本,"阴阳"是动始,"生生"是核心,"日新"是面貌,"富有"是成果。其中"生生"一语,是理解整个观念体系的钥匙。鉴于"生生"一词的重要性,我们对其义理作一总结概括。

《易传》中的"生生"一词,就本义讲,至少包含三层意思:

(1)生而又生,连绵不断。"生生"表达的是一个生生不息的过程。郭沫若在《骆驼集·郊原的青草》中写道:"任人们怎样烧毁你,剪伐你,你总是生生不息,青了又青。"这不禁使我们联想到白居易的诗句:"离离原上草,一岁一枯荣。野火烧不尽,春风吹又生。"(《赋得古原草送别》)"生生"体现的首先就是这种孳生不绝、繁衍不已情景。这就是孔颖达说的:"生生,不绝之辞。阴阳变转,后生次于前生,是万物恒生谓之易也。"(《周易正义·疏》)这一层意思,侧重时间视角,强调变化历程。

(2)有而又有,丰富多彩。生生从理论上讲是一个一生二,二生四,四生八(太极生两仪,两仪生四象,四象生八卦)的过程,数量呈指数增长,变化迅速,数不胜数。生生的繁衍,不仅数量大,而且品种多,呈万紫千红,丰富多彩之势。《易传》云:"富有谓之大业"。生生可说是"富有"之因。这一层意思,侧重空间视角,强调变化态势。

(3)新而又新,日新月异。生生之义不仅体现在时间维上连绵不断,在空间维上丰富多彩,而且体现在实质维上日新月异。生命化育,不是机械重复,也不是雷同传承,而是蕴含着质的变革。《易传》云:"日新之谓盛德",揭示了"生生"的实质表现。这是我们全面把握"生生之谓易"一语含义的根本点:"易"最盛大的德性是"日新"。

通过以上三个维的分析,勾勒了"生生"的立体义象:生而又生;有而又有;新而又新。无穷无尽,无边无际,无止无休。其中关键和实质的含义是:新而又新。正如张岱年先生所说:"《易传》所谓生生主要是日新之义。"①

---

① 《张岱年全集》(卷7),河北人民出版社,1996年,第477页。

由上述思想,我们可以尝试勾勒一个易家(《易传》为代表)修道的简图,如图17-1所示。该图的核心观点是"一阴一阳之谓道",贯穿天地人的主线是"生生日新"精神,表现的是天人合一的宇宙人生观。该图以天(阳)、地(阴)作为人与道之间的中介,体现了与"天地准"的人生理想。《易传·系辞下》强调"天地之大德曰生",把"生"作为求道的关键,认为"生生"是易的本质,体现了易家修道的独到特色。而这些思想,在传统的儒、道、释思想中是很难找到的,《易传》的深远意义和价值正是在这里。在本书第五章我们已经分析了中华传统文化"伦理观"向"创造观"的转化,其源头就是《易传》生生日新思想。从这个角度说,《周易》是"群经之首,大道之源"。

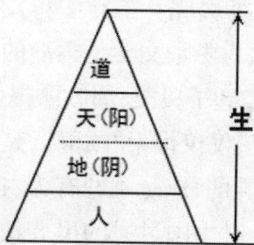

图 17-1 易家修道层次

在图中,易家从天道的高度为道下定义,和道家有些类似,易家修道图和道家修道图也有某些类似之处,如都以天(阳)、地(阴)作为人与道之间的中介,但在具体含义上有很大不同。道家强调"人法地,地法天,天法道,道法自然",以"自然"作为求道的关键。而《易传》强调"一阴一阳之谓道",把"生"作为求道的关键。

比较而言,《易传》的"生生之谓易"的观点,是"创造"最直接、最简易、最强力的思想资源,二者只有一层薄薄的窗户纸之隔。捅破这层窗户纸,我们会深切体验到中华传统精神"渊默而雷声,神动而天随"(《庄子·在宥》)的磅礴力量。

(二)中华文化基本精神

中华文化在几千年中,巍然独立,存在于世界东方,除了有一定的物质基础(物质生产的原因)之外,还有一定的思想基础。这种思想基础,可以叫做中华文化的基本精神。

何谓精神?精神本是对形体而言,文化的基本精神应该是对文化的具体表现而言。张岱年指出:"就字源来讲,精是精微之义,神是能动的作用之义。

第十七章

文化的基本精神就是文化发展过程中的精微的内在动力，也即是指导民族文化不断前进的基本思想。"①

　　一般而言，各民族的文化精神，都有其积极面和消极面。张岱年先生所说的文化基本精神，主要是指"传统文化中所包含的积极的健康要素"，亦即是指"指导中国人民延续发展、不断前进的精粹思想"。②中华文化的基本精神也就是中华民族在精神形态上的基本特点，因而又称中华民族精神。中华文化的基本精神起源于商周，例如"苟日新，日日新，又日新"（汤之《盘铭》）、"作新民"（《康诰》）、"周虽旧邦，其命维新"（《诗经·大雅》）等思想；形成于战国，例如战国末期的《易传》思想就是典型代表。

　　中华文化的基本精神是什么呢？指导中华文化不断前进的基本思想是什么呢？过去有一种观点，认为中华文化是柔静的文化。张岱年认为，这是从表面看问题。道家宣扬柔静，老子贵柔，周敦颐提倡"主静"，固然都有一定影响，但这不是中华文化主流。仅仅推崇"柔静"，是不能创造出灿烂的文化业绩的。作为中华文化基本精神的，应是刚健有为、自强不息的思想态度。张岱年指出：《易传》中有两句话，对中国过去的民族精神有决定性的影响。一句是："天行健，君子以自强不息。"（乾卦）这是说，那包括日月星辰的天体永远在运动，永不停息；有道德的人应效法天的"健"，努力向上，绝不停止。另一句是："地势坤，君子以厚德载物。"（坤卦）地势是坤，载物就是包容许多物类；有道德的人应胸怀宽大，包容各方面的人，能容纳不同意见。一方面是自强不息，永远运动，努力向上，决不停止；另一方面也要包容多样性，包容不同的方面，不要随便排斥哪一个方面。这两句话，在铸造中华民族的民族精神上，起了决定性的作用。③

　　"自强不息"与"厚德载物"的关系是什么呢？张岱年从"刚健"和"宽柔"对立统一的高度进行了概括。他指出："自强不息"是积极进取的精神，"厚德载物"则是一种博大宽容的精神。老子宣扬以柔胜刚，《易传》则以"厚德载物"与"自强不息"并列对举，从而将刚与柔统一起来。"厚德载物"含有"宽柔以教"的意谓。简言之，"自强不息"即是刚健精神，"厚德载物"即是宽柔精神，这两者是相辅相成的，表现了刚柔的统一。《易传·系辞下》云"君子知微知彰，知柔知刚，万夫之望"，说的就是这个道理。

　　① 《张岱年全集》（卷5），河北人民出版社，1996年，第418页。
　　② 《张岱年全集》（卷8），河北人民出版社，1996年，第624页。
　　③ 《张岱年全集》（卷6），河北人民出版社，1996年，第137页。

张岱年进一步指出:"多年以来,我讲中国文化的基本精神,强调'自强不息'、'厚德载物'两点,同时也赞扬'裁成天地之道,辅相天地之宜'的思想。"①后一句所引《易传》原话是:"天地交,泰。后财(裁)成天地之道,辅相天地之宜,以左右民。"(泰卦)这里提出了天地相交,亦即"刚柔相推,变在其中"的重要思想。天与地,一刚一柔,或者说一阳一阴,二者交合,产生万事万物,是吉祥通泰的象征;有道德人效法这一天地交的大法则,裁成天地之道,辅相天地之宜。李光地注云:"凡天地之所有而人制用之者,谓之裁成。天地所未有而人兴作之者,谓之辅相。"(《周易通论》)"交"是通泰的象征,天地交而产生世界万物,人仿效天地交的法则进行不同事物间的"交",产生了各式各样的新事物。

中华文化基本精神来自《易传》,主要由三句话构成:

第一,天行健,君子以自强不息。(乾)

第二,地势坤,君子以厚德载物。(坤)

第三,天地交,君子以辅相天宜。(泰)

自强不息是一种积极进取的精神(对应"新"),厚德载物是一种博大宽容的精神(对应"和"),辅相天宜是一种生化万物的精神("生")。天行健、地势坤、天地交三位一体启发了人"自强不息""厚德载物""辅相天宜",代表了积极进取的中华文化基本精神,是中华民族生生不息的思想源泉。

由于古代科学文化水平所限,《易传》的思想中有精华也有糟粕,我们不应也没有必要全盘接受《易传》所有观点。"《易》与天地准"这句话,为我们继承和发展《易传》精华思想,指明了一个新的方向:即在现代科技文化水平上,重新观察万事万物,近取诸身,远取诸物,把《易传》的思想提升到一个新层次、新境界。从中西会通创造学的角度说,"与天地准"还给我们另外一个启迪:能从"与天地准"中寻找创造更深刻的思想源泉吗? 换句话说,人的创造行为与天地万物的进化有什么联系? 我们能不能从天人合一的角度,更深刻认识创造的本质和人的创造天性?

(三)形而上者谓之道

在《易传》中,对于什么是"道",有两个近似于定义的描述。一个就是上

第十七章

---

① 张岱年等:《铸造新精神建设新文化》,《天津师大学报》2000年第1期,第3页。

述的"一阴一阳之谓道"。另一个就是"形而上者谓之道,形而下者谓之器"(《易传·系辞上》)。形:形体。形而上:具体的形体之上,无形。形而下:具体的形体之下,有形。谓:称为。意思是说在具体的形体之上,超越形体的、抽象无形的称之为"道";在具体的形体之下,有形的称之为"器"。

这两个定义的角度不同,后者将"道"与"器"并提,主要是强调"道"在形式上与"器"的区别。前者则是对"道"的内涵的说明。众所周知,老子讲"道",首次赋予"道"以哲学的最高意义。孔子也讲"道",主要侧重在人道范围内。就易学思想而言,是把"道"作为一个重要范畴加以应用。例如,解释乾卦时说"乾道变化",这里的乾道就是天道。易学所说的"道",从范围上讲是无所不包的,天道、地道、人道都在其中。"道"在《周易》中共出现了106次,并将"易"也视为"道"的同义范畴。从抽象程度上来说,《周易》把"道"作为宇宙的本体。"道"是无形的、超越于形体之上,如果有形体了,那就是有形的东西,就不是"道",而是形而下,是"器"了。易家之道是无形的,是形而上,无形的阴阳变易隐藏于有形的事物之中。就事物来说,有可见的形体称为"器",其内在无形的称为"道"。"道"是形而上的,不能独立存在,它存在于形而下的器物之中。具体的事物虽然有形有象,但受"道"的支配。无形的东西无法直接表现出来,因此,必须借助有形之物,这就是说易家之道蕴藏在有形之物"器"中,离开了"器"的"道",就无法表现出来。所以,易家之道就在我们不断研究、思考和体悟过程中才可以体现出来。但是,我们也一定要注意易家的形而上之道,与黑格尔、马克思所说的作为辩证法对立面的孤立、静止的"形而上学"概念是有根本区别,千万不能混为一谈。

阴阳之道,作为中华传统文化的重要范畴,它一直渗透于中国人生活的方方面面,也在思想家、哲学家、科学家的心目中占有重要位置。易家把天体运行变化法则和过程叫做"天道";把地球上万物生长变化的法则叫做"地道";把人类社会的活动法则称为"人道"。天道、地道、人道,三者的源头都是"生生日新"。生生日新的本质又是什么呢?张岱年说:"世界是富有而日新的,万物生生不息。'生'即是创造,'生生'即不断出现新事物。新的不断代替旧的,新旧交替,继续不已,这就是生生,这就是易。"[①]"生即是创造"是张先生画龙点睛之笔,一字之变,包含了传统文化向现代转化的关键所在。

这就是说,"生生"不是像自动化生产线生产一样,千篇一律地重复生产

---

① 《张岱年全集》卷5,河北人民出版社,1996年,第228页。

同一种产品,即并非只有数量的增加或减少,而是包含"苟日新,日日新,又日新",即包含质的变化和飞跃,是新事物的产生和发展。用今天的话来说,就是"生生"不是重复再生历程,而是创造新生历程。简言之,生生的本质是"创造"。唯有悟透"创造",才能把握"生生"的灵魂,深刻理解日新大德,富有大业的精髓。

二、实践亲证事例

例一:我看"生生"

学了《中华文化综合与创新》这门课之后,我开始对易家思想发生了兴趣。何之谓易?易就是变化的意思。历来说"易"者,都认为"易"有三义,三个方面的意义合起来,就能代表"易"的全部精神。所谓三义就是,一是"变易",二是"简易",三是"不易"。但是《周易》的思想核心却是"生生"。《易传》说:"生生之谓易。""生生"是连续不断的生成过程,没有一刻停息,它不是有一个"主宰者"创造生命,而是自然界本身不断地生成,不断地创造,天地本身就是这个样子,以"生生"为基本的存在方式。天地之所以为天地,就在于"生",所谓"变化"之理,"易简"之理,说到底就是"生生"之理。

"生生"二字贯穿了宇宙变化的始终。在现代的天文学理论中,宇宙由大爆炸而生,之后产生了电子,原子,分子。物质逐渐聚合在一起,产生了星云,星云收缩形成了恒星和行星。我们的太阳系因此而来。古老的地球在各种因素的综合作用下开始产生生命,从最原始的单细胞生物逐渐进化成今天的人类。所有的一切都体现在"生生"二字之上。《易传》说:"太极生两仪,两仪生四象,四象生八卦。"又说:"万物化生。"可见古人对宇宙变化的理解是比较准确的。

"生生"又是对生命意义的阐述。生命是代代相传,代代延续的,但是下一代和上一代之间不是简单的复制或模仿,而是产生了很多的变异和进化。这种变化使得生物从低级进化到高级,从原始的生命进化到现在的人类。生物遗传的变异又引起了优胜劣汰,使得生物在艰苦的自然环境下得以生存,得以适应,得以发展。这一切都不是以人或神的意志为转移的,而是自然界自身作用的结果。

《易传》说:"天地之大德曰生。"意思是说,天地以生为德。自然界的本身目的在于"生生",因此便有了宇宙,有了地球,有了人类。但是天地并非生命

第十七章

体,因此这个"德"还得在人的身上体现。这就是为什么《易传》言天必言人,言人则必言天的用意所在。

总而言之,"生生"二字作为贯穿了易家思想以及中国近代哲学思想的重要理论,其内在的意义十分深刻。宇宙不断演变,生命不断进化,这种"生生不息"的思想是很值得思考和借鉴的。

（作者:张梁,中国科学技术大学少年班学生）

〔点评〕《周易》之所以将"生生"作为"易"之本旨,而不仅仅是生物或生产,就在于单纯讲生物或生产都不是"道"的真正意义。正是天地永无休止的生生,是一个永恒而又日新的创化过程,"道"无所不在、无处不在、无时不在,它使一切万物都灌注"道"的宇宙生命,使一切生命都体现了生生的精神,一切事物都在这种生命的统御下而展现其勃然生机,这是一个变易无方而又日日常新的世界。

（于惠玲）

例二:年轻

年轻,并非人生旅途的一段时光,也非粉颊红唇和体魄的矫健,它是心灵中的一种状态,是头脑中的一个意识,是理性思维中的创造潜力,是情感活动中的一股勃勃朝气,是人生春色深处的一缕清新。

年轻,意味着甘愿放弃温馨浪漫的感情去闯荡生活,意味周围超越羞涩、怯儒和欲望的胆识与气质。而60岁的男人可能比20岁的小伙子更多地拥有这种胆识与气质。没有人仅仅因为时光的流逝而变得衰老,只是随着理想的毁灭,人类才出现老人。

岁月可以在皮肤上留下皱纹,却无法为灵魂刻上一丝痕迹。忧虑、恐惧、缺乏自信才使人佝偻于时间的尘埃之中。

无论是60岁还是16岁,每个人都会被未来所吸引,都会对人生竞争中的快乐怀着孩子般无穷无尽的渴望。在你我心灵的深处,同样有一个无线电台,只要它不停地从人群中、从无限的时空中接受美好、希望、欢欣、勇气和力量的信息,你我就永远年轻。

一旦这无线电台坍塌,你的心便会被这玩世不恭和悲观绝望的寒冰酷雪所覆盖,你便衰老了——即使你只有20岁;但如果这无线电台始终矗立在你的心中,捕捉着每一个乐观向上的电波,你就有希望死在年轻的80岁。

（作者：〔美〕乌尔曼）

〔点评〕麦克阿瑟将军、松下幸之助、克林顿总统等都非常喜欢这篇文章。近百年来它鼓舞了一代又一代人，在美国和日本受到人们的推崇而广为传颂。许多有为的人永葆青春的奥秘，就在于他的"天线"始终处于良好状态，心灵的那部"无线电台"，能及时、正常地接收天地之间，让他永远年轻的积极信息。其实，天地万物（造物主）是最无私的。她从不鄙视谁，任何人都拥有她赐予的一部"无线电台"（包括接收天线）。可惜的是，大多数人并没有很好地珍惜和利用它。"与天地准"，使自己"无线电台"（包括接收天线）处于最佳状态，接受到天地间最美好的信息，汲取生命智慧，提高个人修养进而克服浮躁，摆脱困惑，启迪智慧，涤荡灵魂，开阔心胸，充实精神，才真正做到珍爱生命。

（于惠玲）

三、禅家之道的修养

禅宗有这样一个公案：

一位和尚问灵祐禅师："达摩西来传禅的意旨是什么？"禅师指着灯笼答道："大好灯笼。"和尚不解地问："莫非这个就是么？"禅师说："'这个'是什么？"和尚说："大好灯笼。"禅师叹道："果然不见！"（《灵祐禅师语录》）

图 17-2　大好灯笼

这个故事有些像答非所问，和尚问一个严肃的禅宗意旨问题，禅师却回答"大好灯笼"，当和尚重复禅师的话时，禅师却慨叹和尚没有悟出门道。显然,禅师所指灯笼,蕴含着与禅道相关的言外之意。

这个故事中包含着一个隐喻、类比,揭开了这一点,我们可以清楚问题的指向。"灯笼"包含着什么寓意呢? 从灯笼的结构可以看出,它主要有二部分构成:透光防风的灯罩和发光照明的灯心,其发光特点是由内心的一点向四周照射。因此,我们可以得到一个歇后语:灯笼发光——心里明。"心里明"是一个双关语,既指灯笼从内心发光,又寓指求道人要做到"心里明"。换言之,禅道不应外求,而应关注自己内心,明心性即是悟道。正如禅宗大师慧能所言:"自性若悟,众生是佛;自性若迷,佛是众生。"(《坛经》)禅学思想的核心就是"明心见性"。

佛法云:"上士闻道,如印印空;中士闻道,如印印水;下士闻道,如印印泥。"(《大慧语录》卷二十)以印印在空中、水中、泥中三种效果为喻,比喻高、中、低三类求道之人。上等闻道人,就如同将印印在空中,无迹可寻,如佛学所求;中等闻道人,如同将印印在水中,有迹不显,如道家所求;下等闻道人,如同将印印在泥中,只得形迹,如儒家所求。我们常说的"拖泥带水"成语,原意就是说求道层次不高、不彻底,如中士、下士之所求。当然,三层求道人的分界,是从佛学角度来看的,儒家道家未必同意。但从这一说法中我们可以看出,佛家所求的道,既没有儒家的"仁义"所凭借,又没有道家的"自然"可琢磨,而是一个"如印印空"的"心如虚空,不著空见"(《坛经》)的境界。我们从"如印印泥",到"如印印水",再到"如印印空",是一个境界不断提纯的过程,一直到达含万有的大空之境。

这是一个至高之境,也是一个微妙难解之境。用概念知识和形式逻辑推导是无法分析清楚的,好在佛家提供了一个"东方三段论",是他们认识此境的工具。本章我们评述了禅学修道基本思想、东方三段论、明心见性等要点,以及禅学与创造学关系,从而把我们关于创造之道的探讨导向最高境界追求。

(一)图解禅家的修道层次

佛学修道方法原本是从印度传入的,与中华传统文化相结合,形成了与儒、道不同风格的修道方法,这里以禅学为例作一分析。

佛学求道是以"缘起论"为背景的。"缘起"即"诸法由因缘而起"。简单地说,就是一切事物或一切现象的生起,都是相待的互存关系和条件,离开关系和条件,就不能生起任何一个事物或现象。缘,一般地解释,就是关系和条

件。"缘起"意谓一切现象皆依一定的条件而生起,由相互依存的关系而成立。释迦牟尼曾给"缘起"下了这样的定义:

若此有则彼有,若此生则彼生;
若此无则彼无,若此灭则彼灭。

打个比方来说,好像三支芦苇互相支撑而立,若缺其一则余二必倒。由此可引申出无我、因果相续等思想。缘起论被佛教诸乘诸宗作为全部教义的理论基石。

举例来说,一棵草要生长,首先要有一粒种子,这就叫"因"。同时必须有土壤、肥料、水分、温度、空气、阳光种种条件,这就叫"缘"。由于因缘相合,方能使草发育成长,这叫"因缘"所生。

释家的基本思想,简单说来,就是说世间的苦(苦谛)和苦的原因(集谛),说苦的消灭(灭谛)和灭苦的方法(道谛),这就是著名的释家"四圣谛"(谛的意义就是真理)。在"四圣谛"中,苦、集二谛是从流转上看因缘,灭道二谛是从还灭上看因缘,总起来就是"染净因果"。苦集为染,灭道为净,染净因果可以说概括了释家的全体内容。四圣谛的要领是:"知苦,断集、证灭、修道",其最高境界是"涅槃寂静"。涅就是寂灭的意思,一般指熄灭了烦恼后达到的精神境界,亦即悟道的境界。

如何才能达到涅槃的境界呢? 这个问题属于道谛。道谛以涅槃为目的,以生死根本的烦恼为消灭对象,以戒、定、慧三学为方法。释道安《比丘大戒序》:"世尊(对释迦牟尼的尊称)立法者,有三焉,一者戒律也,二者禅定也,三者智慧也。"《楞严经》云:"因戒生定,因定发慧。"意谓修道要以持戒为基础,在持戒的基础上修禅定,在禅定中修观而获得"修慧"。

佛家的戒、定、慧三学修道层次,可用图17-4表示。

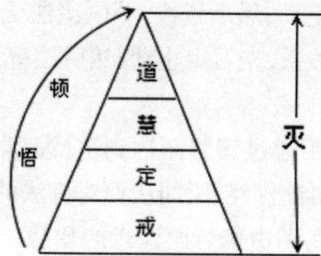

图 17-3 佛家修道层次

第十七章

现简略解释如下：

1.戒学

防非止恶谓之戒，即戒是防止身口意三业的过失的行为规范，亦称"戒律""禁戒""善律仪"。释家诸乘诸宗，皆以持戒为修道的基础。戒是分有层次等级的，简要地说，有通俗的五戒十善，半通俗的八戒，出世的沙弥戒与具足戒，以及入世救世的菩萨戒等等。

五戒十善是一切戒的基础。五戒是：不杀生，不偷盗，不邪淫，不妄语，不饮酒。十善可以分为三类：身业上的三种：不杀生，不偷盗，不邪淫；语业上的四种：不诳言，不绮语，不两舌，不恶口；意业上的三种：不贪，不瞋，不痴。"五戒检形，十善防心"（《奉法要》）。意即遵守五戒以检束形骸，奉行十善以防范心意。戒持清净了，心摆平稳了，然后才能谈学定的功夫。这就是"以戒降心，守意正定"（《句法经》）遵守戒律，降伏妄想心，守持意念，以获得正定。

2.定学

定，也就是禅定，也称止。如果说"戒"是为善去恶，"定"便是心的收摄，所以禅定的名称叫做禅那（静虑或思维修），又叫做三昧，总之心不散乱而住于一境的状态，便是禅定。慧远《念佛·三昧诗集序》："夫称'三昧'者何？专思寂想之谓也。思专，即志一不分，想寂，则气虚神朗。气虚，则智恬其照；神朗，则无幽不彻。"

禅定的作用，一方面，可以抑制我执我欲的奔放；另一方面，又可自由开放我们精神生活天地。禅定既是散心的收摄，所以能够防止物欲的泛滥，乃至排除了欲念而进入无欲的状态。禅定既可离欲，离欲之后的精神领域，自然是一种自由的领域。

禅定一般分三个层面：①调身：对身体姿式、动作的调整。②调息：调整呼吸方式、速度、节律、强弱，又称调气。③调心：调整意念、感觉、情绪。又称调神、调意。

"若欲断烦恼，先以定动，然后智拔。"（《诸法无诤三昧法门》卷上）这里谈了"定"和"慧"的密切关系，先习定止动，然后用智慧拔除烦恼根。

3.慧学

佛家最后的目的在于通过智慧而达到道（涅槃）的境界。慧学包括闻、思、修三慧。闻慧，谓由研读佛经、听闻法而对佛法的了知；思慧，谓由观察思考而对佛法的解悟；修慧，谓由修行而证得的智慧。前二慧为发生修慧的条件，在意识层面，修慧可超越意识，有断烦恼的作用。

图 17-4　禅定生慧

最高完全智慧称作般若波罗蜜。般若即智慧之意，是释家特有的智慧。波罗蜜，意即"到彼岸"。总的说，智慧可分为有分别智和无分别智两大类。有分别智，是指"智慧"意识到"对象"，并且与所意识到的对象对立的情形；无分别智，是指"智慧"没有意识到"对象"，而与对象合为一体者，乃最高证悟的智慧。可是，获得此等最高智慧的佛或菩萨，并非就此停止，他们还要以此等智慧从事救济众生的慈悲活动。此时，该智慧又成为觉察救济对象（众生）的有分别智，但此一智慧，乃是获得最高无分别智后所产生的，与以前的有分别智不同，故称为有分别后得智。

释家证悟道是通过"无分别智"达到的，称为"现观"。所谓现观，指通过禅定，不经语言概念的中介，用释家"智慧"，直接体验佛道的一种意会认识方法。作为"现观"认识对象的佛道是"四圣谛"——苦、集、灭、道，因而"现观"又称"圣谛现观"。这种"现观圣谛"的活动从认识内容上来说叫"见道"。"观"之称"现"，旨在界定这种观照的直接性，"现谓现前。明了现前，观此现境，故名现观"（《成唯识论述记》卷九）。因此，"现观"又可解为"直观"。"佛教所提倡的'现观''亲证'，要求排斥名言概念的中介，使'心'与'境'直接契合，亲身体验到所谓'真如'"①。

在戒、定、慧三者关系中，通常是由戒生定，由定发慧，慧又转过头来，指导持戒，指导修定，这样就连环地形成了螺旋态而向佛道的迈进。这个过程的关键是一个"灭"字，因为缘起引起惑、业、苦，产生无尽的苦因苦果，要脱此苦海，就要朝产生苦因苦果的反方向努力，即止灭缘起。灭的过程是由外

第十七章

———————
① 任继愈主编：《中国佛教史》（第1卷），中国社会科学出版社，1985年，第145页。

及内、由表及里,先从持戒开始,止恶修善,进而定神定心,使身心由染转净,在净中生慧,通过渐悟或顿悟,直接"现观"到大道本体。这一过程,可用图17-3表示。

依戒、定、慧三学修行,是佛学一般性观点,有中国特色的禅宗(南禅)对此进行了大胆改革,以自性的觉悟为核心,提出了"不立文字,教外别传;直指人心,见性成佛"的顿悟方法,免去戒定慧三学的所有烦琐步骤,一悟直达佛道,爽快干脆,如图17-3左侧箭头所示。

(二)东方三段论

在本书的创造思维篇,我们介绍过古希腊亚里士多德的三段论,即由大前提、小前提、结论三部分组成的形式逻辑演绎推理方法。下面我们要介绍的是与西方三段论迥然不同的东方三段论,或称金刚三段论。西方三段论是一种言传的认识,以概念为基础;东方三段论是一种意会的认识,以直觉为基础。理解东方三段论,对认识中西会通创造学的境界篇十分必要。

日本铃木大拙禅师曾说过这样一个例子:有一位老禅师举起了一根竹篦,问弟子是否见到了它。这是发人深省的一问。如果说见到的是竹篦,那就是物的表相,不是禅。如果说没有见到竹篦,那老禅师明明白白地将竹篦出示在面前,也不能作否定的回答,否定了,也不是禅。这似乎很犯难,其实,老禅师是要僧人们作出另外一种超出常规的回答。禅不是浅薄的东西。禅要洞开我们"第三只"眼睛,以此发现物的奥秘。那个既看见了竹篦又没看见竹篦的眼睛便是"第三眼",在这里,即指人所得到的观察事物的非形式逻辑的思想方法。[1]

要解开铃木大拙思想方法之谜,就必须了解"东方三段论"。

听赵朴初先生讲,毛泽东曾和他开玩笑说:"佛经里有些语言很奇怪,佛说第一波罗蜜,即非第一波罗蜜,是名第一波罗蜜。佛说赵朴初,即非赵朴初,是名赵朴初。看来你们佛教还真有些辩证法的味道。"从这里看出毛泽东是熟悉《金刚经》的。"佛说,即非,是名"是《金刚经》的主题,全部《金刚经》反复讲说的就是这一主题,后面的"应无所住,而生其心"就是这一主题的引申。这个主题,解答了"降伏其心"的菩萨心行的关键,历来为中国佛教徒所

---

[1] [日]铃木大拙:《禅者的思索》,中国青年出版社,1989年,第35页。

重视。①

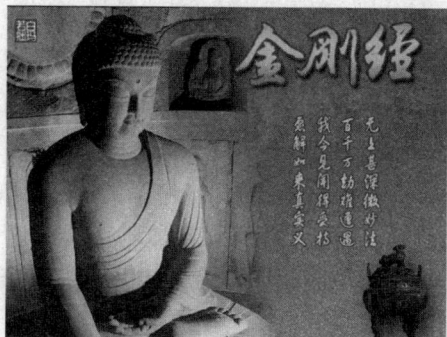

图 17-5　《金刚经》

　　"佛说—即非—是名"的句式在《金刚经》中反复出现达28次之多,例如:佛说般若波罗蜜,即非般若波罗蜜,是名般若波罗蜜;是实相者,即非实相,是故如来说名实相;凡夫者,如来说即非凡夫,是名凡夫。这一句式比较完整地表述了《金刚经》般若思想的基本特色,在大乘般若思想体系中居于十分重要的地位。学者们称之为"般若学的三句话""即非"论理学、"金刚宝剑""即非—是名"双遣否定法等等。这一句式,使笔者联想到亚里士多德逻辑学上的三段论,它奠定了西方形式逻辑学的基础。我们也可以称上述《金刚经》句式为"金刚三段论",或广义地讲是"佛学三段论",或"东方三段论",它代表了一种东方特有的认识论和方法论。老子的"道,可道,非常道;名,可名,非常名"(《老子·一章》)所表达的思想方法,和金刚三段论本质上是一致的。它是成佛达道的必经阶梯,是意会认识论的首要方法。

　　金刚三段论的理论根据,来源于《金刚经》中一段话:"如来所说法,皆不可取,不可说,非法,非非法。"原始佛教把释迦如来奉为唯一的佛,把佛所说的法看成句句是真理,而且是永恒的、不能变更的神圣教谕和永恒的不能消失的实体。这是对佛法的固执、僵化,是对佛性的背离。大乘般若着眼纠正这一误区。明确宣布,"如来所说法,皆不可取,不可说"。关键点在这个"说"字上,佛法在本质上是不可以言传、不可执着的,只要一沾"说"字,说出的东西不论是什么内容,不论是什么人说(包括如来本人所说),皆不是真正佛法。这个真佛法在佛学上称为"真谛"(亦称"第一义"或"胜义"),和"真谛"相对立的是"俗谛"(亦称"世谛")。《摩诃般若波罗蜜经》卷二四中说"佛告须菩

_____
① 贾题韬:《坛经讲座》,四川人民出版社,1993年,第31~32页。

提:世谛故分别说有果报,非第一义。第一义中不可说因缘果报。何以故?是第一义实无有相,无有分别,亦无言说",这就是说,俗谛是有相、有分别、可言传的,而真谛是无有相、无分别、不可言传的。般若的智慧是认识和觉悟真谛的智慧,它在本质上无法言传,佛教称之为"不可思议"。达道成佛实际是进入一个很高的精神境界。这个境界是一个整体,它无形无相,无言无语,既不可执相而取,亦不可语言表达,而只能体悟亲证。陈雄说:"如来所说者,无上菩提法也,可以性修而不可以色相取,徒取则何以深造于性理之妙?可心传而不可口舌说,徒说则何以超出于言意之表?须菩提所以辩论,两言其不可也。是法也,微妙玄通,深不可识。一以言有耶,虽有而未尝有;一以言无耶,虽无而未尝无。此非法非非法之意,真空不空,其若是乎!"(《金刚经集注》)这里,已谈到"非法,非非法"之意,这是对"如来所说法皆不可取、不可说"一语的进一步判断和分析,既然"不可取、不可说",就可以对"法"下否定性判断,以"非法"立义,即认为"法"是"空无",带有对"法"绝对否定的意思。但事实上,佛法并非绝对的空无,只是不可执取、不可言说。因此,后面又有"非非法",对"非法"观点否定和修正。如果说"法"是有,"非法"是无(空),则"非非法"是非有非无,真空不空。正如颜丙所说:"法属有,非法属无。执有著相,执无落空。所以道不是法,不是非法。"(《金刚经集注》)

"中道者,以一真心不住有无二边,故称中道。"(《宗镜录》卷八六)这一不住两边的思想很深刻,即使俗谛和真谛,也不能只住一边;言传和意会,也不能孤立只承认一个方面。金刚三段论的句式以及"法,非法,非非法"的表述,充分体现了这一点。但话又说回来了,不住两边,并非把两边看成半斤八两,平均看待,而是有所侧重,其侧重点在"即非""非法""真谛""非取相""非言传"的一边,以此边为"体",而以与其相对的另一边如"俗谛"等为"用"。后者在金刚三段论中称为"是名",即名称上的、语言上的、假有上的意义。《金刚经》说:"如来常说,汝等比丘知我说法,如筏喻者。法尚应舍,何况非法。"这是一个很精彩的比喻,如来说法,用语言表达出来的一切东西,就像乘筏渡水,渡罢舍筏一样,仅是权宜之计、方便之用,绝不可执着在这些说法上不可自拔。这使我们联想到庄子将"言"比作打鱼的工具,将"意"比作鱼,得鱼忘筌,得意忘言的比喻。这和筏喻有异曲同工之妙。既然"法"可以舍弃,作为法的对立面"非法"也没有执着的必要了。非法是对法而言的,法既舍弃,非法也就没有意义了。留下的只是"阿耨多罗三藐三菩提"(无上正等正觉)。

《金刚经》说:"说法者,无法可说,是名说法",达道成佛的大彻大悟境界,确实无法言说,这是问题的实质。但为什么还要"是名说法"呢?这就是要通过"是名说法"这条船,普度众生,启发众人觉悟,引导走向大彻大悟的修行方向。

由上可见,"金刚三段论"是由言传认识过渡到意会认识的重要工具(筏、船、桥),不仅具有佛学意义,而且具有普遍的认识论意义。研究东方认识论,不能不研究"东方三段论"。

前面我们曾引铃木大拙所说老禅师举竹篦的典故,学了东方三段,读者必然会有兴趣问,现在应怎样回答老禅师的问题呢? 看了下面这则典故,读者自会豁然开朗。

"世尊在灵山会上,拈花示众。是时众皆默然,唯迦叶尊者破颜微笑。世尊曰:'吾有正法眼藏,涅妙心,实相无相,微妙法门,不立文字,教外别传,付嘱摩诃迦叶,'"(《五灯会元》卷一)释迦牟尼在灵山会上,拈起一朵鲜花给众人看。众人一时不知怎样反应才好,只有其大弟子迦叶破颜微笑。释迦牟尼看后非常高兴,立即将不立文字、教外别传的禅宗大法以心传心,传给迦叶。迦叶遂成佛祖之后的禅宗第一祖。

这是一个相视而笑、目击道传的典型例子,是禅宗有着永恒魅力的第一公案。这一"微笑",也用得上"东方三段":佛说微笑,即非微笑,是名微笑。因为在会心一笑中,看似普通微笑,实质是师徒二人传道的过程,包含无限微妙难言的内容。

(三)"东方三段"对创造学的启迪

"东方三段"对中西会通创造学有什么启迪呢? 以创造技法学习为例,它可以引导创造者认识创造技法的局限性。创造技法在启发初学者来说,确实有一定的解放思想的作用,但学技法不是创造的目的,技法本身也不是万能的灵丹妙药,如果只是沉浸在技法的知识学习和细节分析之中,把掌握技法的多少,当作衡量创造学水平的标准,那就会离创造实质越来越远。

"说法者,无法可说,是名说法",这句话很深刻。创造就其本质而言,确实是无法可说,因为创造技法只是帮助创造者打破习惯思维的束缚,提示些发散或收敛思考的方向方法,但究竟如何创造,哪一个技法也无法做出精准的回答。如果有一种技法,只要一用,创造就能成功,那创造就不成其创造了。正如钱学森所说,如果创造方法"要真成了一门死学问,一门严格的科学,一门先生讲学生听的学问,那大科学家也就可以成批培养,诺贝尔奖金也就不稀罕了"①。因而就创造本质而言,确是"无法可说"。但如果创造学一点不谈技法,也不像创造学了,所以技法还要说,可是要明确"是名说法"。创造技法是从名言概念上说的,不是从创本性和境界上说的,这一点必须明确。这说明技法是一种外在的工具,可以利用,但不能混淆为内在的本质。内在的本质是什么? 就是创造者对创造之道的领会和把握。

初学者常用技法,成熟的创造者却很少用技法,因为后者能够"万法归一",进入一个"无为而无不为""无法而无不法"的高层创造境界。如果给牛顿、爱因斯坦或给鲁迅、老舍讲创造技法,大家都会感到是"画蛇添足",因为他们所达到的创造境界,已远远超越了创造技法层面。对于高境界的创造者而言,任何局限在技法层面的言论,都有"拖泥带水"之嫌。笔者翻阅近三十多年国内出版的创造学著作感到,向创造境界层面引导读者的著作微乎其微,而技法越谈越多越细,且大同小异,给人"山重水复"的印象,这是值得注意的。"东方三段",给我们指出了"柳暗花明又一村"的方向。

清代著名画家、苦瓜和尚石涛有一句名言:"至人无法,非无法也,无法而法,乃为至法。"(《画语录·变化章》)大意是:人们常说创造高人"无法",所谓"无法",并非说没有任何方法,而是说没有形成定法的方法,是最高的方法。换言之,能够说出来的方法,都不是最高的方法。最高的方法可以称作"道"或称作"一",它们是一种整体的境界,是无法用语言表达说清的。

(四)明心见性

吴立民先生指出:"中国佛教的特质在禅,中国佛教的兴衰也在禅。禅宗是中国独创的一个佛教宗派,它使佛教中国化发展演变而成为中国化佛教。"②印度禅是如何转化为中国禅的呢? 其转化标志,就是慧能禅法及其《坛经》。

慧能禅法的主旨是提倡单刀直入的顿教。他既倚重经教,又主张摆脱经教名相的思想束缚。他强调自证于心,不外求佛。他还进而主张归戒入禅;强调定慧一体,反对定慧割裂;认为一切时中行、住、坐、卧动作,都可体悟禅的境界。这就从根本上突破了传统禅学的框架,改变了"念佛净心"的东山法

---

①　周林等主编:《科学家论方法》(第1辑),内蒙古人民出版社,1984年,第2页。

②　《中国嵩山少林寺建寺1500周年国际学术研讨会论文集》,宗教文化出版社,1996年,第192页。

门,并与当时神秀北宗的渐教相对立。慧能的自性清净、自悟本性、直了顿悟的心性论,在整个中国禅宗心性史上带有某种转折的意义。①

图 17-6　慧能《六祖坛经》

　　顿教,就是以"顿悟"为核心的教法。中文"顿悟"一词,较早出现在东晋、南北朝时竺道生的佛学观点中。慧达《肇论疏》中引道生《顿悟成佛论》(已佚)语:"夫称顿者,明理不可分,悟语极照,以不二之悟,符不分之理,理智恚释。"言佛教之理是不可分的整体,故悟亦不分阶段。

　　慧能及禅宗的"顿悟"不是一个名词术语,而是一套完整的理论与实践体系。禅学的顿悟学说,是"立无念为宗,无相为体,无住为本"(《坛经·定慧品》)。这是慧能就禅宗的"宗、体、本"问题做的重要结论:它们是立足在"三无"基础上的。这"三无"不是绝对的空无,而只是说要看破现象、深入本质,不要执着滞留在现象以及解释现象的层次上。所以慧能接着说:"无相者,于相而离相;无念者,于念而无念;无住者,人之本性。""外离一切相,名为无相。能离于相,即法体清净,此是以无相为体。"这里的离一切相,包括离各种物相(可闻可见的现象)和名相(名词概念),确切地说是超越这些"相",而达到一种实相(无相之相)的境。对于"无念",慧能解释说:"无者,无何物? 念者,念何物? 无者,无二相,无诸尘劳之心。念者,念真如本性。真如即是念之体,念即是真如之用。真如自性起念,非眼耳鼻舌能念。真如有性,所以起念。"(《坛经·定慧品》)这一段话的分析很重要。慧能指出,"无念"之中的"无"字是指"没有分别"(泯灭一切差别对立)之心,无须在"眼耳鼻舌身意"上着力辨别。文中"二相"指一切对立的现象或事物的两个方面,如生灭、有

①　《中国嵩山少林寺建寺1500周年国际学术研讨会论文集》,宗教文化出版社,1996年,第188页。

无、内外、黑白等。有"二相"称有待，无"二相"称无待。所以"无"，就是"无待"，而六识（眼耳鼻舌身意）都是在"有待"条件下进行的，所以要舍弃这些认识方法。那么真正的"念"来自何处，来自真如本性。真如是诸念之"体"，念是真如之"用"。这里现象和本质、体和用的关系明朗化，"念"的本质在"真如本性"上，是"真如本性"应用之表现，"真如有性，所以起念"，这是画龙点睛之点，真如有自性，所以是万念之源。把"念"的立足点定位在"真如自性"上，是一种正念（无念之念）。所以很清楚，"无念"不是"百物不思，念尽除绝"，而是透过念的假相，看到念的本质。

由上可见，要达到佛法最高境界，就要对万事万法，相相不留，念念不驻，无粘无缚，无染无垢。这也就是"无住"之本的意思。对万事万法皆不住，那么对"佛法"住不住？慧能的回答是彻底的：对"佛法"也不能住。他指出："见闻转诵是小乘；悟法解义是中乘；依法修行是大乘；万法尽通、万法俱备、一切不染、离诸法相、一无所得，名最上乘。"（《坛经·机缘品》）"最上乘"，是超越小、中、大诸乘的，"无住之住""无法之法"。

《坛经》指出："学道之人，一切善念恶念，应当尽除。无名可名，名于自性。无二之性，是名实性。于实性上建立一切教门，言下便须自见。"修道成佛的关键是"自见"，即须从自性中起，于一切时，自见本性清净，自修自行，自成佛道。"须自见性，常行正法，是名真学。"（《坛经·忏悔品》）

由上述分析，我们得到两个关键点，一是"自性"，"一切万法，皆从自性起因"（《坛经·顿渐》）；一是"自见"，"自性"本身无念无相，不可用语言表达，只能自悟自见。但"自性""自见"的场所是什么呢？是自心。"汝今当信佛知见者，只汝自心，更无别佛。"（《坛经·机缘品》）这里强调了"即心即佛"的思想，佛、道、真如、般若等不在身外，而在每一个人的内心。我们顺着《坛经》的思路推演，由"三无"（无念、无相、无住），得出了"三自"（自性、自见、自心），或者说由"三无"，自然显露了"三自"。以"自性"为核心的"三自一体"是《坛经》立论的核心和特色所在。

《坛经》开篇，慧能有一句话："菩提自性，本来清净。但用此心，直了成佛。"这句话相当深刻精彩，可以说是《坛经》全书的灵魂。这句话初读很平常，似乎没有什么特别之处，但当我们读了很多经典，陷入无数名词概念之中，前思后想，左右为难之际，再体会这16个字，顿有令人拨云见日、豁然开朗之感。这不仅是对佛法精华的概括，也是对中华文化精髓总结。由此，明心见性，直了成佛的顿教水到渠成。

慧能谈到顿悟时,描述道:"若起正真般若观照,一刹那间妄念俱灭;若识自性,一悟即至佛地。"(《坛经·般若品》)这是一个刹那间发生的整体性变化过程,在妄念俱灭的同时,正真般若豁然而生,没有思量的时间,也没有言传的余地,"即自见性,直了成佛"。对此,慧能做了一个很形象的比喻:"如天常青,日月常明,为浮云盖覆,上明下暗,忽遇风吹云散,上下俱明,万象皆现。"(《坛经·忏悔品》)"如天常青,日月常明"喻"菩提自性,本来清净";"浮云"喻"妄念",于外著境,被妄念浮云盖覆自性,不得明朗。一旦顿悟,则如风吹云散,内外明彻,于自性中,万法皆现。

在诸多佛教经典中,《坛经》是一部最少宗教彼岸色彩的著作,透过一些佛教术语,我们看到的是一个完整的以"明心见性"为宗旨的本体论、认识论、方法论学说。这里我们用《坛经》的语录,总结禅宗体系的一些要义:

(1)禅宗主旨:不立文字,教外别传,直指人心,见性成佛。

(2)禅宗本体:无念为宗,无相为体,无住为本。

(3)禅宗认识:识自本心,见自本性。自悟自解,以心传心。

(4)禅宗方法:菩提自性,本来清净。但用此心,直了成佛。

(5)人间佛学:佛法在世间,不离世间觉;离世觅菩提,恰如求兔角。

(6)大众佛学:自性若悟,众生是佛;自性若迷,佛是众生。

(五)明心见性对创造学的启迪

介绍了禅宗"明心见性"的思想,读者自然要问:这些思想和创造学有什么关系,莫非创造学也要追求"明心见性"的境界? 此问题问得好,笔者的回答是肯定的。

创造有"成物""成己"两大功能,"明心见性"实际是"成己"的最高体现,是创造之道的核心问题。当然,从"明心见性"的途径看,佛家和创家大不相同,佛家遵循的知苦、断集、证灭、修道的途径,其关键是一个"灭"字;而创造学遵循的是知新、断集、证生、修道的途径,其关键是一个"生"字。一"生"一"灭",二者给人以"南辕北辙"之感。从这个意义上说,二者是不同的,我们没有必要勉强学禅者去创造,也没有必要勉强学创者去拜佛。

但"明心见性",不是停留在"生"或"灭"的层面,而是要超越生灭的对立,达到一个更高的境界。这个境界既不是"生"境,也不是"灭"境,而是"非生非灭、亦生亦灭"的宇宙人生至境。从这个意义上说,禅学与创造学在"明心见性"的最高境界上是一致的,"灭苦"和"生新"并非水火不能相容。事实上,彻底的"灭苦",必然"生新";全面的"生新",必然"灭苦"。禅者和创者,各有其长,亦各有其短,但由于职业和学科所隔,二者缺乏交流,以致今日"明心见性"的层次都不够高。

图 17-7　元音老人

元音老人(李钟鼎,1905—2000)指出:"见性须从明心上下手,离心无性可见。因为性体无形象,不可见,而心是用,用无相不显,从有相之心用,方可得见无相之性体。我人之思想、工作、创造、发明,乃至今日世界之文明,皆是心之作用。要见性,即须从这些作用上来见,离开作用,即无性可见。"①这里元音老人用中华文化的"体用"概念,解释了"明心见性"的关系,其中"明心"是明心之"用","见性"是见性之"体"。二者是不能割裂的,"体无形相,非用不显;性无状貌,非心不明"。难能可贵的是,这位修禅者把创造和发明都列入心之"用"范围,通过创造发明的实践,也可以见本性。这样,从"成己"的角度说,创造学亦可以说是一种"明心见性"之学。由于以往创造学过于偏向"成物",而对"成己",特别是对创造境界修养关注很少,所以对"明心见性"很少涉及。

从"识本心、见本性"的角度说,禅道与创道本质是相通的,禅道的修行方法从整体上对创造学建设有多方面的、深远的启发意义。这已引起创造学界的注意,日本高桥诚主编的《创造技法手册》将"坐禅法"列入百种创造技法之一,并由著名创造学家恩田彰撰写该技法的内容要点。当然,仅仅将禅道的修行作为一种创造技法借鉴,是远远不够的,它对创造境界的修行、创

①　元音老人:《佛法修证心要》,四川宗教文化经济交流服务中心,1998年,第10页。

造之道的体悟,价值更为重要,意义更为深远。

在本书第一章,我们曾给出创造的四层含义,其中第三层为:创造是只可在实践中体会的一,是不可言传的道。如何达到这一层面呢?各类创造学著作都没有探讨,而禅宗却给出了修道悟道完整的理论和方法,这一方法的核心,就是不停滞于任何有言有形的层面,直接顿悟人之"自性",而这正也是创造之道需要采用的方法。我们要超越创造技法的层面、创造思维的层面,飞跃到创造之道的层面,确实要借鉴:"无念为宗,无相为体,无住为本"的思想,"不住"技法,"不住"思维,"不住"任何语言和有形的层面,直接在创造实践或对创造的感悟中体验创造之道的奥妙。这也就是:"应无所住,而生其心。"第一章创造的第四层定义为:创造是创造者最高本性的呈现。觉悟创造本性,更是一个"明心见性"的过程。

《坛经》云:"未见本性,只到门外,未入门内,如此见解,觅无上菩提,了不可得。无上菩提,须得言下识自本心,见自本性,不生不灭。于一切时中,念念自见,万法无滞,一真一切真,万境自如如。如如之心,即是真实。若如是见,即是无上菩提之自性也。"这段话很精彩,也很深刻。所谓"无上菩提",就是觉悟道的最高境界,如果不能体认自己的本心本性,就是站在了这个最高境界大门之外,未入大门。悟透了"自性",就是悟透了宇宙人生本质,就会在人生的每时每刻体现出来,诸事诸物通达无滞,把人带入一个不生不灭、真实无妄的最高境界。

上述分析,有些抽象,若在创造的实践中,觉悟自性,会有什么样具体感受呢?正如一位学者描述的:"在创造的经验中,忧郁性、二分性、奴役性将被克服。我再说一遍,我所了解的创造不是指文化作品的创作,而是为了向另一种更高的生活、新的存在而产生的全部人的存在的激动与热情。在创造的经验揭示出:'我'主体比起'非我'客体来,是第一性和更高的。同时,创造和自我中心中义也是对立的,它是忘却自己的,它力图趋向超出自己,创造的体验不是固有的不完善的反映,它引向世界的改造,引向新的天和新的地,这种新的天地应当由人来准备。"[①]当然,这里说的是悟道引起的观念变化,而不是道本身的描述。

禅学特别强调了悟道,亦即见自性过程中的"顿悟",具有深刻意义的。体验"创造之道",也有鲜明顿悟现象,而且伴随着马斯洛(A.H.Maslow)所说

① 〔俄〕别尔嘉耶夫:《自我认识—思想自传》,上海三联书店,1997年,第205页。

第十七章

的"高峰体验"(peak-experience)。马斯洛指出:"这种体验可能是瞬间产生的、压倒一切的敬畏情绪,也可能是转眼即逝的极度强烈的幸福感,或甚至是欣喜若狂、如醉如痴、欢乐至极的感觉(因为'幸福感'这一字眼已经不足以表达这种体验)。""最重要的一点也许是,他们都声称在这类体验中感到自己窥见了终极的真理、事物的本质和生活的奥秘,仿佛遮掩知识的帷幕一下子给拉开了。"①生活中的高峰体验是多方面的,不见得都与悟道有关;但悟道必然伴随着强烈的"高峰体验"现象。创造之道的感悟更是如此,而如果我们只是埋头创造技法和创造思维的理论分析,我们就无法理解顿悟和高峰体验的真谛。在我们对创造过程的分析中已指出,大体可以分为准备、孕育、豁朗、验证四个阶段。其中孕育、豁朗两个主要阶段与禅学方法密切相关。豁朗阶段与禅学的顿悟关系最为明显。在创造的某个瞬间,创造性的新观念可能突然出现,呈现出"豁然开朗,一通百通"的境界,这也就是《坛经》所说的"即时豁然""豁然大悟",也就是顿悟状态。创造学使用的"顿悟"概念,直接来自禅学。

　　创造孕育阶段与禅宗学关系也很密切,但不那么明显,需要稍做分析。所谓孕育阶段,就是指经过近似饱和的反复思考,创造仍未突破,陷于困境之时,暂时放弃主动的、有意识的思维,使精神进入一个松弛、无意识的状态,以打破思维定势,解放人体潜能。禅学的方法,恰与上述方向相应和。《坛经》云:"若欲知心要,但一切善恶都莫思量,自然得入清净心体,湛然常寂,妙用恒沙。"意思是说,要得禅宗精髓,就要停止思考、分析和推理,自然而然契合本来清净的心体,湛然明净,永恒静寂,其妙不可言的功用如同恒河滩上的沙粒一样数不清。

四、实践亲证事例

例一:心灯

很久以前读到过这样一个古老的故事。

一只捕鱼船上住着老艄公和他的儿子,常常爷俩高挂桅灯,摇着一叶扁舟到深海捕鱼。那满舱的星光,那轮明月,是老艄公岁月里恒开不败的花朵。可是,老艄公害上眼疾,几乎致盲,但是仍陪伴儿子下海捕鱼。

---

① [美]亚伯拉罕·马斯洛等:《人的潜能和价值》,华夏出版社,1987年,第366~367页。

图 17-8　老艄公

一夜,艄公父子正在捕鱼,突然阴云乱滚,恶浪汹涌,狂烈的风哗啦一声就拍碎了桅灯,顿时他们卷入了黑色的漩涡,覆舟在即,"爸爸,我辨不出方向了。"儿子绝望地喊着。

老艄公踉踉跄跄地从船舱里摸出来,推开儿子,自己掌起舵。

终于,小船劈开风浪,靠向灯火闪烁的码头。

"您眼睛不好,怎么能辨出方向。"儿子不解地问。

"我的心里装着盏灯。"老艄公平静地回答。

我忘记了故事的名字,今日读了一段禅语,立刻想到它,并断定它的名字:"心灯"。

只要心中悬挂着一盏明灯,走到哪里不都是一片光明吗?

(作者:顾力,天津师范大学中文系硕士研究生)

〔点评〕这个故事很简短,但寓意十分深刻。慧能禅师云:"一灯能除千年暗,一智能灭万年愚。"(《坛经》)认为一盏明灯可以驱除千年的黑暗,一念智慧可以消除万年愚昧。这里所说的"灯"或"智"都是对"道"的比喻,而禅宗认为所谓"道",就是每个人心中的"自性"。"自性若悟,众生是佛;自性若迷,佛是众生。"(《坛经》)明心见性是禅宗的最高追求。

第十七章

例二:禅与创(教学手记二则)

2000年3月24日　第一次课

图17-9　方丹敏老师上课

这堂"蓄谋已久"的选修课终于开张了,以前上大学时只知道为了拿满学分必须去听诸多教授的选修课,而在这诸多的选修课中,又难得有自己喜欢的,仲林师的"美与创造"便是属于难得的那种。而今竟轮到自己站在讲台上向这帮十六七岁的高中生讲"美与创造"了,真是既兴奋又紧张,虽然我知道其中的大部分也是冲着学分来的,但毕竟将有98朵花儿怀着好奇的心来听我到底要讲些什么,所以起始课着实让我思考了很多天,所幸的是这几天的精心准备与担心终于有了结果。

首先是向学生作的自我介绍:"大家好,我叫方丹敏,是你们这门选修课的老师,但是站在你们面前的人并不是方丹敏,而是那个叫方丹敏的人。"底下一片惊愕之色,于是我接着说道:"因为早在一千多年前,伟大的哲人释迦牟尼就曾对弟子须菩提说'须菩提,佛说般若波罗蜜,即非般若波罗蜜,是名般若波罗蜜。'真正的我,并非是那个叫方丹敏的我,那么真我何在呢? 我不知道,也许在坐的各位也有不知道的,那么从这堂课开始,我们一起来找找看吧。"底下一片哗然。但当我让他们也对自己的名字作一番非常介绍时,他们开始认真思考起来。

有画画的,有唱歌的,有讲故事的,甚至还有演哑剧的,但是大部分思路未能从名字拓开去。

后来有位女孩站起来,念了一首藏尾诗:庭院深深深几许,浮名浮利,方丹敏。这下轮到我面露惊诧之色了,女孩嫣然一笑,接着说道:"庭院深深深几许,乃欧阳修《蝶恋花》首句,我认为要找寻真我,需要投石问路,我还希望老师能在这过程中能抛开浮名浮利,找到真我。"

掌声响起……

女孩的名字叫许利敏。

2000年6月28日　第十次课

今天是最后一次课了,有些不舍,孩子们表现得很好。当我每次怀着惴惴的心情向他们讲老子,讲庄子,讲禅宗,讲中国文化中关于创造的精微论述时,本以为他们会听不大懂的,不曾想,每一次他们都给了我以热烈的回应,而且能够将思维拓展到很大的范围,这与我先前的设想大相径庭。在开这门选修课之前,因受了一些忧思中学教育现状之类论调的影响,总以为这帮孩子已被应试教育折磨得毫无创造力可言了,其实创造的种子一直埋在他们心里,一触即发,一旦展现,便无法再用所谓的标准或框架去限定它,它是自然的,美丽的,如一株刚出土的新芽,带着晶莹的露珠在阳光下神采飞扬。而我一直以为自己在"教"他们创造,却到最后一堂课才明白,其实创造是不可教的,正如老子所说的"道",它是不可说的,一说,便落入"非常道"了。这点领悟,恰恰来自那个只写了三句话的学生。

今天学生们都将上次课布置的体会交上来了,大部分同学都做得很认真,且都在规定的字数(1500字)以上。令我惊讶的是,平时天天坚持来上课的黄准却只交上来三句话:"何谓'道'? 我不知道,因为不知道,所以我也不知道创造,不知道美。"我知他悟性颇高,这三句话也颇耐人寻味,然而,我却认为他在耍小聪明,有意逃避作业(离1500字还差得远哪!)于是我将他叫上来,进行了如下对话:

我问:"你现在饿吗? "

生答:"有点饿。"

我再问:"那么你现在想干什么去呢? "

生答:"我想出去玩。"

我还问:"既然饿了,便去吃饭,为何本末倒置? "

生答:"如果我去吃饭,便是听了你的话,感觉一般;如果我去玩,便是听了我自己,我会感觉很快乐,我为什么要压抑自己呢? "

我愕然,继之一笑,给他打了最高分。

《五灯会元》中有语录曰:出世后,僧问:"如何是禅? "师曰:"入笼入槛。"僧抚掌,师曰:"跳得出是好手。"僧拟议,师曰:"了!"如今,他们已经潇洒地跳出,而我却仍在笼中转悠,为什么? 因为不知"道"也!

(作者:方丹敏,《大学生》杂志社编辑,曾任中学教师)

〔点评〕韩愈在《师说》中云："师者,所以传道受业解惑也。"提出了教师传道、授业、解惑三大职责,且把"传道"放在首位。现实中多年以来,只重授业,忽视传道,道之旨趣已鲜有人知。重新启动"传道"难,启动"传创造之道"更难。方丹敏上大学时曾是笔者学生,现在某县中学任教,大胆开设选修课,尝试传创造之道,其中既有道锋创智,又有禅机妙语,这种清新活泼的探索精神,可敬可贺。

第十七章

第十八章　创造大道致中和

致中和，

天地位焉，

万物育焉。

——《中庸》

日本发明学会会长丰泽丰雄曾提出"一日一发明"的口号，他回忆说：

> 我曾大力提倡发明，以至于提出"一日一发明"的口号。这个口号或许太过分了，颇有重数量轻质量，鼓励滥作发明之嫌。有一个热衷于发明的人，积极响应我的号召，经常拿一些十分不中用的平庸发明来请我代为申请专利，使我啼笑皆非，深有自作自受之感。后来有一位前辈告诉我，发明这东西像洪水猛兽，是不能轻易提倡的，弄不好会使人见异思迁，失去安贫乐业的品质。我一时也反省自己提出这种"放虎归山"的口号是不妥当的。
>
> 大约两年后，那位曾大量发明平庸构想的人，逐渐地发明出一些比较实用的发明来，有的甚至是卓越的发明。确实令人刮目相看。据他告诉我："我对于发明的兴趣很浓，尽管长久以来，一直发明不出像样的东西，却坚持一日一发明的做法，不料熟能生巧，现在好像有了点窍门。我想假如从失败的经验中摸索发明的奥秘，终会越来越好。只要一生中发明了一件中用的发明，前面的失败也就值得了。"
>
> 经他一说，我才感到，"一日一发明"的口号还要继续提倡下去。好的发明不是轻易就能产生的，必须有杰出的发明家来做出；而培养杰出发明家的最好方法，莫过于广泛地鼓励多作发明、勤作发明，不要因失败放弃发明。（丰泽丰雄：《发明入门》）

　　丰泽丰雄的反思启人深省：当把"一日一发明"重点放在成功成物时，就会感到量虽多但成功少，口号不值得；当把重点放在成人成己时，就会感到是培养人才最好方法，口号价值和意义深远。由此，我们对"创造"的讨论也由"成物"的焦点，转入"成己"的焦点。

　　"一日一发明"与"性与天道"的关系是什么？丰泽丰雄没有涉及。本章我们在已有的儒家、道家、易家、禅家的修道方法基础上，进一步探讨一下创家的修道方法以及诸家致中和的途径方法。

一、知大本而达至境

　　在本篇的论述将涉及许多关于天地万物的观点，有的读者可能纳闷：谈天说地，这是什么创造学？与提高创造能力有关系吗？请读者注意，这正是东方创造学与西方创造学的不同聚焦点。西方创造学考虑的重点是创造成果的实现，无论创造是思维还是技法，都比较具体实用，聚焦点是"成物"；而东方创造学考虑的重点是创造者的觉悟，无论创造心性还是境界，都关注"明心见性"，聚焦点是"成己"。"成己"把创造放到宇宙人生的大背景下思考，把创造视为宇宙万物发展的必然，人要觉悟这种必然，就能在实践中充分发挥自己的创造潜能，谱写新的人生。

　　中西会通创造学是将"成物"与"成己"融会贯通的学问，本书的创造心性、创造思维、创造技法、创造境界的四篇结构，正是中西创造学通贯的体现。

　　（1）第一篇创造心性梳理了中国哲学心性论的核心议题变革的历程，从古代"善恶之性"，经过近代"生生之性"，到现代"创造之性"的转化，这种转化，是在西学东渐的大背景下出现的，受到了西学的深刻启发和影响。不过，在创造心性篇中，创造性尚是一种潜在的未发之性，正如《中庸》所说："喜怒哀乐之未发谓之中；发而皆中节谓之和。"在创造心性篇中，人的创造性尚处"未发"的状态，谓之"中"。

　　（2）从第二篇创造思维起，创造之性付诸实践，通过意象思维和概念思维的一阴一阳互动，朝"发而皆中节"的方向迈进，以达到"和"。

　　（3）第三篇创造技法，则是把创造思维转化为具体的可操作方法，以利在创造实践中应用，凸显了技法"成物"应用的功能。

　　（4）不过，创造的技法的作用是有限的，不是沿用创造技法模仿就一定能做出创造性成果，因为"创造"有"只认第一，不认第二"的特性。第一个创造人做出的新成果可以称为创造,第二个人做的和第一个人一模一样,也不能再称为创造。所以真正的创造大家,不是靠创造技法拐杖前行的人,而是超越技法,达到"无法而法"境界的人。这样,我们就自然进入第四篇创造境界。

第四篇(本篇)关注的中心不是"成物"而是"成己",即关注的焦点从创造成果,转到创造的人。这一转向,仿佛又回到第一篇创造心性,但不再是心性的"未发"态,而是付诸创造行动后的"已发"态,其追求是"发而皆中节谓之和"。这一"和",不是单纯的创造者自身的心灵之和,而是涉及"天人合一"的"致中和,天地位焉,万物育焉"(《中庸》)的"大和"。在分述了儒家、道家、易家、禅家修道方法后,本章将在论述创家修道方法基础上,探索在创造之道背景下,诸家整体上的致中和问题。

东方创造学对"天人合一"大境界的追求,有着源远流长的历史,是中华文化固有的本色。我们可以用康熙帝御赐"学达性天"匾额为例简要说明,见图18-1。

图 18-1　康熙皇帝御赐"学达性天"匾额

康熙二十六年(1687年)康熙帝向多个祠堂、书院赐"学达性天"匾额,例如周敦颐祠堂、张载祠堂、二程(程颢、程颐)祠堂、邵雍祠堂、朱熹祠堂、岳麓书院、白鹿洞书院等。以如此规模赐同样文字匾额,不仅体现出对这些地方传承理学、培养人才的表彰,也体现出康熙帝对"学达性天"的特别钟爱。"学达性天"有着丰富的内涵,是中华传统文化精华的缩影。

虽然"学达性天"四字是康熙题写的,但其思想却是出于《论语》。首先,"学达"两字来源《论语·宪问》:子曰:"莫我知也夫!"子贡曰:"何为其莫知子也?"子曰:"不怨天,天尤人;下学而上达。知我者,其天乎!"由此可见,学达的含义是"下学上达"。

孔子说:"志于道,据于德,依于仁,游于艺"(《论语·宪问》),其中"游于艺",即学习礼、乐、射、御、书、数六门功课,属于下学;而"志于道",追求领悟道的境界,属于上达。"据于德,依于仁"则是下学上达经历的两个中间阶段,

"仁"是上下转换的枢纽。在第十五章我们介绍过冯契"转识成智",实际上就是一个"下学上达"的过程。下学指的是学知识、学方法,上达是达智慧、达道。下学是可以言说的,可以老师教,学生学,谓之"授业",而上达是不可言说的,老师不教,学生不议,在实践中体验,谓之"传道"。

简言之,"下学上达"是悟道的"一体两端",下学以上达为目的,上达以下学为基础。无下学则上达空洞,无上达则下学浅薄。

其次,"性天"两字来源《论语·公冶长》:子贡曰:"夫子之文章,可得而闻也;夫子之言性与天道,不可得而闻也。"由此可见,性天的含义是"性与天道"。《中庸》说:"天命之谓性,率性之谓道,修道之谓教。"魏晋时期的何晏注曰:"性者,人之所受以生也。天道者,元亨日新之道也。深微,故不可得而闻也。"认为人的性是天命所授,而天道生生日新、变化不已,都是微妙不可言的,所以是"不可得而闻"的。把人的本性与生生不已的天道视为一个整体,包含着重要的哲理思想。本章我们将结合创造问题,进一步做深入诠释和解读。

朱熹在其《四书章句集注》中引用程子(即程颢、程颐兄弟)的解释:"学者须守下学上达之语,乃学之要。盖凡下学人事,便是上达天理。然习而不察,则亦不能以上达矣。"这说明,性与天道就隐含在日常行为实践之中,凡是做人处事的实践,都可以通达"性与天道"的境界,但如果没有对上达的觉察悟性和坚定追求,也不能做到上达。

下面我们就以张岱年综合创新论观点为基础,阐述一下"创造"视角下的"学达性天"观。对此,张岱年用的是"知本达至"一语。

(一)本至之辨

在中国传统哲学中,有一个久远的传统,认为宇宙本原也就是人生理想的最高标准。老子以道为世界本原,宣传"孔德之容,惟道是从"。朱熹认为世界最高本原是太极,而太极的内容就是仁义礼智四德。陆王认为道德的根源在于本心,本心即是天地万物之本原。早在20世纪40年代,张岱年就提出了不同于前哲的"本至之辨",即认为人类道德理想与宇宙本原属于不同层次。他指出:

> 事物有本有至,本者本根,为最原始者,为一切之所基。至者至极,为最圆满者,为一切之所趋。昔人多以本至为一。中国先哲之所谓太极、

太和、道,西哲之所谓绝对,皆既是本根,亦为理想之所在。实则本必非
至,至必非本。本为大化之原始,至为大化之极致,是二非一。

　　本为物质,至为圆满境界。①

　　张岱年认为,"本"是指物质,"至"是指精神(境界),二者有重要区别,澄
清了古人本至不分的缺陷。"本至"看似只是个术语问题,但实际是影响中华
文化深化发展的一个重大原则问题。古人本至不分,造成了许多思想混乱。
张老师对此正本清源,严格界定,意义深远。

　　针对儒家将宇宙本原和人伦道德混淆在一起的弊端,张岱年指出:有人
类而后有人伦。在未有人类以前,无仁义礼智等道德原则可言。道德原则不
能违背自然规律。但是一件事情可以合乎自然规律而不合乎道德原则。在自
然界无所谓善恶,在社会生活中则必须明辨善恶的区别。宇宙本原(本根、本
体)与道德理想(理、义)属于不同层次。

　　在"本至之辨"中,张先生以辩证唯物论为指导,通过"本"与"至"的划
界,既坚持了物质第一的唯物主义观点,又弘扬了中国传统哲学对人生理想
的至高境界追求。

　　说到这里,我们只谈了"本""至"关系的一半,即本至之"辨"的问题;还
有另一半:本至之"化",即本至如何通过"化",连贯成一个有机整体。

(二)本至之化

　　这里的"化",有变化、生化、演化之义。张岱年指出:"存在是变化历程。
宇宙之中一切皆历程。世界是历程之总和。凡物皆一历程。凡物皆为一相当
持续的统一体。其统一体之发展变化,形成一历程。"②着眼事物变化的历程,
是张岱年哲学思想的一个重要特点。他认为,宇宙是一大历程。中国古代哲
学关于天道有一个基本观念曰"生"。所谓天道即是自然界的演变过程及其
规律。所谓生是指产生、出生,即事物从无到有,忽然出现。与生密切相关的
观念曰"行",曰"逝",曰"变"。行即行动,亦即过程。

第十八章

---

① 《张岱年全集》(卷1),河北人民出版社,1996年,第442页。

② 同上,第369页。

图 18-2　宇宙发展是一个创造历程

《易传》进一步发展了"生"的观念。《系辞上》说:"日新之谓盛德,生生之谓易。"《系辞下》说:"天地之大德曰生。"又说:"天地氤氲,万物化醇;男女构精,万物化生。"《易传》高度赞扬了生,以为"天地之大德",更提出了"生生"的范畴,表示生不是一次性的,生而又生,生生不已,这即是变易。《系辞上》说:"在天成象,在地成形,变化见矣。"《易传》肯定了变化的实在性与普遍性。这种观点,用现在的名词来说,即是过程的观点,认为一切存在都是过程,存在即是生生不已,变化日新的过程。这是一个非常深刻的观点。

张岱年的"生生日新"观点源自《易传》,是其七十多年学术生涯中一直坚持的一个基本思想,是综创论的核心范畴。张岱年不仅坚持了"生生日新"观,而且结合时代需要和自己实践体会,对这一观点内涵进行了新的提升和引申。他首先对"新"的含义进行了辨析,指出:现有而前所未有者,谓之新。一般所谓"新",乃有四指。①事之新。凡事起而随过。后一事起,前一事过。对于前一事而言,后一事可谓之新事。②物之新。凡物有成有毁,甫成之物不论其性相与已有之物之性相异同如何,俱可谓之新物。③类之新。宇宙常有前所未有之类出现,可谓之新类。新类亦即具有前所未有之通贯恒常之物。故类之新亦即性之新。④等级之新。物之基本类别,谓之等级。前所未有之等级,今突然有之,谓之新等级。等级之新,可谓之根本性之新。在对"新"辨析的基础上,张岱年进而提出了传统哲学未曾涉及的新范畴。他指出:

新类与新级由未有而为有,谓之创造,亦曰创辟,亦曰开辟。创造即前所未有者之出现。宇宙历程之中常有新类发生、新级成立,故宇宙为创造的历程。①

---

① 《张岱年全集》(卷3),河北人民出版社,1996年,第145页。

这个新范畴就是"创造"。"创造"一词古已有之,但并未引起古代哲学家注意,张岱年将之引申为中国哲学的基本范畴,有重要的理论意义和实践意义。这一范畴所具有的深刻内涵不仅是儒、道、释所未有的,也是《易传》"生生日新"学说未曾达到的。这一范畴的确立,是传统向现代转化的一个关键环节。

总而言之,宇宙是物质的发展历程。宇宙是物质之生生不已的创造历程。

(三)知本达至

将"本至之辨"和"本至之化"综而论之,便自然引出了"知本达至"的话题。1996年笔者在编辑《张岱年教授"综创论"访谈录》一文时,曾向张老师请教:能否用"明本舒至"一词概括"综创论"中心思想,张先生亲笔改为"知本达至",并指出"用'知本达至'来概括我的基本思想,十分恰当"①。笔者认为,"知本达至"是张先生对自己哲学思想的一个深思熟虑的概括,是"综创论"核心观点的精炼表达。"本至之分""本至之化",都是对本至关系的客观认识,而"知本达至"则是在这一认识基础上,对认识主体提出的要求,这里不仅有"知"的成分,也有"行"的成分,是"知"与"行"的合一。

在"知本达至"中,"知"是认识、知晓的意思,通过以上分析,我们了解到,"知本"至少含有三层意思:①知道天人皆以物质为本,物质是构成世界的基础;②物质世界呈物、生、心等"一本多级"的结构;③世界的形成和进化,是一个生生日新、创造不息的过程。"达"是抵达、达到的意思,"达至"指主体经过努力而实现"至"的目的,这既是一个认识过程,更是一个实践过程。"达至"也包含三层意思:①"至"是"知天知人、穷理尽性"而达到的人生最高境界;②"至"是人类本性、自觉、理想的展现,是真善美的结晶;③"至"的践履和实现,亦是一个生生日新、创造不息的过程。由上可知,本至是有重要区别的,二者本质的不同,但通过"生生"和"创造"的双向联系和作用,形成一个对立统一的有机整体。这一"知本达至"过程可用图18-3简示。

第十八章

---

①　刘仲林:《张岱年教授"综创论"访谈录》,《天津师大学报》1996年第5期,第9页。

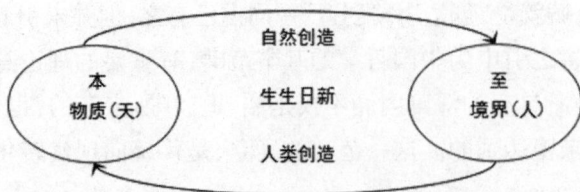

图18-3 知本达至简示

在图18-3中,左侧圆代表"本",即物质,是古人称之为自然界的"天";右侧圆代表"至",即境界,是人类心灵达到的理想的极至,古人统称之为"心"。二圆分立,表示本至有别,二圆又通过由本到至、及由至到本的双向作用,连成一个有机的整体。其中从本到至的作用,由图上方的箭头表示,它指出了自然创造的方向,即物质经过漫长的进化,从无生命到有生命,从简单生命到人类,总体上说,这是一个无意识的、非自觉的演化过程;从至到本的作用,由图下方的箭头表示,它指出了人类创造的方向,即人类通过生产劳动及各项实践活动,在改造自然改造社会的同时不断改造自己,达到极高的精神境界,总体上说,这是一个有意识的、自觉的实践和认识过程。图中间的生生日新,表示由自然创造和人类创造而形成的自然万紫千红、社会日新月异的发展态势。应当指出,这里所用的"创造"一词,是张岱年所定义的广义"创造",不是通常仅指人类行为的狭义"创造"。

对于广义创造观,笔者曾以"天人共轭"表达之。"天人共轭"是笔者2014年正式提出的一个词。[①]"轭"的本义是牛、马等拉东西时架在颈部的套具。"共轭"则表示两个(或两个以上)的轭并排联用,以使两头(或两头以上)牛能够协同前行。在现代,"共轭"(conjugation)也是一个自然科学名词,主要指按一定的规律相配的一对,通俗地说类似孪生现象。例如,共轭复数是指,实数部分相同而虚数部分互为相反数的两个复数。本文所说"共轭"是指,天道(自然)的创造与人道(人类)的创造相呼应,共同构成广义创造观。之所以用"共轭"一词,是因为虽然在形上的层面上,自然创造与人类创造实质是一致的,但两者的表现形式,如创造主体、过程、机制、方法,毕竟有重大不同,一个是自然进化中的创造,一个是自觉实践中的创造,两者在"下学"层面有实质性不同。这多少有点类似共扼复数中实数部分相同而虚数部分互为相反数。

---

① 刘仲林:《中国哲学"诚"的概念演进四阶段》,《天津师范大学学报》(社会科学版),2014年第5期,第14页。

简言之,我们可得出"知本达至"的二层含义:知物质之本,达心灵(境界)之至;知生生之本,达创造之至。前者是从"存在"层面说的,后者是从"过程"层面说的。

由此,我们可以推出人生的价值和理想:

> 人之作用在自觉地加入自然创造之历程中,调整自然,参赞化育。人的创造亦即是天的创造,人改造自然亦即是自然之自己改造。人克服天人之矛盾以得和谐,亦即是天自克服其中矛盾以得和谐。①

人之所以为人,在于能有所创造,在于自觉而有理想,在于能依理想而克服物质自然。人应发挥其创造力,而日进无疆。张岱年深刻指出:"人生意义由创造出,且在创造中。"②

二、创家之道的修养

(一)图解创家的修道层次

以上,我们简要介绍了张岱年先生的"知本达至"思想。这一思想源于《易传》生生哲学,是其弘扬和发挥,同时又注入鲜明的时代精神,使古老的生生哲学发生质的飞跃,从而展现出一个与传统儒、道、释、易不同的求道、修道、证道途径和方法。这一方法的核心是"创",即以"创"为中介,通过体悟天人的创造历程,达到道的人生最高境界。这一思想可用图18-4来表示。

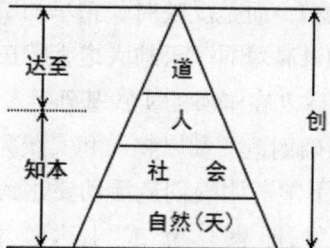

图18-4　创家修道层次

① 《张岱年全集》(卷1),河北人民出版社,1996年,第394页。
② 同上,第380页。

由图18-4可以发现,此图与易家修道图(见图17-1)既有联系又有区别。

相同的是,修道图中主要成分都是道、天、地、人四个要素,即都是放眼天人大境界,将心物贯通为一。但天、地、人的排列顺序大不相同,易家是以道、天、地、人的顺序排列,而现代求道图是以道、人、地、天的顺序排列。创家修道图强调了修道的物质和实践基础,即以"自然"为求道之本,物质第一,精神第二,道并非心灵的随意想象,而是由物质开始的进化使然;接着在"社会"层次,进一步强调了修道的社会实践性,道并不是一个人关在屋子里编造出来的,而是社会实践的产物,只有在丰富多彩的现实生活实践中(即古人说的"行"),我们才能发现并体验道的真谛。这两个层次属于"知本","自然"相当于古人说的"天",即物质世界,"社会"相当于古人说的"地",即实践世界。"知本"体现了马克思哲学的实践唯物主义观点和现代科学精神。

沿"知本"阶段而上,是由"人"和"道"组成"达至"阶段。人是自然进化和社会发展的最高产物,具有至高的地位,是"知本达至"的主体。以人为中心,向下着眼,通过自然科学、社会科学、技术科学,可以清晰明了的"知本";向上着眼,通过对道的追求,可以上升到"天人合一"的"达至"境界。人是自然进化之"至",而道是人的心灵之"至",所以道可以说是至中之至,而这个最高的"至"不是脱离自然,而是使自然与心灵融合为一,即本和至的在认识实践中的一体化。正是以心灵为基础,人才能体验无法言传的道;正是通过道,人才能够物我齐一,达到至中之至的境界,这即是"达至"阶段人与道的关系。"知本"是"达至"的物质与实践基础,"达至"是"知本"的理想与精神追求。"达至"体现了中华文化的理想追求和现代人本精神。

现代修道法的另一个鲜明特点,即修道的关键环节,不是儒家的"仁",道家的"自然",释家的"灭",也不是易家的"生"(关于儒道易禅各家修道方法,本篇前面诸章已论述),而是反映时代精华的"创",即认为只有通过"创",人才能够达到道的最高境界。天地人之大德曰"创",这一由传统到现代的转向,使求道和修道建立在坚实的实践基础上。

结合创造学而言,明确创造活动以物质和实践为基础,努力掌握各种创造技法,即是"知本"或"下学";明确创造活动要达到"随心所欲,不逾矩"的境界,体会创造之道的奥妙,即是"达至"或"上达"。不言而喻,"下学"问题我们已探讨过,本章重点探讨"上达"问题,即如何通过修行达到创造之道的境界。一些创造学者关注到"自然创造"和"人类创造"问题,例如,有的指出:"创造可以分为两类。一类是自然的创造,如星云的收缩创造了星球,地球就是自然的创造物之一；地壳的运动创造了山脉湖泊；物种的进化创造了人类等等。另一类是人类的创造，如古人类在劳动中创造了工具；人类在探寻自然的创造奥秘的过程中创造了科学；人类在自身的发展过程中创造了灿烂的文明等等。"①杨德和刘树林还提出了将自然创造和人类创造作为一个整体纳入创造视野的"广义创造学"设想，认为："广义创造学是专门研究各类事物从无到有生成过程的一般规律的学科。它以普遍存在于自然界、人类社会及人脑思维中的各类创造现象的共性为自己的研究对象"②。

不过，创造学界对"自然创造"与"人类创造"关系深入研究很少，似乎大家都有这样一种默契："自然的创造，不是本教程所关心的内容。本教程以后提到的创造，都是指人类的创造"③。这不是中西会通创造学观点，因为中华文化讲天人关系，每一个重要的范畴和概念都着眼于宇宙人生整体大视野。对创造的研究自然也不例外。我们以上介绍的《易传》生生日新观点，以及由此转化发展而来的张岱年"知本达至"思想，都十分清楚地显示了这一特点。

（二）创造的明心见性

孟子说："人有鸡犬放，则知求之；有放心，而不知求。学问之道无他，求其放心而已矣。"（《孟子·告子上》）意思是说，家中的鸡狗丢了，知道去寻找，有的人丢了本心，却不知道去寻找。学问之道没有别的，就是把丢失的本心找回来。人的本心，就是人的最高本性，这一本性不是别的，就是创造。这就是说，学问之道无他，就是把原创之心找回来。年轻时代的曹禺未失本心，所以创造之泉喷涌；中年后由于种种原因失去了本心，创造之泉随之枯竭。晚年曹禺先生深情地说："我是真想在80岁的时候，或者80岁之前，写出点像样的东西来。"在这段话的背后，我们又看到了先生努力找回的本心。朋友，您的本心是否丢失，是否找回？

① 蔡惠京等：《创造力开发实用教程》，湖南大学出版社，1997年，第12~13页。
② 王文光主编：《创造教育的理论研究与实践》，《发明与革新》增刊，1997年，第132页。
③ 蔡惠京等：《创造力开发实用教程》，湖南大学出版社，1997年，第12~13页。

第十八章

三、实践亲证事例

例一：感悟创造

创造是人的本性，是人天性中本来就有的东西，它不是从外边灌输进去的，它是大自然赋予人最宝贵的东西。正如古人云："天命之谓性，率性之谓道，修道之谓教。"（《中庸》）意思就是，天赋予人一种本性，遵循人的本性去实践就是道，用道修己化人就是教。自由发挥这种创造的本性，就是修道的最高境界。

我妹妹有两个孩子，是双胞胎，一个男孩，一个女孩，今年3岁，正是对外界充满探究的年龄，他们的感悟性是很强的。虽然没有学过音乐和舞蹈，每当音乐响起来的时候，他们不自觉地就开始随音乐跳舞，姿态非常的美。男孩与女孩的领悟是不同的，女孩随着音乐有节奏地扭动屁股，动作很协调，男孩则随着音乐，不停地在地上翻跟头，又蹦又跳，动作夸张，越是人多的时候，越爱显示自己，动作越多。这都是他们本性的一种自我发挥，让人感觉是那么的协调与自然，毫无造作之美，没有人为的作用。

图 18-5　率性之谓道

我的女儿今年8岁，已接受2年的舞蹈学习，跳舞时反而没有3岁孩子那样的自由、自然。当音乐响起来的时候，跳的都是老师教的规范动作，很标准、专业，但已看不到自由自在发挥的天性，而且年龄越大，越拘束，越缺乏个性的创新。规矩有了，率性之道却丢失了，不仅舞蹈教育，其他教育也是如此。例如，孩子回家写作业，字与字之间的间隔非常小，字挨着字，密密麻麻，看起来既费眼也不美观。我让她拉大字的间隔，她说是老师要求的，字写得密，老师给"优"，就应该这样写。老师喜欢密写的字，全班就一律密密麻麻的字,毫无变通,这哪里还能看到"率性之谓道"的踪影?

创造是人的天性,教育在注重给学生以规律和规矩的同时,应更注重给学生以自由自在发挥天性的空间和时间。

(作者:李敏,解放军运输工程学院教师)

〔点评〕孟子云:"大人者,不失其赤子之心者也。"(《孟子·离娄下》)赤子之心就是童心,大人不失童心,就是不失天赋之性。这种天赋之性最本质的内涵是什么?李敏以其细致的对孩子们的观察比较,得出了富有启发性的结论:创造是天赋予人的最宝贵本性。遵循这种本性就叫"道",用"道"修己化人就是教。在现实的教育中,由于忽视了"传道",孩子们在增长各种知识的同时,却丢失了自己自由自在创造的本性,这是值得深思的。

例二:临川二中的校训①:志道、据德、知本、达至

图18-6 临川二中校训书法展示

2012年4月7日,临川二中第九届二次教工代表大会通过了临川二中新校训:志道、据德、知本、达至。

该校对校训的解读如下:

"志道""据德"出自"志于道,据于德,依于仁,游于艺"(《论语·述而》),是儒家学习、教育的纲领。该校把孔子雕像作为校园标志,以圣人为友,以儒家为宗。

"志"是志向、志愿的意思。"道"是儒家理想中的最高境界。根据大道而立志,这样人生的格局才够大。"志道"强调立志要高远,理想要宏大:寓意青年学生要树立远大理想,承担起宏伟的历史使命。"君子学以致其道"(《论

---

① http://lcez.com.cn/ezfc/ezfc.asp?keys=%D0%A3%D1%B5.

语·子张》)。理想应有用于国家、社会、人类的发展,在奋斗中实现自身的价值。"据"有执守意。"德"通"得",代表个人精神达到的境界,可理解为道德、品行。据道德而执守,这样就有了人生的底线。《左传》有云:"太上有立德,其次有立功,其次有立言。"该校把"品德高尚"作为育人的首要任务,坚持育人为本,德育为先。"据德"寓意该校师生德才兼备,不断发展,成为舒展的人、博雅的人、大写的人。

"知本""达至"是张岱年对自己哲学化思想的概括,是学习、修身的具体方法。

"知"是认识、知晓的意思,"本"是根本、基础的意思,"知本"就是知世界之本、万物之基,即为潜。攻读,博学求知,钻研科学的理念,学习广博的知识,发展实践的技能。青年学生要把握青春宝贵的时光,铸就毕生事业的基础。

"达"是抵达、达到的意思,"至"是至极,最圆满的意思,"达至"指学生经过努力而达到心灵之至、学业之至的境界。"达至"是"知本"的更高层次,而贯穿"知本达至"的是"创造"。教育者不仅要教授学生知识,更要培养学生端正的心性及行为。在创造中最终实现知识与能力的统一,物质与精神的统一,自然与心灵的统一。人是自然进化和社会发展的最高产物。"志道据德"是为了培养人,教育人,发展人。我们基于此种教育理念,以人为中心,向下着眼,通过教授自然科学、人文科学,社会科学的知识,教育学生实现"知本"的目标;向上着眼,通过对道的追求,引导学生上升到"达至"的境界。

(摘自临川二中校训释义)

〔点评〕江西临川二中将孔子的"志道据德"与张岱年的"知本达至"结合起来作为校训,把古今哲人思想落实到教育的实践中,很有特色和意义。在此之前,还有曲阜师范大学物理学院等将"知本达至"作为院训,这些大中学校对张先生思想的关注,是传统文化与现代创造思想结合的生动例子。在临川二中校方对校训的解读中,明确指出张岱年代表的新文化之道,即"创家"之道,并引用张岱年"生即是创造"的观点。这和本书中西会通创造学的理念是一致的,一所学校全面落实这一理念,意义深远。期待在校训的引导下,有更多的师生觉悟创造之道的至真至善至美,学校在教育实践上取得更大成就。

四、创造大道致中和

（1）从一定意义上说，中华文化发展史上的诸子百家，都是内容、风格各异的修道派，其中儒、道、释三家影响尤为深远，具有较典型的代表性。本篇集中反映了儒、道、禅（释家中国化的代表）三家经典的部分修道观，以使读者直接感触到中华传统文化的原典风貌。

从修道方法上说，儒家（孔子、孟子）运用的是间接求道法，即通过仁为中介，由仁而致道；道家（老子、庄子）和禅宗（慧能）运用的是直接求道法，没有中介，直接悟道。老子的书名为《道德经》，专讲道和德，藐视"仁"的存在，他甚至说"大道废，有仁义"（《老子·十八章》），意思是大道被废弃了，才有所谓仁义问题。禅宗讲"不立文字，教外别传，直指人心，见性成佛"，这更是典型的直接悟道方法。

间接修道法由于有根植于社会现实的中介，而具有较强的入世性，儒家以"仁"为纽带，修身、齐家、治国、平天下，社会参与感很强；但是"仁"是一个以宗法血缘关系、孝悌为基点的范畴，定位伦理，若仅以此为中介，有明显的局限性，难以单独担当通大道的重任，且焦点集中在"仁"，容易忽略道的存在和对道的探求，造成崇仁息道的结果。直接求道法径直以道为目标，不借中介之力，不驻语言之层，直入超凡入圣之境。由此，直接求道派发展了一套较完整的直觉思维、意会认知、心性境界实践方法，形成了独具特色的认识理论，这是中华传统文化对世界文化最重要的贡献之一。可惜这一瑰宝，常被冠以"神秘主义"而被今天多数人鄙弃。当然，直接求道法由于缺乏现实社会中介，因而形成"佛氏证空寂，道家悟虚静"（熊十力语）的倾向，其看破红尘的出世指向，是消极的。

中华传统文化中的儒、道、释虽然渊源流长、博大精深，但是由于其本身时代局限性以及千年经学思想的束缚，缺乏变革转化，无奈已经脱离现代精神的主流。因为今日世界，是一个竞争的世界；今日的时代，是一个创新的时代。儒、道、释虽然观点各异，但是其思想的主要缺陷，却惊人的一致——忽视人的自然和社会的创造实践。两千多年来，在经学思想的统治下，中华民族的创造力被压抑、禁锢；这是中华民族近代落伍的主要文化原因。

能不能将直接求道法和间接求道法结合起来，取长补短，走出一条新的求道之路呢？在这一方向上探索最早，且最具有影响的是以《易传》为代表的易家生生学派。大家知道,《周易》是由经、传两部分组成的,其中《易传》出现较《易经》晚,是以解经的形式,容儒、道为一体而形成的,因而既有直接修道法的足迹,也有间接修道法的踪影,特别是《易传》中"富有之谓大业,日新之谓盛德,生生之谓易"的宏大的宇宙观和人生观,充满生机勃勃的精神,更是感人肺腑、撼人心灵,包含了超越易、儒、道原典思想的独到建树。《易传》生生学说是中华传统文化走向现代化过程中,富有生命力的接榫点。

(2)在前面两章中,我们已经分析了儒家、道家、易家、禅家四大学派的修道方法,并给出了修道层次的图示。现在我们对四个图作一个整体审视和比较。

儒家、道家、释(禅)家、易家的修道方法,可用金字塔图形示意,四个图共同点是顶端皆为道,表示道是中华文化的最高追求,达到道的方法则各有千秋。这里我们做一汇总比较,如图18-7所示。

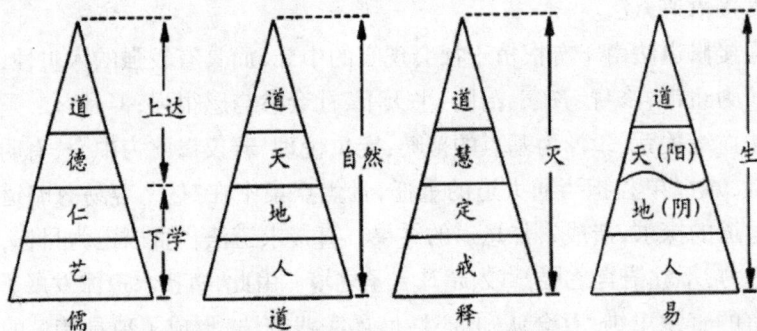

图18-7　四大学派修道方法比较

在上述讨论的基础上,我们将儒道释易求道图融会贯通,中和致一。儒道释易之间存在着两两一组的互补规律,或辅车相依,或相反相成,形成一个十分协调对应的整体。例如,儒家和道家,一个着眼点重在社会(伦理),一个着眼点重在宇宙(自然),二者形成存在(空间)上的互补;释家和易家,一个注重"灭",一个注重"生",二者形成在过程(时间)上的互补。若用阴阳太极图来表示,则形成图18-8两个太极图。

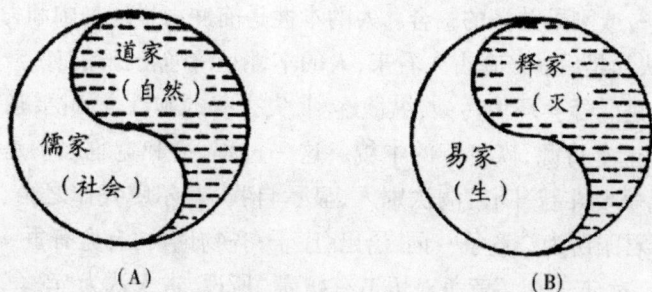

图 18-8 （A）儒家道家在空间上互补 （B）释家、易家在时间上互补

在我国许多学校的教学楼中,贴着敬、静、净几个大字,有尊敬、安静、洁净的意思,是建设校园环境氛围的目标。三个字三层意思,却统于一个音,很有趣味。不知读者是否了解,这里也凝聚了儒、道、释三家的思想和精神境界。十几年前,笔者在天津师范大学给学生讲中华文化课时,一次在去教室的楼梯上看到这三个字,突发联想,感觉到与儒、道、释有不解之缘,课余仔细推敲,更觉对应之巧妙。

我们通过敬、静、净,模拟儒、道、释的思想,还有一个"竞"没有引起我们的注意。西方工业文明起飞的原因有许多条,归根结底是开发和高扬了人类竞争和创新精神。当东方还在过着日出而作、日落而息的田园生活时,西方已开始在工业竞争的起跑线上赛跑, 这一工业竞赛愈演愈烈,并辐射到经济、科技、文化、教育各领域,人类社会发展获得了前所未有的加速度。东方人也不得不放弃其田园牧歌式的生活, 加入到这一日新月异的全球大竞争中来。为了适应这个竞争创新的时代,中华传统文化必须有一个大的转化,以反映现时代的精神。确切地说,中华新文化应把竞争视为道德应有之义,且是其核心含义之一。当然,竞争与敬、静、净并不是对立排斥的,后者是前者公平、健康、深入发展的重要条件,我们也没有理由丢弃敬、静、净思想的精华。

由此,我们得到了既反映时代精神又包容传统精神的四个字:竞、敬、静、净。如果这几个字各自独立写出来,读者联想到的恐怕还是西方市场经济的"竞"、与我国传统的儒、道、释,那么关键是四者有机统一,统一于什么? 统一于"创"。即:

创=竞·敬·静·净

上述式子反映了一种涌动争先的前冲力量与一种沉静和谐的中和力量

第十八章

的对立统一，或刚柔并济的整合。人的本性是前冲力量还是中和力量？我国古代学者认为是后者。在古人看来，人的本性是清净善良的，如赤子婴儿，纯洁无瑕，只是受社会环境污染，纵欲逐利，失去善的本性，因此要通过敬、静、净等修行，正本清源，恢复善的本貌。这一过程，恰和竞争之举是针锋相对的，因为竞争要斗智斗心，淘汰别人，显示自我，有尔虞我诈之嫌、纵欲逐利之忧，绝非君子所为。竞争一词，语出《庄子·齐物论》："有竞有争"。郭象注："并逐曰竞，对辩曰争。"竞争对悟道有妨碍。所以，古人认为"竞争"是扰乱人本性的东西，是堕落污染的根源，必须将其消灭。老子称："我有三宝，持而保之：一曰慈，二曰俭，三曰不敢为天下先。"（《老子·六十七章》）

　　以敬、静、净为象征的中华传统文化有许多长处优点，但其最大的缺点和不足，就是把竞争精神排斥在外，视竞争为道德的异端，将竞争思想扼杀在摇篮里。如果说敬、静、净、竞是一桌牌，则传统文化恰恰是三缺一。这里需要指出的是：在《易传》生生哲学中，敏锐地发现了"天地之大德曰生"的重要思想，揭示了"生生日新"的自然社会进步事实，再向前走一步，万物在竞争和协同中进化发展的本质即呈现出来。可惜由于前贤坚持用已有的儒家、道家理论解释，未能进一步揭示出大自然生生日新现象背后的竞争实质。不过比较而言，在中国诸家学派中，《易传》"生生日新"的观点离"竞争"观点最为接近。我们可以把易家作为中华文化中的"竞"的代表。

　　今日，我们应从一个新的角度认识竞争。谈到竞争，我们自然会联想到达尔文的生物进化论。进化论清楚地表明，物竞天择，适者生存，优胜劣汰。生物就是在生存竞争的环境中发展起来的，只有竞争才有进化，才有五彩缤纷的生命世界。竞争是大自然亿万年进化打在生物体本性上的一个印记。

　　达尔文曾说过："我们常常从光明、愉快的方面去看自然界的外貌，我们常看到了极丰富的食物，而没有注意到在我们四周闲散歌唱的鸟类，大都取食昆虫或植物种子，因而不断地毁灭了生命；我们忘记了这些鸟类和它们的卵或雏鸟，亦常常被鸷鸟或猛兽所残噬；并且也没有注意到食物在目前虽丰富，但并不是每年的一切季节都是如此。"这就是严酷无情的生存竞争。

　　由此我们清楚地看到，自然界的"竞争"是一个价值冲突的矛盾体：既有破旧立新、择优汰劣的一面，也有弱肉强食、残酷无情的一面，亦即含有至高的"善"，同时含有卑下的"恶"。对大多数生物而言，竞争是无意识的，是一种生存的需要和本能；对人而言，不仅有自发的内涵，而且有自觉的意义。人类"理想"的社会竞争当然不是生物竞争的样子，而是具有扬善止恶特点的新型竞争,这种新型竞争是在法治社会下公正的竞争、有序的竞争、人性的竞争,换言之,是融竞、敬、静、净为一体的竞争,是人类由自发到自觉的竞争,我们用一个聚焦点来概括,就是:创。

古人讲天人合一,实际上,竞争是生物的天性,没有竞争就没有生物的进化,所以不包含竞争的天人合一是不完全的天人合一,竞争是符合自然天性的道德;当然,对人类而言,只有竞争也是不够的,还需要符合社会人性的道德,需要敬、静、净,这两方面的有机统一才能形成完整意义上的天人合一。

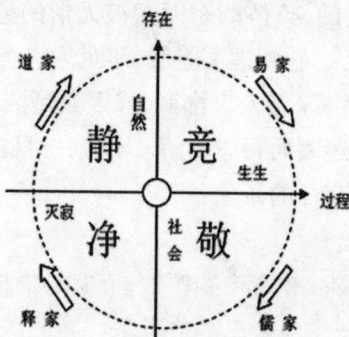

图 18-9　"创造"的生成图景

在图18-9中,有横纵两条坐标轴,纵轴代表空间、存在,横轴代表时间、过程。两条坐标轴垂直交叉,构成四个象限,分别代表四个学派和四种观点。

我们先看纵轴,纵轴代表空间、存在,对人而言,主要有自然和社会两种存在,箭头所指,代表自然方向,与之相反,代表社会。道家主张"道法自然",以自然为切入点悟道,位置在第二象限,用"静"象征;儒家主张"天下归仁",以社会为切入点悟道,位置在第四象限,用"敬"象征。

再看横轴,横轴代表时间、过程,箭头所指,为进化方向,代表"生",相反方向,代表"灭"。易家主张"生生日新",以"生"为切入点悟道,位置在第一象限,用"竞"象征;释家主张"明心见性",以"灭"为切入点悟道,位置在第三象限,用"净"象征。

创造是一个融竞、敬、静、净为一体的成物成己的实践活动。我们前面已指出,"创造"有两条标准:一是"新",二是"和"。"竞"代表标新立异的一面,着眼突破和创新;敬、静、净代表协调和谐的一面,着眼完成和完善。创造不是单纯的个人胡思乱想,而是涉及社会、自然、心灵的实践活动,儒家强调与社会的和谐,搞好人际沟通和合作,达到敬的境界;道家强调与自然的和谐,使创造回归自然,达到静的境界;释家强调与心灵的和谐,净化心扉,排除杂

第十八章

念,达到净的境界,这些对完善创造成果、提升创造境界、实现创造目的,都是非常重要的环节。当我们从实践的角度,全面完整的反思创造之道时,我们就会惊叹感道,中华传统文化的精华在创造的时代,依然永葆青春,大有可为。

当我们今天在传统东方文化长廊中漫步时,总会有一种矛盾的心理:一方面,那些浅层的、枝蔓的东西被急功近利的世俗炒得火爆,从儒商讨论,到易经测算,从文人感悟,到市人气功,到处可以看到儒、易、道、释的名号和术语;另一方面,那些深层的、整体的东西却被无情的忽视、冷落,使真正想深入了解中华传统文化的人,感到迷雾朦胧,难觅入口。

笔者也曾为寻找这一深层入口徘徊,或因典籍浩瀚、众说纷纭而不知所措,或因若明若暗、扑朔迷离而百思不解。不过,一旦精义入神,豁然贯通,则会出现另一种令人难以忘怀的景象:

> 每当我前进一步,看到迷雾四散,我就热情倍增。在那朦胧的迷雾后边,好像隐藏着一个伟大庄严的形象。雾散以后,至高无上的至尊以夺目的光辉显现出来。(康德:《宇宙发展史概论》)

这个至高无上的至尊就是"创造"。创造,昔日曾被看作是上天、上帝的专利,今天也显现在芸芸众生之中。这究竟是上天的人间之意,还是人间的上帝之情,我们无暇深究。重要的是,天地创造了人,人又创造了新的天地。天地创造是无意识、不自觉的,人类创造则是有意识、自觉的。人在创造新天新地的同时,也创造了新的自己,成为更自觉的创造者。中华文化总追求的"道",就呈现在这天人一体的创造过程之中。创造,不是通向道的唯一选择,但肯定是最反映时代精神的选择。

创造,既激动人心,也充满神秘。我们生活中的衣食住行,处处离不开人类创造,然而在漫长的岁月里,我们却很少反思和认识它。东方文化是人类最杰出的创造成果之一,其思想主流却是指导人脱离创造。这一违背人类本性的导向,是东方文化近现代衰落的一个重要原因。令人惊叹的是,一旦我们回身面对创造、校准东方文化指向时,东方文化成果竟成了独具特色的创学。

纸上谈道,不足为道。

反身而创,乐莫大焉。

附　录:

五十年中国创造学著作名录1000种(1966—2016)

1. 陈树勋编著. 创造力发展方法论. 台北:中华企业管理发展中心,1969
2. 贾馥茗. 发展创造才能的教学. 台北:商务印书馆,1972
3. 郭有遹. 创造心理学. 台北:正中书局,1973
4. 贾馥茗. 英才教育. 台北:开明书局,1976
5. 纪经绍编著. 价值革新与创造力启发. 台北:现代企业经营管理公司,1977
6. 王梓坤. 科学发现纵横谈. 上海:上海人民出版社,1978
7. 陈英豪等编著. 创造思考与情意教学. 台南:复文图书出版社,1980
8. 李幸模. 培养创造力. 台北:联亚出版社,1981
9. 峻才编著. 创造力. 台北:国家出版社,1981
10. 李跃滋等. 教育与工业中的创新. 北京:新时代出版社,1982
11. 吕胜瑛. 创造与人生创造思考与艺术. 台北:远流出版社,1982
12. 单志清编著. 发明的开始. 济南:济南出版社,1983
13. 商继宗等. 创造性学习心理学. 长沙:湖南教育出版社,1983
14. 梁大田编. 创造发明之路. 武汉:湖北科技出版社,1983
15. 董英编著. 发明者的思路. 北京:中国青年出版社,1983
16. 黄瑞焕等. 资赋优异儿童与创造能力的教学. 高雄:高雄复文图书出版社,1983
17. 袁张度. 创造与技法. 北京:工人出版社,1984
18. 傅世侠编著. 创造. 沈阳:辽宁人民出版社,1985
19. 芮杏文等主编. 实用创造学与方法论. 北京:中国建筑工业出版社,1985
20. 田龙翔. 发明创造的思维道路. 重庆:重庆出版社,1985
21. 许国泰. 产品构思畅想曲. 上海:上海人民出版社,1985

22. 陈梦林等. 创造发明的奥秘. 南宁：广西民族出版社，1985

23. 张三齐编著. 世界小发明. 西安：未来出版社，1985

24. 施羽尧编著. 创造思维浅说. 北京：中国展望出版社，1985

25. 王极盛. 科学创造心理学. 北京：科学出版社，1986

26. 周义澄. 科学创造与直觉. 北京：人民出版社，1986

27. 王加微等编著. 创造与创造力开发. 杭州：浙江大学出版社，1986

28. 钟吸知等. 创造性人才之路. 北京：中国展望出版社，1986

29. 颂兴主编. 论青年创造力的开发. 上海：上海人民出版社，1986

30. 詹宏志. 创意人. 台北：经济与文化出版事业公司，1986

31. 钱学森. 关于思维科学. 上海：上海人民出版社，1986

32. 余秋雨. 艺术创造工程. 上海：上海文艺出版社，1987

33. 李锡津. 创造思考教学研究. 台北：台湾书局，1987

34. 赵惠田等主编. 发明创造学教程. 沈阳：东北工学院出版社，1987

35. 许立言等. 青年创造发明基础训练. 上海：上海人民出版社，1987

36. 黄友直等编著. 发明与革新指南. 长沙：中南工业大学出版社，1987

37. 毛福平编写. 发明创造之路. 成都：四川少儿出版社，1987

38. 谢淑贞等编著. 小学怎样进行创造性教育. 上海：上海教育出版社，1987

39. 邵明德. 少儿创造思维的培养. 南京：江苏人民出版社，1987

40. 庞忠武. 创造发明入门. 西安：未来出版社，1987年。

41. 王柏森. 创造与信息. 南京：江苏人民出版社，1987

42. 谢燮正. 发明学入门. 广州：广东人民出版社，1987

43. 戚昌滋等. 创造性方法学. 北京：中国建筑工业出版社，1987

44. 张华夏. 综合与创造. 广州：广东人民出版社，1987年。

45. 胡学海. 创造力的自我开发. 南京：江苏人民出版社，1987

46. 张汉如主编. 青年创造力开发. 北京：解放军出版社，1987

47. 鲁克成编著. 创造心理与技法. 西安：西北大学出版社，1987

48. 肖云龙. 中小企业新产品开发36计. 武汉：湖北科技出版社，1987

49. 李嘉曾. 创造学与创造力开发训练. 南京：江苏人民出版社，1987

50. 胡健编著. 看不见的向导——创造学浅议. 武汉：湖北人民出版社，1987

51. 信明堂. 企业与创新. 北京：企业管理出版社，1987

52. 刘兴国编著. 开发创造性. 北京：企业管理出版社，1987

53. 王米渠编著. 凡人与创造. 郑州：河南人民出版社，1988

54. 鲁克成编著. 创造心理与技法. 西安:西北工业大学出版社,1988

55. 姚思源等主编. 创造性音乐教学新探. 重庆:重庆出版社,1988

56. 张三齐. 青少年发明入门. 合肥:安徽科学技术出版社,1988

57. 温元凯等编著. 创造学原理. 重庆:重庆出版社,1988

58. 刘志光. 创造学. 福州:福建人民出版社,1988

59. 吴明泰等编著. 发明创造学概要. 沈阳:东北工学院出版社,1988

60. 杨仲明. 创造心理学入门. 武汉:湖北人民出版社,1988

61. 关原成. 发明与革新的技巧. 太原:山西科学教育出版社,1988

62. 陈达专. 青年创造心理与智力开发. 长沙:湖南人民出版社,1988

63. 张唐生. 创造中的自我. 广州:广东人民出版社,1988

64. 王元瑞. 领导人才的创造素质. 北京:北京科技出版社,1988

65. 顾荣. 创造力的培养与提高. 济南:山东教育出版社,1988

66. 黄友直. 现代发明学导论. 武汉:湖北科技出版社,1988

67. 刘二中. 发明创造的艺术. 北京:科学普及出版社,1988

68. 赵惠田主编. 发明创造技法. 北京:科学普及出版社,1988

69. 洪道炯. 创造思维趣话. 南京:江苏人民出版社,1988

70. 程不时编著. 发明与革新. 重庆:重庆出版社,1988

71. 肖家棋等编著. 创造思维秘诀. 西安:陕西人民出版社,1988

72. 李默林编著. 创造能力培养与产品开发技术. 北京:航空工业出版社,1988

73. 朱文彬等. 人的思维与创造. 北京:解放军出版社,1988

74. 袁张度等编著. 企业青年的创造教育. 上海:上海社会科学院出版社,1988

75. 王玉秋等编著. 发明创造技法(一). 沈阳:东北工学院出版社,1988

76. 侯丽辉等编著. 发明创造技法(二). 沈阳:东北工学院出版社,1988

77. 谢燮正等编著. 发明的措施. 沈阳:东北工学院出版社,1988

78. 罗玲玲等编著. 发明成果实施. 沈阳:东北工学院出版社,1988

79. 陈龙安编著. 创造思考教学的理论与实际. 台北:心理出版社,1988

80. 未苍等编著. 中国现代发明. 北京:台声出版社,1988

81. 张玉成. 开发脑中金矿的教学策略. 台北:心理出版社,1988

82. 林毓生. 中国传统的创造性转化. 北京:三联书店出版社,1988

83. 刘道玉. 知识 智力 创造力. 长沙:湖南教育出版社,1989

84. 刘仲林. 美与创造. 银川:宁夏人民出版社,1989

85. 雷江旺. 创造教育. 西安:西安交通大学出版社,1989

86. 肖云龙. 创造性设计. 武汉：湖北科技出版社，1989

87. 赵宏. 人的思维与创造. 北京：解放军出版社，1989

88. 魏发辰. 发现与发明方法. 北京：北京理工大学出版社，1989

89. 徐齐军. 张开创造的风帆. 北京：中国国际广播出版社，1989

90. 汪仲勤编著. 创造性思维训练. 成都：四川少儿出版社，1989

91. 路凯等. 现代创造教育. 北京：光明日报出版社，1989

92. 孟天雄编著. 培养你的创造才能. 北京：轻工业出版社，1989

93. 纪文伟等. 如何启动创造闸门的开关. 北京：中国国际广播出版社，1989

94. 黄志斌等. 科技创造心理学. 合肥：安徽人民出版社，1989

95. 袁张度. 创造的潜能. 上海：上海人民出版社，1989

96. 侯丽辉. 创造你的明天. 广州：广东人民出版社，1989

97. 侯传诸. 个人与企业技术创新指南. 天津：天津科学技术出版社，1989

98. 俞啸云主编. 中学创造性教育. 上海：上海社会科学院出版社，1989

99. 王天成. 创造思维理论. 长春：吉林教育出版社，1989

100. 王皋华等. 创造的生理奥秘. 北京：中国国际广播出版社，1989

101. 徐齐军主编. 创造方法丛书. 北京：职工教育出版社，1989

102. 谭勇军编著. 发明的艺术和技巧. 长沙：中南工业大学出版社，1990

103. 李正明. 发明奇径探. 天津：天津科学技术出版社，1990

104. 曲培平主编. 科技发明人才学. 北京：海洋出版社，1990

105. 韩德田主编. 创造学概论. 长春：吉林人民出版社，1990

106. 徐方瞿. 创造教育学概论. 银川：宁夏人民出版社，1990

107. 郭泰. 创意就是财富. 台北：远流出版股份有限公司，1990

108. 李德高. 创造心理学. 台北：五南图书出版有限公司，1990

109. 竺豪桢等主编. 创造发明基础. 杭州：浙江大学出版社，1990

110. 袁伯伟编著. 创造与创造技法. 武汉：湖北教育出版社，1990

111. 张德琇. 创造性思维的发展与教学. 长沙：湖南师范大学出版社，1990

112. 郑隆狂. 形象　灵感　审美与数学创造. 武汉：湖北教育出版社，1990

113. 刘文明. 中小学生怎样开发创造智慧. 北京：新华出版社，1990

114. 黄发云编著. 中外创造发明知识手册. 武汉：武汉工业大学出版社，1990

115. 姜加之等. 技术革新原理及方法. 武汉：湖北科学技术出版社，1990

116. 林公翔. 科学艺术创造心理学. 福州：福建人民出版社，1990

117. 卢生芹. 企业创造力开发. 北京：机械工业出版社，1990

附录

118. 张楚廷. 数学与创造. 长沙：湖南教育出版社，1990

119. 李金松. 创造性人才的培养与学校教育. 武汉：武汉工业大学出版社，1990

120. 贾万臣等编著. 军事创造学概论. 北京：解放军出版社，1990

121. 刘仲林. 跨学科教育论. 郑州：河南教育出版社，1991

122. 庄寿强编著. 创造学基础. 徐州：中国矿业大学出版社，1990

123. 陈淳. 创造思考与资优儿童数学教学. 台北：心理出版社，1990

124. 傅伟勋. 从创造的诠释学到大乘佛学. 台北：东大图书股份有限公司，1990

125. 赵树智等. 人才与创造研究. 长春：吉林大学出版社，1991

126. 胥留德主编. 科技创造与方法. 昆明：云南科技出版社，1991

127. 吴明泰. 创造学—创造力开发基础. 沈阳：辽宁科技出版社，1991

128. 易立东等. 创造学与合理化建议. 北京：改革出版社，1991

129. 黎见明等. 语文导读与创造学法. 成都：四川教育出版社，1991

130. 王海山. 创造学与创造力开发. 大连：大连理工大学出版社，1991

131. 何林等. 创造与人才培养. 天津：天津科技翻译出版公司，1991

132. 姚焕等. 高等教育创造学. 武汉：华中理工大学出版社，1991

133. 刘伊文等编著. 创造教育的理论与方法论. 广州：广东教育出版社，1991

134. 张敬华等主编. 创造心理与人才学. 上海：上海社会科学院出版社，1991

135. 彭震球. 创造性教学之实践. 台北：五南图书出版有限公司，1991

136. 田威等. 价值工程与创造. 北京：科学普及出版社，1991

137. 张蓁. 创造心理探秘. 合肥：安徽教育出版社，1991

138. 王崇焕编著. 发明发现与发明的艺术. 成都：西南交通大学出版社，1991

139. 王守忱等编著. 发明创造与技术开发实务手册. 北京：科学普及出版社，1991

140. 北京职工技协等. 创造工程及应用. 北京：机械工业出版社，1991

141. 王世杰主编. 陶行知创造教育思想. 合肥：安徽教育出版社，1991

142. 李珍等主编. 小学新书系—创造性思维训练. 沈阳：辽宁少儿出版社，1991

143. 朱作仁主编. 创造教育手册. 南宁：广西教育出版社，1991

144. 李振烈等编著. 创造发明学. 上海：华东化工学院出版社，1991

145. 刘清波等编著. 家庭创造教育学. 上海：华东化工学院出版社，1991

146. 贺佩琼编著. 开发你孩子的创造力. 沈阳：辽宁教育出版社，1991

147. 陈龙安. 创造思考教学的理论与实际. 台北：心理出版社，1991

148. 陈昭仪. 二十位杰出发明家的生涯路. 台北：心理出版社，1991

149. 杨文丰等编著. 创造的艺术. 广州：暨南大学出版社，1992

150. 福建师大编写组. 智能开发与创造力培养的技巧. 福州:福建少儿出版社,1992

151. 张光鉴等. 相似论. 南京:江苏科技出版社,1992

152. 李金海主编. 中学生创造能力的培养与训练. 北京:中国妇女出版社,1992

153. 罗玲玲主编. 创造性感知训练. 长春:东北师大出版社,1992

154. 罗玲玲主编. 创造性想象训练. 长春:东北师大出版社,1992

155. 关原成. 发明创造的26种思路. 太原:山西科学技术出版社,1992

156. 杨德等编著. 创造力开发实用教程. 北京:宇航出版社,1992

157. 梁锡昌等编著. 发明创造学. 北京:中国科学技术出版社,1992

158. 魏谟华. 科技人员的创造力开发. 广州:华南理工大学出版社,1992

159. 缪玉明等编著. 班组创造力开发. 北京:中国劳动出版社,1992

160. 于占元主编著. 发明创造学原理与方法. 沈阳:沈阳出版社,1992

161. 朱邦盛编著. 实用创造学. 武汉:武汉工业大学出版社,1992

162. 段继扬. 智力教育与创造力培养. 郑州:河南教育出版社,1992

163. 熊舜时. 哲学　科学　创造. 上海:上海社会科学院出版社,1992

164. 彭杰. 创造工程. 北京:中国科学技术出版社,1992

165. 张庆华主编. 技术创新教程. 香港:亚洲出版社,1992

166. 叶惠新. 发明创造方法学. 天津:天津社会科学院出版社,1992

167. 王滨. 创造行为与创造技法. 沈阳:东北工学院出版社,1992

168. 邹明德. 催开创造力之花. 北京:教育科学出版社,1992

169. 魏发辰. 工程师实用创造学. 北京:中国社会出版社,1992

170. 周宪. 走向创造的境界. 长春:吉林教育出版社,1992

171. 金壮献等. 创造学基础知识. 沈阳:辽宁人民出版社,1992

172. 张杰宾. 幼儿创造力发展与培养. 昆明:云南少儿出版社,1992

173. 王松山等主编. 创造教育概论. 兰州:兰州大学出版社,1992

174. 邵泽水. 点燃孩子创造的火花. 北京:中国妇女出版社,1992

175. 周辉春主编著. 发明创造入门. 哈尔滨:黑龙江科技出版社,1992

176. 振宇编著. 创造发明学. 济南:山东科技出版社,1992

177. 江丕权等编著. 解决问题的策略与技能. 北京:科学普及出版社,1992

178. 胡伦贵等. 创造性思维及训练. 北京:中国工人出版社,1992

179. 郭有遹. 发明心理学. 台北:远流出版股份有限公司,1992

180. 王通讯. 创造—开发潜能的源泉. 长春:吉林人民出版社,1993

181. 葛梅芳等编著. 培养创造力. 上海:上海科学普及出版社,1993

182. 刘倩如等主编. 创造能力培养. 天津:天津科技翻译出版公司,1993

183. 王景斯. 创造过程. 北京:中国广播电视出版社,1993

184. 金马. 创新智慧论. 北京:北京师范大学出版社,1993

185. 罗健明. 创造机会心理学. 香港:明窗出版社,1993

186. 汪育才编著. 创造思维. 大连:大连海运学院出版社,1993

187. 卞春元等. 企业腾飞之翼—创造力开发. 北京:海洋出版社,1993

188. 郎加明. 创新的奥秘. 北京:中国青年出版社,1993

189. 曾德福. 纺织创造技法. 北京:纺织工业出版社,1993

190. 吴诚等主编. 企业创造力开发教程. 上海:上海科技文献出版社,1993

191. 周传仁等主编. 创造发明教学. 北京:专利文献出版社,1993

192. 吴克扬. 创造之秘. 重庆:西南师范大学出版社,1993

193. 王熙梅. 美的思维与创造. 沈阳:辽宁教育出版社,1993

194. 兰毅辉编著. 成功的阶梯—创造力培训与训练. 北京:中国统计出版社,1993

195. 杨德. 创造力—企业制胜的秘密. 北京:电子工业出版社,1993

196. 张淮主编. 青少年发明创造途径. 北京:专利文献出版社,1993

197. 杨春鼎等编著. 创造艺术. 长春:吉林大学出版社,1993

198. 张铃翔. 创造发明的思路. 台北:先见出版公司,1993

199. 张武升等主编. 中小学创造教育与实验探索. 天津:天津大学出版社,1993

200. 天津创造性教学实验组编. 帮你创造性地学习. 天津:天津大学出版社,1993

201. 张弓长等. 创造思维心理机能的哲学阐解. 长春:吉林人民出版社,1993

202. 夏国英等. 生命因此辉煌—创造学精华. 上海:上海文化出版社,1993

203. 李襄五等主编. 科学发现大观. 保定:河北大学出版社 1993

204. 庞进. 创造论. 香港:新世纪出版社,1993

205. 汪育才. 创造思维. 大连:大连海运学院出版社 ,1993

206. 陈竞全等编著. 企业创造发明与创造教育. 武汉:中国地质大学出版社,1994

207. 吴城. 创造—成功的道路. 上海:上海远东出版社,1994

208. 魏文英主编. 企业创造力开发. 北京:中国经济出版社,1994

209. 向佐初主编. 启发小学生创造思考法. 北京:中国纺织出版社,1994

210. 周冠生. 艺术创造心理学. 重庆:重庆出版社,1994

211. 郭有遹. 创造性的问题解决法. 台北:心理出版社,1994

212. 宋晋生编著. 创造学与创造工程. 西安:陕西师范大学出版社,1994

213. 李梅编著. 叩开创造之门. 沈阳:沈阳出版社,1994

214. 陈小蓉. 体育创新学. 上海:同济大学出版社,1994

215. 罗成昌编著. 创造教育的理论与实践. 成都:四川教育出版社,1994

216. 王英杰主编. 创造力开发. 沈阳:东北大学出版社,1994

217. 刘永湖等编著. 儿童创造力开发与儿童游戏. 北京:北京科技出版社,1994

218. 姚文岭. 发明妙思36计. 北京:光明日报出版社,1994

219. 段继杨主编. 创造性思维. 武汉:湖北科学技术出版社,1994

220. 谢燮正主编. 创造力开发基础. 沈阳:辽宁科技出版社,1994年

221. 罗玲玲主编. 创造性解决问题. 沈阳:辽宁少年儿童出版社,1994

222. 赵幼仪编著. 趣谈发明方法35种. 北京:国防工业出版社,1994

223. 王树恩主编. 科学创造学概论. 天津:天津大学出版社,1994

224. 李正明. 发明智囊. 天津:天津大学出版社,1994

225. 蔡麟笔撰. 庄子创造性的学说与思想. 台北:台湾书店,1994

226. 张世英. 天人之际——中西哲学困惑与选择. 北京:人民出版社,1995

227. 陈龙安等. 创造与生活. 台北:空中大学出版中心,1994

228. 张景焕等编著. 创造活动. 大连:辽宁师范大学出版社,1995

229. 黄友直等. 创造工程学. 长沙:湖南师范大学出版社,1995

230. 刘彩璋编著. 大学生创造力的培养与开发. 北京:测绘出版社,1995

231. 林金辉. 大学生创造性的发展与教育. 厦门:厦门大学出版社,1995

232. 金倚城等主编. 开发教师创造力管理探索. 北京:教育科学出版社,1995

233. 庄寿强主编. 创造学理论研究与实践探索. 徐州:中国矿业大学出版社,1995

234. 顾明林等. 启开创造之门的锁钥. 郑州:河南人民出版社,1995

235. 王宪昌编著. 科技与创造发明. 延吉:延边大学出版社,1995

236. 袁张度主编. 智慧之星. 北京:社会科学文献出版社,1995

237. 孟天雄编著. 创造性人才的培养. 北京:中国轻工业出版社,1995

238. 纪克勤编著. 创造力开发与应用. 沈阳:东北大学出版社,1995

239. 卢明德等主编. 初中语文创造性学法. 南宁:广西民族出版社,1995

240. 张武升主编. 创造性思维与个性教学模式实验探索. 重庆:西南师范大学出版社,1995

241. 顾荣编著. 少年儿童创造发明思维训练. 济南:山东教育出版社,1996

242. 邵兴国等编著. 创造性思维. 北京:中国和平出版社,1996

243. 林崇德等. 创造力心理学. 杭州:浙江人民出版社,1996

244. 李万庆等主编. 科技创造与大学生素养. 北京:冶金工业出版社,1996

245. 洪景椿等编著. 青少年创造发明技法. 南宁:广西师范大学出版社,1996

246. 肖云龙. 独具匠心——发明创造36计. 北京:农村读物出版社,1996

247. 俞国良. 创造力心理学. 杭州:浙江人民出版社,1996

248. 王英杰主编. 开发创造力教程. 沈阳:东北大学出版社,1996

249. 冯克城等编著. 创造力素质与创造方法. 北京:华语教学出版社,1996

250. 冯克城等编著. 创造性思维的能力与技巧. 北京:华语教学出版社,1996

251. 刘文明. 激发你的创造力. 北京:科学出版社,1996

252. 秦骏伦. 创造学与创造性经营. 北京:中国人事出版社,1996

253. 张岱年. 张岱年全集. 石家庄:河北人民出版社,1996

254. 彭健伯. 大思路 大创造 大奇迹. 成都:电子科技大学出版社,1996

255. 张汉如等. 当代科学创造论. 济南:山东教育出版社,1996

256. 李新儒. 发明创造40法. 北京:气象出版社,1996

257. 何名申. 创新思考方法. 北京:中国和平出版社,1996

258. 邵兴国等. 创造性思维. 北京:中国和平出版社,1996

259. 梁良良等. 走进思维的新区. 北京:中央编译出版社,1996

260. 汪裕雄. 意象探源. 合肥:安徽教育出版社. 1996

261. 廖雄军等编著. 小发明12法. 北京:农村读物出版社,1996

262. 陈金桂. 创造思维运用能力. 上海:上海文化出版社,1996

263. 游国经等主编. 创造性思维与方法. 北京:人民日报出版社,1996

264. 杨名声等. 创新与思维. 北京:教育科学出版社,1996

265. 庞树桂等主编. 医学创造发明36计. 乌鲁木齐:新疆科技卫生出版社,1996

266. 赵克坚等编. 小学生创造思维训练. 天津:南开大学出版社,1997

267. 刘先捍主编. 创造技能训练. 长沙:湖南科学技术出版社,1997

268. 张宝刚等编著. 创造思维与技法. 北京:机械工业出版社,1997

269. 李嘉曾. 创造学与创造力开发训练. 南京:江苏人民出版社,1997

270. 武春友. 技术创新扩散. 北京:化学工业出版社,1997

271. 苏运发. 中学生创造发明. 桂林:漓江出版社,1997

272. 刘卫平. 创造性思维结构论. 北京:中国国际广播出版社,1997

273. 李廷玉等主编. 创造工程学. 成都:成都科技大学出版社,1997

274. 蔡惠京等. 创造力开发教程. 长沙:湖南大学出版社,1997

275. 鲁克成等. 创造学教程. 北京:中国建材出版社,1997

276. 庄寿强等. 普通创造学. 徐州:中国矿业大学出版社,1997

277. 庄大伟. 你拥有创造力吗. 成都:四川少儿出版社,1997

278. 阎观潮编著. 创造性思维开发与训练. 天津:天津人民出版社,1997

279. 郭日跻主编. 企业创新能力开发. 沈阳:东北大学出版社,1997

280. 钟祖荣等. 创造在召唤. 福州:福建教育出版社,1997

281. 胡礼和等编著. 参与创造　培养才干. 武汉:华中理工大学出版社,1997

282. 阿宝编著. 创造心理. 北京:中国人口出版社,1997

283. 赵恒烈等. 历史学科的创造教育. 济南:山东教育出版社,1997

284. 陈龙安. 创造思考教学的理论与实际. 台北:心理出版社,1997

285. 洪明洲. 创造组织学习. 苗栗:桂冠图书有限公司,1997

286. 孙家胜. 创造发明技法. 天津:天津人民出版社,1998

287. 乔际平等. 物理创造思维能力的培养. 北京:首都师范大学出版社,1998

288. 曹明海等. 营构与创造. 青岛:青岛海洋大学出版社,1998

289. 艾迪等编著. 培养发明创造的24种方法. 成都:四川大学出版社,1998

290. 梁广成. 灵感与创造. 北京:解放军文艺出版社,1998

291. 黄为民编著. 科学发现与技术发明法. 上海:上海科学普及出版社,1998

292. 关原成. 扬起创造的风帆. 北京:人民出版社,1998

293. 谢燮正等. 创造力开发丛书. 沈阳:东北大学出版社,1998

294. 罗玲玲. 创造力理论与科技创造力. 沈阳:东北大学出版社,1998

295. 陈俊峰编著. 实用医学创造技法. 北京:科学技术文献出版社,1998

296. 吴诚. 创新——企业兴旺发达的根本途径. 上海:上海科技文献出版社,1998

297. 黄孟源等主编. 创造天地. 上海:上海科技教育出版社,1998

298. 庄传銮等. 创造工程学基础. 北京:解放军出版社,1998

299. 李毅红等编著. 创造力的培养. 北京:北京大学出版社,1998

300. 傅家骥主编. 技术创新学. 北京:清华大学出版社,1998

301. 史庆斌等主编. 中学生创造能力的培养. 天津:天津科技出版社,1998

302. 王元瑞. 领导人才的创造力开发. 北京:中国社会出版社,1998

303. 冯容士等. 物理实验创造技法和实验研究. 上海:上海教育出版社,1998

304. 罗成昌主编. 青少年创造性思维读本. 成都:四川教育出版社,1998

305. 王慧中等编著. 实用创造力开发教程. 上海:同济大学出版社,1998

306. 北京市科技干部局等编. 创造学及其应用. 北京:科学普及出版社,1998

307. 陈放. 创意的革命. 成都:四川人民出版社,1998

308. 刘思平等. 创造方法学. 哈尔滨:哈尔滨工业大学出版社,1998

附
录

309. 王烟生. 艺术创造与接受. 南京:南京大学出版社,1998

310. 沈长华等编著. 创造性思维方法. 北京:中国人事出版社,1998

311. 徐方渠编著. 创新与创造教育. 上海:上海教育出版社,1998

312. 王桂亮等著. 发明创造趣谈. 济南:济南出版社,1998

313. 罗玲玲等编著. 创造天梯. 沈阳:东北大学出版社,1998

314. 何辉. 关于创造的思考. 北京:中国戏剧出版社,1998

315. 刘强伦等. 第一智慧. 北京:团结出版社,1998

316. 唐国庆主编. 创造思维与发明技法. 长沙:湖南大学出版社,1998

317. 唐国庆主编:学创造. 长沙:湖南大学出版社,1998

318. 钱炜编著. 创造性思维与旅游业. 北京:旅游教育出版社,1998

319. 卢嘉锡主编. 院士思维. 合肥:安徽教育出版社,1998

320. 叶凤春. 圆孩子一个创造的梦. 太原:山西教育出版社,1999

321. 俞学明等. 创造教育. 北京:教育科学出版社,1999

322. 罗柱才等. 打开智慧宝库的钥匙. 南昌:21世纪出版社,1999

323. 高安民等主编. 主体 创造 发展. 西安:陕西人民出版社,1999

324. 钱匡武主编. 创造力开发. 福州:福建人民出版社,1999

325. 朱肇瑞等编著. 创造技法与物理实验. 成都:西南交通大学出版社,1999

326. 钱平吉. 创新一点通. 上海:华东理工大学出版社,1999

327. 刘仲林. 新精神. 郑州:大象出版社,1999

328. 刘仲林. 新认识. 郑州:大象出版社,1999

329. 刘仲林. 新思维. 郑州:大象出版社,1999

330. 陈兵编著. 人类创造思维的奥秘. 武汉:武汉大学出版社,1999

331. 阎立钦主编. 创新教育. 北京:教育科学出版社,1999

332. 甘华鸣等. 创新的策略丛书. 北京:红旗出版社,1999

333. 李青山主编. 创造与新产品开发教程. 北京:中国纺织出版社,1999

334. 郑永胜等编著. 创造力开发. 长春:吉林科学技术出版社,1999

335. 郑斌等主编. 创新教育案例丛书. 北京:北京教育出版社,1999

336. 周明星等主编. 创新教育模式全书. 北京:北京教育出版社,1999

337. 柳明等编著. 创新教育探索与实践全书. 呼和浩特:内蒙古少儿出版社,1999

338. 袁张度主编. 中国创造学论文集. 上海:上海科技文献出版社,1999

339. 詹慧龙主编. 创造与人生. 南昌:江西高校出版社,1999

340. 文茂林. 开发你的创新思维. 北京:华夏出版社,1999

附录

341. 秦骏伦等. 创新经营. 北京:企业管理出版社,1999

342. 杨名声等. 创新与思维. 北京:教育科学出版社,1999

343. 王前新等主编. 创新教育方法艺术全书. 北京:华龄出版社,1999

344. 鲁克成等编著. 创新民族的灵魂. 广州:广东科技出版社,1999

345. 游干桂. 启发孩子的创造力. 北京:中国友谊出版公司,1999

346. 王继平. 转换与创造. 长沙:湖南人民出版社,1999

347. 千高原编著. 创造关键术. 北京:中国物资出版社,1999

348. 方鸿辉等编著. 创造性物理实验. 上海:上海科学普及出版社,1999

349. 陈龙安. 创造性思维与教学. 北京:中国轻工业出版社,1999

350. 刘炳升主编. 科技活动创造教育原理与设计. 南京:南京师范大学出版社,
    1999

351. 周明星等主编. 创新学生培养全书. 北京:九洲图书出版社,1999

352. 陈大柔. 科学审美创造学. 杭州:浙江大学出版社,1999

353. 王极盛. 创新时代. 北京:中国世界语出版社,1999

354. 刘助柏等. 知识创新思维方法论. 北京:机械工业出版社,1999

355. 杨成章等主编. 语文创造教育学. 重庆:重庆出版社,1999

356. 王萍等主编. 另一种创造. 上海:上海人民出版社,1999

357. 陈欢庆编著. 创造力开发教程. 杭州:浙江文艺出版社,1999

358. 张冬林等编著. 创意思维. 北京:民主与建设出版社,1999

359. 本书编写组编. 创造性思维原理与方法. 北京:经济管理出版社,1999

360. 张贵友主编. 创造学与创造力开发. 北京:经济管理出版社,1999

361. 周宏等主编. 创造教育全书. 北京:经济日报出版社,1999

362. 高长梅. 学会创造. 武汉:华中理工大学出版社,1999

363. 刘卫平等. 创新实务丛书. 杭州:浙江人民出版社,1999

364. 庄寿强. 推进素质教育与培养创新人才. 徐州:中国矿业大学出版社,1999

365. 郜振廷等. 企业创新策划新思维. 北京:中国经济出版社,1999

366. 胡芳编著. 如何培养孩子的创造力. 珠海:珠海出版社,1999

367. 徐振寰等主编. 潜能与创造力开发. 北京:中国人事出版社,1999

368. 段力江等编写. 思维创新与创造创新. 北京:中国人事出版社,1999

369. 董云章编著. 摄影创造思维. 沈阳:辽宁美术出版社,1999

370. 袁道之等. 创造企业神话. 北京:经济日报出版社,1999

371. 洪文东. 科学的创造发明与发现. 台北:台湾书店,1999

372. 张建军等. 创新的思路与技巧丛书. 合肥:中国科技大学出版社,2000

373. 傅世侠等. 科学创造方法论. 北京:中国经济出版社,2000

374. 关原成. 教你创造丛书. 杭州:浙江科学技术出版社,2000

375. 涂铭旌. 材料创造发明学. 北京:化学工业出版社,2000

376. 陆阿坤等编著. 普通创造学. 西安:陕西科学技术出版社,2000

377. 陈欢庆. 实践与创造力培养. 杭州:浙江教育出版社,2000

378. 吴进国. 论军事创造力开发. 北京:国防大学出版社 2000

379. 吴进国. 创造性学习与创造性思维. 北京:中国青年出版社,2000

380. 李嘉曾编著. 创造的魅力. 南京:江苏科学技术出版社,2000

381. 周道生等编著. 实用创造学. 南京:南京师范大学出版社,2000

382. 周耀烈编著. 创造理论与应用. 杭州:浙江大学出版社,2000

383. 聂思槐等编著. 医学创造学概要. 广州:华南理工大学出版社,2000

384. 庄寿强. 地质创造学导论. 徐州:中国矿业大学出版社,2000

386. 柳新华等主编. 创新制胜. 济南:山东人民出版社,2000

386. 金马. 创意生存:青少年创新素质的自我表现培养. 北京:中国青年出版社,2000

387. 丁钢主编. 创新:新世纪的教育使命. 北京:中国教育出版社,2000

388. 朱长超. 创新思维. 哈尔滨:黑龙江人民出版社,2000

389. 吴贵生. 技术创新管理. 北京:清华大学出版社,2000

390. 宗月琴. 启动创造力助你立业和发展. 广州:广东旅游出版社,2000

391. 金建国等. 创造论. 昆明:云南大学出版社,2000

392. 周君力主编. 创造教育的理论与实践. 厦门:厦门大学出版社,2000

393. 徐炎章. 创新—科学的灵魂. 北京:科学出版社,2000

394. 王滨. 超越逻辑:创造性解决问题. 上海:上海科学普及出版社,2000

395. 王滨. 寻求独创:创新思考术. 上海:上海科学普及出版社,2000

396. 华长慧主编. 创新教育百例　创新教育百忌. 杭州:浙江人民出版社,2000

397. 周明星主编. 不拘一格的创造力. 武汉:武汉大学出版社,2000

398. 周振铎等编著. 创新教育研究. 长沙:湖南大学出版社,2000

399. 赵家骥. 创造教育论纲. 成都:四川教育出版社,2000

400. 王景英主编. 小学生创造意识与创造能力培养. 长春:东北师大出版社,2000

401. 张冬平等编著. 人生创新论. 合肥:安徽人民出版社,2000

402. 柳卸林主编. 21世纪的中国技术创新系统. 北京:北京大学出版社,2000

附

录

403. 阮跃东编著. 创造力开发教程. 北京:兵器工业出版社,2000

404. 吴林海. 中国科技园区域创新能力研究. 北京:中国经济出版社,2000

405. 刘锟等编著. 创新教育基础理论. 济南:齐鲁书社,2000

406. 李国勋主编. 分层次区域创新教育探索. 济南:山东大学出版社,2000

407. 孔庆桃等主编. 创新与创业教育. 北京:中国商业出版社,2000

408. 彭建设等主编. 创业教育. 北京:高等教育出版社,2000

409. 陈黎明主编. 创业指南针. 北京:中国国际广播出版社,2000

410. 崔义中主编. 创业学. 西安:陕西人民出版社,2000

411. 杨慧如主编. 教师谈创新. 上海:上海出版社,2000

412. 谢贤扬主编. 21世纪中小学生创新能力培养与开发. 武汉:武汉大学出版社,2000

413. 谢光亚. 技术创新. 长沙:湖南科学技术出版社,2000

414. 卞伯达主编. 青少年发明创造常识技法和实例. 福建:福建科技出版社,2000

415. 汪刘生主编. 创造教育论. 北京:人民教育出版社,2000

416. 庄传崙等. 创造工程学基础. 北京:解放军出版社,2000

417. 彭坤明. 创新与教育. 南京:南京师范大学出版社,2000

418. 张武升主编. 创新教育论. 上海:上海教育出版社,2000

419. 胡海建. 创造教育概论. 广州:新世纪出版社,2000

420. 段继扬. 创造力心理探索. 开封:河南大学出版社,2000

421. 柴国才等主编. 市场经济与创造思维概论. 北京:中国经济出版社,2000

422. 陈国明等. 创新潜能自测与咨询. 杭州:浙江人民出版社,2000

423. 刘仲林. 中国文化综合与创新. 天津:天津社会科学院出版社,2000

424. 刘秉山等编著. 创造选粹. 沈阳:辽宁大学出版社,2001

425. 李万胜主编. 创新教育论. 郑州:河南人民出版社,2001

426. 何传启等. 知识创新——竞争新焦点. 北京:经济管理出版社,2001

427. 张武升主编. 教育创新的行动研究. 天津:天津人民出版社,2001

428. 冯培等编著. 创新素质与人才发展. 北京:世界图书出版公司,2001

429. 刘仲林. 中国创造学概论. 天津:天津人民出版社,2001

430. 高春梅. 创造力开发:决胜未来的选择. 北京:中国社会科学出版社,2001

431. 罗庆生等. 大学生创造学. 北京:中国建材工业出版社,2001

432. 肖云龙主编. 创造学基础. 长沙:中南大学出版社,2001

433. 罗光. 形上生命哲学. 台北:台湾学生书局. 2001

附录

434. 董德福. 生命哲学在中国. 广州:广东人民出版社,2001

435. 李青山等编. 大学生创造学学习指南. 哈尔滨:哈尔滨工业大学出版社,2001

436. 刘宏春等. 创造哲学. 北京:中国人民公安大学出版社,2001

437. 金吾伦主编. 当代西方创新理论新词典. 长春:吉林人民出版社,2001

438. 周洪林编著. 站在巨人的肩膀上:名家论创新. 上海:复旦大学出版社,2001

439. 肖文清等编著. 别出心裁:创造性思维的艺术. 南宁:广西民族出版社,2001

440. 张相轮等编著. 创造的动力丛书. 合肥:安徽教育出版社,2001

441. 郭金彬. 科学创新论. 合肥:安徽教育出版社,2001

442. 冯明放编著. 创造心理与创造发明. 西安:西北大学出版社,2001

443. 冷洪恩主编. 创造性教育新论. 北京:人民教育出版社,2001

444. 刘秉山等编. 创造选粹. 沈阳:辽宁大学出版社,2001

445. 吴克扬. 创造教育将使人类获得新生. 重庆:西南师范大学出版社,2001

446. 徐方瞿编著. 创新与创造教育. 上海:海教育出版社,2001

447. 李其华编写. 发明创造专利权的获得与保护. 北京:知识产权出版社,2001

448. 李硕祖. 创造精致. 北京:中国发展出版社,2001

449. 欧振春编著. 与中小学生谈创造发明. 北京:华文出版社,2001

450. 杨宇澜编著. 创造卓越. 北京:民主与建设出版社,2001

451. 杨进春主编. 放飞创造的鸽子. 徐州:中国矿业大学出版社,2001

452. 王定华等编著. 超常创造密码破译. 北京:中国青年出版社,2001

453. 石践. 发明创造离我们有多远. 北京:知识产权出版社,2001

454. 程良道等编著. 创造教育新论. 北京:中国少年儿童出版社,2001

455. 翁亦诗主编. 幼儿创造教育. 北京:北京师范大学出版社,2001

456. 胡凤英主编. 学习创造创业. 南京:东南大学出版社,2001

457. 胡经之编. 论艺术创造. 北京:中国社会科学出版社,2001

458. 蒋星五主编. 培养孩子创造发明的能力. 北京:商务印书馆,2001

459. 袁爱玲. 学前创造教育课程论. 北京:北京师范大学出版社,2001

460. 蒋星五等编写. 创造发明的方法. 太原:山西教育出版社,2001

461. 邵泽水等编著. 创造发明启示录. 济南:山东人民出版社,2001

462. 郭文靖等主编. 学会创造. 北京:中国大地出版社,2001

463. 桂英等编著. 创造技法与艺术. 呼和浩特:内蒙古人民出版社,2001

464. 陈尚云等编著. 创造心理学概论. 成都:电子科技大学出版社,2001

465. 黄河浪编著. 创造. 海口:海南出版社,2001

附
录

466. 郑永生编著. 创造力训练 我更聪明丛书. 合肥:徽教育出版社,2001

467. 宋宏福等. 创造学概论. 北京:经济科学出版社,2002

468. 泇河编著. 发掘你的创造力. 北京:地震出版社,2002

469. 严智泽等主编. 创造学新论. 武汉:华中科技大学出版社,2002

470. 殷石龙. 创新学引论. 长沙:湖南人民出版社,2002

471. 刘文霞. 广义创造论. 呼和浩特:内蒙古文化出版社,2002

472. 金建国. 19把激发灵感的"创意钥匙". 昆明:晨光出版社,2002

473. 邵泽水编著. 聪明孩子想什么:解开创新思维的奥秘. 北京:学苑出版社,
2002

474. 朱士群等编著. 异想天开:创造性思维的艺术. 北京:中国城市出版社,2002

475. 玉玺等编著. 学会创造性思维,让自己不同凡响. 北京:人民军医出版社,
2002

476. 火华编著. 喜新厌旧没什么不好. 北京:地震出版社,2002

477. 蒋星五等主编. 培养孩子创新的能力. 北京:商务印书馆国际有限公司,
2002

478. 宿春礼编著. 大学生必知的重大发明. 北京:中国时代经济出版社,2002

479. 王永生. 创新方略论. 北京:人民出版社,2002

480. 陶学忠编著. 创新能力培育. 北京:海潮出版社,2002

481. 李建军. 创造发明学导引. 北京:中国人民大学出版社,2002

482. 宋宪一主编. 现代技术创新基础. 北京:机械工业出版社,2002

483. 罗庆生等. 大学生创造学. 北京:中国建材工业出版社,2002

484. 宋宏福等. 创造学概论. 北京:经济科学出版社,2002

485. 于培杰. 想象与创造. 济南:山东教育出版社,2002

486. 何春龙等. 创造人才学概论. 北京:中国人事出版社,2002

487. 刘墉. 创造超越的人生. 南宁:接力出版社,2002

488. 刘道玉. 创造教育概论. 武汉:湖北教育出版社,2002

489. 刘道玉. 创造思维方法大纲. 武汉:湖北教育出版社,2002

490. 小河编著. 凡人创造奇迹的故事. 北京:农村读物出版社,2002

491. 蕃干编著. 创造一个自己的太阳. 广州:中山大学出版社,2002

492. 廖雨兵. 创造孩子. 长沙:湖南美术出版社,2002

493. 张典焕编著. 创造发明学. 上海:立信会计出版社,2002

494. 张忠有等编著. 创造理论与实践. 徐州:中国矿业大学出版社,2002

495. 成中英主编. 创造和谐. 上海：上海文艺出版社,2002

496. 施旭升. 艺术创造动力论. 北京：中国广播电视出版社,2002

497. 李小平. 创造技法的理论与应用. 武汉：湖北教育出版社,2002

498. 郁达夫等. 沉沦创造. 北京：华艺出版社,2002

499. 武杰等编著. 创新　创造与思维方法. 北京：兵器工业出版社,2002

500. 王习胜. 科学创造何以可能 起端于形而上的追问. 北京：当代中国出版社,

501. 王伟民等主编. 创造思维与科学方法论. 西安：陕西人民出版社,2002

502. 王焱明编著. 教学创新与创造思维的培养. 武汉：湖北教育出版社,2002

503. 眭平编. 漫谈创造思维技法. 南昌：江西人民出版社,2002

504. 谢骅. 创造你的最佳表现. 北京：中国经济出版社,2002

505. 苏启棠等编著. 机械创造原理与应用. 贵州：贵州科技出版社,2002

506. 范向阳等编著. 创造理论与实践. 贵阳：贵州人民出版社,2002

507. 蔡毅. 创造之秘. 北京：人民文学出版社,2002

508. 袁张度等主编. 干部创新创造能力培训读本. 上海：上海科学普及出版社,2002

509. 赵承福等主编. 创造教育研究新进展. 济南：山东人民出版社,2002

510. 赵魁元. 市场创造论. 北京：经济科学出版社,2002

511. 郭有遹. 创造心理学. 北京：教育科学出版社,2002

512. 陶国富. 创造心理学. 上海：立信会计出版社,2002

513. 隋刚. 诗意的发现与创造. 北京：东方出版社,2002

514. 苑玉成. 创新学,天津：南开大学出版社,2002

515. 倪峰编著. 创新学原理. 南昌：江西高校出版社,2002

516. 韦政通. 中国思想传统的创造转化. 昆明：云南人民出版社,2002

517. 刘鄂培主编. 综合创新—张岱年先生学记. 北京：清华大学出版社. 2002

518. 高希均. 观念创造奇迹. 成都：四川人民出版社,2002

519. 齐梅. 大学创造教育导论. 哈尔滨：黑龙江人民出版社,2002

520. 黄光国. 科学哲学与创造力：东亚文明的困境. 台北：立绪文化,2002

521. 刘仲林. 科学臻美方法. 北京：科学出版社,2002

522. 张庆林等编. 创造性研究手册. 成都：四川教育出版社,2002

523. 甘自恒编著. 创造学原理和方法：广义创造学. 北京：科学出版社 2003

524. 王岳森等编著. 创造学教程. 成都：西南交通大学出版社,2003

525. 彭宗祥等主编. 大学生创造创新读本. 上海：华东理工大学出版社,2003

526. 千高原编著. 创新就这几招. 北京：中国纺织出版社，2003

527. 杜永平主编. 创新思维与创造技法. 北京：北方交通大学出版社，2003

528. 徐春玉等编著. 以创造应对复杂多变的世界. 北京：中国建材工业出版社，2003

529. 詹宏志. 创意人：创意思考的自我训练. 北京：人民交通出版社，2003

530. 杜乐天. 智慧漫谈创造性思维与作为. 广州：广东教育出版社，2003

531. 叶舟. 好主意是这样想出来的. 北京：民主与建设出版社，2003

532. 许延浪编著. 实用创造学. 西安：西北工业大学出版社，2003

533. 翁君奕等. 创新激励：驱动知识经济的发展. 北京：经济管理出版社，2003

534. 蔡日增主编. 创新原理与方法. 北京：高等教育出版社，2003

535. 丁强主编. 拓展创造的天地. 南京：南京师范大学出版社，2003

536. 傅振中等编著. 军人创造素质百题. 北京：长征出版社，2003

537. 刘显泽等编著. 能力创造机遇. 长沙：湖南科学技术出版社，2003

538. 刘道玉. 创造教育新论. 武汉：武汉大学出版社，2003

539. 叶秀山. 哲学作为创造性的智慧. 南京：江苏人民出版社，2003

540. 振奎等编著. 数学的创造. 上海：上海教育出版社，2003

541. 周春水. 问题　认识　创造. 广州：广东科技出版社，2003

542. 崔自铎. 我创造 故我在 哲学新形态散论. 沈阳：辽宁人民出版社，2003

543. 庄俊高主编. 艺术教育与学生创造潜能开发. 北京：中国科技出版社，2003

544. 张志远等编著. 发明创造方法学. 成都：四川大学出版社，2003

545. 张新. 中国经济的增长和价值创造. 上海：上海三联书店，2003

546. 张相轮主编. 创造心理学. 南京：南京出版社，2003

547. 崔立中. 创新心理学. 沈阳：辽宁民族出版社，2003

548. 徐蕙蓝. 挖掘潜能创造人生. 北京：中国三峡出版社，2003

549. 徐长发主编. 中小学生的奇妙创造. 北京：人民邮电出版社，2003

550. 朱善萍主编. 我们创造未来. 南京：江苏教育出版社，2003

551. 朱绍毅主编. 创造新辉煌. 沈阳：辽宁人民出版社，2003

552. 王小英主编. 幼儿园创造教育研究. 长春：长春出版社，2003

553. 王泓. 创造教育与人才培养. 合肥：合肥工业大学出版社，2003

554. 王跃平. 逻辑与语文创造教育. 南京：南京师范大学出版社，2003

555. 王雪青等编著. 字体创造设计. 上海：上海画报出版社，2003

556. 田鹏. 解决问题就是创造财富. 北京：中信出版社，2003

557. 缪仁贤等主编. 幼儿启蒙创造. 上海：上海科学技术文献出版社，2003

558. 罗玲玲主编. 建筑设计创造能力开发教程. 北京：中国建筑工业出版社，2003

559. 良石主编. 创造人生的名人名言. 赤峰：内蒙古科学技术出版社，2003

560. 葛玉刚. 创造与教育创新. 北京：高等教育出版社，2003

561. 迟宗涛主编. 发明与创造史话. 北京：中国人事出版社，2003

562. 邓泽功编著. 创造能力开发. 成都：四川人民出版社，2003

563. 金辛等主编. 画说发明与创造. 银川：宁夏少年儿童出版社，2003

564. 顾荣编. 少年儿童发明创造思维训练. 济南：山东教育出版社，2003

565. 黄孟源主编. 创造教育新境界丛书. 上海：学林出版社，2003

566. 邝朴生等主编. 创新学. 北京：中国农业大学出版社，2003

567. 徐春玉等编著. 创造工程学——用幽默培养创造力. 北京：兵器工业出版社，2003

568. 杨乃定主编. 创造学教程. 西安：西北工业大学出版社，2004

569. 袁伯伟主编. 创新：开发你帽子底下的金矿. 北京：中国财经出版社 2004

570. 李全起. 创造能力与创造思维. 北京：中国档案出版社，2004

571. 上官子木. 创造力危机. 上海：华东师大出版社，2004

572. 周延波等. 创新思维与能力. 北京：科学出版社，2004

573. 张文新. 创造力发展心理学. 合肥：安徽教育出版社，2004

574. 肖云龙主编. 创造学基础教程. 长沙：中南大学出版社，2004

575. 李时椿等编. 大学生创业与高等院校创业教育. 北京：国防工业出版社，2004

576. 游敏惠等编著. 大学生创造力培养与开发. 北京：人民邮电出版社，2004

577. 夏昌祥等编著. 点燃创新之火——创造力开发读本. 北京：科学出版社，2004

578. 王惠连等主编. 创新思维方法. 北京：高等教育出版社，2004

579. 张志远等编著. 发明创造方法学. 成都：四川大学出版社，2004

580. 黄保强主编. 创新概论. 上海：复旦大学出版社，2004

581. 肖云龙主编. 创造学. 长沙：湖南大学出版社，2004

582. 赵惠源编著. 创新学. 武汉：湖北科学技术出版社，2004

583. 郑伦仁编著. 创新学概论. 乌鲁木齐：新疆科学技术出版社，2004

584. 陶柏余编著. 创造职业生命奇迹. 成都：四川大学出版社，2004

585. 何名申. 创新思维与创新能力：创新超白金法则. 北京：中国档案出版社，2004

586. 邵泽水等编著. 横冲直撞:激活你的大脑. 北京:地震出版社,2004

587. 王惠连等主编. 创新思维方法. 北京:高等教育出版社,2004

588. 古益灵编著. 绝对创造力. 北京:海潮出版社,2004

589. 叶舟. 创意如此简单. 北京:中国工人出版社,2004

590. 萧萧等编著. 心智何来:培养你的超常创新思维. 北京:中国工人出版社, 2004

591. 赵新军编著. 技术创新理论(TRIZ)及应用. 北京:化学工业出版社,2004

592. 张庆林等主编. 创造性心理学. 北京:高等教育出版社,2004

593. 百望山编著. 你是最有创意的人:创新灵感思维训练. 北京:地震出版社, 2004

594. 于连涛等主编. 创新与创业教育. 青岛:中国海洋大学出版社,2004

595. 陈宇等编著. 世界著名的600个发明发现. 北京:中国少年儿童出版社,2004

596. 彭耀荣等编著. 创造学教程. 长沙:中南大学出版社,2004

597. 仰颐. 创造力:孩子成功的源泉. 上海:少年儿童出版社,2004

598. 晓燕编. 激活你的大脑潜能. 北京:海潮出版社,2004

599. 李正明. 发明总动员:中国青少年发明读本. 郑州:大象出版社,2004

600. 丁遵新. 摄影美的本性与创造. 杭州:浙江摄影出版社,2004

601. 世清编. 能力创造机遇. 北京:中国物资出版社,2004

602. 元秀等主编. 创造一生的财富. 北京:中国致公出版社,2004

603. 吴振奎等. 学大师的创造与失误. 天津:天津教育出版社,2004

604. 吴根友. 中国哲学的创造性转化. 昆明:云南人民出版社,2004

605. 梁燕城. 中国哲学的重构. 台北:宇宙光全人关怀机构,2004

606. 周玉波. 名牌创造与发展. 长沙:中南大学出版社,2004

607. 姚舜熙. 概念·手法与再创造. 福州:福建美术出版社,2004

608. 宋文红等编著. 现代创造教育论. 青岛:中国海洋大学出版社,2004

609. 杨念一. 创造自由. 贵阳:贵州民族出版社,2004

610. 林庆昭. 我要创造成功. 北京:中国广播电视出版社,2004

611. 水木编. 创造卓越:创新思维训练方法. 北京:中国商业出版社,2004

612. 王灿明. 儿童创造教育论. 上海:上海教育出版社,2004

613. 王蓓婷编著. 逆商创造. 北京:中国大地出版社,2004

614. 石俊超编著. 创造奇迹的人们. 北京:群众出版社,2004

615. 茹得山主编. 创造创新的理论与实践. 北京:中国石化出版社,2004

附录

616. 谢燕春等编. 100个发明创造的故事. 厦门：厦门大学出版社,2004

617. 赵颖等主编. 自主·愉快·创造性地学习. 北京：北京科学技术出版社,2004

618. 马德. 谁都能创造自己的奇迹. 深圳：海天出版社,2004

619. 黄献国. 美与创造的心灵探寻：文学创作心理学论稿. 北京：解放军出版社,2004

620. 黎航主编. 奇迹：人生28种常用思维技巧精析. 上海：上海三联书店,2004

621. 匡长福. 创新原理及应用. 北京：首都经济贸易大学出版社,2004

622. 理弘编写. 创造之迷全记录. 西安：西北大学出版社,2004

623. 仲伟俊等. 企业的技术创新战略和政策选择. 北京：科学出版社,2005

624. 王健. 创新启示录：超越性思维. 上海：复旦大学出版社,2005

625. 程工. 企业技术创新论. 上海：上海财经大学出版社,2005

626. 陶学忠编著. 创造创新能力训练. 北京：中国经济出版社,2005

627. 何辉. 创意的秘密：关于创造的思考. 北京：传媒大学出版社,2005

628. 杨志歧. 创意技巧. 上海：上海文化出版社,2005

629. 张晓芒. 思维训练. 北京：企业管理出版社,2005

630. 海顺编著. 技术创新方法与技巧. 北京：国防工业出版社,2005

631. 迟维东编著. 逻辑方法与创新思维. 北京：中央编译出版社,2005

632. 李津. 惊世发明大探索. 北京：金城出版社,2005

633. 王华斌. 全脑超能创造力. 西安：陕西师范大学出版社,2005

634. 张武城主编. 创造创新方略. 北京：机械工业出版社,2005

635. 刘二中. 创新工程师指南. 合肥：中国科学技术大学出版社,2005

636. 郭金彬等. 科学思想的升华：科技创新思维范畴上升论. 北京：科学出版社,2005

637. 张子睿编著. 创造性解决问题. 北京：中国水利水电出版社,2005

638. 李世海等. 创新教育新探. 北京：社会科学文献出版社,2005

639. 刘克俭等主编. 创造心理学. 北京：中国医药科技出版社,2005

640. 纪江红主编. 世界重大发明发现百科全书. 北京：北京出版社,2005

641. 葛能全编著. 人类科学发现发明词典. 天津：百花文艺出版社,2005

642. 傅世侠等. 建构科技团体创造力评估模型. 北京：北京大学出版社,2005

643. 郑理等主编. 学习型组织理论与创新学. 徐州：中国矿业大学出版社,2005

644. 王树人. 回归原创之思. 南京：江苏人民出版社,2005

645. 经观荣. 创造学：理论与应用. 新北：新文京开发出版有限公司,2005

646. 饶见维. 创造思考训练:创造思考的心理策略与技巧. 台北:五南图书出版有限公司,2005

647. 李淑文. 创新思维方法论. 北京:中国传媒大学出版社,2006

648. 刘卫平. 青少年创新思维及其教育研究. 北京:人民日报出版社,2006

649. 周东滨主编. 创造教育概论. 赤峰:内蒙古科学技术出版社,2006

650. 周延波等主编. 大学生创新教育. 北京:科学出版社,2006

651. 周月朗. 青少年创造性思维教育:原理与策略. 成都:电子科技大学出版社,2006

652. 姚世敏. 创新教育的实践与思考. 北京:中国人事出版社,2006

653. 孙广来等主编. 发现创造与传奇故事. 呼和浩特:内蒙古人民出版社,2006

654. 廉永杰主编. 创新教育及比较研究. 北京:科学出版社,2006

655. 彭合成编著. 创新教育论. 长沙:中南大学出版社,2006

656. 思雨. 你也能是小小发明家. 北京:世界知识出版社,2006

657. 曹胜利编著. 大学生创业. 沈阳:万卷出版公司,2006

658. 王中江主编. 中国哲学的转化与范式. 郑州:中州古籍出版社,2006

659. 朱宁虹编著. 科技发明圣火. 北京:中国戏剧出版社,2006

660. 李亚宁主编. 影响历史的99种发明. 成都:四川文艺出版社,2006

661. 李家明主编. 20世纪发明发现. 北京:科学技术文献出版社,2006

662. 李穆文编著. 震惊世界的科技发明. 西安:西北大学出版社,2006

663. 王复亮. 创新教育学概论. 北京:中国经济出版社,2006

664. 王孝武主编. 成功没有谜:创新与创业教育. 北京:人民教育出版社,2006

665. 王宁霞等著. 成功创新与心态. 兰州:甘肃民族出版社,2006

666. 缪仁贤等编著. 指导中小学生创新实践活动100法. 上海:上海科技文献出版社,2006

667. 董淑亮编著. 关于发明与发明家的故事. 上海:少年儿童出版社,2006

668. 赵大庆等. 原创技术发明方法. 北京:华夏出版社,

669. 陈启元主编. 其命维新:中南大学创新教育探索. 长沙:中南大学出版社,2006

670. 陈磊等. 清源活水:学校文化创新实践案例. 上海:华东师范大学出版社,2006

671. 陶国富等. 大学生创新心理. 上海:立信会计出版社,2006

672. 雷德森等. 海峡两岸科教创新探析. 北京:人民邮电出版社,2006

673. 韩欣编著. 奇思妙想的伟大发明. 呼和浩特:内蒙古人民出版社,2006

674. 杨江帆. 创业者智慧与拼搏. 福州:福建科学技术出版社,2006

675. 蔡晓佳. 我创新 我成功:跟大师学创新思维. 北京:中央编译出版社,2006

676. 三金编著. 思维魔力:创新思维训练72法. 北京:中国发展出版社2006

677. 彭健伯. 创新哲学论. 北京:人民出版社 2006

678. 胡珍生等. 创造性思维学概论. 北京:经济管理出版社,2006

679. 张玉彩. 头脑创意新风暴:旋转思维训练. 北京:中央编译出版社,2006

680. 钟跃英. 艺术创造力障碍的突破. 上海:上海画报出版社,2006

681. 杨德林编著. 创意开发方法. 北京:清华大学出版社,2006

682. 姚凤云等. 创造学理论与实践. 北京:清华大学出版社,2006

683. 林伟贤. 创新中国. 北京:北京大学出版社,2006

684. 杨清亮. 发明是这样诞生的. 北京:机械工业出版社,2006

685. 罗玲玲主编. 创新能力开发与训练教程. 沈阳:东北大学出版社,2006

686. 陈龙安. 创造思考教学的理论与实际. 台北:心理出版社,2006

687. 滑云龙等主编. 创新学. 北京:中国农业大学出版社,2006

688. 刘昌明等主编. 创新学教程. 上海:复旦大学出版社,2006

689. 姚东明等主编. 创新学基础. 上海:上海科学技术出版社,2006

690. 芮延年主编. 创新学原理及其应用. 北京:高等教育出版社,2007

691. 丁强主编. 体验创造的快乐. 南京:南京出版社,2007

692. 于化东主编. 创新教育研究. 长春:吉林人民出版社,2007

693. 李士主编. 创造和创新思维及方法. 北京:中国科学技术出版社,2007

694. 刘非编. 教育创新与实践探索. 沈阳:辽宁大学出版社,2007

695. 叶云岳编著. 科技发明与专利. 杭州:浙江大学出版社,2007

696. 孙广来. 科学创造与发明. 呼和浩特:内蒙古人民出版社,2007

697. 张兴主编. 教育创新与实践指导. 北京:光明日报出版社,2007

698. 杨杰民等. 发明学. 合肥:合肥工业大学出版社,2007

699. 林金辉. 高等学校创造教育的理论研究. 厦门:厦门大学出版社,2007

700. 柳絮恒. 青少年创新教育故事全集. 北京:石油工业出版社,2007

701. 涂铭旌编著. 材料创造发明学. 成都:四川大学出版社,2007

702. 陈泽河等主编. 创造个性教育. 东营:中国石油大学出版社,2007

703. 杨丽等编著. 创新思维与创新力开发. 广州:羊城晚报出版社,2007

704. 理弘编著. 人类发明创造之谜全记录. 北京:京华出版社,2007

705. 吴甘霖. 自主创新的7张王牌. 北京：机械工业出版社,2007

706. 周道生等编著. 现代企业技术创新. 广州：中山大学出版社,2007

707. 张建涛编著. 现代企业战略管理创新. 广州：中山大学出版社,2007

708. 肖旭等编著. 现代企业组织管理创新. 广州：中山大学出版社,2007

709. 谭昆智编著. 现代企业营销创新. 广州：中山大学出版社,2007

710. 董福荣等. 现代企业人力资源管理创新. 广州：中山大学出版社,2007

711. 李仁武等. 现代企业创新文化. 广州：中山大学出版社,2007

712. 周琳等编著. 现代企业创新力开发. 广州：中山大学出版社,2007

713. 罗玲玲主编. 大学生创造力开发. 北京：科学出版社,2007

714. 郑武俊. 如何创造幸福人生. 高雄：至善书局,2007

715. 周学智. 创新学. 贵阳：贵州科技出版社,2007

716. 朱广贤. 文艺创造三位一体论. 北京：中国文联出版社,2007

717. 张世英. 境界与文化. 北京：人民出版社,2007

718. 陈淑贞等编. 幼儿创造力测验之编制. 台北：台北市教育局,2007

719. 何晓文编著. 有一种智慧叫创造. 上海：上海教育出版社2008

720. 牟宗三. 中国哲学的特质. 上海：上海古籍出版社,2008

721. 刘勇. 感悟创造：复杂系统创造论. 北京：科学出版社,2008

722. 吕晓宏编著. 走近发明创造. 西安：西安交通大学出版社,2008

723. 吴翠花. 企业知识创造能力理论与实证研究. 北京：知识产权出版社,2008

724. 奚华编著. 给孩子一颗发明创造的心. 北京：海豚出版社,2008

725. 姚全兴. 从美育到创造. 济南：山东文艺出版社,2008

726. 李鹰主编. 创造教育　理论实践与教学设计. 济南：山东人民出版社,2008

727. 杨文丰等主编. 创造技能训练. 北京：科学出版社,2008

728. 杨莉君. 儿童创造教育障碍论. 长沙：湖南师范大学出版社,2008

729. 王建位. 创造活动原理. 石家庄：河北科学技术出版社,2008

730. 程胜编著. 学习中的创造. 北京：教育科学出版社,2008

731. 赵敏等编著. 创新的方法. 北京：当代中国出版社,2008

732. 蔡齐祥主编. 自主创新的理论与广东实践. 广州：羊城晚报出版社,2008

733. 罗玲玲主编. 让创意破壳而出—中学生创造力开发. 北京：教育科学出版社,2008

734. 罗玲玲主编. 创意思维训练. 北京：首都经贸大学出版社,2008

735. 尹文汉. 儒家伦理的创造性转化. 台北：水牛出版社,2008

附

录

736. 童庆炳. 童庆炳谈文体创造. 开封:河南大学出版社,2008

737. 吴维亚等. 创新学. 南京:东南大学出版社,2008

738. 孙洪敏. 创新概论. 太原:山西教育出版社,2008

739. 杨廷双主编. TRIZ理论应用与实践. 哈尔滨:黑龙江科学技术出版社,2008

740. 李仁芳. 创意心灵. 台北:先觉出版股份有限公司,2008

741. 刘道玉. 创造思维方法训练. 武汉:武汉大学出版社,2009

742. 刘道玉. 创造教育概论. 武汉:武汉大学出版社,2009

743. 刘道玉. 创造:一流大学之魂. 武汉:武汉大学出版社,2009

744. 卢明德. 创造教育学发凡. 桂林:广西师范大学出版社,2009

745. 吴德本等. 英语语言学习技巧与创造思维开发策略. 长春:吉林人民出版社,2009

746. 徐明聪主编. 陶行知创造教育思想. 合肥:合肥工业大学出版社,2009

747. 方东美. 生生之美. 北京:北京大学出版社. 2009

748. 刘静芳. 综合创造的哲学与哲学的综合创造. 上海:上海人民出版社,2009

749. 李建军. 创造发明学导引. 北京:中国人民大学出版社,2009

750. 王达林编著. 创造天下. 北京:清华大学出版社,2009

751. 羊古等. 创造思维培养与优化训练. 海口:南方出版社,2009

752. 芦建英. 科学创造的奥秘. 北京:中央文献出版社,2009

753. 芮仁杰主编. 创造教育与高级思维能力培养. 上海:上海社会科学院出版社,2009

754. 周宪. 走向创造的境界:艺术创造力的心理学探索. 南京:南京大学出版社,2009

755. 甄巍. 向毕加索学创造. 太原:山西教育出版社,2009

756. 许延浪主编. 当代大学生创造与创业. 西安:西北工业大学出版社,2009

757. 赵红艳. 全球最具创造性的268个博弈智慧案例. 南昌:百花洲文艺出版社,2009

758. 张武城. 技术创新方法概论. 北京:科学出版社,2009

759. 喻胜等编著. 创造学. 长沙:中南大学出版社,2009

760. 赵均地等. 信息融入教学对学生创造力之影响研究. 台北:台北市教研中心,2009

761. 洪淑宜. 创新教学之操作应用研究. 新北:扬智文化事业股份有限公司,2009

附
录

762. 夏洁. 关于创意的一百个故事. 台北:宇河文化出版社,2009

763. 宋明弘编著. TRIZ萃智. 台北:鼎茂图书出版股份有限公司,2009

764. 赵敏等编著. TRIZ入门及实践. 北京:科学出版社,2009

765. 袁张度等编著. 创造学与创新方法. 上海:上海社会科学院出版社,2010

766. 施济光编著. 学习创造:通用构造基础. 北京:中国建筑工业出版社,2010

767. 孙瑞雪. 完整的成长:儿童生命的自我创造. 北京:世界图书出版公司,2010

768. 姚威等. 产学研合作的知识创造过程研究. 杭州:浙江大学出版社,2010

769. 梁世瑞编著. 创造创新　千年智慧. 北京:国防工业出版社,2010

770. 王红领. 中国创造. 北京:九州出版社,2010

771. 王黎萤等. 共享创造:提升研发团队创造力的过程机制. 北京:科学出版社,2010

772. 王文岭等编著. 陶行知论创造教育. 成都:四川教育出版社,2010

773. 王中江. 进化主义在中国的兴起. 北京:中国人民大学出版社,2010

774. 丁辉等主编. 创新思维理论与实践研究. 北京:华龄出版社,2010

775. 曹莲霞主编. 创新思维与创新技法新编. 北京:中国经济出版社,2010

776. 董焱编著. 大学生创新思维培养. 杨凌:西北农林科技大学出版社,2010

777. 王跃新. 创新思维学教程. 北京:红旗出版社,2010

778. 于来虎等主编. 创新学原理和方法. 北京:中国广播电视出版社,2010

779. 张士运等主编. TRIZ创新理论研究与应用. 北京:华龄出版社,2010

780. 李海军等编著. 经典TRIZ通俗读本. 北京:中国科学技术出版社,2010

781. 檀润华编著. TRIZ及应用. 北京:高等教育出版社,2010

782. 沈世德主编. TRIZ法简明教程. 北京:机械工业出版社,2010

783. 王亮申等编著. TRIZ创新理论与应用原理. 北京:科学出版社,2010

784. 赵锋主编. TRIZ理论及应用教程. 西安:西北工业大学出版社,2010

785. 吴振奎编著. 数学的创造. 哈尔滨:哈尔滨工业大学出版社,2011

786. 成中英. 创造和谐. 北京:东方出版社,2011

787. 杜永平主编. 创新思维与创造技法. 北京:北京交通大学出版社,2011

788. 林毓生. 中国传统的创造性转化. 北京:生活·读书·新知三联书店,2011

789. 程俊瑜. 知识创造与组织成长. 南京:东南大学出版社,2011

790. 邱章乐等主编. 创造心理学. 合肥:合肥工业大学出版社,2011

791. 陈劲等. 创新思想者:当代十二位创新理论大师. 北京:科学出版社,2011

792. 周延波等主编. 开发创新思维. 北京:西苑出版社,2011

附录

793. 姚列铭. 创新思维观念与应用技法训练. 上海:上海交通大学出版社,2011

794. 尹瑜新等编著. 创新思维原理与方法. 武汉:湖北人民出版社,2011

795. 杜永平主编. 创新思维与创造技法. 北京:北京交通大学出版社,2011

796. 杨宝安编著. 创新思维游戏. 哈尔滨:哈尔滨出版社,2011

797. 贺善侃主编. 创新思维概论. 上海:东华大学出版社,2011

798. 陈光主编著. 创新思维与方法:TRIZ的理论与应用. 北京:科学出版社,2011

799. 黄斌等主编. 大学生创新思维与创业实务. 南京:南京大学出版社,2011

800. 李喜先等. 国家创新战略. 北京:科学出版社,2011

801. 颜晓峰. 创新研究. 北京:人民出版社,2011

802. 刘训涛等编著. TRIZ理论及应用. 北京:北京大学出版社,2011

803. 徐起贺等编. TRIZ创新理论实用指南. 北京:北京理工大学出版社,2011

804. 沈萌红编著. 创新的方法——TRIZ理论概述. 北京:北京大学出版社,2011

805. 赵萍萍等主编. 发明问题解决理论(TRIZ)培训教材. 南京:江苏科学技术出版社,2011

806. 高常青编著. TRIZ——发明问题解决理论. 北京:科学出版社,2011

807. 王蓉等. 中国的发明创造. 芜湖:安徽师范大学出版社,2012

808. 刘鑫编著. 科学创造的思考. 合肥:安徽人民出版社,2012

809. 吕晓滨编著. 科学发明与创造. 长春:东北师范大学出版社,2012

810. 李雪等编著. 怎样对学生进行创造素质教育. 合肥:安徽人民出版社,2012

811. 田一坡编著. 创造中国. 太原:山西教育出版社,2012

812. 王桂荣主编. 创造与创新经营. 东营:中国石油大学出版社,2012

813. 王云生. 创造论. 北京:中国社会出版社,2012

814. 照日格图. 直觉与创造. 长春:吉林大学出版社,2012

815. 萧枫等主编. 培养学习发明创造. 长春:吉林出版集团有限责任公司,2012

816. 蔡长峰等主编. 创造思维点亮课堂. 保定:河北大学出版社,2012

817. 谭小宏主编. 创造教育学导论. 北京:北京师范大学出版社,2012

818. 冯任远主编. 青少年创新思维培训教程. 乌鲁木齐:新疆人民卫生出版社,2012

819. 张志胜主编. 创新思维的培养与实践. 南京:东南大学出版社,2012

820. 宋宝萍等主编. 创新思维心理学:培养与训练. 北京:电子工业出版社,2012

821. 经观荣等编著. 创造学:理论与应用. 新北:新文京开发出版有限公司,2012

822. 张允熠撰. 融会中西马,创造新文化. 北京:北京大学出版社,2012

823. 刘润忠等. 创造的综合与文化新模式的构想. 北京:北京大学出版社,2012

824. 王云生. 创造论. 北京:中国社会出版社,2012

825. 杜刚. 全球化视域下文化创造力研究. 北京:人民出版社,2012

826. 方克立. 中国文化的综合创新之路. 北京:中国社会科学出版社. 2012

827. 漆捷. 意会知识及其表达问题研究. 北京:光明日报出版社,2012

828. 陈爱玲主编. 创新思维与实践(学生用书). 保定:河北大学出版社,2013

829. 戴庆辉主编. 创新思维与实践(教师用书). 保定:河北大学出版社,2013

830. 陈爱玲编著. 创新潜能开发实用教程. 北京:化学工业出版社,2013

831. 俞定玖等编著. 科学发明与创造. 郑州:中州古籍出版社,2013

832. 刘荆洪. 不可不知道的科学大创造. 海口:南海出版公司,2013

833. 吴翠花. 企业知识创造与技术创新. 西安:西安交通大学出版社,2013

834. 刘群彦等编著. 先进技术价值创造和产业化运作实务. 上海:上海交通大学出版社,2013

835. 戚晓娟等. 学习与创造:自然全息教学法理论和实践. 长春:吉林人民出版社,2013

836. 杜义飞. 创新价值的创造与获取:冲突、合作与结构. 北京:北京大学出版社,2013

837. 牛立红编著. 发明创造. 北京:企业管理出版社,2013

838. 王世刚等主编. 创造创新创业理论与实践. 哈尔滨:哈尔滨工程大学出版社,2013

839. 王文剑主编. 我爱发明创造. 合肥:安徽美术出版社,2013

840. 金帛编. 科学发明与创造. 石家庄:河北科学技术出版社,2013

841. 刘卫平. 知识创新思维学. 北京:中国书籍出版社,2013

842. 寇静等编著. 创新思维. 北京:中国人民大学出版社,2013

843. 戴庆辉主编. 创新思维与实践. 保定:河北大学出版社,2013

844. 张正华等编著. 创新思维方法和管理. 北京:冶金工业出版社,2013

845. 王振宇. 创新思维与发明技法. 北京:中国工人出版社,2013

846. 肖行. 创新思维法与创新. 长沙:湖南科学技术出版社,2013

847. 苏振芳. 创新思维方法论. 北京:社会科学文献出版社,2013

848. 杜维明. 儒家思想:以创造转化为自我认同. 北京:生活·读书·新知三联书店,2013

849. 潘裕丰主编. 创造力关键思考技法. 台北:华腾文化出版,2013

850. 萧佳纯. 多层次模式在创造力之研究:理论方法与实务. 台南:萧佳纯出版,2013

851. 任宪法. 快和孩子玩创意. 北京:机械工业出版社,2013

852. 任文明等. 挑战学子拥抱明天. 呼和浩特:内蒙古人民出版社,2013

853. 何青. 研究生创新能力培养与评价研究. 武汉:华中师范大学出版社,2013

854. 刘仁庆. 发明传奇. 太原:山西教育出版社,2013

855. 卢大明. 发明不是梦. 北京:科学普及出版社,2013

856. 周文彪主编. 生活创新教育. 北京:新世界出版社,2013

857. 周文涌主编. 中职生创新创造指导读本. 北京:中国铁道出版社,2013

858. 姜越主编. 创造力. 北京:中央编译出版社,2013

859. 孟杰主编. 快乐发明. 天津:天津科学技术出版社,2013

860. 师英杰. 人的创新能力的哲学研究. 北京:中央民族大学出版社,2013

861. 张世彗. 创造力. 台北:五南图书出版股份有限公司,2013

862. 陈红. 创造学与创新管理. 郑州:河南人民出版社,2014

863. 杨成双主编. 创造学基础. 西安:电子科技大学出版社,2014

864. 俞善锋编著. 发明创造就在我们的身边. 北京:中国水利水电出版社,2014

865. 叶丹等. 学会创造:创意思考. 北京:北京大学出版社,2014

866. 吕文清等主编. 创造发明拓展课程. 北京:北京邮电大学出版社,2014

867. 张晶. 西方哲学史"创造"显现的考虑. 沈阳:东北大学出版社,2014

868. 曾宗德主编. 创造思考与问题解决. 新北:华立图书股份有限公司,2014

869. 郭齐勇等主编. 近世哲学的发展与中国哲学的创造转化. 北京:中国社科出版社,2014

870. 任国清主编. 中学生科技创新思维训练. 北京:高等教育出版社,2014

871. 吕丽等主编. 创新思维:原理 技法 实训. 北京:北京理工大学出版社,2014

872. 周延波等主编. 创新思维方法与实践. 武汉:武汉大学出版社,2014

873. 宫承波主编. 创新思维训练. 北京:中国广播电视出版社,2014

874. 宋建陵. 学习能力与创新思维. 广州:广东教育出版社,2014

875. 李虹主编. 创新思维训练教程. 成都:西南财经大学出版社,2014

876. 贾虹主编. 创新思维与创业实务. 南京:南京大学出版社,2014

877. 赵新军等编著. 创新思维与技法. 北京:中国科学技术出版社,2014

878. 远见编辑部. 教出创造力:未来竞争的起跑点. 台北:远见杂志出版,2014

879. 邱庆云. 创造力:启发头皮下的东西. 台北:新锐文创出版社,2014

880. 董芳苑. 创造与进化. 台北:前卫出版社,2014

881. 关月玲编著. 培养学生的创新能力. 杨凌:西北农林科技大学出版社,2014

882. 刘彬彬. 创新力. 北京:现代出版社,2014

883. 夏保华. 发明哲学思想史论. 北京:人民出版社,2014

884. 姚志恩主编. 创新能力教程. 北京:化学工业出版社,2014

885. 姜秋喜等编著. 创新工程导论. 北京:国防工业出版社,2014

886. 安立珍编著. 发明发现大揭秘. 长春:吉林出版集团有限责任公司,2014

887. 宋建陵. 青少年发明创新活动指南. 汕头:汕头大学出版社,2014

888. 宋璐璐编著. 让孩子充满创造力. 郑州:郑州大学出版社,2014

889. 张声芬. 发明任我行. 北京:知识产权出版社,2014

890. 张正元编著. 激发创造力. 成都:四川少年儿童出版社,2014

891. 吕文清等总主编. 创造发明课程丛书. 北京:北京邮电大学出版社,2014

892. 古保祥. 创意才是核心竞争力. 北京:人民邮电出版社,2014

893. 刘晓菲. 编著世界重大发现与发明. 北京:中国华侨出版社,2014

894. 文文鱼. 孩子的创意保卫战. 重庆:重庆大学出版社,2014

895. 方建新等. 科技人才创新力理论与实证研究. 杭州:浙江大学出版社,2014

896. 曾兴民. 追梦人的发明札记. 北京:科学出版社,2014

897. 朱贤华. 发明方法与技巧. 成都:西南交通大学出版社,2014

898. 李志东编著. 创新教育的研究与探索. 北京:光明日报出版社,2011

899. 陶国芬等编著. 爱折腾的发明. 杭州:浙江教育出版社,2014

900. 李雄杰. 创新教育探索. 北京:中国水利水电出版社,2014

901. 杜兴东编著. 青少年创造力培养课丛书. 北京:北京出版社,2014

902. 宋明弘等. 报告!发明怎么一回事? 高雄:科学工艺博物馆,2014

903. 张志勇主编. 创新教育丛书. 济南:山东教育出版社,2014

904. 滕瀚. 科学创造活动中的审美意象心理研究. 合肥:安徽人民出版社,2014

905. 王振宇. 发明创造学. 北京:中国工人出版社,2014

906. 王晓进编著. 大学生创新理论与实践. 北京:科学出版社,2014

907. 王滨编著. 发明创造的金钥匙. 沈阳:辽宁少年儿童出版社,2014

908. 王磊. 高校科研团队创造力的形成研究. 北京:经济科学出版社,2014

909. 秦从英等主编. 大学生创新能力教育教程. 北京:现代教育出版社,2014

910. 罗伟明主编. 大学生科技创新教育导论. 上海：上海交通大学出版社，2014

911. 舒银霞. 科学发明. 北京：中华书局，2014

912. 蓝红星主编. 创新能力开发与训练. 成都：西南财经大学出版社，2014

913. 赵新军等编著.40条发明创造原理及其应用. 北京：中国科学技术出版社，2014

914. 路飞. 小国大教育. 杭州：浙江工商大学出版社，2014

915. 郭强编著. 创新能力培训全案. 北京：人民邮电出版社，2014

916. 高颖主编. 中学生科技创新案例点评及方法指导. 北京：中国劳动保障出版社，2014

917. 龚勋主编. 世界最伟大的100发明发现. 北京：光明日报出版社，2014

918. 龚春燕等主编. 创新教育学. 北京：北京师范大学出版社，2014

919. 孙晓欧主编. TRIZ理论基础教程. 哈尔滨：黑龙江科学技术出版社，2014

920. 张武城主编创新理论TRIZ培训教材. 北京：科学普及出版社，2014

921. 徐起贺等编著. TRIZ创新理论实用指南. 北京：北京理工大学出版社，2014

922. 罗以洪. TRIZ集成创新方法的系统结构及应用研究. 成都：电子科技大学出版社，2014

923. 杨朝丽等. 基于TRIZ的机构集成创新，昆明：云南科技出版社，2014

924. 赵四学. 创学视域下的中国新文化理论建设研究. 北京：中国社会科学出版社，2015

925. 张平编著. 创造学. 沈阳：东北大学出版社，2015

926. 宋晋生编著. 创造学与创造工程. 西安：陕西科学技术出版，2015

927. 周治金等. 创造心理学. 北京：中国社会科学出版社，2015

928. 刘家冈. 世界著名创造案例启示录. 北京：科学出版社，2015

929. 宋晋生. 创造学与创造工程. 西安：陕西科学技术出版社，2015

930. 张其金. 思考创造奇迹. 北京：中国言实出版社，2015

931. 张子睿. 创造创新理论与实践. 北京：光明日报出版社，2015

932. 杨伟刚. 青少年创造力心理学研究. 长春：东北师范大学出版社，2015

933. 杨红樱主编. 发明与创造. 济南：明天出版社，2015

934. 裴晓敏. 创造方法学. 成都：西南交通大学出版社，2015

935. 陶松垒等编著. 创造思维与专利申请. 北京：清华大学出版社，2015

936. 高岸起. 创造观. 北京：人民出版社，2015

937. 崔泽田. 马克思创新思想研究. 沈阳：辽宁大学出版社，2015

938. 侯书生编著. 专业技术人员创新能力与创新思维. 北京：国家行政学院出版社,2015

939. 刘长存主编. 创新思维与技法. 大连：辽宁师范大学出版社,2015

940. 周苏主编. 创新思维与TRIZ创新方法. 北京：清华大学出版社,2015

941. 吴寿仁. 创新思维力. 北京：新华出版社,2015

942. 康晓玲主编. 创新思维与创新能力. 北京：电子工业出版社,2015

943. 王竹立. 你没听过的创新思维课. 北京：电子工业出版社,2015

944. 罗鹏飞主编. 科技创新思维训练. 长沙：湖南大学出版社,2015

945. 胡敏主编. 开发创新思维. 北京：国家行政学院出版社,2015

946. 蓝少鸥. 创新思维开发研究. 上海：上海交通大学出版社,2015

947. 袁久红主编. 创新思维. 南京：江苏人民出版社,2015

948. 潘裕丰等主编. 创造力的研究与实践. 台北：华腾文化出版,2015

949. 中华文化学院编著. 中华文化的创造性转化和创新性发展. 北京：学习出版社,2015

950. 潘德荣等主编. 中国哲学再创造. 上海：上海交通大学出版社,2015

951. 丁郁等. 军校文化创造力研究. 南京：南京大学出版社,2015

952. 冯林等主编. 批判与创意思考. 北京：高等教育出版社,2015

953. 刘志伟. 青少年科技创新实践. 北京：清华大学出版社,2015

954. 刘琪等主编. 儿童创造力与社会发展. 上海：上海社会科学院出版社,2015

955. 吴庆元. 走进创新. 广州：世界图书出版广东有限公司,2015

956. 周周. 提升孩子创造力的60个秘诀. 北京：北京时代华文书局,2015

957. 李枫等. 工程硕士创新能力提升的理论与实践. 南京：河海大学出版社,2015

958. 李海勇. 创新教育与课程实践研究. 长春：东北师范大学出版社,2015

959. 李立勇等编. 创新教育读本. 北京：中国劳动社会保障出版社,2015

960. 李静波主编. 足迹在创新教育研究的路上. 长春：吉林人民出版社,2015

961. 杨伟刚. 青少年创造力心理学研究. 长春：东北师范大学出版社,2015

962. 杨光等. 地方高校创新教育的探索与实践. 长春：吉林大学出版社,2015

963. 梁世瑞等. 创新者：共性特质密码. 北京：国防工业出版社,2015

964. 周苏主编. 创新思维与TRIZ创新方法. 北京：清华大学出版社,2015

965. 孙永伟等编著. TRIZ：打开创新之门的金钥匙. 北京：科学出版社,2015

966. 张东生等. 基于TRIZ的管理创新方法. 北京：机械工业出版社,2015

967. 江帆. TRIZ与可拓学比较及融合机制研究. 北京：北京理工大学出版社,2015

968. 潘承怡等主编. TRIZ理论与创新设计方法. 北京:清华大学出版社,2015

969. 王传友等编著. 创新方法TRIZ解读改进补充完善. 西安:陕西科学技术出版社,2015

970. 刘丽娜. 哈佛创意课. 北京:中国法制出版社,2016

971. 尹晶等. 技术发明与艺术设计. 北京:中国建材工业出版社,2015

972. 崔锐捷等. 高等学校创新发展研究. 南京:南京大学出版社,2015

973. 张润泽主编. 创新的理论与实践. 西安:西北工业大学出版社,2015

974. 施建农主编. 创造力与创新教育. 北京:军事医学科学出版社,2015

975. 曹培强主编. 大学生创新教程. 北京:中国人事出版社,2015

976. 曹培杰. 重启创造力. 北京:北京交通大学出版社,2015

977. 曾淑灵等. 教师教学创新能力修炼. 北京:北京燕山出版社,2015

978. 蒋乐兴等主编. 走进创新. 上海:上海交通大学出版社,2015

979. 薛会娟. 个体创造力和团队创造力的生成机制. 北京:经济科学出版社,2015

980. 郭必裕等主编. 创造力开发教程. 南京:东南大学出版社,2015

981. 陈富昌等. 中小学科技创新教育研究. 长沙:湖南教育出版社,2015

982. 龚春燕. 龚春燕与创新学习. 北京:北京师范大学出版社,2015

983. 胡先妮主编. 最伟大的发明发现. 呼和浩特:远方出版社,2015

984. 李奎编著. 科技首创. 北京:现代出版社,2015

985. 钟双德编著. 创始发明四大发明与历史价值. 北京:现代出版社,2015

986. 王海主编. 创新教育理论与实践. 上海:华东师范大学出版社,2015

987. 王洪兵等. 青少年科技创新能力培养. 成都:电子科技大学出版社,2015

988. 陈龙安等著. 创造力的研究与实践. 台北:华腾文化股份有限公司,2015

989. 温寒江等. 思维的全面发展与中小学生创新能力培养. 北京:教育科学出版社,2015

990. 段伟文主编. 面向未来的创新. 北京:科学普及出版社,2015

991. 许朝任. 创造. 台北:博客思出版事业网,2015

992. 汪玮琳等. 体育创造学概论. 北京:中国经济出版社,2016

993. 陈吉明主编. 创造学与创新实践. 北京:科学出版社,2016

994. 张楚廷. 数学与创造. 大连:大连理工大学出版社,2016

995. 王亚苹. 创意创新创造课程设计与实施. 北京:北京邮电大学出版社,2016

996. 中科院自然科学史所编著. 中国古代重要科技发明创造. 北京:中国科技出版社,2016

997. 万辉主编. 创新设计方法. 哈尔滨:东北林业大学出版社,2016

998. 于雷等编著. 创新思维训练450题. 北京:清华大学出版社,2016

999. 冯研等主编. 创新方法学. 北京:科学出版社,2016

1000. 冯立杰等. 创新方法研究. 北京:科学出版社,2016

1001. 孙乃龙主编. 领导思维创新:训练与掌握科学的思维方法. 成都:四川大学出版社,2016

1002. 李兴森等主编. 可拓创新思维及训练. 北京:机械工业出版社,2016

1003. 杨宝安编著. 创新思维游戏. 哈尔滨:哈尔滨出版社,2016

1004. 王亚苹. 创意创新创造课程设计与实施. 北京:北京邮电大学出版社,2016

1005. 王灿明等. 学前儿童创造力发展与教育. 南京:南京大学出版社,2016

1006. 眭平. 创新力提升的横向研究. 北京:清华大学出版社,2016

1007. 祁永成. 芝麻开门让发明发生. 天津:天津科学技术出版社,2016

1008. 胡卫平主编. 中国创造力研究进展报告(第1卷). 西安:陕西师范大学出版社,2016

1009. 谭春辉. 高校哲学社会科学创新能力评价模型与机制. 北京:科学出版社,2016

1010. 陈宏程编著. 青少年科技创新活动指南. 合肥:安徽科学技术出版社,2016

1011. 赵敏等. TRIZ进阶及实战. 北京:机械工业出版社,2016

　　说明:本名录收集了半个世纪(1966—2016)中国创造学著作1000种(不包括外文著作及翻译著作),是中国创造学发展的一个缩影。书籍分著、编著、编写、主编等几种情况,其中"著"不作标注,其他作出标注。多位作者参与,只标注首位姓名,后加等字。收录涉及创造学基础、心性、思维、技法、境界、应用、传统文化的创造性转化等。创造学是一门跨学科新兴领域,涉及传统学科众多,著作分散,书名多样,收集困难,加之时间跨度大,挂一漏万,可能较重要著作未能收录,谨致歉意。

　　本书是在《中国创造学概论》(2001)书后340种名录基础上补充而成,简红江、魏巍、刘仲林、裴世兰及有关研究生参加收集,罗成昌先生曾提供早期部分著作名录,裴世兰做了系统整理和编辑。

后　记

　　20世纪80年代，是一个春苗萌动的时代。1983年，笔者《科学创造思维中的逻辑》在《中国社会科学》第2期发表，不久参加了全国第一届创造学学术研讨会，这两件事引发了笔者30多年来对中西会通、文理交融的一个跨学科新领域——"创学"（I-creatology）建设的艰辛跋涉、不懈追求。

　　"创学"的本质是以"创造"为交会点，建设兼有中西两种文化基因的新文化。笔者觉得，我们"不是传统文化的搬运工，而是中西交合的榫卯匠"，即不是把"经学"机械地搬到现代套用，而是类似木工榫卯匠，将两种文化像榫和卯一样紧紧咬合在一起。五四运动以来，中西文化势不两立的论战成为主流，中西文化会通建设则流于肤浅和止于口号，少数有前瞻性的新文化理论长期被边缘化。十年所谓"文化大革命"，既革了中华传统文化的命，也革了现代西方文化的命，中西会通无从谈起。

　　如何汲取西方文化精华，对传统文化进行创造性转化，建设反映时代精神的新文化，是百年新文化运动从"中西论战"阶段转向"中西会通"新阶段的标示性议题。谚语云"有多深的基，就有多高的墙"，要建设中华新文化"大厦"，必须首先夯实思想深度（哲学）之"基"。然而，在急功近利的社会思潮冲击下，思想深度和广度不彰，新哲学探索步履维艰。

　　清代学者刘开说："非取法至高之境，不能开独造之域。"笔者认为，新文化"大厦"建设包含"一大前提"和"两大关键"。一大前提为：要建设全球视野的大文化，而不是自给自足的小文化。这意味着，要有两岸四地、东亚诸国广阔参与空间，能够代表亚洲主流，成为推动世界文化发展的引领性力量。这就需要打破学科割据束缚，突破现有僵化研究范式，迎来一场真正意义上的文化建设大变革！这场变革的两大关键为：一是"继承与创新"合一的新文化理论建构；二是"天高与地厚"合一的大众普及实践。

　　新世纪以来，笔者以中国科学技术大学哲学一级学科博士点为平台，以上述"大前提、大关键"为突破口，与教师、博士生等组成"创学"探索学术团队，一方面深入进行"创学"理论建设，一方面创办向社会开放的"中华文化大学"，推动大众实践，取得了一批有原创性探索意义的成果，并通过课程、讲座、慕课和网站等形式广泛传播，受到学界专家和社会大众的关注和好评。

笔者认为，"创学"的特色可简要概括为四点：

1. 跨学科的视野和方法。"创学"研究尝试突破中国传统哲学泛道德化的局限，在中西、文理、古今、凡圣四大会通的跨学科背景下开拓大文化建设新天地。

2. "道"的古今融会贯通。"道"是中华传统文化的最高追求，"创学"继承这一思想，通过对道的"知本达至"合一追求，展现古今之"道"的自然贯通。

3. 伦理观向创造观的转化。创造观变革，是西方日新月异变化的灵魂，也是中国传统哲学短板。由伦理中心观向创造中心观转化，是"创学"核心问题。

4. 落脚大众的实践亲证。贯彻先哲"百姓日用即道"的思想，把"创造之道"落实到百姓大众生活，造就有创造自觉性的一代"新民"。

以上四点联系起来就是跨学科—承道统—启新命—同修行，具体说，"创学"是以"跨学科"拓新为视野，"道统"传承为主线，"创造"自觉为核心，"大众"亲证为落脚点的中华新文化学说。

拙书《中西会通创造学》是"创学"理论体系中一个组成部分，侧重点在创造学（另侧重哲学研究部分，请参阅拙作《新精神》《新认识》《新思维》等）。2001年天津人民出版社出版《中国创造学概论》是本书的前身，曾经引起学术界较热烈反响。拙书是进一步汲取15年来笔者理论和实践研究成果，重构理论框架撰写而成。

拙书在长期思想酝酿过程中，得到科学界钱学森、杨叔子、何祚庥、许庆瑞、程津培等院士；中国哲学界张岱年、汤一介、方克立、成中英、李泽厚、蒙培元、庞朴、傅伟勋、刘鄂培、钱耕森、陈来、李存山、郭齐勇、王中江、李维武、张允熠、杜保瑞、胡家祥等教授；科学哲学界龚育之、金吾伦、刘珺珺、刘大椿、李醒民、王续琨、李建珊、高文武、徐飞、史玉民等教授；创造学界傅世侠、李嘉曾、罗玲玲、甘自恒、庄寿强等教授，从各自研究领域提出意见和支持，对拙书的撰写有深刻启发和帮助。

得到中国科学技术大学郭传杰、侯建国、许武、张淑林等校领导，人文学院、研究生院、教务处潘正祥、倪瑞、周丛照等领导和同事，以及澳门科技大学原校长许敖敖教授、通识教育部朱爱微处长等，热忱关怀和支持。

得到天津人民出版社大力支持,盛家林编审、王康副总编、林雨责编,对本书审阅和编辑倾注大量心血。2015年,"创学"研究得到贵州孔学堂基金项目支持。

以教师和博士为主的"创学"学术团队,在创学建设和大众实践方面,做了多方面研究和普及工作,是推动"创学"发展的朝气蓬勃生力军。如:于惠玲、鲍国华、方丹敏、陈爱玲、张德广、王忠、汪寅、赵晓春、毛天虹、燕京晶、程妍、漆捷、石仿、刘小宝、赵四学、史建斌、裴晓敏、王永伟、金丽、赵四学、魏巍、简红江、周丽、杨孝青、张春楼等。

自2010年"中华文化大学"创立以来,大量社会各界中华文化研究者、爱好者参加到"创学"的学修和普及队伍中来,包括安徽、北京、天津、辽宁、黑龙江、贵州、江苏、河北,以及台湾、澳门等,许多学员结合实际写的体会和感悟,以志愿的身份参与各项活动服务,对"创学"的发展和大众化探索,做了宝贵贡献!

简红江、周丽、魏巍、薛军丽等为书稿整理和附录著作收集,做了大量工作。朱耀武、刘限对书稿英文目录和提要翻译审阅,给与帮助。

笔者爱人裴世兰教授承担大量家务并参加本书审阅和资料整理。

对以上所有单位和人员,笔者一并表示深切敬意和衷心感谢!

老子说:"道,可道,非常道。"这本书洋洋的文字只是"创学"华丽包装,拆掉外包装,内藏的"玄珠"(庄子语)究竟是什么?孟子说:"学问之道无他,求其放心而已矣","学问"刨根问底,就是把丢掉的本心找回来,儒学如此,创学亦然!听,有找到者唱道:"我有明珠一颗,久被尘劳关锁;今朝尘尽光生,照破山河万朵。"参!

作者谨记
於月树书屋
2016/9/8